# Photoshop CC <sub>2015</sub>

Photoshop CC **2015**

## 数码照片处理从入门到精通

创锐设计　编著

机械工业出版社
China Machine Press

图书在版编目（CIP）数据

Photoshop CC 2015数码照片处理从入门到精通／创锐设计编著. —北京：机械工业出版社，2016.7（2017.10重印）

ISBN 978-7-111-54366-4

Ⅰ. ①P… Ⅱ. ①创… Ⅲ. ①图像处理软件－教材 Ⅳ. ①TP391.41

中国版本图书馆CIP数据核字（2016）第169189号

　　在数码摄影时代，要得到一幅优秀的摄影作品并不是按下快门那么简单，对数码照片进行后期处理已成为其中不可或缺的关键一步。本书以 Photoshop CC 2015 为软件平台，以实际应用为主导思想，结合编者多年的实践经验，全面解析了数码照片后期处理的经典技法。

　　全书分 19 章。第 1 章和第 2 章讲解 Photoshop CC 2015 的基本操作和重要功能。第 3 ~ 13 章讲解数码照片后期处理的核心技法，包括二次构图、瑕疵修正、调光调色、抠图、特效添加、照片合成等。第 14 ~ 17 章讲解人像、风景、商品这三大常见题材照片的后期处理。第 18 章讲解如何运用 Camera Raw 插件处理 RAW 格式照片。第 19 章则通过几个综合案例对前面所学的知识进行实际应用。

　　本书内容丰富、图文并茂、技巧全面，适合想要学习 Photoshop 软件操作与应用的初级读者阅读，也适合广大摄影爱好者和有一定图像处理经验的相关从业人员参考，还可作为培训机构、大中专院校的教学辅导用书。

# Photoshop CC 2015数码照片处理从入门到精通

出版发行：机械工业出版社（北京市西城区百万庄大街22号　邮政编码：100037）

责任编辑：杨　倩

印　　刷：北京天颖印刷有限公司

开　　本：185mm×260mm　1/16

书　　号：ISBN 978-7-111-54366-4

版　　次：2017年10月第1版第2次印刷

印　　张：29

定　　价：99.00元

随着数码相机的日渐普及，照片的拍摄似乎变得越来越容易。然而，要得到一幅优秀的摄影作品并不是按下快门那么简单。摄影技术、摄影设备、拍摄环境等因素都会导致拍出的照片不尽如人意，对于大多数业余摄影爱好者来说更是如此。因此，使用图像处理软件对数码照片进行后期处理成了一项必要的工作。本书以功能强大的照片后期处理软件 Photoshop CC 2015 为软件平台，以实际应用为主导思想，结合编者多年的实践经验，为读者全面讲解数码照片后期处理的经典技法，并通过剖析一系列重点、难点和有启发性的实例，带领读者运用 Photoshop 尽情展示自己的创意潜力。

## ◎ 内容结构

全书分 19 章。第 1 章和第 2 章讲解 Photoshop CC 2015 的基本操作和重要功能，包括工作界面、辅助工具、选项设置、照片管理、图层、蒙版、通道等。第 3 ~ 13 章讲解数码照片后期处理的核心技法，包括二次构图、瑕疵修正、动态范围和曝光缺陷的补救、色彩校正和特殊色彩效果制作、快速抠图和精细抠图、绘画艺术效果和天气效果等特效的添加、照片合成等。第 14 ~ 17 章讲解人像、风景、商品这三大常见题材照片的后期处理。第 18 章讲解如何运用 Camera Raw 插件处理 RAW 格式照片。第 19 章则通过几个综合案例对前面所学的知识进行实际应用。

每个章节的内容都经过精心安排，一般包括以下几个模块。

★ 基础知识：关于如何使用Photoshop的工具和功能处理某一特定主题照片的详尽介绍。

★ 技巧：让照片处理、创意设计工作更加准确、快捷的小技巧。

★ 应用：相关技术的拓展说明、衍生操作或功能列表。

★ 实例演练：特定效果照片的处理思路和处理过程详解。

# PREFACE

## ◎ 编写特色

★任何一项照片后期处理任务都有多种完成方法，本书选择了编者认为效率最高、效果最好的方法进行介绍，有助于新手在学习过程中建立信心并保持兴趣。

★各章的每个小节标题都对应一个基础知识或基本技法，读者浏览目录中的章节标题就可快速找到想要了解和学习的内容。可以说本书既是一本适合新手循序渐进学习的教材，也是一本方便老手随时查阅的工具书。

★每个实例演练在讲解操作步骤前都简明扼要地解析制作的思路和原理、用到的主要软件工具或功能，引导读者养成在动手操作前先进行构思的良好习惯。随书附赠的云空间资料包含所有实例的素材和源文件，读者按照书中讲解进行实际动手操作，能够更好地理解和掌握相应技法。

## ◎ 读者对象

本书适合想要学习 Photoshop 软件操作与应用的初级读者阅读，也适合广大摄影爱好者和有一定图像处理经验的相关从业人员参考，还可作为培训机构、大中专院校的教学辅导用书。

由于编者水平有限，在编写本书的过程中难免有不足之处，恳请广大读者指正批评，除了扫描二维码添加订阅号获取资讯以外，也可加入 QQ 群 111083348 与我们交流。

编者

2016年7月

# 如何获取云空间资料

## 一　扫描关注微信公众号

在手机微信的"发现"页面中点击"扫一扫"功能，如左下图所示，页面立即切换至"二维码／条码"界面，将手机对准右下图中的二维码，即可扫描关注我们的微信公众号。

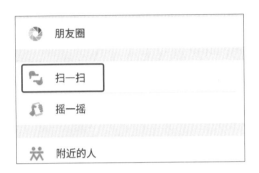

## 二　获取资料下载地址和密码

关注公众号后，回复本书书号的后 6 位数字"543664"，公众号就会自动发送云空间资料的下载地址和相应密码。

## 三　打开资料下载页面

**方法** 1：在计算机的网页浏览器地址栏中输入获取的下载地址（输入时注意区分大小写），按 Enter 键即可打开资料下载页面。

**方法** 2：在计算机的网页浏览器地址栏中输入"wx.qq.com"，按 Enter 键后打开微信网页版的登录界面。按照登录界面的操作提示，使用手机微信的"扫一扫"功能扫描登录界面中的

二维码，然后在手机微信中点击"登录"按钮，浏览器中将自动登录微信网页版。在微信网页版中单击左上角的"阅读"按钮，如右图所示，然后在下方的消息列表中找到并单击刚才公众号发送的消息，在右侧便可看到下载地址和相应密码。将下载地址复制、粘贴到网页浏览器的地址栏中，按 Enter 键即可打开资料下载页面。

## 四　输入密码并下载资料

在资料下载页面的"请输入提取密码："下方的文本框中输入下载地址附带的密码（输入时注意区分大小写），再单击"提取文件"按钮，在新打开的页面中单击右上角的"下载"按钮，在弹出的菜单中选择"普通下载"选项，即可将云空间资料下载到计算机中。下载的资料如为压缩包，可使用 7-Zip、WinRAR 等解压软件解压。

# CONTENTS

# 目 录

前言

如何获取云空间资料

## 第1章 Photoshop CC 2015软件入门

### 1.1 Photoshop CC 2015新增功能
简介 .................................................17
1.1.1 更真实的模糊效果 .........................17
1.1.2 全新的"字形"面板 .......................17
1.1.3 实用的防抖锐化 ............................17
1.1.4 更精准的液化变形 .........................18
1.1.5 增强或移除照片中的薄雾 .............18
1.1.6 更精细的RAW格式照片细节调整........18

### 1.2 Photoshop CC 2015的工作界面 ...18
1.2.1 Photoshop CC 2015工作界面的组成...19
1.2.2 工具箱和工具选项栏 ....................19
应用一>>使用工具箱中隐藏的工具 .........20
应用二>>设置循环切换隐藏工具的方式 ........20
1.2.3 菜单栏 .........................................20
1.2.4 对话框和面板 ..............................21
技巧>>用快捷键打开面板 ......................21
应用一>>组合和拆分面板 ......................23
应用二>>切换工作区 ............................23
应用三>>移动面板和调整面板大小 .........23
1.2.5 图像编辑窗口与状态栏 ................23
应用>>切换图像编辑窗口 ......................24

### 1.3 屏幕显示和辅助工具的合理应用 ... 24
1.3.1 Photoshop的屏幕显示模式 .............24
应用一>>更改全屏模式的背景颜色 .........25
技巧>>快速放大或缩小 ..........................25
应用二>>使用"导航器"面板查看图像的
特定区域 ........................................26
1.3.2 旋转视图工具的应用 ....................26
技巧>>如何启用图形处理器 ...................26
1.3.3 使用辅助工具让工作更轻松.............26

应用一>>更改标尺的测量单位 ...................27
技巧>>创建参考线的技巧 ..........................27
应用二>>设置网格的大小和颜色 ...............28

### 1.4 让Photoshop更高效 .....................28
1.4.1 首选项的设置 ..............................28
应用一>>为Photoshop合理分配内存 ...........30
应用二>>设置历史记录和高速缓存 ...........30
应用三>>快速查看程序运行效率 ...............30
1.4.2 内存的清理 ..................................32
应用>>清理历史记录 ...............................32
1.4.3 设置键盘快捷键 ...........................32
应用>>清除命令或工具对应的快捷键 .........33
技巧>>用于选择工具的快捷键 ..................33
1.4.4 管理预设 .....................................34

### 1.5 使用全新的Bridge管理照片库.....34
1.5.1 认识文件浏览器Bridge ...................34
应用>>自定义Bridge的工作界面 ...............35
1.5.2 查看和重命名数码照片....................35
应用一>>快速调整缩览图的大小 ...............36
技巧>>嵌套的面板 ..................................36
应用二>>复制并重命名 ............................37
1.5.3 为数码照片添加标签、星级和关键字....37
技巧一>>用快捷键添加标签 ......................38
应用一>>自定义标签 ...............................38
技巧二>>用快捷键添加星级 ......................38
应用二>>套用关键字 ...............................38
技巧三>>移动关键字 ...............................39
1.5.4 排序和筛选数码照片 .......................39
应用>>通过评级筛选数码照片 ..................40
1.5.5 搜索数码照片 ...............................40

# 第2章 快速认识Photoshop CC 2015的重要功能

**2.1 图层** ..........................................**41**
2.1.1 "背景"图层和透明图层 ....42
应用>>将"背景"图层转换为普通图层 ......42
2.1.2 图层的可见性、不透明度和填充......42
应用>>隐藏除设置图层之外的所有图层 ......43
2.1.3 填充图层和调整图层 ............43
技巧>>快速创建调整图层 ......43
2.1.4 形状图层 ................44
技巧>>在形状图层上创建形状的技巧 ......45
2.1.5 文本图层 ................45
应用>>创建并控制段落文本框 ......45
2.1.6 图层样式 ................46
应用一>>通过右击打开"图层样式"对话框..46
应用二>>样式的显示、隐藏和删除 ...46
应用三>>应用投影效果 ......47
应用四>>分别添加外发光和内发光效果 ......48
应用五>>应用等高线效果 ......49
技巧>>"描边路径"命令和图层样式中的
"描边"是否一致 ......50

**2.2 蒙版** ..........................................**50**
2.2.1 图层蒙版 ................50
技巧>>使用画笔工具编辑图层蒙版 ......50
2.2.2 矢量蒙版 ................50
技巧>>使用快捷键停用/启用蒙版 ......50
2.2.3 快速蒙版 ................51
技巧>>使用快速蒙版的相关技巧 ......51
2.2.4 剪贴蒙版 ................51
技巧>>创建剪贴蒙版的快捷方法 ......51

**2.3 通道** ..........................................**52**
2.3.1 Alpha通道 ................52
应用一>>通过面板菜单创建新通道 ......52
应用二>>显示或隐藏通道 ......53
2.3.2 专色通道 ................53
技巧>>预览专色技巧 ......53

**2.4 路径** ..........................................**54**
2.4.1 认识绘制路径的工具 ............54
技巧>>路径相关术语 ......54
2.4.2 "路径"面板 ................54
应用>>设置路径缩览图的外形 ......55
2.4.3 路径的编辑和管理 ............56
技巧>>快速复制路径 ......56

**2.5 图像处理操作的撤销和返回** ........**56**
2.5.1 利用"编辑"菜单中的命令撤销操作....56
技巧>>历史记录与高速缓存的更改 ......57
2.5.2 快速复位对话框 ............57
2.5.3 利用"历史记录"面板撤销任意操作....57
技巧>>历史记录和动作记录的区别 ......58
应用>>设置记录用户操作历史的选项 ......58

**2.6 文字** ..........................................**59**
2.6.1 文字的基本设置 ............59
2.6.2 保存文字 ................59
2.6.3 转换文字的时机 ............60
应用>>快速栅格化文本图层 ......60

# 第3章 数码照片的二次构图

**3.1 修改数码照片的大小和比例——
裁剪工具、"裁剪"命令和"裁切"
命令** ..........................................**61**
应用一>>应用裁剪工具快速修正画面的
水平线 ......62
技巧>>使用裁剪工具时如何快速应用或取消
裁剪操作 ......62
应用二>>应用"裁切"命令裁切图像 ......63

**3.2 扩大或减小照片尺寸——
"图像大小"命令** ..........................................**63**

**3.3 自动裁剪并修齐照片——
"裁剪并修齐照片"命令** ..........................................**64**
技巧>>扫描照片时的注意事项 ......64

**3.4 旋转或翻转数码照片——
"图像旋转"命令** ..........................................**65**

技巧>>将数码照片进行水平翻转 ................ 65

**3.5 调整数码照片的画布大小——
"画布大小"命令 ................ 65**

**3.6 校正相机的扭曲——
"镜头校正"命令 ................ 66**
应用>>枕状和桶状变形 ................ 67

**3.7 校正镜头扭曲——
"自适应广角"命令 ................ 67**
应用>>校正广角镜头拍摄的变形照片 ............ 68

**3.8 调整图像大小并保护内容——
新的内容识别缩放 ................ 68**
应用一>>使用"内容识别缩放"命令调整照片
构图 ................ 69
应用二>>在水平方向上精确缩放数码照片 ..... 69
技巧>>图像缩放技巧 ................ 69
**实例演练1：将横躺的直幅照片转正** ................ 70

应用>>试试其他旋转命令 ................ 70
技巧>>为什么不使用相机的自动转正功能 ..... 70
**实例演练2：修复拍摄倾斜的数码照片** ............ 70
应用>>使用"拉直"裁剪功能校正倾斜照片 ... 71
技巧>>如何重新设置调整后的数码照片 ........ 72
**实例演练3：修复变形的数码照片** ................ 72
**实例演练4：使用"三分法则"裁剪法
二次构图** ................ 73
**实例演练5：自由裁剪照片至想要的尺寸** ......... 73
技巧>>裁剪工具应用技巧 ................ 74
**实例演练6：将照片裁剪成适合冲印的大小** ...... 74
**实例演练7：删除照片中的多余人物** ................ 75
应用>>使用裁剪预设裁剪数码照片 ............ 76
**实例演练8：在裁剪照片时保留特定内容** ......... 76
技巧>>在裁剪过程中对图像进行重新取样 ..... 77
**实例演练9：将照片调整至海报尺寸** ................ 77
技巧>>更改标尺的原点 ................ 78
**实例演练10：自定义常用的几组裁剪比例** ........78

# 第4章 修正有瑕疵的数码照片

**4.1 去除电线和其他异物——
修补工具** ................ **80**
应用>>使用快捷键调整修补图像的区域 ........ 81

**4.2 去除照片中的杂色——
"减少杂色"滤镜** ................ **81**
技巧一>>"高级"的去杂色技巧 ................ 82
技巧二>>缩放图像查看效果 ................ 82

**4.3 修复照片中的噪点——
Camera Raw滤镜** ................ **82**
技巧>>在不同视图方式下查看杂色去除 ..... 82

**4.4 图像的锐利度校正** ................ **83**
技巧一>>使用快捷键复制图层 ................ 83
技巧二>>USM锐化技巧 ................ 84
应用一>>尝试其他的混合模式效果 ............ 84
应用二>>在"柔光"模式下添加"减淡和
加深"图层 ................ 85
应用三>>渐隐锐化 ................ 85

**4.5 聚焦技法** ................ **86**
技巧一>>定义多个模糊焦点 ................ 87
技巧二>>转换为智能图层并创建智能滤镜 ..... 89
应用>>使用通道混合器突显主体对象 ............ 89
技巧三>>蒙版的编辑技巧 ................ 90
**实例演练1：清除照片中的拍摄日期** ................ 90
技巧>>仿制图章工具 ................ 91
**实例演练2：清除照片中的杂物** ................ 91
**实例演练3：去除风景照片中的多余人物** ........92
**实例演练4：清除照片中的水印** ................ 93
技巧>>快速复制图像 ................ 94
**实例演练5：使照片中的主体更加突出** ................ 94
技巧>>使用画笔工具调整蒙版 ................ 95
**实例演练6：快速拯救对焦不准的照片** ............ 96
技巧>>试试其他的混合模式效果 ................ 96
**实例演练7：模拟逼真的镜头聚焦效果** ................96
**实例演练8：让照片中杂乱的背景变得整洁** ........98
技巧>>仿制图章工具与修复画笔工具
配合使用 ................ 100

# 第5章　动态范围不足的后期补救

**5.1　控制照片的亮度和对比度——**
**"亮度/对比度"命令** .................**101**
　技巧>>自动亮度与对比度 ..................101

**5.2　局部增光——减淡工具的应用** .....**102**
　技巧>>快速选择减淡工具 ..................102

**5.3　局部减光——加深工具的应用** .....**102**
　技巧>>加深工具的应用技巧 ................103

**5.4　将照片中较暗的图像快速变亮——**
**遮罩调整图层** ......................**103**
　技巧>>认识调整图层 ......................103

**5.5　光影的均匀化——**
**"色调均化"命令** ..................**103**
　实例演练1：使用加深/减淡工具增强照片层次 ... 104
　实例演练2：应用"色调均化"命令快速提亮
　　　　　　照片 ...........................105
　　技巧>>查看图层蒙版的内容 ..............106
　实例演练3：调整数码照片的对比度 ........106
　　技巧>>删除创建的调整图层 ..............108
　实例演练4：随心所欲改变照片局部的明暗 .......108
　　技巧>>快速调整画笔大小 ................109
　实例演练5：让灰暗的照片变明亮 ...........110

# 第6章　数码照片曝光过度和不足的补救

**6.1　不同类型的色阶直方图** ..............**111**
　应用一>>用原色查看通道直方图 ...........112
　应用二>>预览直方图调整 ..................112
　应用三>>刷新直方图显示 ..................113

**6.2　把握照片的曝光度——"曝光度"**
**命令** ...............................**113**
　应用>>应用"曝光度"命令快速调整图像的
　　　　整体影调 ...........................114

**6.3　改善照片全景影调之必备工具1——**
**"色阶"命令** ......................**114**
　技巧一>>通过拖动"输入色阶"下方的滑块
　　　　　调整图像的影调 ..................115
　应用>>使用"色阶"命令调整图像影调 ......116
　技巧二>>调整图像影调的技巧 ..............116

**6.4　改善照片全景影调之必备工具2——**
**"曲线"命令** ......................**116**
　应用>>使用"曲线"命令调整图像影调 ......117

　技巧>>应用"曲线"命令的调整技巧 ..........117

**6.5　控制照片的影调——"阴影/高光"**
**命令** ...............................**118**
　应用>>使用"阴影/高光"命令调整图像 ......118

**6.6　模拟各种光晕效果——镜头光晕** ... **119**
　实例演练1：调节曝光不足的照片 ...........119
　　技巧>>"曲线"与"色阶"对话框的区别 ......121
　实例演练2：调节曝光过度的照片 ...........121
　实例演练3：调节灰蒙蒙的数码照片 ...........122
　　技巧>>衡量色阶调整程度 ................124
　实例演练4：调节高反差的数码照片 ...........124
　实例演练5：使照片中的光影更绚烂 ...........125
　　技巧>>使用快捷键调整曲线 ..............126
　实例演练6：调整逆光的数码照片 ...........126
　实例演练7：修补闪光灯过强的人像照片 .......128
　　应用>>尝试其他的混合模式效果 ...........129
　实例演练8：渲染光晕突显浪漫氛围 ...........129
　　应用>>尝试其他的光晕效果 ..............130

# 第7章　数码照片的色彩校正

**7.1　认识图像的颜色模式** ...............**132**

　技巧一>>设置双色调的技巧 ................133

应用>>在颜色通道中查看各个模式的颜色......134

技巧二>>8位、16位和32位颜色......134

技巧三>>为图像添加专色......134

**7.2 自动调整数码照片的颜色和影调...135**

应用>>在"色阶"或"曲线"对话框中
完成图像的自动调整......135

**7.3 提高数码照片的饱和度......136**

技巧>>设置自然饱和度的技巧......136

**7.4 增强指定颜色的色相与饱和度——
"色相/饱和度"命令......136**

应用>>使用"色相/饱和度"命令调整照片
颜色......137

**7.5 颜色控制命令——
"色彩平衡"命令......138**

应用>>使用"色彩平衡"命令校正颜色......138

**7.6 提高照片的某种色温——
照片滤镜......139**

应用一>>应用预设"照片滤镜"效果......139

应用二>>用照片滤镜校正色偏......140

**7.7 协调照片的颜色差异——
"匹配颜色"命令......140**

**7.8 针对单一颜色的色彩校正——
"可选颜色"命令......141**

技巧>>存储预设......141

实例演练1：用自动命令快速调整色调和影调...141

实例演练2：快速移除照片的色彩偏差......142

实例演练3：查看色彩值快速修复色彩失衡......143

技巧>>使用吸管工具判断偏色的相关技巧......144

实例演练4：校正严重偏绿/偏蓝的数码照片......144

应用>>什么是荧光灯照明？它对照片有什么
影响？应如何校正？......145

实例演练5：修复色彩暗淡的照片......145

技巧>>颜色饱和度对照片的影响......146

实例演练6：增强局部色彩让照片更迷人......146

实例演练7：单击一次消除色偏......148

实例演练8：使不够蓝的天空更加湛蓝......149

实例演练9：校正暖光下拍摄的偏色照片......150

技巧>>自动曲线调整......152

实例演练10：用"可选颜色"命令调整
照片色彩......152

技巧>>应用"可选颜色"命令的技巧......154

实例演练11：利用图层加强图像的
色彩饱和度......154

# 第8章 制作特殊色彩效果

**8.1 通过颜色通道设置照片色彩——
通道混合器......156**

应用一>>在RGB颜色模式下应用通道调整......157

应用二>>CMYK颜色模式的通道混合......157

技巧>>设置通道混合器的技巧......157

**8.2 改变照片中的特定颜色——
"替换颜色"命令......157**

**8.3 添加多色油墨效果——双色调......158**

技巧>>快速转换双色调......159

**8.4 为照片添加梦幻影调——
渐变映射......159**

技巧>>设置渐变映射的颜色......160

**8.5 制作高反差效果——阈值......160**

应用>>将照片调整为高对比度......160

**8.6 常见的5种黑白图像制作技法......161**

应用一>>进一步设置灰度模式转换的
黑白照片......161

应用二>>应用"明度"通道快速将彩色照片
黑白化......162

实例演练1：制作反转负冲胶片效果......163

实例演练2：将彩色照片转换为高品质黑白照片...165

技巧>>选择适合的黑白照片转换方法......166

实例演练3：用Lab颜色模式打造另类色调......166

技巧>>删除曲线的曲线控制点......168

实例演练4：调出温暖浪漫的秋色图......168

实例演练5：调出古典怀旧色调......169

实例演练6：制作富有个性的三色调图像......170

实例演练7：快速打造单色调冷艳风格......172

实例演练8：将照片调整成艺术化色调 ............173
实例演练9：黑白照片上色........................175

实例演练10：替换照片中人物服饰的颜色........177

# 第9章　快速抠图技法

## 9.1　规则选区的创建——选框工具的应用......................**179**

应用一>>重新选择....................................179
应用二>>应用选框工具制作双胞胎人像效果...181
技巧一>>设置快速蒙版预览模式的颜色和
　　　　不透明度........................................181
技巧二>>快速取消选区的选中状态...............181
技巧三>>创建多个单行选区........................181
应用三>>反向选区.......................................182

## 9.2　不规则选区的创建....................**182**

技巧一>>利用套索工具绘制直边线段.........182
技巧二>>绘制角度为45°倍数的直线.........182
技巧三>>使用磁性套索工具的技巧.............183
应用>>对背景色和前景色差别不大的图像
　　　创建选区.............................................184
技巧四>>使用磁性套索工具的一些建议......184

## 9.3　根据颜色选取图像....................**184**

技巧一>>在对比不明显的图像上创建选区...184
应用一>>应用魔棒工具合成图像.................185
技巧二>>快速切换快速选择工具的选取方式...186
应用二>>设置工具光标................................186
技巧三>>只更改选中图层中的图像.............186

## 9.4　擦除并抠出图像.........................**187**

应用>>用背景橡皮擦工具擦除背景，
　　　抠出主体.............................................187
技巧一>>获得更干净的图像效果 .................188
技巧二>>"魔术橡皮擦工具"选项栏的
　　　　其他设置........................................188
实例演练1：使用魔棒工具快速更换人像背景...188
应用>>试试其他图层混合模式的效果.........190
实例演练2：使用磁性套索工具抠出花朵.....190
实例演练3：借助魔术橡皮擦工具合成背景...191
技巧>>快速设置容差 ................................193
实例演练4：使用磁性套索工具抠出主体.....193
实例演练5：使用快速选择工具替换背景颜色...194
实例演练6：借助多边形套索工具调整影调.......196
实例演练7：使用快速选择工具突出照片主体...197
技巧>>如何保存并加载选区........................198
实例演练8：使用套索工具合成静物和人像.......199
技巧>>准确定位图像................................200
实例演练9：用矩形选框工具制作创意照片...200
实例演练10：将普通生活照打造为标准证件照...203

# 第10章　精细抠图技法

## 10.1　应用"色彩范围"命令抠图......**206**

应用一>>使用"色彩范围"命令使天空更加
　　　　湛蓝.............................................207
应用二>>选择不同的区域............................207

## 10.2　路径抠图法.........................**208**

技巧一>>使用钢笔工具绘制路径的技巧........208
应用>>从照片中抠出复杂的图像.................209
技巧二>>设置自由钢笔选项........................209

## 10.3　快速蒙版抠图法 .................**210**

技巧一>>快速蒙版模式下蒙版的设置...........211
技巧二>>设置快速蒙版预览模式的颜色 .........211
技巧三>>设置快速蒙版预览模式颜色的意义...211

## 10.4　通道抠图法.........................**212**

应用一>>显示或隐藏通道............................212
应用二>>为通道中的图像应用滤镜.............213
实例演练1：使用单通道抠出毛茸茸的猫咪.......213
实例演练2：使用钢笔工具抠出漂亮女鞋.......216
实例演练3：使用"色彩范围"命令替换背景...218

技巧>>根据图像选择选取方式 .................219
实例演练4：使用通道抠图法抠出透明的婚纱 ...220
技巧>>为什么要应用"色阶"命令 ........221
实例演练5：抠出人物制作海边留影效果 .........222

实例演练6：使用快速蒙版打造浅景深 .............224
技巧>>"高斯模糊"滤镜的使用技巧 .............225
实例演练7：使用快速蒙版优化人物面部皮肤 ...225
技巧>>图层蒙版的应用 ...............................227

# 第11章　为数码照片添加绘画艺术特效

**11.1　通过"滤镜"菜单应用滤镜 ......228**
**11.2　"素描"滤镜组 ............................228**
技巧一>>重复应用滤镜 ...........................229
技巧二>>使用滤镜需要遵循的原则 .........230
技巧三>>可应用于16位图像的滤镜 .........231

**11.3　"艺术效果"滤镜组 ................231**
技巧>>可应用于32位图像的滤镜 .........233

**11.4　"画笔描边"滤镜组 ...............233**
**11.5　"纹理"滤镜组 ...........................234**
技巧>>"马赛克拼贴"与"马赛克"
滤镜的区别 ...........................235

**11.6　"像素化"滤镜组 .....................235**
实例演练1：打造逼真的素描画效果 .........236

应用>>加强素描图像的对比度 .............239
实例演练2：网点版画效果 .........................239
实例演练3：黑白淡彩画效果 .....................240
技巧>>绘画艺术的要素——线条 .............242
实例演练4：水彩画效果 .............................242
技巧>>使用模糊工具调整图像的技巧 .........243
实例演练5：模拟逼真的油画效果 .............243
实例演练6：水墨画效果 .............................245
技巧一>>"中间值"滤镜的设置技巧 .........246
技巧二>>中国画的构图技巧 .....................247
实例演练7：打造仿手绘效果 .....................248
技巧>>"成角的线条"与"阴影线"滤镜的
区别 ...........................252
实例演练8：卡通插画效果 .........................252
技巧>>文字的设置技巧 .............................255
实例演练9：钢笔淡彩画效果 .....................255

# 第12章　为数码照片添加天气和气氛效果特效

**12.1　滤镜的应用技巧 .........................257**
技巧>>创建特殊效果的提示和技巧 .............258

**12.2　扭曲滤镜 .........................................258**
**12.3　"高斯模糊"滤镜 .....................260**
技巧一>>设置时保留原图像 .....................260
应用>>模拟柔光镜拍摄效果 .....................261
技巧二>>缩放预览模糊效果 .....................261

**12.4　"动感模糊"滤镜 .....................261**
应用>>制作动感的画面效果 .....................261

**12.5　"径向模糊"滤镜 .....................262**
应用>>使用图层蒙版加强动感 .................262
技巧>>径向模糊的技巧 .............................263

**12.6　云彩与分层云彩的渲染 .........263**

**12.7　模拟镜头杂色——
"添加杂色"滤镜 .....................263**
**12.8　快速将滤镜效果应用到照片中——
动作的应用 ...........................264**
实例演练1：卜雨效果 .................................265
实例演练2：暴风雪效果 .............................266
实例演练3：闪电效果 .................................268
实例演练4：阳光照耀效果 .........................270
技巧>>快速指定径向模糊的中心点 .........272
实例演练5：云雾效果 .................................273
技巧>>云雾景象的拍摄技巧 .....................274
实例演练6：双彩虹效果 .............................274
技巧>>创建第二道彩虹的快捷方法 .............277
实例演练7：水中倒影效果 .........................278
实例演练8：老照片效果 .............................280
技巧>>更改智能滤镜选项 .........................283

# 第13章　数码照片的完美合成技法

13.1　调整图像位置的必备工具——
　　　移动工具 .............................. 284
　　应用>>使用移动工具复制图像 ......... 285

13.2　使图像间自然融合——
　　　羽化选区 .............................. 285
　　应用>>试试其他的羽化效果 ........... 285

13.3　调整图像的外形——
　　　变换与变形的应用 ................. 285
　　应用>>变形命令的应用 ............... 287

13.4　相同大小的图像合成——
　　　"应用图像"命令 ................. 288
　　技巧>>修改图层视图 ................. 288

13.5　结合工具的蒙版合成——
　　　图层蒙版 .............................. 288
　　应用>>图层蒙版的应用 ............... 289
　　技巧一>>多种方法创建图层蒙版 ..... 289
　　技巧二>>删除已有图层蒙版 ......... 289

13.6　在形状内显示/隐藏图像——
　　　矢量蒙版 .............................. 290
　　应用>>向矢量蒙版中添加形状 ....... 290
　　技巧一>>编辑矢量图形 ............... 290
　　技巧二>>蒙版与图像的链接 ......... 291

13.7　根据图层合成图像——
　　　剪贴蒙版 .............................. 291
　　应用>>应用剪贴蒙版合成图像 ....... 291
　　技巧>>释放剪贴蒙版 ................. 291
　　实例演练1：制作文身效果 ........... 292
　　实例演练2：合成街头涂鸦效果 ....... 294
　　实例演练3：合成图像为人物替换背景 ... 296
　　实例演练4：合成唯美化妆品广告 ..... 297
　　实例演练5：为衣服添加图案 ......... 301
　　技巧>>设置羽化值的相关技巧 ....... 303
　　实例演练6：添加彩绘效果 ........... 303
　　技巧>>保留明度 ..................... 305

# 第14章　人像照片的基本修饰

14.1　修复红眼问题——红眼工具 ...... 306
　　技巧>>为什么会产生红眼 ........... 306
　　应用>>使用两个视图编辑同一张图像 ... 307

14.2　修复皮肤的瑕疵——
　　　修复画笔工具 ....................... 307
　　技巧>>画笔大小的设置 ............... 307
　　应用>>使用修复画笔工具修饰人物照片 ... 308

14.3　去除人像照片中的污点和瑕疵——
　　　污点修复画笔工具 ................. 308
　　技巧>>污点修复画笔工具的使用技巧 ... 308

14.4　快速调整画面中的大片瑕疵——
　　　仿制图章工具 ....................... 308
　　应用>>设置用于仿制和修复的样本源 ... 309

14.5　人像照片的快速磨皮——
　　　"表面模糊"命令 ................. 309

　　应用>>使用"表面模糊"滤镜创建光滑肌肤 ... 310

14.6　柔和的磨皮技术——
　　　"蒙尘与划痕"命令 ............. 310
　　技巧>>设置"蒙尘与划痕"滤镜的相关技巧 ... 310

14.7　保留肌肤细腻质感的磨皮技术——
　　　"计算"命令 ....................... 311
　　技巧一>>复制通道 ................... 311
　　技巧二>>将通道作为选区载入的方法 ... 311

14.8　修饰人物脸形和体形——
　　　"液化"滤镜 ....................... 312
　　应用>>应用"液化"滤镜将圆脸变成瓜子脸 ... 313
　　实例演练1：去除人物皮肤上的痘痘 ... 313
　　技巧>>修复画笔工具的使用秘诀 ..... 314
　　实例演练2：去除人物脸部的雀斑和瑕疵 ... 314
　　技巧>>设置图层蒙版的技巧 ......... 316
　　实例演练3：去除人物面部油光 ..... 316

技巧>>删除调整图层 ........................318
实例演练4：清除人物黑眼圈 ............318
实例演练5：去除人物红眼 ................320
技巧>>在弱光下如何不使用闪光灯拍摄
人像照片 ........................321
实例演练6：清除人物眼袋及眼纹 ........321
技巧>>为什么拍摄到的数码照片的色彩不鲜艳？
sRGB 和Adobe RGB 分别代表什么？ ......323
实例演练7：修补齿缝打造瓷白美牙 ......323

实例演练8：去除照片中多余的肩带 ...............325
技巧>>仿制图章工具的使用技巧 ........326
实例演练9：数码塑身技术 ................326
实例演练10：轻松磨皮打造细腻的肌肤 ..........328
实例演练11：使粗糙黯淡的皮肤变得
干净有光泽 ........................331
实例演练12：校正人物肤色 ...............332
实例演练13：去除人像照片中的多余人物 .......334

# 第15章　人像照片的美化和增色

15.1　为人物添加妆容——
画笔工具的应用 .................337
技巧>>画笔工具在何时无法绘制 ........337
应用一>>载入预设画笔 ................338
应用二>>应用画笔工具为人像照片添加
梦幻星光 ........................339
应用三>>为照片添加个性花纹 ........341
应用四>>应用渐隐画笔效果 ............342

15.2　调整妆容必备工具——
颜色替换工具 .................343
应用>>应用颜色替换工具快速更改服饰颜色 ......344
技巧>>对于"颜色替换工具"选项栏中
"限制"的理解 ..................344

15.3　改变人像照片的氛围——
渐变工具 .....................344
应用一>>从渐变中采样 ................345
应用二>>应用"渐变映射"命令更改
图像颜色渐变 ....................346

15.4　快速为人像照片添加特殊效果——
图层混合模式 .................347
技巧一>>图层混合模式的应用范围 ......347
技巧二>>设置图层混合模式的其他方法 ......348
技巧三>>更改图层组混合模式 .........349

技巧四>>设置用于混合图层的色调范围 ........349
实例演练1：打造明星般白嫩亮丽的肤色 ........350
应用>>应用减淡工具使人物五官立体化 ........351
实例演练2：制作明亮有神的眼睛 .................352
技巧>>让调整效果更自然 ................353
实例演练3：将单眼皮变成双眼皮 .................354
技巧>>选择合适的路径绘制工具 ........355
实例演练4：添加卷翘的睫毛 ................356
技巧>>用键盘中的数字键快速更改图层的
不透明度 ........................357
实例演练5：打造美瞳效果 ................357
实例演练6：改变人物妆容色调 .................358
应用>>快速上唇彩 ....................359
实例演练7：制作闪亮唇彩 ................360
技巧>>"渐变映射"命令的作用 ........361
实例演练8：打造时尚美下巴 ................362
应用>>用"液化"滤镜制作俏下巴 ........363
实例演练9：制作甜美酒窝 ................363
技巧>>缩放图层效果 ..................364
实例演练10：为头发染色 ................365
技巧>>事后调整 ......................366
实例演练11：修出精细眉形 ................366
应用>>让眉毛更浓密 ..................367
实例演练12：添加梦幻彩妆效果 .................368
应用>>使用颜色替换工具更改人物嘴唇的颜色 ......369

# 第16章　风景照片的美化和增色

16.1　去除全景照片的晕影与色差——
Photomerge命令 .................370

应用>>快速拼接全景图 ..................370
技巧>>拍摄用于Photomerge的照片的技巧 ......371

16.2 对齐图像拼合全景照片——
"自动对齐图层"命令 .............371
　　应用>>查看不同投影选项的自动对齐效果......371

16.3 混合图像全景照片效果——
"自动混合图层"命令 .............372

16.4 单照片的HDR特效——
"HDR色调"命令 .............372
　　应用一>>使用预设的HDR色调效果.........373
　　应用二>>手动调整HDR效果.........373

16.5 多张照片合成HDR影像——
"合并到HDR Pro"命令.........373

　　技巧>>拍摄用于合成的HDR照片的技巧.........374
　　应用>>用色调曲线控制HDR影调.........374

16.6 快速设置多张数码照片——
批处理功能.........375
实例演练1：快速拼接全景照片.........375
实例演练2：自动拼合全景图.........377
实例演练3：手动拼接全景照片.........378
实例演练4：为一组风景照片添加边框.........381
实例演练5：在风景照片中应用HDR效果.........383

# 第17章　商品照片的后期修饰

17.1 向照片中添加基础图形——
规则图形绘制工具 ...................386
　　应用>>为图形添加描边效果.........388
　　技巧一>>设置图形组合方式.........389
　　技巧二>>栅格化形状.........389

17.2 重新定义图形的绘制——
自定形状工具 .........389
　　技巧一>>自定义形状.........390
　　技巧二>>复位默认形状.........390

17.3 横排文字的添加——
横排文字工具 .........390
　　应用>>在商品照片中添加横排文字.........391

17.4 直排文字的添加——
直排文字工具 .........392
　　应用>>更改文字的对齐效果.........392
　　技巧>>直排文字与横排文字的转换.........392

17.5 文字与选区转换——
横排/直排文字蒙版工具.........392

17.6 文字属性的更改——
"字符"面板.........393
　　应用一>>更改照片中已有文字的效果.........393
　　应用二>>将文字转换为形状.........394

17.7 特殊字形、字符的插入——
"字形"面板.........394
　　技巧>>在"字形"面板中更改字体.........394
实例演练1：商品照片中的文字添加.........395
　　技巧>>指定段落文本的对齐方式.........397
实例演练2：照片中的文字与图形的组合设计...398
实例演练3：制作商品分类导航图.........401
实例演练4：打造商品主图.........403
实例演练5：制作商品细节展示图.........406
实例演练6：将照片设置为电商广告效果.........410
　　技巧>>图层样式的复制.........412

# 第18章　轻松编辑RAW格式照片

18.1 RAW格式概述.........413

18.2 在Camera Raw中打开图像.........414

18.3 Camera Raw的界面构成.........415

18.4 旋转、裁剪和纠正倾斜的照片 ...415
　　应用>>移动、缩放或旋转裁剪区域.........416

18.5 调整白平衡、明暗与对比度......416

应用一>>使用白平衡工具校正白平衡............417

技巧一>>Camera Raw中的色温应用 ...........417

技巧二>>快速恢复照片的默认设置............418

应用二>>在Camera Raw中使用直方图和
RGB级别 ..................................419

应用三>>调整数码照片的影调 ...................419

## 18.6　在Camera Raw中进行颜色
和色调调整 ...........................420

应用一>>制作高质量的黑白照片 ............420

应用二>>用色调曲线快速调整照片影调 .....421

技巧一>>色差的表现形式 ......................422

技巧二>>了解虚光的产生原因 ...............423

应用三>>清除照片的虚光效果 ...............423

## 18.7　在Camera Raw中修饰、
锐化和降噪 ...................423

应用一>>快速去除人物红眼 ...................423

技巧一>>使用"污点去除"工具 ...........424

技巧二>>杂色的产生原因和处理技巧 .....425

应用二>>在"基本"选项卡中快速锐化
模糊的照片 .............................425

## 18.8　在Camera Raw对话框中
进行局部调整 .........................425

应用一>>应用"调整画笔"工具调整图像
局部影调 ..............................426

应用二>>使用"渐变滤镜"工具调整
图像局部 ..............................427

## 18.9　使用其他格式存储相机
原始图像 ...........................428

技巧>>RAW格式照片的保存技巧 ...............428

## 18.10　选择合适的工作流程设置 ........428

实例演练1：在Camera Raw中校正照片 .........429

实例演练2：裁剪照片至特定比例并调整色调 ...430

实例演练3：修复数码照片的影调 .........431

实例演练4：校正偏色的照片 ...........432

实例演练5：模拟浅景深效果 ...........433

技巧>>如何拍摄出主体清晰而背景模糊的
RAW格式照片 ............................434

实例演练6：去除照片四周的暗角 .........434

实例演练7：同时调整多张RAW格式照片 ........435

技巧>>什么是RAW格式工作流程 ............436

实例演练8：将模糊黯淡的照片清晰化 ........437

技巧>>在Camera Raw中预览高光与阴影修剪 ...437

实例演练9：校正照片的白平衡 ...................438

技巧>>快速去除图像中的过渡红边或青边 ......438

# 第19章　数码照片的实际应用

## 19.1　为特定区域填充颜色——
油漆桶工具 .............................439

应用>>应用油漆桶工具快速为图像更换背景...440

## 19.2　添加各种特殊效果——
完美画笔笔尖的设置 .........440

## 19.3　将数码照片导出为Web
所用格式 ...........................441

应用一>>将Web页面切片的基本知识 ..........442

应用二>>在"存储为Web所用格式"对话框中
浏览图像 ...............................443

## 19.4　添加动感画册效果——
"时间轴"面板 .........................443

实例演练1：CD封面全套设计 ............445

实例演练2：将照片制作成台历 ............450

技巧>>快速修改投影效果 ....................452

实例演练3：制作唯美浪漫的艺术照片 ............453

实例演练4：使用婚纱照制作结婚请帖 ............456

技巧>>更改直线的属性设置 ...............459

实例演练5：制作房地产杂志内页 ...............459

# 第1章
# Photoshop CC 2015 软件入门

众所周知，Photoshop 是专业图像处理的一个标准，具有超强的图像编辑和处理功能。本章将介绍 Photoshop 的最新版本——Photoshop CC 2015 的基本知识，如工作界面的构成、屏幕显示和辅助工具的合理应用、如何使 Photoshop 更高效和使用全新的 Bridge 管理照片库等内容，帮助读者快速认识 Photoshop CC 2015，为日后的学习奠定坚实的基础。

## 1.1 Photoshop CC 2015 新增功能简介

Photoshop CC 2015 增加和升级了很多对于照片处理来讲非常实用的功能，如"模糊画廊"滤镜、"字形"面板、"去除雾霾"功能等。应用这些功能，用户能够更方便快捷地实现数码照片的华丽变身。

### 1.1.1 更真实的模糊效果

Photoshop CC 2015 重新整理并更新了"模糊画廊"滤镜，将原来位于"模糊"滤镜组下的"光圈模糊""场景模糊""移轴模糊"滤镜转移过来，并添加了新的"路径模糊"和"旋转模糊"滤镜，如下左图所示。应用全新的"模糊画廊"滤镜可以为照片添加更自然的模糊效果。同时，为了解决图像模糊区域看起来不太自然的问题，用户还可以恢复图像中各模糊区域的杂色或颗粒，使模糊效果看起来更真实，如下右图所示。

### 1.1.2 全新的"字形"面板

在数码照片后期处理中，有时会需要在画面中添加简单的文字，特别是在处理商品照片时，通过在照片中添加文字能够补充说明商品的特点、价值等。Photoshop CC 2015 中增加了一个"字形"面板，如下左图所示。使用这个面板，用户可以更自由地向图像中添加各种特殊的字形、符号等，如下右图所示。

### 1.1.3 实用的防抖锐化

"防抖"滤镜是一种智能化的锐化滤镜，可以自动减少由相机运动产生的图像模糊，该功能对于数码照片后期处理来说是非常有用的。当拍摄对象或相机移动导致拍摄出来的照片模糊时，使用此滤镜可以快速让模糊的图像变得清晰。

执行"滤镜 > 锐化 > 防抖"菜单命令，将打开"防抖"对话框，通过设置其中的选项可以控制图像的锐化强度，设置完成后单击"确定"按钮，即可完成图像的锐化处理，如下图所示。

### 1.1.4 更精准的液化变形

Photoshop CC 2015 改进了"液化"滤镜，使其不仅可以应用于普通图层，还可以支持智能对象，包括智能对象视频图层，并可被应用为智能滤镜。这有助于在处理照片时实现更准确的变形操控。

将照片打开后，复制图层，通过执行"图层 > 智能对象 > 转换为智能对象"菜单命令，将图层转换为智能图层，如下左图所示。此时执行"滤镜 > 液化"菜单命令，打开如下右图所示的"液化"对话框，在其中如果要启用更高级的液化设置，可勾选"高级模式"复选框。

### 1.1.5 增强或移除照片中的薄雾

在薄雾笼罩的环境下拍摄的照片经常会显得灰蒙蒙的。Photoshop CC 2015 中的 Camera Raw 滤镜提供了非常简单实用的去除薄雾功能。它允许用户增减照片中的薄雾。

单击 Camera Raw 对话框中的"效果"按钮，切换至"效果"选项卡，在其上方即显示了"去除薄雾"选项组。其中，"数量"选项用于控制照片中薄雾的量，向右拖动可减淡薄雾，向左拖动可增强薄雾，如下图所示。

### 1.1.6 更精细的 RAW 格式照片细节调整

Photoshop CC 2015 中的 Camera Raw 滤镜增强了局部调整功能，添加了"白色"和"黑色"滑块，允许用户有选择地调整照片中的白点和黑点，使 RAW 格式照片中的亮部和暗部对比更加明显，实现更精细的 RAW 格式照片处理。

单击 Camera Raw 对话框中的"调整画笔"按钮，展开"调整画笔"选项卡，在中间有"白色"和"黑色"两个滑块，如下图所示。拖动这两个滑块，再用画笔在图像上涂抹，就可以调整图像的效果。

## 1.2  Photoshop CC 2015 的工作界面

与之前的版本相比，Photoshop CC 2015 的工作界面更为人性化，整个工作界面以深灰色为背景色，同时将常用的面板置于工作界面右侧，为数码照片的处理留下了更多操作空间。下面就来详细介绍 Photoshop CC 2015 的工作界面。

## 1.2.1 Photoshop CC 2015 工作界面的组成

Photoshop 的工作界面既有菜单栏等常见元素，也有面板等特色元素，本小节就来简单介绍 Photoshop CC 2015 的工作界面，如下图所示。

❶**菜单栏**：提供了 11 组菜单命令，几乎涵盖了 Photoshop 中能使用的所有菜单命令。

❷**选项栏**：用于控制工具属性值，选项栏的内容会根据所选择的工具发生变化。

❸**面板**：主要用于设置和修改图像，功能相似的选项设置会集合到一个面板中。

❹**工具箱**：将 Photoshop 的功能以图标按钮的形式聚在一起，在工具箱中单击可以选择用于编辑图像的工具。

❺**图像编辑窗口**：用于对图像进行绘制、编辑等操作。在 Photoshop 中，几乎所有图像编辑操作的效果都会显示在图像编辑窗口中。

❻**状态栏**：显示当前图像的文件大小、显示比例等信息。

## 1.2.2 工具箱和工具选项栏

工具箱中包含用于图像绘制和编辑的各个工具，如下图所示。运行 Photoshop CC 2015 时，工具箱就会出现在工作界面左侧，可通过单击并拖动工具箱的标题来调整其位置，还可执行"窗口 > 工具"菜单命令，以显示或隐藏工具箱。下面对工具箱及其使用方法做详细讲解。

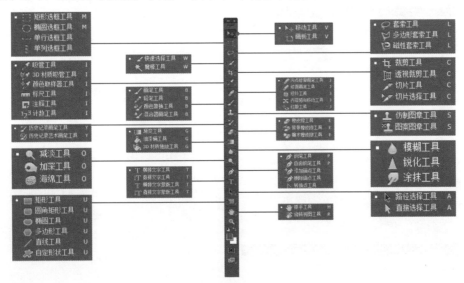

Photoshop CC 2015 中的选项栏提供了当前工具对应的选项。选择的工具不同，选项栏所提供的选项也会不同。下图所示为选中"矩形选框工具"和"画笔工具"后显示的选项栏。

**应用一>>使用工具箱中隐藏的工具**

方法一：单击工具箱中的某个工具，若工具的右下角有小三角形，则可以按住鼠标来查看隐藏的工具，然后在弹出的工具条中单击需要的工具即可，如下图所示。

方法二：在上图中可以看到，有些工具的名称后带有相同的字母，它就是这组工具共用的循环切换快捷键。默认情况下，在工具箱中单击带有隐藏工具的工具，然后连续按 Shift＋字母，就会依次显示隐藏的工具。

**应用二>>设置循环切换隐藏工具的方式**

执行"编辑 > 首选项 > 工具"菜单命令，在弹出的对话框中取消勾选"使用 Shift 键切换工具"复选框，如下图所示。这样用户在循环切换隐藏工具时就不用按住 Shift 键了。

## 1.2.3 菜单栏

Photoshop CC 2015 的菜单栏由 11 组菜单组成，如下图所示，在菜单上单击就可以打开相应的下级菜单，选择后即可应用。

文件(F) 编辑(E) 图像(I) 图层(L) 文字(Y) 选择(S) 滤镜(T) 3D(D) 视图(V) 窗口(W) 帮助(H)

（1）"文件"菜单：其中的命令主要用于对文件进行处理，如新建、打开、存储、置入、关闭和打印文件等。

（2）"编辑"菜单：用于对图像进行编辑，包括图像的还原、复制、粘贴、填充、描边、变换、内容识别和定义图案等操作。

（3）"图像"菜单：用于对图像的颜色模式、色调、大小等进行调整和设置。在图像处理中，"图像"菜单是最为常用的菜单之一。

（4）"图层"菜单：用于对图层做相应的操作，包括图层的新建、复制、删除、排列等。

（5）"文字"菜单：主要用于对创建的文字进行调整和编辑，包括文字面板的选项、文字变形、字体预览大小等。

（6）"选择"菜单：主要用于对选区进行操作。使用各种选区创建工具在图像中创建选区后，执行"选择"菜单中的命令，可对选区进行反向、修改、变换等编辑，使选择的区域更准确。

（7）"滤镜"菜单：提供多种命令，用于对图像添加纹理效果、艺术效果、渲染效果等特殊效果，让图像的表现力更加丰富。

（8）3D 菜单：用于对 3D 对象进行操作。通过 3D 菜单中的命令，可以打开 3D 格式文件、将 2D 图像转换为 3D 图形、进行 3D 对象的渲染等。

（9）"视图"菜单：用于对整个视图进行调整和设置，包括视图的缩放、显示标尺、设置参考线和调整屏幕模式等。

（10）"窗口"菜单：用于控制工具箱和各面板的显示与隐藏。在"窗口"菜单中选中面板名称，就可以在工作界面中打开该面板；若取消选中，则会隐藏该面板。

（11）"帮助"菜单：能帮助用户解决操作过程中遇到的各种问题。

## 1.2.4 对话框和面板

在 Photoshop CC 2015 窗口中选择需要的菜单命令，即可打开相应的对话框或面板。通过设置对话框和面板，可提高工作效率并制作出各种图像效果。本小节将介绍对话框和面板的相关内容。

### 1. 对话框

打开需要处理的图像，执行"滤镜 > 模糊 > 高斯模糊"菜单命令，打开"高斯模糊"对话框，如下图所示。在该对话框中可进一步设置选项，使模糊效果更加理想。

❶ "确定"按钮：单击该按钮，即可应用对话框中设置的参数，也可以直接按 Enter 键确定。

❷ "取消"按钮：单击该按钮，可取消操作并关闭对话框。如果按下 Alt 键，那么"取消"按钮将更改为"复位"按钮，单击该按钮可恢复到默认设置或之前的设置。

❸ "预览"复选框：勾选该复选框，可预览设置后的图像效果。

❹ "半径"选项：用于调整模糊的程度。用户既可在文本框中直接输入半径大小，也可用鼠标拖动下方的滑块来调整半径大小。

### 2. 面板

面板汇集了照片处理中常用的选项或功能，在编辑图像时，选择工具箱中的工具或执行菜单栏中的命令后，可进一步细致调整面板上的各种选项或将面板上的功能应用到图像上。下图所示为一个简单的面板，即"通道"面板。

❶ 标题：显示了当前面板的名称。

❷ 缩览图：按住 Ctrl 键单击，几乎所有面板的缩览图都可以被作为选区载入。

❸ 扩展按钮：单击该按钮，可以打开相应的面板菜单。

❹ 快捷按钮：用于执行常用的操作。

> ⭐ **技巧>>用快捷键打开面板**
>
> Photoshop 中的面板可以用快捷键来显示或隐藏，例如：F5——"画笔"面板；F6——"颜色"面板；F7——"图层"面板；F8——"信息"面板；Alt+F9——"动作"面板。

Photoshop CC 2015 根据功能设置了多种面板，下面对这些面板的主要功能做简单介绍。

（1）"调整"面板：主要用于为图像可选择的某个对象设置调整图层，并可通过预设的设置直接添加调整图层，如下左图所示。

（2）"属性"面板：用于针对调整图层、蒙版进行设置和编辑。单击"调整"面板中的按钮，则在创建调整图层的同时显示相应的"属性"面板。而双击"图层"面板中的蒙版缩览图，则可显示蒙版的"属性"面板。如下右图所示即为单击"调整"面板中的"色阶"按钮后显示的"属性"面板。

（3）"图层"面板：可对多个图层进行编辑，如下左图所示。面板底部的按钮用于快速完成图层的相关操作。

（4）"通道"面板：显示设置的颜色模式下的通道信息，通过设置达到管理颜色信息的目的，如下右图所示。在该面板中，可设定选区以及创建或管理通道。

（5）"路径"面板：用于新建、存储和载入路径，如下左图所示。通过单击下方的按钮可对路径进行相关操作。

（6）"样式"面板：样式是可以直接运用的图像效果，通过该面板可快速为图层应用预设样式，如下右图所示。

（7）"颜色"面板：用于设定前景色和背景色，或通过两种方式对颜色进行设置，如下左图所示。

（8）"色板"面板：用于设置颜色，单击面板中的色块，即可将其设置为前景色，如下右图所示。

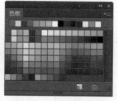

（9）"信息"面板：主要用于显示图像的颜色信息，如下左图所示。将鼠标放在图像上，该面板就会显示鼠标所在位置图像的颜色信息。

（10）"导航器"面板：能方便直观地显示图像的任意区域和更改图像的缩放比例，如下右图所示。

（11）"字符"面板：用于设置并编辑文字，可对文字的字体、大小、间距和颜色等进行设置，如下左图所示。

（12）"段落"面板：用于设置文字的段落选项，如对齐设置、缩进设置等，如下右图所示。

（13）"动作"面板：适用于多个图像同时应用同一种操作过程的情况，可选择预设的多种动作，如下左图所示。

（14）"历史记录"面板：将图像处理的操作过程按照操作的顺序记录下来，便于恢复操作，如下右图所示。

（15）"画笔"面板：可对画笔笔尖的外形、大小和柔和等效果进行设置，还可以创建新画笔并更改画笔名称，如下左图所示。

（16）"仿制源"面板：可设置 5 个不同的样本源并快速选择所需的样本源，而不用在每次更改为不同的样本源时重新取样，如下右图所示。

## 应用二>>切换工作区

执行"窗口 > 工作区"菜单命令，在弹出的级联菜单中可查看并选择预设的工作区，以显示相应的面板组合。例如，如果是对照片进行颜色调整，则可以执行"窗口 > 工作区 > 摄影"菜单命令，如图❶所示。执行该命令后，将会显示与照片处理相关的"调整""直方图"等面板，如图❷所示。

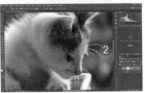

## 应用一>>组合和拆分面板

在使用 Photoshop 的过程中，为了提高工作效率，可将一些面板组合在一起。

### 1. 组合面板

单击"调整"面板组中的"样式"面板标签，按住鼠标左键不放，然后向上拖动至"颜色"面板组中的标签位置，释放鼠标即可将"样式"面板与"颜色"和"色板"面板组合在一起，如图❶和图❷所示。

### 2. 拆分面板

需要拆分面板时，只要单击并拖动面板标签即可。如图❸所示，单击"图层"面板标签，并将其拖动至界面左侧，此时会将"图层"面板从原来的组合中分离出来，形成独立的面板。如图❹所示，单击并拖动"通道"面板标签，将"通道"面板分离出来，成为独立的面板。

## 应用三>>移动面板和调整面板大小

在 Photoshop 中，不但可以随意移动面板位置，还能调整面板大小。

用户可根据自己的工作习惯调整面板的位置。单击面板标签，按住鼠标左键不放，如图❶所示；即可将面板拖动到任意位置，如图❷所示。

如要调整面板的大小，可将鼠标指针放置在拖移出的面板下端，如图❸所示。当鼠标指针变为双向箭头形状时，单击鼠标并向下或向上拖动即可缩放面板，如图❹所示。

## 1.2.5 图像编辑窗口与状态栏

图像编辑窗口用于显示当前打开的图像文件，而状态栏位于图像的下端，用于显示当前打开图像的文件大小以及在工具箱中所选工具的说明信息等，如下图所示。

❶**标题栏**：用于显示打开图像的名称、文件格式、缩放比例和图像模式等信息。

❷**操作按钮**：单击不同的按钮可将窗口最小化、最大化和关闭。单击"最小化"按钮 ━，将窗口最小化显示；单击"最大化"按钮 ▢，将窗口最大化显示，将窗口最大化显示后，若要将其还原为原来的大小，则可单击"恢复"按钮 🗗，将窗口还原；若要关闭当前操作的图像编辑窗口，则可单击"关闭"按钮 ✕ 。

❸**图像效果**：显示了当前操作的图像效果。

❹**滑块**：单击并拖动滑块可查看更多的图像内容。拖动右侧的滑块，可查看图像纵向的其他内容；拖动下方的滑块，可查看图像横向的其他内容。

❺**状态栏**：用于显示当前图像的缩放比例及文档大小等信息。

**应用>>切换图像编辑窗口**

当同时打开多个图像时，在窗口中将以选项卡的方式将这些图像编辑窗口进行排列，以便在不同的图像编辑窗口之间切换。

在 Photoshop CC 2015 中打开多张素材图像，但在图像编辑窗口中只会显示一幅图像，如图❶所示，用鼠标单击第二个文件的标签，即可切换到该图像编辑窗口，显示第二幅图像，如图❷所示。

## 1.3 屏幕显示和辅助工具的合理应用

Photoshop 提供标准屏幕模式、带有菜单栏的全屏模式及全屏模式 3 种屏幕显示模式。此外，Photoshop 还提供了一系列辅助工具，帮助用户更加精确地编辑和调整图像。

### 1.3.1 Photoshop 的屏幕显示模式

不同的屏幕模式为用户提供了不同的操作空间及图像显示效果。若想要将图像全屏显示出来而又不影响图像的缩放和其他控制面板的显示，则可以切换到带有菜单栏的全屏模式；若想要查看更完整的图像编辑效果，则可以切换到黑色背景的全屏模式。本小节将简单介绍 Photoshop 的屏幕显示模式。

1. 更改屏幕模式

在 Photoshop CC 2015 中更改屏幕模式非常简单，具体操作方法如下。

（1）**标准屏幕模式**：该模式是默认的屏幕显示模式，在此模式下会显示菜单栏、滚动条和其他屏幕要素。单击工具箱中的"更改屏幕模式"按钮 ▢ ，在弹出的菜单中选择"标准屏幕模式"选项或执行"视图 > 屏幕模式 > 标准屏幕模式"菜单命令，即可以标准屏幕模式显示，如下图所示。

（2）**带有菜单栏的全屏模式**：该模式下整个窗口扩至全屏，Windows 任务栏被隐藏，

但会保持菜单栏、工具箱、面板等窗口元素可见。单击工具箱中的"更改屏幕模式"按钮，在弹出的菜单中选择"带有菜单栏的全屏模式"选项或执行"视图 > 屏幕模式 > 带有菜单栏的全屏模式"菜单命令，即可切换到该模式，如下图所示。

（3）**全屏模式**：单击工具箱中的"更改屏幕模式"按钮，在弹出的菜单中选择"全屏模式"选项或执行"视图 > 屏幕模式 > 全屏模式"菜单命令，将弹出提示对话框，单击"全屏"按钮，即可切换到全屏模式，如下图所示。此时屏幕上只显示当前图像，Photoshop 窗口的其他元素则被隐藏起来。按 F 键或 Esc 键可返回标准屏幕模式。

另外，用户可通过按 F 键在 3 种屏幕显示模式间切换。

若在弹出的快捷菜单中选择"选择自定颜色"选项，如图❸所示，将打开"拾色器（自定画布颜色）"对话框，在该对话框中可自定义背景的颜色，如图❹所示。设置完成后单击"确定"按钮，即可将全屏模式的背景颜色设置为新定义的颜色。

### 2. 放大和缩小图像的显示比例

在 Photoshop 中，对图像显示比例的缩放主要是通过"缩放工具"来实现的。单击工具箱中的"缩放工具"按钮，若要将图像放大，则单击其选项栏中的"放大"按钮，再在图像中单击即可将图像放大，如下左图所示；若要缩小图像，则单击其选项栏中的"缩小"按钮，再在图像中单击，即可将图像缩小，如下右图所示。

---

🎓 **应用一 >> 更改全屏模式的背景颜色**

将 Photoshop 的屏幕显示模式设置为全屏模式后，可以对屏幕的背景颜色进行更改。在窗口空白部分右击，在弹出的快捷菜单中选择"浅灰"选项，如图❶所示，便可将全屏模式的背景设置为浅灰色，如图❷所示。

---

⭐ **技巧 >> 快速放大或缩小**

选择"缩放工具"，然后单击并按住图像，可实现连续运动的平滑放大。按住 Alt 键单击并按住图像可连续缩小。

**3. 查看图像其他区域**

（1）使用窗口滚动条：用鼠标拖动滚动条来查看靠近图像边缘的区域。先应用"缩放工具"在要查看的图像上单击，将其放大，然后拖动窗口右侧或下方的滚动条对图像进行查看，如下图所示。

（2）使用抓手工具：单击工具箱中的"抓手工具"按钮，或按 H 键，然后在图像中单击并拖动，即可查看图像的其他区域，如下左图所示。要在已选定其他工具的情况下使用抓手工具，则可按住空格键在图像中拖动，如下右图所示。

**应用二>>使用"导航器"面板查看图像的特定区域**

执行"窗口 > 导航器"菜单命令，打开"导航器"面板，单击并拖动"导航器"面板中的彩色框（代表视图区域），即可查看图像的特定区域。图❶和图❷所示分别为查看不同区域的图像效果。

 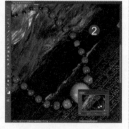

## 1.3.2　旋转视图工具的应用

使用 Photoshop CC 2015 中的旋转视图工具，可以在不破坏图像的情况下旋转画布。下面将简单介绍新的旋转视图工具的应用。

打开需要设置的素材图像，单击工具箱中的"抓手工具"按钮，按住鼠标不放，在弹出的菜单中选择"旋转视图工具"，然后在图像中单击并拖动，便可对图像进行旋转。无论当前画布是什么角度，图像中的罗盘都将指向北方。需要注意的是，必须启用图形处理器才能使用该功能，否则将弹出如下图所示的对话框。

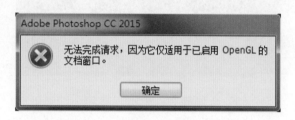

**技巧>>如何启用图形处理器**

执行"编辑 > 首选项 > 性能"菜单命令，打开"首选项"对话框，在"图形处理器设置"选项组中勾选"使用图形处理器"复选框即可，如下图所示。

## 1.3.3　使用辅助工具让工作更轻松

标尺、参考线和网格都是 Photoshop CC 2015 提供的图像编辑辅助工具。本小节将简单介绍如何使用辅助工具使工作更加轻松。

**1. 使用标尺测量照片的尺寸**

若要精确地编辑图像，可通过标尺来进行测量。执行"视图 > 标尺"菜单命令，如下左图所示；可以将标尺在图像编辑窗口中显示出来，如下右图所示。

应用一>>更改标尺的测量单位

方法一：执行"编辑 > 首选项 > 单位与标尺"菜单命令，打开"首选项"对话框，在"标尺"下拉列表框中选一种度量单位，如图❶所示。

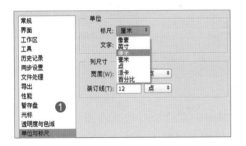

方法二：右击标尺，从弹出的快捷菜单中选择一个新单位，如图❷所示。

## 2. 用参考线和网格定位

参考线和网格可帮助用户精确地定位图像位置。参考线显示为浮动在图像上方的不会打印出来的线条。网格对于处理对称排列的图像非常有用。网格在默认情况下显示为不打印出来的线条，但也可以显示为点。

（1）**参考线定位**：参考线的作用是在绘制图像时得到准确的图像边缘，使图像边缘紧靠在参考线上。执行"视图 > 新建参考线"菜单命令，打开"新建参考线"对话框，如下左图所示。在该对话框中可以设置所创建的参考

线的方向以及位置，设置完成后单击"确定"按钮即可。不应用菜单命令也可以创建参考线，将标尺在图像编辑窗口中显示出来后，应用移动工具从标尺边缘向图像中间拖动，释放鼠标后即可创建一条新的参考线，如下右图所示。

使用移动工具拖动参考线可改变其位置，而将参考线拖动到标尺上则可将其删除。若要锁定或清除所有参考线，可使用"视图"菜单中的相应命令。

技巧>>创建参考线的技巧

从水平标尺拖动可创建水平参考线，按住 Alt 键从垂直标尺拖动也可创建水平参考线，如图❶所示；从垂直标尺拖动可创建垂直参考线；按住 Shift 键从水平或垂直标尺拖动，可创建与标尺刻度对齐的参考线，如图❷所示。

（2）**网格定位**：网格就是在画面上显示的格子形态的图像，显示在图像编辑窗口中的网格将会和图像的左侧和顶部对齐。执行"视图 > 显示 > 网格"菜单命令，如下左图所示；将显示网格效果，如下右图所示。若要隐藏网格，则执行"视图 > 显示额外内容"菜单命令。

**应用二>>设置网格的大小和颜色**

执行"编辑 > 首选项 > 参考线、网格和切片"菜单命令,打开"首选项"对话框,在"网格"选项组中可设置网格的颜色、样式、网格线间隔等参数,如下图所示。设置完成后单击"确定"按钮,即可更改网格的大小和颜色。

### 3. 显示和隐藏额外内容

参考线、网格、目标路径、选区边缘、切片、文本边界、文本基线和文本选区是不会打印出来的额外内容,它们可以帮助用户选择、

移动或编辑图像和对象。用户可以打开或关闭一个额外内容或额外内容的任意组合,这对图像没有影响;也可以通过执行"视图 > 显示额外内容"菜单命令来显示或隐藏额外内容,如下左图所示。显示额外内容的效果如下右图所示。隐藏额外内容只是禁止显示额外内容,并不会关闭这些选项。

## 1.4 让 Photoshop 更高效

Photoshop 处理的图像文件通常都很大,大量信息都用于存储那些记录着图像颜色的像素。仅打开文件这一简单的操作也会将这些信息传送给计算机的存储器或内存,并占用小部分计算机的进程。应用滤镜和特效的计算更为复杂,它将会更改并计算图像中的所有像素。因此,使用 Photoshop 处理图像会占用较多系统资源,很可能导致运行缓慢、卡顿等现象,影响工作效率。我们可以根据计算机的配置情况及自己的操作习惯,对 Photoshop 的选项进行设置,使程序运行得更加流畅,操作起来也更加顺手。

### 1.4.1 首选项的设置

许多程序设置都存储在 Adobe Photoshop CC 2015 Prefs 文件中,其中包括常规显示选项、文件存储选项、性能选项、光标选项、透明度选项、文字选项以及增效工具和暂存盘选项等。这些选项大多都是在"首选项"对话框中设置的。每次退出应用程序时都会存储首选项设置。下面将介绍如何进行首选项设置。

执行"编辑 > 首选项"菜单命令,然后从级联菜单中选择所需的首选项组,即可打开"首选项"对话框,如下图所示。

❶性能选项：包括"常规""界面""工作区""工具""历史记录""同步设置""文件处理""导出""性能""暂存盘""光标""透明度与色域""单位与标尺""参考线、网格和切片""增效工具""文字""3D"和"技术预览"共 18 个选项，单击需要设置的选项，便可在右侧相应的选项组中直接设置。

❷"上一个"/"下一个"按钮：单击按钮可切换至上一个或下一个首选项组。

❸"复位所有警告对话框"按钮：有时用户会看到一些包含警告或提示的信息，通过选择信息中的"不再显示"选项，用户可禁止显示这些信息。通过该按钮，用户可以在全局范围内重新显示所有已被禁止显示的信息，如下图所示。

（1）常规：用于设置 Photoshop CC 2015 的普通操作环境。其中，"拾色器"用于设置颜色类型，"图像插值"会随着图片形态及大小而改变，并且可以调整像素的组合形式。"选项"区中显示的都是与操作相关的命令，如剪贴板的应用、声音提示等。

（2）界面：用于设置 Photoshop 窗口的外观，如背景填充色、边界样式、界面的语言和文本大小等。

（3）工作区：用于对整个工作区进行调整，在其中可以对工作区中的面板选择折叠或隐藏的显示方式，如下图所示。如果需要将工作区恢复到默认状态，就可以单击"恢复默认工作区"按钮。

（4）工具：用于工具选项的调整，如是否启用工具提示、手势，应用工具拖动时是否产生滚动的动画效果等，如下左图所示。

（5）历史记录：此选项卡是 Photoshop CC 2015 新增的选项卡，用于对历史记录选项进行调整。用户可以通过其中的选项指定记录的存储位置等，如下右图所示。

（6）同步设置：是 Photoshop CC 2015 新增的首选项功能，用于调整软件的同步内容。单击"高级设置"选项组下的"要同步的内容"下拉按钮，在展开的列表中选择并调整需要同步的内容，如下图所示。

（7）文件处理：用于设置文件共享相关的选项。在"文件存储选项"选项组中主要设置在保存图像时是否保存预览图像，以及文件扩展名的大小写格式。在"文件兼容性"选项组中可以调整 Camera Raw 插件的兼容性。还可以设置在"文件 > 最近打开文件"菜单中最多显示几个文件，如下左图所示。

（8）导出：用于设置 Photoshop 导出文件的格式以及指定导出文件的位置，如下右图所示。

（9）性能：用于设置 Photoshop CC 2015 所占的内存比例，以及设置历史记录状态与高速缓存级别，如下图所示。

要启用或禁用暂存盘，请勾选或取消勾选"现用"复选框。

单击箭头按钮，更改暂存盘的使用顺序。

（10）暂存盘：在"暂存盘"选项组中可以选择暂存盘所在的硬盘分区，如下图所示。

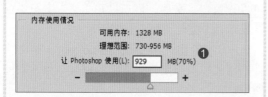

需要注意的是，若想要使所做的更改生效，需要重新启动 Photoshop 软件。

### 应用一>>为Photoshop合理分配内存

"性能"首选项中显示了 Photoshop 的可用内存和用于 Photoshop 内存的理想范围（总的可用内存的百分比）。

执行"编辑 > 首选项 > 性能"菜单命令，打开"首选项"对话框，在"让 Photoshop 使用"后的数值框中输入数值或拖动滑块，设置分配给 Photoshop 使用的内存容量，如图❶所示。

如果用户的系统没有足够的内存来执行某项操作，那么软件将使用一种专有的虚拟内存技术（也称为暂存盘）。暂存盘可以是任何具有空闲存储空间的驱动器。默认情况下，Photoshop 将安装了操作系统的硬盘驱动器用作主暂存盘。

Photoshop 将检测所有可用的内部磁盘并将其显示在"暂存盘"选项组中，如图❷所示。用户可以在现用暂存盘已满时启用其他暂存盘。主暂存盘所在的磁盘分区应该是速度最快的；用户需要确保它进行过碎片整理并且具有足够的可用空间。

### 应用二>>设置历史记录和高速缓存

执行"编辑 > 首选项 > 性能"菜单命令，打开"首选项"对话框。若要设置"历史记录"面板在默认情况下显示的状态数，则单击并拖动"历史记录状态"滑块，如图❶所示。

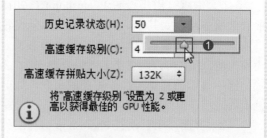

若要设置Photoshop使用的高速缓存级别，则单击并拖动"高速缓存级别"滑块，如图❷所示。设置完成后，必须重新启动 Photoshop 软件才能使高速缓存级别设置生效。

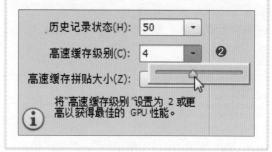

### 应用三>>快速查看程序运行效率

若 Photoshop 的运行速度下降或程序运行效率低于 100%，则需要增加内存或采用其他一些不需要大量内存的方式运行 Photoshop。那么如何查看程序的运行效率呢？

单击状态栏左下角的三角形图标▶,在弹出的菜单中选择"效率"选项,如下图所示。

此时状态栏上将显示 Photoshop 使用了多少内存,是否占用了暂存盘来交换数据。接近100% 的数值表示仅使用了少量的暂存盘空间,因此添加更多内存并不会提高软件性能。低于75% 的数值表示添加内存后有可能提高性能。

（11）光标:用于设置鼠标指针的工作环境。"绘画光标"选项组用于指定在应用绘图工具时鼠标指针的形状,如下图所示。不同选项对应的指针形状也不相同。

（12）透明度与色域:用于设置图层中透明部分的显示样式,如透明区域的网格大小、网格颜色。"色域警告"表示将 RGB 模式更改为 CMYK 模式并进行打印的时候,预先显示无法表现的颜色区域,如下图所示。

（13）单位与标尺:用于设置 Photoshop的度量单位。其中,"单位"选项组用于设置标尺和文字的单位,而"列尺寸"选项组中可调整宽度、装订线的数值以帮助调整图像的大小。"新文档预设分辨率"选项组用于设置打印时的分辨率及屏幕的分辨率。"点/派卡大小"选项组设置的是根据打印机的性能来调整每英寸的尺寸,如下图所示。

（14）参考线、网格和切片:可设置参考线、智能参考线等的颜色和样式。而对于网格,可以在选项组中设置网格线的间隔及子网格的数目,如下图所示。

（15）增效工具:用于选择是否启用生成器或远程连接。在启用远程连接时,还可以指定服务名称和密码。此外,在"滤镜 & 扩展面板"选项组下可指定是否显示滤镜库的所有组和名称、是否载入扩展面板等,如下图所示。

（16）文字:在"文字"选项卡中包含"文字选项"和"选取文本引擎选项"两个选项组,如下图所示。其中,启用"使用智能引号"后,输入文本时将自动使用弯曲的引号代替直引号。

（17）3D：用于设置 3D 图像的编辑与渲染方式。在未启用"图形处理器"功能时，此选项卡中的选项均显示为灰色，处于不可设置状态，如下图所示。

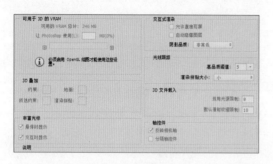

（18）技术预览：用于试用 Photoshop 提供的实验性功能，这些功能尚未成熟，因此使用时需要格外谨慎。其中，"启用设计空间（预览）"为 Web 和移动应用程序设计人员打造了新颖、现代且高效的操作体验，包括全新的界面，以及优化的交互与所需功能；"启用多色调 3D 打印"则可以根据当前使用的 3D 打印头的数量，利用新的多色调 3D 打印功能将表面 RGB 通道转换为多色调通道，使打印出的 3D 对象看起来更像图像，而非艺术线条的纹理表面，如下图所示。

## 1.4.2　内存的清理

运行 Photoshop 时，内存中存储的数据量要远远大于在软件中执行命令、操作时涉及的数据量。剪贴板中会保存用户最后一次复制或剪切的内容，"历史记录"面板中则只保留用户在一个文档内最后执行的一定数量的操作记录。因为用户可能需要在 Photoshop 中同时打开多个文件，程序又要为每个打开的文件保存历史记录，所以这些记录会占用不少的内存，如果不使用暂存盘，那么不妨将剪贴板中占用较大内存的文件以及不再需要的历史记录清除。Photoshop CC 2015 中的"清理"命令允许用户释放被"还原"命令、"历史记录"面板和剪贴板占用的内存。

执行"编辑 > 清理"菜单命令，在弹出的级联菜单中选择要清空的项目，如下图所示。如果要清理的项目已经是空的，那么相应的菜单命令呈灰色。用户可以对那些以非灰色显示的项目进行清理。

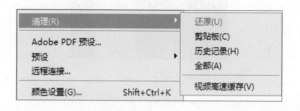

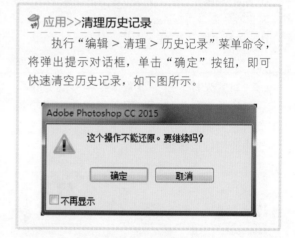

应用>>清理历史记录

执行"编辑 > 清理 > 历史记录"菜单命令，将弹出提示对话框，单击"确定"按钮，即可快速清空历史记录，如下图所示。

## 1.4.3　设置键盘快捷键

在 Photoshop 中使用键盘快捷键可提高工作效率。用户可以使用默认快捷键或自定义快捷键。掌握经常使用的 Photoshop 工具和菜单命令的快捷键可极大地节约操作时间。可以通过"键盘快捷键和菜单"对话框为常用工具或命令设置快捷键。在该对话框中，用户可以将快捷键删除，也可以将其重新定义为容易记住的快捷键；而对于菜单，用户可以通过设置颜色来突出显示菜单命令，以便更快地找到想要的命令。本小节将介绍如何设置键盘快捷键。

"键盘快捷键和菜单"对话框相当于一个快捷键编辑器，包括所有支持快捷键的命令，其中一些命令默认没有对应的快捷键。为了使用方便，用户可以自己设定或更改快捷键。执行"编辑 > 键盘快捷键"菜单命令，打开"键盘快捷键和菜单"对话框，如下图所示；用户可将菜单展开，以找到需要设置快捷键的命令。

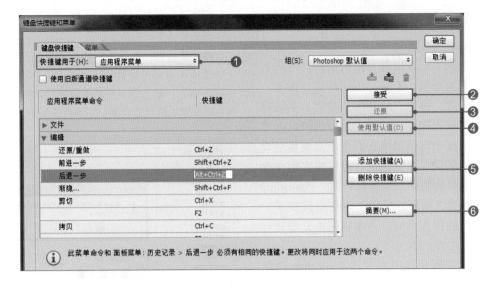

❶快捷键用于：用于设置快捷键类型。单击其右侧的下拉按钮，在弹出的列表中可选择选项，如下图所示。若选择"应用程序菜单"选项，则允许用户为菜单栏中的项目自定键盘快捷键；若选择"面板菜单"选项，则允许用户为面板菜单中的项目自定键盘快捷键；若选择"工具"选项，则允许用户为工具箱中的工具自定键盘快捷键。

❷"接受"按钮：单击该按钮，将快捷键分配给新的命令或工具，并删除以前分配的快捷键。

❸"还原"按钮：单击该按钮，将放弃上一次存储的快捷键更改，但不关闭对话框。

❹"使用默认值"按钮：单击该按钮，将快捷键恢复为默认值。

❺"添加快捷键"/"删除快捷键"按钮：为菜单命令或工具添加或删除快捷键。

❻"摘要"按钮：将显示的一组快捷键导出为HTML 文件。用户可在 Web 浏览器中查看此 HTML文件，以了解相应的快捷键组。单击该按钮，打开"另存为"对话框，在该对话框中可设置导出文件的位置和名称等参数。

🎓 **应用>>清除命令或工具对应的快捷键**

执行"编辑 > 键盘快捷键"菜单命令，打开"键盘快捷键和菜单"对话框。选择要删除

其快捷键的命令或工具名称，然后单击"删除快捷键"按钮，如图❶所示；即可清除命令或工具对应的快捷键，如图❷所示。

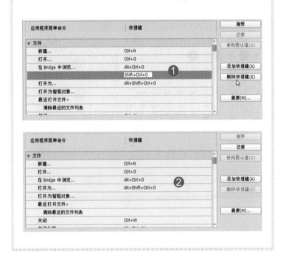

⭐ **技巧>>用于选择工具的快捷键**

按住 Shift 键并按快捷键，可循环切换同一快捷键的工具；按住 Alt 键并单击工具（添加锚点、删除锚点和转换点工具除外），可循环切换隐藏的工具；按 V 键可切换至移动工具／画板工具；按 M 键可切换至矩形选框工具／椭圆选框工具；按 L 键可切换至套索工具／多边形套索工具／磁性套索工具；按 W 键可切换至魔棒工具／快速选择工具；按 C 键可切换至裁剪工具／透视裁剪工具／切片工具／切片选择工具。

### 1.4.4 管理预设

Photoshop CC 2015 为用户创建自定义工具和特效提供了一个极其自由的空间，用户可以自定义笔尖形状、工具、图层样式、图案、渐变和色板等。要想充分利用该功能，不妨将这些自定义设置保存为预设，这样便可以在之后的使用过程中直接调用它们而不需要重复设定。为了永久保存这些预设，可以将它们保存到一个已命名的组中，并保存该组。Photoshop CC 2015 中的"预设管理器"为用户提供了一个极其自由的操作空间。下面将简单介绍管理预设的相关内容。

预设管理器允许用户管理 Photoshop 随附的预设画笔、色板、渐变、样式、图案、等高线、自定形状和预设工具的库等。执行"编辑 > 预设 > 预设管理器"菜单命令，打开"预设管理器"对话框，如下图所示。

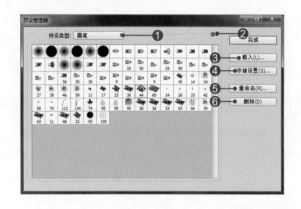

❶"预设类型"下拉列表框：选择一个选项，以便切换到特定的预设类型。

❷扩展按钮：单击该按钮，可展开面板菜单。在该菜单中可设置需要的显示模式和预设选项，如下左图所示；若选择下方的画笔选项，则可以向列表中添加更多的画笔效果，如下右图所示。

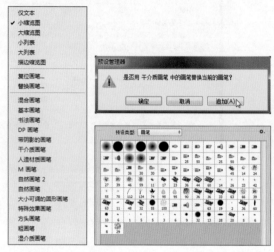

❸"载入"按钮：单击该按钮，在弹出的"载入"对话框中可选择需要的项目。

❹"存储设置"按钮：单击该按钮，打开"存储"对话框，用于存储预设项目。

❺"重命名"按钮：单击该按钮，对画笔、色板等进行重命名。

❻"删除"按钮：单击该按钮，删除预设项目。

## 1.5 使用全新的 Bridge 管理照片库

在将拍摄的数码照片导入计算机后，为了便于日后的查看和使用，最好将这些数码照片进行归类和整理，全新的 Bridge 可快速有效地管理照片库，使照片井然有序地放置于电脑的特定位置，以便日后使用。本节将详细介绍如何运用 Bridge 进行数码照片的浏览和管理。

### 1.5.1 认识文件浏览器 Bridge

Photoshop CC 2015 中的文件浏览器 Bridge 解决了 Photoshop 用户每时每刻都在面对的问题：如何分类、存储数码照片，以便更加快捷方便地查找照片。独立的 Bridge 应用程序可以进行文件分类并指定查找标准，与执行某些基本的文件操作类似，可帮助用户查找、组织和浏览创作素材。

打开 Photoshop CC 2015，执行"文件 > 在 Bridge 中浏览"菜单命令，即可打开 Bridge 窗口，如下图所示。

❶**菜单栏**：排列显示 Bridge 的菜单命令，共包含 8 组菜单。

❷**路径栏**：显示正在查看的文件夹的路径，使用户能够导航到该文件夹。

❸**"收藏夹"面板**：可以快速访问经常浏览的文件夹。

❹**"文件夹"面板**：显示文件夹层次结构，供用户浏览文件夹。

❺**"收藏集"面板**：允许创建、查找和打开收藏集和智能收藏集。

❻**"过滤器"面板**：可以排序和筛选"内容"面板中显示的文件。

❼**内容**：显示由导航菜单按钮、路径栏、"收藏夹"面板、"文件夹"面板或"收藏集"面板指定的文件。

❽**"预览"面板**：显示"内容"面板中选中图像的缩览图。

❾**"元数据"面板**：显示所选文件的元数据信息。

❿**"关键字"面板**：通过附加关键字来组织图像。

---

**应用>>自定义Bridge的工作界面**

如果 Bridge 窗口以除缩览图以外的其他视图模式显示，那么可以通过执行"视图 > 缩览图"菜单命令，返回至缩览图视图。

执行"编辑 > 首选项"菜单命令，如图❶所示，或者按下快捷键 Ctrl+K，打开"首选项"

---

对话框。在该对话框中可对 Bridge 的界面进行设置，如图❷所示。

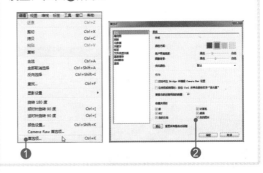

## 1.5.2 查看和重命名数码照片

在 Bridge 中查看数码照片时，为了获得最佳的空间配置，可设置数码照片的查看方式。此外，对照片进行重命名也是照片管理的常见操作。本小节将介绍如何查看和重命名数码照片。

### 1. 数码照片的查看

执行"文件 > 在 Bridge 中浏览"菜单命令，打开 Bridge 窗口，如下左图所示。单击 Bridge 窗口中的"视图"菜单命令，在弹出的级联菜单中可选择"全屏预览""幻灯片放映""审阅模式"等视图布局，以查看照片，如下右图所示。

（1）幻灯片放映和幻灯片放映选项：幻灯片放映模式可对文件夹进行自由查看和排序，使用非常方便。执行"视图>幻灯片放映"菜单命令或按 Ctrl+L 键，即可将图像以幻灯片放映模式显示，如下左图所示。幻灯片放映布局将只在内容窗口中显示单幅图像。执行"视图>幻灯片放映选项"菜单命令或按 Shift+Ctrl+L 键，可打开"幻灯片放映选项"对话框，在该对话框中可设置幻灯片放映的各项参数，如下右图所示。

（2）审阅模式和全屏预览：执行"视图>审阅模式"菜单命令或按 Ctrl+B 键，即可将图像以审阅模式显示，如下左图所示；在该布局下可快捷方便地查看数码照片。执行"视图>全屏预览"菜单命令或按空格键就可以将选择的图像以全屏模式显示，如下右图所示。

（3）缩览图、详细信息和列表形式：缩览图布局为默认视图布局；详细信息布局在显示缩览图的同时还显示数码照片的元数据和其他文件信息；列表形式布局则以列表的形式显示数码照片及相关文件信息。下图所示分别为缩览图、详细信息和列表形式布局的显示效果。

### 应用一>>快速调整缩览图的大小

单击并拖动窗口底部的滑块可快速更改窗口中的缩览图大小，如图❶和图❷所示。向右拖动滑块可放大缩览图，向左拖动滑块可缩小缩览图。

### 技巧>>嵌套的面板

在默认情况下，"元数据"与"关键字"面板嵌套在一起，在 Bridge 中，"文件夹"面板和"收藏夹"面板嵌套在一起。

### 2. 数码照片的批量重命名

一般来说，从数码相机上导入到计算机中的照片文件的名称都是一些数字序列。有时，由于用户的特定需求，需要对多张数码照片进行重命名，也就是更改这些数字序列，逐一改名不但费时费力，而且容易出错。此时利用

Bridge 提供的批重命名功能可以轻松完成这项工作。

执行"编辑 > 全选"菜单命令或按 Ctrl+A 键，选中需要重命名的数码照片，再执行"工具 > 批重命名"菜单命令，打开"批重命名"对话框，如下图所示。通过在该对话框中设置参数，可快速对照片进行批量重命名。

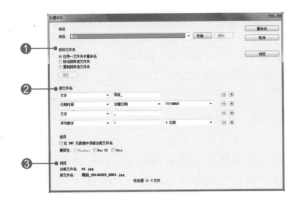

❶目标文件夹：用于设置重命名后的文件的保存位置。选中"在同一文件夹中重命名"单选按钮，在同一个文件夹中重命名所有文件；选中"移动到其他文件夹"单选按钮，将重命名后的文件保存到其他位置并删除原始文件，此时需单击下方的"浏览"按钮，在打开的"浏览文件夹"对话框中设置要存放重命名文件的文件夹；选中"复制到其他文件夹"单选按钮，将选中的文件复制到指定位置并重命名。

❷新文件名：用于设置新文件名序列的生成方式。在该选项组中提供了 10 个选项，在第一个选项中选择一个选项，并在其后输入名称，然后按 Tab 键切换至第二个选项，继续设置日期等。

❸预览：用于显示当前文件名、新文件名以及将重命名的文件总数。

---

🏮 **应用二>>复制并重命名**

在"内容"面板中按住 Ctrl 键单击，选择要重命名的多张照片，如图❶所示。右击鼠标，在弹出的快捷菜单中选择"批重命名"命令，打开"批重命名"对话框，如图❷所示。在"目标文件夹"选项组中选中"复制到其他文件夹"单选按钮，再单击"浏览"按钮，如图❸所示。在打开的对话框中设置存储位置，设置完成后单击"确定"按钮，返回至"批重命名"对话框。

---

在"新文件名"选项组中设置文件名称，如图❹所示，设置完成后单击"确定"按钮。

## 1.5.3 为数码照片添加标签、星级和关键字

在运用 Bridge 管理数码照片时，给数码照片贴上彩色标签、加星或加关键字等都有助于后续的查找和排序工作。彩色标签通常是起临时提醒的作用，就像人们在书本上贴上便签一样；而加星则是用来给照片评分，方便用户日后快速地找到精选的作品；在照片中建立关键字则可以让用户更加精确地依照某个特征来查找照片。本小节将介绍如何为数码照片添加标签、加星和关键字。

### 1. 为数码照片添加彩色标签

要为数码照片贴标签，可选中单张或多张数码照片，执行"标签"菜单命令，在弹出的级联菜单中设置标签颜色，如下左图所示。为照片添加彩色标签后的效果如下右图所示。

### ★ 技巧一>>用快捷键添加标签

选中数码照片后，可通过按 Ctrl+6~Ctrl+9 键来为照片添加标签。

### ★ 技巧二>>用快捷键添加星级

选中数码照片后，可通过按 Ctrl+0~Ctrl+5 键来设置照片的星级，按 Ctrl+，或 Ctrl+.键降低或提升星级。

### 📝 应用一>>自定义标签

通过"标签"菜单设置标签时，默认的标签设置可能不能满足人们的需要，为了更加清晰地看出标签颜色的意义，可以通过"首选项"命令自定义标签的名称。执行"编辑 > 首选项"菜单命令，打开"首选项"对话框，如图❶所示。

### 3. 建立便于搜索的关键字

为照片添加关键字后，就可以通过查找或筛选功能快速定位数码照片。执行"窗口 > 关键字面板"菜单命令，打开"关键字"面板，该面板自带了由关键字组成的组或类。单击面板底部的"新建关键字"按钮➕，如下左图所示；然后输入文本"婚礼跟拍"，即可添加新的关键字组，如下右图所示。

在对话框中设置好标签后，再次执行"标签"菜单命令，就可以更加清楚地查看标签的意义，如图❷所示。

### 📝 应用二>>套用关键字

建立好关键字后，即可为数码照片套用特定的关键字。在"内容"面板中选择与"婚礼跟拍"相关的数码照片，再单击关键字左侧的方框，并双击该关键字，此时关键字显示为勾选状态，表示选中的照片已经添加关键字了，如图❶所示。

### 2. 为数码照片加星

用户可以在浏览数码照片时为自己拍摄的照片打分，例如，将不错的作品给予 5 颗星，一般的作品给予 3 颗星。具体操作方法如下。

在"内容"面板中选择要标示星级的数码照片，执行"标签"菜单命令，在弹出的级联菜单中选择星级，如下左图所示。例如，选择 4 星级后，选中的照片将被标示为 4 星级，如下右图所示。若缩览图显示较小，则星级会显示为 4 ★。

如图❷所示，单击"关键字"面板中的"婚礼跟拍"选项，显示了添加关键字的 8 张数码照片。

建立子关键字的方法如下。

首先选择"婚礼跟拍"关键字组，单击面板底部的"新建子关键字"按钮，如下左图所示，输入关键字名称，然后按 Enter 键，创建"喜糖"关键字。若要新建同层级的关键字，则单击"新建关键字"按钮，创建"汽车"关键字，如下中图所示；若要建立"汽车"下层的子关键字，则单击"新建子关键字"按钮，创建"近景"关键字，如下右图所示。

技巧三>>移动关键字

若在新建关键字之前，忘了先选择要将关键字放入的组，也不用担心，在添加关键字后，直接将关键字拖至其原定要放入的组中即可。

## 1.5.4 排序和筛选数码照片

对数码照片添加标签、星级或关键字后，可让数码照片的管理变得更加方便、轻松。本小节将介绍如何利用标签、星级或关键字对数码照片进行排序和筛选。

### 1. 粗略排序

选中需要设置的数码照片，右击鼠标，在弹出的快捷菜单中执行"排序 > 按标签"命令，

如下左图所示；数码照片将自动按照标签的颜色进行排序，如下右图所示。

若执行"排序 > 按评级"命令，如下左图所示，则按评级进行排序，如下右图所示。

### 2. 自定义排序

除了根据标签和评级进行粗略排序外，文件管理器还允许用户进行自定义排序。将一个缩览图拖至另一个缩览图之前或之后，待出现一条彩色的用于标明图像插入到此处的线时释放鼠标即可，如下左图所示。自定义排序的效果如下右图所示。

### 3. 筛选数码照片

在"过滤器"面板中，单击"标签"前的下三角按钮，展开标签，勾选其中任意一个标签，如下左图所示，即可对数码照片进行筛选。若所有标签都没有被勾选，则将显示所有的数码照片，如下右图所示。

### 应用>>通过评级筛选数码照片

单击"评级"前的下三角按钮，展开评级，勾选 3 颗星，如图❶所示；即可查看符合该评级的照片，如图❷所示。

## 1.5.5 搜索数码照片

在 Bridge 窗口中可以使用多种方式搜索文件，极大地节约用户查找照片的时间，从而提高工作效率。下面将介绍"查找"命令的使用及其对话框的设置。

在 Bridge 窗口中执行"编辑 > 查找"菜单命令或按 Ctrl+F 键，打开"查找"对话框，相关设置如下图所示。

❶查找位置：在该下拉列表框中可选择要搜索的文件夹。

❷条件：设置搜索文件的条件，可按 Tab 键在各选项间切换。

❸匹配：在该下拉列表框中可选择匹配条件。若选择"如果满足所有条件"选项，则可以打开一个新的 Bridge 窗口来显示搜索结果，而不是重新排列当前窗口中的内容。

❹添加：单击该按钮 后，用户可以设置更多的查找条件。

# 第2章
# 快速认识 Photoshop CC 2015 的重要功能

本章将对 Photoshop CC 2015 中的重要功能进行简单介绍，包括图层、通道、蒙版、路径、图像处理操作的撤销和返回及文字等内容。通过本章的学习，即使完全没有接触过 Photoshop 软件的初学者，也可以即刻学会如何操作 Photoshop，让读者在接下来的学习中，操作起来障碍更小，学习效果更好。

## 2.1 图层

Photoshop CC 2015 中的图层功能非常重要，图层是处理图像信息的平台，承载了几乎所有的编辑操作。常见的 Photoshop 文件都是由很多图层组成的，它们就像一个平铺好的三明治，屏幕中显示的图像或图像的打印稿则像是从空中俯视看到的三明治一般。本节将针对 Photoshop 中图层的种类和基本操作及其相关技巧进行简单介绍，让读者对图层有一个基本的了解，理解图像和图层的关系。下图所示为"图层"面板。

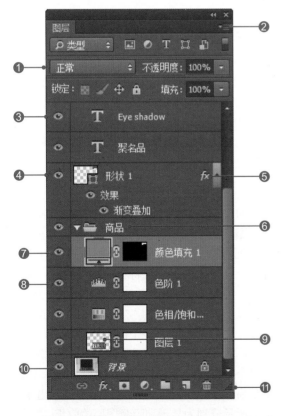

❷ **"图层"面板菜单**：单击该按钮，在弹出的菜单中可以选择设置图层的相关命令。

❸ **文本图层**：以字母 T 显示，并存储着可编辑的文字。

❹ **形状图层**：基于形状的图层，可根据设置的颜色填充形状内的图像。

❺ **图层样式**：支持"背景"图层之外所有图层的颜色、纹理、尺寸和光照。单击该图标，可展开图层样式列表。

❻ **图层组**：便于对图层进行管理，用于对多个图层进行管理和操作，可以在图层组上对组中的所有图层进行变换。

❼ **填充图层**：基于指定的图层，不包含彩色像素，用来决定对区域采用颜色填充。

❽ **调整图层**：并不向图像文件中添加任何像素，相反，用来存储改变下方图层像素的颜色和色调的指令。

❾ **透明图层**：该图层在屏幕中以灰色的棋盘格图案显示，可包含像素，但是这些图层可以有部分区域完全或部分透明，从而使这些区域下面的任何图像都可以通过透明区域显示出来。

❿ **"背景"图层**：既不带透明度调整，也未应用图层样式的基于像素的图层，由于该图层被锁定，因此不能被移动、旋转或缩放。该图层位于所有图层的最下层。

❶ **图层混合模式和不透明度**：用于设置当前图层的特殊效果的混合模式和不透明度，除"背景"图层外的其他图层均可调整混合模式和不透明度。

⑪操作按钮：进行图层的简单操作，单击"链接图层"按钮，可链接选中的图层；单击"添加图层样式"按钮，在展开的菜单中可以选择并应用图层样式；单击"添加蒙版"按钮，可添加图层蒙版或矢量蒙版；单击"创建新的填充或调整图层"按钮，可在弹出的菜单中执行命令，以创建填充或调整图层；单击"创建新组"按钮，可以在图像中创建新的图层组；单击"创建新图层"按钮，可以创建一个新的透明图层；单击"删除图层"按钮，可以删除当前图层。

## 2.1.1 "背景"图层和透明图层

图层的种类很多，只有掌握不同类型图层之间的区别，才能正确地对图层进行相应的操作。本小节将简单介绍"背景"图层和透明图层。

### 1. "背景"图层

"背景"图层既不带透明度调整，也没有应用任何图层样式。数码照片或扫描的素材图像通常只有一个"背景"图层，如下图所示。

### 2. 透明图层

除"背景"图层外，其他基于像素的图层的不透明度均可调整。在 Photoshop CC 2015 中，透明图层在屏幕中以灰白相间的棋盘格图案显示，如下图所示。透明图层还可以保存受 Photoshop 的着色、绘画和图像编辑工具影响的像素。

打开需要设置的素材图像，双击"图层"面板中的"背景"图层，如图❶所示。

打开"新建图层"对话框，在该对话框中设置图层的名称、颜色和混合模式等参数，如图❷所示。设置完成后单击"确定"按钮，即可得到如图❸所示的效果。

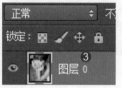

## 2.1.2 图层的可见性、不透明度和填充

除"背景"图层和锁定图层外的其他图层均可调整不透明度和填充，Photoshop 中的每个图层都有混合模式，其混合模式决定该图层上的颜色如何影响位于下方图层的颜色。本小节将简单介绍图层的可见性、不透明度和填充的设置。

### 1. 图层的可见性

通过单击"图层"面板的"指示图层可见性"图标 👁，可切换图层的可见性。将鼠标移至"图层"面板中任意一个"指示图层可见性"图标 👁 上，单击图标，可将相应图层隐藏；若要将隐藏的图层显示出来，则可再次单击该图标。若要显示 / 隐藏多个图层，则可按住 Shift 键单击多个图层名称，将多个图层同时选中，再执行"图层 > 隐藏图层"菜单命令，就会将选中的多个图层同时隐藏；执行"图层 > 显示图层"菜单命令，则可将隐藏的图层同时显示出来。下图所示分别为显示和隐藏图层的效果。

## 2. 图层的不透明度

为图层设置不透明度后，即可将该图层中的图像变透明，显示其下方图层的内容。打开需要设置的素材图像，如下左图所示；在"不透明度"数值框中输入数值40%，将图层的不透明度降为40%，将得到如下右图所示的图像效果。

## 3. 图层的填充

调整"不透明度"是对整个图层起作用，会影响整个图层中的所有对象；而调整"填充"只改变填充部分的不透明度，不会影响添加的效果，如图层样式等。

> **应用>>隐藏除设置图层之外的所有图层**
>
> 打开需要设置的素材图像，如图❶所示；将鼠标移至任意一个图层的 ◉ 图标上，按住 Alt 键单击，如图❷所示。

单击图标后可将"图层"面板中除单击图层外的所有图层全部隐藏，如图❸所示；设置后的图像效果如图❹所示，隐藏了除"背景"图层外的所有图层。

## 2.1.3 填充图层和调整图层

填充图层和调整图层都是基于指令的图层。其中，填充图层用于指示纯色、渐变色或图案如何应用至图层，这些指令可以在不干扰任何像素的情况下进行改变；调整图层将颜色和色调调整应用于图像，不会永久更改像素值。本小节将简单介绍填充图层和调整图层的应用方法和相关技巧。

执行"图层 > 新建调整图层"菜单命令，在弹出的级联菜单中有 16 个命令，用户可创建 16 种不同的调整图层。执行"窗口 > 调整"菜单命令，打开"调整"面板，如下图所示。在该面板中可通过单击按钮为图像添加各种调整图层。

> **技巧>>快速创建调整图层**
>
> 在 Photoshop 中应用"调整"面板可以快速创建调整图层。单击"调整"面板中的"色相／饱和度"按钮 ▦，如图❶所示；打开如图❷所示的"属性"面板，通过设置其中的选项可以对照片的颜色做相应的调整。

在"图层"面板中，也可以创建调整图层和填充图层。在面板中单击"创建新的填充或调整图层"按钮 ，在弹出的菜单中可选择要创建图层的类型，然后进行创建，具体方法如下。

### 1. 添加填充图层

单击"图层"面板底部的"创建新的填充或调整图层"按钮 ，在弹出的菜单中包括"纯色""渐变"和"图案" 3 个用于创建填充图层的选项，选择不同的选项时，会打开不同的对话框，并可在对话框中进行详细设置。下面将简单介绍添加填充图层的具体操作方法。

（1）添加纯色填充图层：选择"纯色"选项，打开"拾色器（纯色）"对话框，如下左图所示；在该对话框中输入填充的颜色值，如下右图所示。

设置颜色后单击"确定"按钮，将添加一个颜色填充图层，如下图所示。

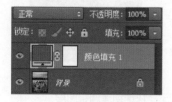

（2）添加渐变填充图层：选择"渐变"选项，打开"渐变填充"对话框。单击"渐变"色块，打开"渐变编辑器"对话框。在该对话框中可设置要填充的渐变颜色，设置完成后单击"确定"按钮，返回"渐变填充"对话框，进一步设置渐变填充的样式、角度和缩放等参数，如下左图所示；设置完成后单击"确定"按钮，即可创建一个渐变填充图层，效果如下右图所示。

（3）添加图案填充图层：选择"图案"选项，打开"图案填充"对话框。在图案拾色器中选中要填充的图案，根据需要设置的图案缩放百分比，如下左图所示；设置完成后单击"确定"按钮，即可创建一个图案填充图层，效果如下右图所示。

### 2. 添加调整图层

执行"图层 > 新建调整图层"菜单命令，在弹出的级联菜单中执行任意菜单命令，即可创建相应的调整图层。在创建调整图层后，可随时打开"属性"面板设置并修改其参数。

执行"图层 > 新建调整图层 > 亮度 / 对比度"菜单命令，创建亮度 / 对比度调整图层，如下左图所示。执行"图层 > 新建调整图层 > 曝光度"菜单命令，创建曝光度调整图层，如下右图所示。

### 2.1.4　形状图层

形状图层是通过对形状的创建而形成的图层，使用工具箱中的直线工具、矩形工具、圆角矩形工具、椭圆工具、自定形状工具、多边形工具和钢笔工具等就可以绘制形状并创建形状图层。使用这些工具绘制形状前，需要在工具选项栏中选择"形状"绘制模式，然后在图像中通过单击并拖动的方式创建形状，绘制时 Photoshop 会将其自动创建为形状图层。本小节将简单介绍形状图层的相关知识，使读者对形状图层有一个初步的了解。

#### 1. 创建形状图层

打开需要绘制的照片，将前景色设置为 f512aa，单击工具箱中的"自定形状工具"按钮，在其选项栏的"绘制模式"下拉列表框中选择"形状"选项，然后在形状拾色器中选择自定义的形状，在图像中单击并拖动鼠标，绘制图形，创建形状图层，如下图所示。

#### 2. 将形状图层转换为普通图层

创建形状图层后，可以将形状图层转换为普通图层。转换图层前，应确保形状图层为选中状态，如下左图所示。执行"图层 > 栅格化 > 形状"菜单命令，即可将形状图层转换为普通图层，如下右图所示。

---

⭐ 技巧>>**在形状图层上创建形状的技巧**

形状图层将图片作为新形状图层（该图层包含填充了前景色的路径）进行粘贴。下面介绍在形状图层上创建形状的相关技巧。

选中形状工具或钢笔工具，确保其选项栏中的绘制模式为"形状"。若要设置形状填充

---

或描边的颜色，则在其选项栏中单击"填充"或"描边"选项右侧的下拉按钮，然后从面板中选择一种颜色；若要为形状应用描边样式，则单击"设置形状描边类型"下拉按钮，在展开的"描边选项"面板中进行调整；若要将矩形或圆角矩形约束成方形，将椭圆约束成圆或将线条角度限制为 45° 角的倍数，则在创建形状时，按住 Shift 键单击并拖动鼠标；若要从中心向外绘制形状，则将指针放置到形状的中心位置，按住 Alt 键沿对角线拖动到任何角或边缘，直到形状达到所需大小。

### 2.1.5 文本图层

在"图层"面板中，文本图层以字母 T 显示，使用文本工具可以选择并编辑文字，如改变文本的字体、大小、其他特征或重塑填充区域等。

单击工具箱中的"横排文字工具"按钮，在图像上单击并拖动，绘制文本框，然后在文本框中输入文本，创建段落文本，如下左图所示；如果直接在图像上单击并输入文本，那么所得到的文本将是点文本，即文本呈单行连续排列，除非用户发出指令另起一行，如下右图所示。

---

🎓 应用>>**创建并控制段落文本框**

使用横排文字工具在需要创建文本框的位置单击并拖动鼠标，如图❶所示；释放鼠标后即可创建文本框，如图❷所示。通过文本框的框线和控制点可以缩放、旋转文本框。

---

## 2.1.6 图层样式

图层样式包括内阴影、内发光、斜面和浮雕、光泽、颜色叠加、图案叠加、描边等，通过为图像添加图层样式，可非常轻松、快速地实现数码照片的艺术处理。本小节将介绍图层样式的相关知识。

选中需要添加图层样式的图层，单击"图层"面板底部的"添加图层样式"按钮，在弹出的菜单中选择需要添加的图层样式名即可打开"图层样式"对话框，其中可进行样式的具体设置。除此之外，用户还可通过执行"图层 > 图层样式 > 混合选项"菜单命令或双击图层的灰色部分打开"图层样式"对话框，进行图层样式的设置。"图层样式"对话框如下图所示。

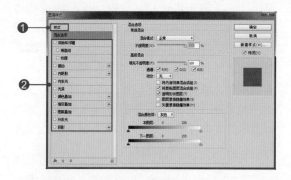

❶样式：选择要添加的图层样式。

❷图层样式选项：单击样式名后，在右侧即可显示相应的样式参数。

应用一>>通过右击打开"图层样式"对话框

在普通图层上右击，在弹出的快捷菜单中选择"混合选项"命令，即可打开"图层样式"对话框，如下图所示。

应用二>>样式的显示、隐藏和删除

为图像添加样式后，在"图层"面板中应用了样式的图层后面会显示 fx 图标，单击其后的

下三角按钮，如图❶所示；即可将样式子图层显示或隐藏，如图❷所示。

单击并拖动样式图标至面板底部的"删除图层"按钮，如图❸所示；即可将选中的样式删除，如图❹所示。

### 1. 预设样式

预设样式用于快速为图像添加各种特殊效果。在 Photoshop 中，可以通过"样式"面板直接添加预设样式；也可通过"图层样式"对话框中的"样式"选项卡进行设置。下图所示为在"图层样式"对话框中单击"样式"后显示的预设样式效果。若需要添加更多的样式，则可单击样式右侧的扩展按钮，在展开的菜单中选择并载入新的预设样式。

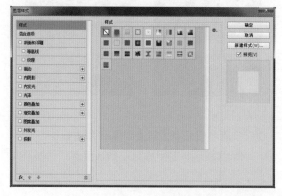

下面介绍如何快速为图像应用预设的图层样式效果。

在"图层"面板中先选择要添加图层样式的图层，如下左图所示。双击选择的图层，打开"图层样式"对话框，单击左侧的"样式"选项，然后在右侧的"样式"列表框中选择需要的预设样式，如下右图所示。

 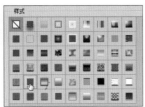

选择样式后，在该对话框左侧会显示应用的样式列表，如下左图所示。设置完成后单击"确定"按钮，为图像添加预设的样式效果，如下右图所示。

## 2. 图层样式选项

在"图层样式"对话框中，勾选左侧样式后，可在对话框右侧进一步设置样式选项，具体设置如下。

（1）投影：用于为选中图层中的对象添加投影效果。在"投影"选项卡中可设置投影的混合模式、不透明度、角度、大小等参数，如下图所示。

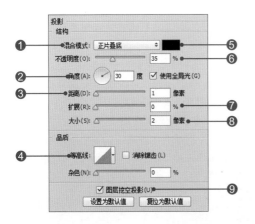

❶混合模式：确定图层样式与下层图层的混合方式。

❷角度：确定效果应用于图层时所采用的光照角度。

❸距离：用于设置投影效果的偏移距离。

❹等高线：用于设置渐隐。

❺颜色：单击颜色块，打开"拾色器（投影颜色）"对话框，可设置投影的颜色。

❻不透明度：用于设置图像投影的不透明度，设置的数值越小，则投影越接近透明。

❼扩展：用于设置图像投影的扩展范围，设置的数值越大，则投影扩展越大。

❽大小：用于设置图像投影的大小，设置的数值越大，则图像投影越模糊。

❾图层挖空投影：控制半透明图层中投影的可见性。

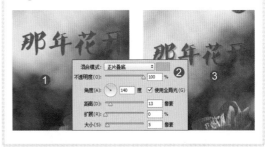

**应用三>>应用投影效果**

打开需要设置的素材图像，如图❶所示。选中文本所在的图层，双击该图层，打开"图层样式"对话框，选择"投影"选项，参照图❷所示设置投影的各项参数。设置完成后单击"确定"按钮，为文本图像添加投影效果，如图❸所示。

（2）内阴影：用于在图层内容的边缘内添加阴影，使图层具有凹陷外观。该样式的设置与"投影"样式的类似，此处不再进行阐述。下图所示分别为使用内阴影前后的效果。

 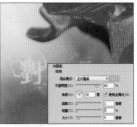

（3）外发光和内发光：用于在图层内容的外边缘或内边缘添加发光的效果。下面以"外发光"为例，介绍发光效果中各参数的设置，如下图所示。

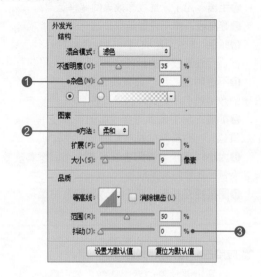

❶杂色：用于设置发光的不透明度中随机元素的数量。

❷方法：此下拉列表中包括"柔和"与"精确"两个选项，"柔和"选项可用于所有类型的杂边，无论其边缘是柔和的还是清晰的；"精确"使用距离测量技术创建发光效果，主要用于消除锯齿形状（如文字）的硬边杂边。

❸抖动：改变渐变的颜色和不透明度的应用。

**📖 应用四>>分别添加外发光和内发光效果**

打开需要设置的素材图像，如图❶所示。双击需要设置样式的图层，打开"图层样式"对话框，参照图❷所示设置外发光的各项参数，得到如图❸所示的图像效果。

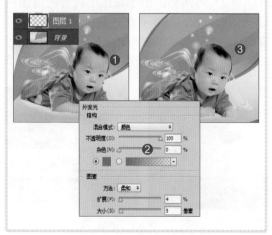

参照图❹设置内发光的各项参数，得到如图❺所示的图像效果。

（4）斜面和浮雕：用于为图层中的图像添加高光与阴影的各种组合。勾选"斜面和浮雕"复选框，再在对话框右侧设置"斜面和浮雕"的各项参数，如下图所示。

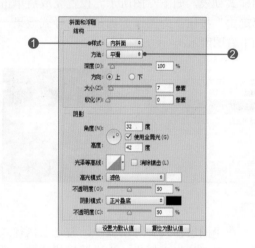

❶样式：用于设置斜面的样式。"内斜面"在图层内容的内边缘创建斜面；"外斜面"在图层内容的外边缘创建斜面；"浮雕效果"模拟使图层内容相对于下层图层呈浮雕状的效果；"枕状浮雕"模拟将图层内容的边缘压入下层图层中的效果；"描边浮雕"仅将浮雕应用于图层的描边效果的边界。

❷方法：用于平滑稍微模糊杂边的边缘，可用于所有类型的杂边，不论其边缘是柔和的还是清晰的。"平滑"不保留大尺寸的细节特征；"雕刻清晰"使用距离测量技术，主要用于消除锯齿形状的硬边；"雕刻柔和"使用经过修改的距离测量技术，虽然不如"雕刻清晰"精确，但对较大范围的杂边更有用。

勾选"斜面和浮雕"复选框的同时勾选"等高线"复选框，可启用"等高线"样式，如下左图所示。勾选"斜面和浮雕"复选框的同时勾选"纹理"复选框，可启用"纹理"样式，如下右图所示。设置纹理效果时，通过"缩放"选项可缩放纹理的大小。如果要使纹理在图层移动时随图层一起移动，则勾选"与图层链接"复选框。若勾选"反相"复选框，则将纹理进行反相。"深度"选项用于控制纹理应用的程度和方向。单击"贴紧原点"按钮，则使图案的原点与文档的原点相同或将原点放在图层的左上角。

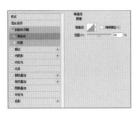
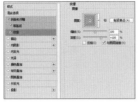

### 应用五>>应用等高线效果

打开需要设置的图像，如图❶所示。双击需要设置图像所在的图层，打开"图层样式"对话框，勾选对话框左侧的"斜面和浮雕"复选框，再勾选"等高线"复选框，如图❷所示。参照图❸设置等高线的各项参数，设置完成后单击"确定"按钮，得到如图❹所示的图像效果。

（5）光泽：可在图像上表现出类似绸缎的质感。在"光泽"选项卡中，通过颜色框可选择需要设置的光泽颜色。打开需要设置的素材图像，如下左图所示。打开"图层"面板，选中需要添加样式的图层，如下右图所示。

双击选中的图层，打开"图层样式"对话框，在对话框中设置光泽的各项参数，如下左图所示。设置完成后单击"确定"按钮，得到如下右图所示的图像效果。

（6）颜色叠加、渐变叠加、图案叠加：分别用颜色、渐变或图案填充图层内容。下图所示分别为"颜色叠加""渐变叠加"和"图案叠加"选项卡及其应用效果。

（7）描边：可使用颜色、渐变或图案在当前图层上描画对象的轮廓。勾选"图层样式"对话框左侧的"描边"复选框，可在其右侧进一步设置描边的各项参数。其中，"大小"选项用于设置轮廓周围描边的宽度；"位置"选项用于设置描边的宽度处于图像的内部、中间或外部；"填充类型"选项用于设置描边的宽度是使用颜色、图案或渐变填充。下图所示为原素材图像和"描边"选项卡。

下图所示分别为设置"描边类型"为"颜色""渐变"和"图案"后的描边效果。

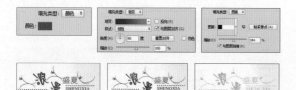

## 2.2　蒙版

　　蒙版是Photoshop提供的一种屏蔽图像的方式,使用它可快速将图像区域的某个部分保护起来。
为图像添加蒙版后,蒙版中黑色区域对应的图像内容会被隐蔽,白色区域对应的图像内容将会显示。
蒙版上的图像显示为灰色的,不同的灰度代表蒙版不同的不透明度。蒙版分为图层蒙版、矢量蒙版、
快速蒙版和剪贴蒙版4种,下面简单介绍这4种蒙版。

### 2.2.1　图层蒙版

　　图层蒙版是基于像素的灰度蒙版,包含了
从白色到黑色共256个灰度级别。当灰度为白
色时,蒙版是透明的;当灰度为黑色时,蒙版
是不透明的。使用图层蒙版可快速遮挡下方的
图像。本小节将简单介绍图层蒙版的相关知识。

　　选中需要添加图层蒙版的图层,如下左图
所示。单击"图层"面板底部的"添加图层蒙版"
按钮,即可为选中的图层添加图层蒙版,如
下中图所示。若按住Alt键单击"图层"面板
底部的"添加图层蒙版"按钮,则添加的图层
蒙版可以将当前图层全部隐藏,如下右图所示。

### 2.2.2　矢量蒙版

　　矢量蒙版是基于矢量的蒙版,该类蒙版拥
有独立的分辨率,可反复对其执行缩放、旋转
和重设大小等变换操作,而不会发生质损现象。
本小节将简单介绍矢量蒙版的创建方法。

　　按住Ctrl键单击"图层"面板底部的"添
加图层蒙版"按钮,即可创建一个能"显示
全部"的矢量蒙版。如果图层已经有一个图层
蒙版,则"添加图层蒙版"按钮会自动切换为
"添加矢量蒙版"按钮。除此之外,用户还可
以通过执行菜单命令来创建矢量蒙版。执行"图
层 > 矢量蒙版"菜单命令,在弹出的级联菜单
中可选择需要的命令,创建矢量蒙版效果,如
下图所示。

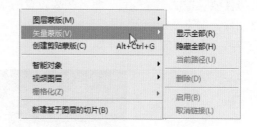

## 2.2.3 快速蒙版

通过创建快速蒙版可在图像中快速建立选区,快速蒙版的创建不依靠"图层"面板,用户可通过创建选区随意编辑快速蒙版。本小节将简单介绍快速蒙版的相关知识。

打开需要设置的素材图像,单击工具箱中的"以快速蒙版模式编辑"按钮,或按 B 键,进入快速蒙版编辑状态,如下左图所示。在快速蒙版编辑状态下,使用画笔工具在图像上涂抹,此时被涂抹区域会显示为半透明的蒙版效果,如下右图所示。

涂抹完成后,单击工具箱中的"以标准模式编辑"按钮,退出快速蒙版编辑状态,如下左图所示。此时可以看到使用画笔工具涂抹的区域已自动生成选区,如下右图所示。

> ⭐ 技巧>>**使用快速蒙版的相关技巧**
>
> 需要在标准模式下创建带有羽化效果的选区时,可以在快速蒙版中选中较为柔和的画笔笔刷,然后在需要创建选区的位置单击并涂抹,选择图像。通过设置,选区的边缘将会变得较为柔滑。
>
> 当在快速蒙版模式下使用画笔进行绘制时,画笔的不透明度不同,其所覆盖的层次也会不一样,返回标准模式时创建的选区就会呈现不同程度的透明状态。
>
> 需要注意的是,单击工具箱中的"以快速

蒙版模式编辑"按钮,进入快速蒙版模式时图像没有任何变化,只有使用工具箱中的工具后,图像才会有所变化。

## 2.2.4 剪贴蒙版

剪贴蒙版是由内容和基层组成的。内容层的效果体现在基层上,而图像的显示效果则是由基层自身的属性来决定的。剪贴蒙版是一个图层组。其中,位于该图层组最上方的图层的功能类似于蒙版,而位于该组最底部的图层的轮廓将对该组的其他图层进行剪贴。本小节将简单介绍剪贴蒙版的相关知识。

打开需要创建剪贴蒙版的素材图像,如下左图所示。打开"图层"面板,在面板中选择要创建剪贴组的图层,如下右图所示。

按住 Alt 键单击"图层"面板上两个图层的中间位置,即可创建一个剪贴组,下方的图层将成为剪贴蒙版,其名称采用下画线标注,另一个图层则会作为被剪贴的对象,这一图层的缩览图将会往里缩进,并且在该缩览图的前面还会出现一个下箭头,指向剪贴蒙版,如下左图所示。创建剪贴蒙版后的图像效果如下右图所示。

> ⭐ 技巧>>**创建剪贴蒙版的快捷方法**
>
> 选中需要创建剪贴蒙版的图层,按 Ctrl+Alt+G 键,即可快速创建剪贴蒙版效果。

# 2.3 通道

通道是 Photoshop 中一个极为重要的功能，是处理数码照片时非常有力的一个平台。在打开素材图像时，Photoshop 会自动创建颜色信息通道。编辑各个颜色信息通道，可以对图像产生各种特殊效果。下面介绍通道和"通道"面板（见下图）的相关知识。

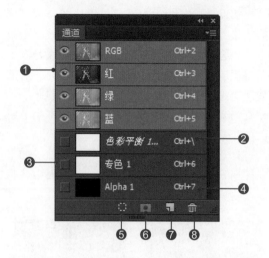

## 2.3.1 Alpha 通道

Alpha 通道主要用于存储选区。使用 Alpha 通道不会直接对图像的颜色产生影响。当图像输出到视频时，Alpha 通道也可以用来决定显示区域。

### 1. 创建新通道

单击"通道"面板底部的"创建新通道"按钮 ▣，创建一个新通道，如下左图所示。该通道即为 Alpha 通道，其主要功能是创建、保存及编辑选区，如下右图所示。

**❶颜色通道**：用来描述图像颜色信息的彩色通道，和图像的颜色模式有关。每个颜色通道都是一幅灰度图像，只代表一种颜色的明暗变化。例如，一幅 RGB 颜色模式的图像，其颜色通道就显示为 RGB、红、绿、蓝 4 个通道。在 CMYK 颜色模式下，图像的颜色通道就分为 CMYK、青色、洋红、黄色、黑色这 5 个通道。在 Lab 颜色模式下，图像有 Lab、明度、a、b 这 4 个通道。

**❷临时通道**：面板中临时存在的通道。为图像创建图层蒙版或进入快速蒙版模式时就会在"通道"面板中自动生成临时通道。

**❸专色通道**：用于保存专色信息的通道，可作为一个专色版应用到图像和印刷中。每个专色通道只是以灰度图形式存储相应专色信息，与其在屏幕上的彩色显示无关。

**❹Alpha 通道**：用于存储选区，相当于一个 8 位灰阶图，也就是有 256 个不同的层次，可支持不同的透明度，相当于蒙版的功能。

**❺将通道作为选区载入**：单击该按钮，可以将"通道"面板中选中的通道载入为选区。

**❻将选区存储为通道**：单击该按钮，可以将当前图像中创建的选区存储为 Alpha 通道。

**❼创建新通道**：单击该按钮将创建一个新的 Alpha 通道。

**❽删除当前通道**：单击该按钮，可以将选中通道从"通道"面板中删除。

**应用一 >> 通过面板菜单创建新通道**

要在 Photoshop 中创建新通道，除了单击"通道"面板中的"创建新通道"按钮 ▣ 外，还可使用"通道"面板菜单创建。单击"通道"面板右上角的扩展按钮 ▤，在弹出的面板菜单中选择"创建新通道"选项，打开"新建通道"对话框，如下图所示。在该对话框中可设置新通道的名称、色彩指示区域和颜色，设置完成后单击"确定"按钮即可。

## 2. 创建选区

确保 Alpha 通道为选中状态,将前景色设置为白色,单击工具箱中的"画笔工具"按钮 ✍,在图像中需要创建选区的位置单击并涂抹,即可创建选区,如下图所示。

## 3. 载入通道选区

在"通道"面板中通过"将通道作为选区载入"按钮 ◻,如下左图所示,即可在当前图像上选择通道上的灰度值,并将其转换为选取区域。载入后的效果如下右图所示。另一种方法是按住 Ctrl 键单击需要载入选区的通道缩览图,将选择的通道快速载入至选区。

## 2.3.2 专色通道

专色是一种特殊的预混油墨,用来替代或补充印刷色油墨,以便产生更好的印刷效果。若要印刷带有专色的图像,就需要在图像中创建一个存储这种颜色的专色通道。每个专色通道都有一个属于自己的印版,出片时会作为一张单独的胶片输出。专色通道是一张特殊的颜色通道,主要用于图像的印刷,在该通道中可以使用除青、洋红、黄、黑色以外的颜色来绘制图像。本小节将简单介绍专色通道的相关知识。

按住 Ctrl 键单击"通道"面板底部的"创建新通道"按钮 ◻ 或单击面板右上角的扩展按钮 ▤,在弹出的面板菜单中选择"新建专色通道"选项,打开"新建专色通道"对话框,如下图所示。该对话框中的各项参数设置如下。

❶名称:用于设置专色通道的名称,直接在文本框中输入文本即可。

❷颜色:用于设置通道的颜色。单击"颜色"后的颜色块,打开"拾色器(专色)"对话框,在该对话框中可选择一种颜色,如下图所示。

❸密度:用于设置颜色的密度。在"密度"后的数值框中可输入 1 至 100 之间的任意整数,设置的数值越大,颜色越深,反之,颜色越浅。

预览所需。一般而言，蜡笔颜色（含有不透明的白色）、深色油墨（含黑色）及金属色的不透明度较高。在开始专色项目的操作时，有经验的印刷人员可以帮助你设置一个最为合理的"密度"，以获得准确的预览效果。在预览大多数 PANTONE® Solid Coated 油墨时，将"密度"设置为 0 会获得不错的效果；而对 PANTONE® Metallic 和 PANTONE® Pastel 而言，使用较高的"密度"会获得更精确的预览效果。

## 2.4 路径

路径是 Photoshop 中选取和绘制复杂图形时最常用、最强大的功能之一。与绘画相比，基于像素的矢量绘图有不受分辨率影响的优点。当在 PostScript 设备上打印矢量图形时，不管文件分辨率为多少，图形的线条都会保持光滑的效果。本节将简单介绍路径的相关知识，包括认识绘制路径的工具、"路径"面板以及路径的编辑和管理等内容。

### 2.4.1 认识绘制路径的工具

Photoshop 中用于绘制和编辑基于矢量的图像的工具包括钢笔工具、形状工具以及路径编辑工具，下面将简单介绍这些工具。

在工具箱中选择"钢笔工具"或"形状工具"。使用钢笔工具将一笔一画地创建形状，而使用形状工具可以马上绘制出预设的形状。下图所示为钢笔工具、形状工具及路径编辑工具。

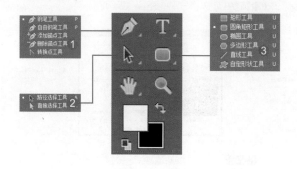

①钢笔工具：可以精确地绘制出直线或光滑的曲线，在图像中创建形状图层和图像路径。

②路径编辑工具：路径选择工具用于选中整条路径，直接选择工具用于选中路径中的部分锚点。

③形状工具：可通过单击并拖动鼠标来生成路径。默认情况下，可以通过从一个角度拖至另一个角来创建形状。对于大多数形状工具来说，还可以从中心向外拖动来绘制图形。

> ⭐ **技巧>>路径相关术语**
>
> 路径是由可以在锚点间拉伸的路径段组成的，锚点既可以是平滑点，也可以是角点。平滑点是通过该点的曲线平滑连续，而角点是路径突然更改方向生成的一个角或尖端。

### 2.4.2 "路径"面板

"路径"面板中的每一项都代表一条路径。路径可以被指定为剪贴路径，以导出不带背景的对象，也可以通过把路径转换为选区，精确选中照片中的部分图像并应用编辑。在 Photoshop 中，可以使用"路径"面板进行路径的显示、隐藏、创建、保存和复制等操作。下面介绍如何使用"路径"面板来编辑和管理路径。

执行"窗口>路径"菜单命令，打开"路径"面板，如下图所示。

❶**路径缩览图**：用于设置绘制的路径在"路径"面板中的显示方式。在面板菜单中选择"面板选项"命令，打开"路径面板选项"对话框，在该对话框中可设置路径缩览图的外形，如下图所示。

❷**路径名称**：在"路径"面板中，每一个路径都有名称，且路径的名称不能设置为重名，默认的路径名称为"路径 1""路径 2"等。直接双击路径名，路径会显示为选中状态，如下左图所示。此时在文本框中输入名称可对路径名进行更改，如下右图所示，设置完成后按 Enter 键即可。

❸**工作路径**：使用钢笔工具和形状工具等路径绘制工具在图像中首次绘制时，创建的路径将自动保存在"工作路径"中，"工作路径"是一个临时存在的路径，再次对路径进行创建时，"工作路径"将会发生更改。

❹**选中的路径**：单击创建的路径名称即可将该路径选中，如下左图所示。若单击"路径"面板中的空白位置，则不选中任意一条路径，如下右图所示，图像中也不会显示任何路径。

❺**面板菜单**：在"路径"面板中，单击面板右上方的扩展按钮▤，会打开"路径"面板菜单，在该菜单中可对路径进行多种操作，如路径的创建、复制和删除以及路径与选区之间的转换等。

❻**工具按钮**：在"路径"面板底部包含"用前景色填充路径"⬤、"用画笔描边路径"◯、"将路径作为选区载入"▦、"从选区生成工作路径"◈、"添加蒙版"▣、"创建新路径"▤和"删除当前路径"🗑 7 个按钮。通过单击这些按钮，可对路径进行快捷设置。

**应用>>设置路径缩览图的外形**

下面将介绍如何设置路径缩览图，具体方法如下。

在"路径"面板中单击右上角的扩展按钮，展开"路径"面板菜单，如图❶所示。在该菜单中选择"面板选项"命令，打开"路径面板选项"对话框，在其中选中"无"单选按钮，如图❷所示。单击"确定"按钮，返回"路径"面板，此时在面板中不再显示路径的缩览图，只显示路径名称，如图❸所示。

若在"路径面板选项"对话框中选择中等大小的路径缩览图，如图❹所示，设置后在"路径"面板中将显示中等大小的路径缩览图，效果如图❺所示。

若在"路径面板选项"对话框中选择较大的路径缩览图,如图**⑥**所示,设置后在"路径"面板中将显示较大的路径缩览图,如图**⑦**所示。

要在 Photoshop 中复制路径,除了使用"路径"面板外,还可以直接拖动进行路径的复制操作。复制路径前用路径选择工具选中路径,如图**❶**所示;再按住 Alt 键拖动绘制的路径或形状,拖至合适位置后,释放鼠标即可完成路径的快速复制,如图**❷**所示。

### 2.4.3　路径的编辑和管理

创建好路径后,可对创建的路径进行复制、删除和隐藏等设置,这样可方便对路径或图像做进一步的编辑和管理。本小节将简单介绍如何复制和删除路径。

#### 2. 删除路径

选中需要删除的路径,单击"路径"面板底部的"删除当前路径"按钮 🗑 ,如下左图所示,弹出提示对话框,单击"是"按钮即可删除选中路径。删除路径后的效果如下中图所示。用户还可以通过选择面板菜单中的"删除路径"选项进行路径的删除。具体方法是单击"路径"面板右上角的扩展按钮,在弹出的面板菜单中选择"删除路径"选项,即可删除选中路径,如下右图所示。

#### 1. 复制路径

选择已创建的路径,在面板菜单中选择"复制路径"选项,即可对选中的路径进行复制,如下左图所示。复制路径时可在弹出的"复制路径"对话框中更改复制路径的名称,也可以直接单击"确定"按钮,以默认的路径副本名称显示路径,如下右图所示。

## 2.5　图像处理操作的撤销和返回

在 Photoshop CC 2015 中处理照片时,若对操作的图像效果不满意,则可应用 Photoshop CC 2015 中的撤销或返回命令重新设置图像。本节将介绍图像处理操作中撤销和返回的应用,包括使用"编辑"菜单中的命令撤销操作、快速复位对话框和利用"历史记录"面板撤销任意操作等内容。

### 2.5.1　利用"编辑"菜单中的命令撤销操作

在 Photoshop CC 2015 中对图像进行设置时,用户不可避免地会反复设置某一参数或尝试不同命令的设置效果。而 Photoshop 具备足够的能够帮助用户恢复的命令,通过执行这些命令,可使图像的编辑更加轻松。

按 Ctrl+Z 键或执行"编辑 > 还原"菜单命令，即可还原上一步的操作，如下图所示。"历史记录"面板可帮助用户还原更多的步骤。用户可通过单击该面板中相应的状态或按 Ctrl+Alt+Z 键返回至上一步，此方法等同于执行"编辑 > 后退一步"菜单命令。

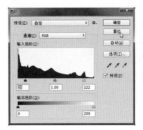

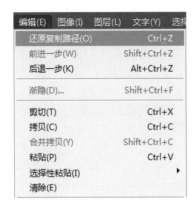

> ★ 技巧>>历史记录与高速缓存的更改
>
> 执行"编辑 > 首选项 > 性能"菜单命令，打开"首选项"对话框，在"历史记录与高速缓存"选项组中可设置保存的历史记录状态的数量，如下图所示。
>
> | 历史记录状态(H): | 50 | ▼ |
> | 高速缓存级别(C): | 4 | ▼ |
> | 高速缓存拼贴大小(Z): | 132K | ▼ |

## 2.5.2　快速复位对话框

在设置对话框中的各项参数时，用户可能会设置不同的参数以查看设置效果，如果对设置的效果不满意，则可通过复位选项把对话框中的参数设置为默认值。本小节将针对这一问题介绍如何快速复位对话框中的各项参数，使用户不论在何时都可以查看对话框中的默认设置。

在任何一个可以设置一个或多个数值的对话框中，都会有一个"取消"按钮，按住 Alt 键时，该按钮将显示为"复位"按钮，如下左图所示。单击该按钮即可在对话框开启的状态下将所有设置还原到最初的设置状态，如下右图所示。

### 2.5.3　利用"历史记录"面板撤销任意操作

用户可通过设置"历史记录"面板将图像恢复到先前的状态。执行"窗口 > 历史记录"菜单命令，即可打开"历史记录"面板。该面板可记录对图像做的所有操作步骤，在其中用户可以通过单击的方式快速撤销操作，还原图像。

"历史记录"面板会按照操作先后顺序依次记录下所有的操作状态，用户可通过创建快照来保存处于特定状态下的文件。下图所示为"历史记录"面板，具体设置如下。

#### 1. 创建快照

历史记录快照并非只有一个操作步骤，而是文件的一个保存版本。单击"历史记录"面板中的"创建新快照"按钮 ◙，或右击当前历史记录，在弹出的快捷菜单中选择"新建快照"命令，如下左图所示，为当前状态的图像创建快照，如下右图所示。

## 2. 删除快照

用户可通过多种方法删除快照，下面介绍3 种常用的删除快照的方法。

（1）**通过快捷菜单删除**：右击要删除的快照，在弹出的快捷菜单中选择"删除"命令，便可以删除快照。

（2）**单击"删除当前状态"按钮删除**：选中需要删除的快照，单击"历史记录"面板底部的"删除当前状态"按钮█，在打开的提示对话框中单击"是"按钮，即可删除快照，如下左图所示。

（3）**拖动快照删除**：单击并拖动需要删除的快照至面板底部的"删除当前状态"按钮█，即可将快照删除，如下右图所示。

> ⭐**技巧>>历史记录和动作记录的区别**
>
> "动作"面板可将用户觉得可能会应用于其他图像的操作录制下来，录制不会占用额外的时间和内存；而历史记录仅是文件操作的一个文字性记录，不支持用户重复操作。

## 3. 设置历史记录

单击"历史记录"面板右上角的扩展按钮▤，在弹出的面板菜单中选择"历史记录选项"命令，将会打开"历史记录选项"对话框，如下图所示。在该对话框中可进一步设置历史记录的各选项，具体设置如下。

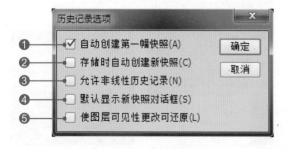

❶**自动创建第一幅快照**：勾选该复选框，在打开文档时将自动创建图像初始状态的快照。取消勾选该复选框，则不会创建该图像最初状态的快照。

❷**存储时自动创建新快照**：勾选该复选框，则每次存储时都会生成一个快照,快照名称为保存的时间。

❸**允许非线性历史记录**：勾选该复选框后，对选定状态进行更改时，不会删除它后面的状态。通常情况下，选择一个状态并更改图像时，所选状态后面的所有状态都将被删除。

❹**默认显示新快照对话框**：勾选该复选框，在为图像当前状态创建快照时，将打开"新建快照"对话框，强制 Photoshop 提示用户输入快照名称，即使在用户使用面板上的按钮时也是如此。

❺**使图层可见性更改可还原**：默认情况下，不会将显示或隐藏图层记录为历史步骤，因而无法将其还原。选中该复选框可在历史记录中包括图层可见性的更改。

> 🎓**应用>>设置记录用户操作历史的选项**
>
> 用户可通过执行菜单命令来设置记录用户操作历史的选项，具体设置如下。
>
> 打开 Photoshop CC 2015 软件，执行"编辑 > 首选项 > 历史记录"菜单命令，打开"首选项"对话框，如图❶所示；然后勾选"历史记录"复选框，在"编辑记录项目"下拉列表框中选择需要的选项，如图❷所示。若选择"仅限工作进程"选项，则记录用户每次启动Photoshop 或打开、关闭文件的操作；选择"简明"选项，则记录与"历史记录"面板相似的信息；选择"详细"选项，则记录用户在录制动作时收集的详细分类信息。

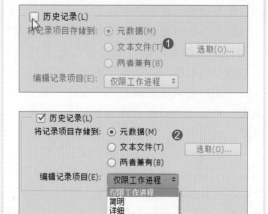

## 2.6 文字

在处理照片时，为了让照片主题更突出，必要的时候会在画面中添加一些简单的文字。Photoshop CC 2015 中的文字工具与 InDesign 中的一样强大，用户可方便地在 Photoshop 中对文字进行自由排版。大多数情况下，用户可以保持文字的"未栅格化"（可编辑）状态。在这种状态下，用户仍可控制文字的颜色、不透明度、特效以及它与文件中其他图层的混合方式等。本节将简单介绍在 Photoshop CC 2015 中设置文字的基础知识，包括文字的基本设置、保存文字和转换文字的时机。

### 2.6.1 文字的基本设置

Photoshop CC 2015 为文字工具提供了用于创建和编辑文字的控制选项，分布在选项栏、"字符"面板及"段落"面板中。其中，一些基本选项，如字体、大小、对齐等位于选项栏中；而字距、行距、段落缩进等更多的选项位于"字符"面板和"段落"面板中。下面将介绍选项栏中文字的基本设置。

单击工具箱中的"横排文字工具"按钮，即可在窗口中显示如下图所示的文字工具选项栏，在该选项栏中可对文本的字体、大小、颜色等参数进行设置。

❶ **切换文本取向**：单击该按钮，可将文本在水平和垂直之间切换。

❷ **设置字体类型**：单击该下三角按钮，在弹出的下拉列表中可选择需要的字体。

❸ **设置字体大小**：单击该下三角按钮，在弹出的下拉列表中可选择需要的大小。

❹ **设置消除锯齿的方法**：默认值为"锐利"，它对大多数文本来说都是最好的选择；"犀利"选项较为不清晰；对于显示器上的大小文本来说，可选择"浑厚"选项，使文本显得更厚重；若要使文字边缘平滑，则选择"平滑"选项；若选择"无"选项，则在添加消除锯齿颜色时可加大文件大小。

❺ **设置文本对齐方式**：单击"左对齐文本"按钮▤，将文本左对齐；单击"居中对齐文本"按钮▤，将文本居中对齐；单击"右对齐文本"按钮▤，将文本右对齐。

❻ **设置文本颜色**：单击该颜色块，打开"拾色器（文本颜色）"对话框，可在该对话框中单击或输入数值，设置文本颜色。

❼ **创建文字变形**：单击该按钮，打开"变形文字"对话框，在该对话框中可选择并设置文字变形效果。

### 2.6.2 保存文字

完成文字输入后，可以将输入的文字保存起来。为了得到最大的灵活度，用户最好以 Photoshop PSD 格式保存包含文字的图像文件。下面将介绍保存文字的方法，具体如下。

如果以保留图层并选择包含矢量数据以及嵌入字体的 Photoshop PSD 格式保存，那么便可以在系统中使用 Adobe Reader 打开文件。在打开时，文字轮廓会不受分辨率影响进行无损显示，且文字可以作为文本进行复制。

执行"文件 > 存储"菜单命令，打开"存储为"对话框。在该对话框中，用户可将文件格式设置为 PSD 格式，如下图所示。设置完成后单击"保存"按钮，即可将文字及其相关属性保存为 PSD 格式文件，以便下次打开文件查看或重设字体属性。

### 2.6.3 转换文字的时机

将 Photoshop 中的文字保持"未栅格化"的状态，可得到更大的操作空间。用户还可以对文字进行栅格化处理或将文字转换为形状图层输出。不过，仍然有例外的情况，下面将简单介绍转换文字的时机。

（1）在对文字应用滤镜时，文本图层必须栅格化，将其转换为基于像素的图层。Photoshop 会在转换前弹出如下图所示的对话框，提示用户是否需要转换，单击"栅格化"按钮即可将文本图层栅格化。

（2）在文字块中对单个字符进行形状编辑或倾斜操作时，可执行"文字 > 转换为形状"菜单命令，将文字转换为形状图层。下图所示为转换前后的对比图。转换后可使用直接选择工具或其他路径编辑工具修改单个字符的外轮廓。

（3）尽管未栅格化的文字可以进行变换，但扭曲和透视这两个功能仍不可用。为了使用"变换"菜单下的全部功能，可执行"文字 > 转换为形状"菜单命令，将文字转换为形状图层，再执行"编辑 > 变换 > 扭曲 / 透视"菜单命令进行文字的变换操作。

（4）如果文字需要与同一文字的形状版本或栅格化版本保持完全一致，则最好将文本图层转换为形状图层。否则，系统中的字体名称或字距调整稍有不同时，就会导致未栅格化文字和通道或蒙版间在输出时出现不匹配的情况。

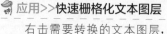

应用>>**快速栅格化文本图层**

右击需要转换的文本图层，如图❶所示，在弹出的快捷菜单中选择"栅格化文字"命令，如图❷所示，即可快速栅格化文本图层，如图❸所示。

# 第 3 章
# 数码照片的二次构图

构图就是在画面范围内有美感地选择和安排物体。常见的构图缺陷有两类。首先，许多拍摄者只顾抓住画面的主体，而忽视对画面框架内各种线条、形状及明暗区域的选择、安排和布置，导致拍出的照片极其普通，缺乏视觉感染力，这是构图缺陷的主要表现形式。其次，有时由于拍摄者缺乏经验或受场地、拍摄器材的限制，拍出的照片会出现倾斜、扭曲和变形的现象，同样使得照片的视觉效果大打折扣。本章就来介绍如何应用 Photoshop 中的相关工具和命令校正有构图缺陷的照片，并按照不同的应用场合（如显示、展示或打印输出等）将照片调整至合适的尺寸。

## 3.1 修改数码照片的大小和比例——裁剪工具、"裁剪"命令和 "裁切"命令

在改善数码照片构图、删除背景中不必要的图像或减少修复照片的工作量时，应用 Photoshop CC 2015 中的裁剪操作可对照片进行二次构图。裁剪是移去部分图像以突出或加强照片构图效果的过程。Photoshop CC 2015 中提供了多种裁剪照片的方法，下面将简单介绍应用 Photoshop CC 2015 中的裁剪工具、"裁剪"命令和"裁切"命令修改数码照片大小和比例的方法。

### 1. 裁剪工具

使用裁剪工具可在裁剪过程中更自由地控制裁剪范围。选中该工具后，在数码照片需要保留的位置单击并拖动鼠标，即可创建裁剪框。按住 Shift 键单击并拖动鼠标，即可创建正方形的裁剪框，如下左图所示。创建裁剪框后，用户可通过单击并拖动裁剪框的角手柄来进一步调整裁剪框的大小和比例，如下右图所示。按住 Shift 键单击并拖动角手柄可等比例缩放裁剪框。

选中工具箱中的裁剪工具后，用户可进一步在其选项栏中设置参数，使裁剪的尺寸和外形更加准确。下面将简单介绍"裁剪工具"选项栏中各项参数的设置，如下图所示。

❶**选择预设长宽比或裁剪尺寸**：提供多种预设的裁剪长宽比，供用户选择。默认情况下选择"比例"选项，此时在照片中单击并拖动可绘制任意长宽比的裁剪框。单击右侧的下三角按钮，在展开的下拉列表中可以选择其他预设的长宽比来裁剪图像。选择"1∶1（方形）"时创建的裁剪框效果如下左图所示；选择"5∶7"时创建的裁剪框效果如下右图所示。

❷**清除**：单击该按钮，可清除之前选择的裁剪长宽比。

❸**拉直**：单击该按钮，可通过在图像上绘制一条直线来拉直倾斜照片。

❹**设置裁剪工具的叠加选项**：选择裁剪工具的叠加方式，除了默认的"三等分"外，还包含"网格""三角形""对角"等。选择不同的裁剪叠加方式后，在画面中运用裁剪工具裁剪时会显示出不同的参考线叠加效果。下图展示了不同类型的参考线叠加效果。

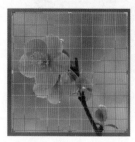 

❺**设置其他裁剪选项**：包含一些相对不常用的裁剪选项。例如，"启用裁剪屏蔽"选项让用户可以用指定的颜色来遮盖剪裁框之外的图像区域，如下左图所示。

❻**删除裁剪的像素**：勾选该复选框，在裁剪时就可以直接删除裁剪的像素；不勾选该复选框，在裁剪时会保留裁剪部分的图像，并将"背景"图层转换为"图层 0"图层，如下右图所示。

❼**提交当前裁剪操作**：单击该按钮，提交照片的裁剪操作。

**应用一>>应用裁剪工具快速修正画面的水平线**

在创建裁剪框后，单击并拖动裁剪框的角手柄，旋转裁剪框，如图❶所示；即可快速拉直扭曲的图像，如图❷所示。

**技巧>>使用裁剪工具时如何快速应用或取消裁剪操作**

使用裁剪工具创建并调整好裁剪框后，若要应用裁剪，则按 Enter 键或在裁剪框内双击鼠标；若要取消裁剪操作，则按 Esc 键。

## 2. "裁切"命令

Photoshop CC 2015 中的"裁切"命令非常适合于裁切那些边缘柔和的照片，该工具可通过移去不需要的图像数据来裁切图像。执行"图像>裁切"菜单命令，打开"裁切"对话框，如下图所示。

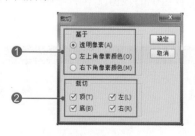

❶**基于：**该选项组用于设置裁切的基准点。若选中"透明像素"单选按钮，则可裁切掉图像边缘的透明区域，留下包含非透明像素的最小图像；若选中"左上角像素颜色"单选按钮，则可从图像中移去左上角像素颜色的区域；若选中"右下角像素颜色"单选按钮，则可裁切掉图像右下角像素颜色的区域。

❷**裁切：**该选项组用于设置一个或多个要修整的图像区域，用户可勾选"顶""底""左"和"右"复选框，以设置裁剪掉的范围。

3. "裁剪"命令

该工具的使用方法非常简单，首先使用选框工具或其他选择工具在需要保留的区域创建选区，然后执行"图像 > 裁剪"菜单命令，即可快速地将未选中的区域裁剪掉，如下图所示。

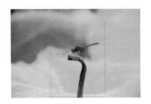

---

📄 **应用二>>应用"裁切"命令裁切图像**

"裁切"命令主要根据图像周围的透明像素或指定颜色的背景像素来裁剪图像。图❶为打开的素材图像，执行"图像 > 裁切"命令，在打开的"裁切"对话框中直接单击"确定"按钮，即可将单色的边框裁去，效果如图❷所示。

---

## 3.2 扩大或减小照片尺寸——"图像大小"命令

目前数码相机的可拍像素动辄上千万像素，拍摄出来的照片文件极大，对后期冲印来说绰绰有余。在照片的后期处理中，摄影师也经常裁剪照片，使照片尺寸满足后期的特定输出要求，如制作特定尺寸的海报。本节将介绍如何应用 Photoshop CC 2015 中的"图像大小"命令来扩大或减小照片的尺寸，使裁剪调整过的照片符合冲印需求。

打开需要设置尺寸的数码照片，执行"图像 > 图像大小"菜单命令或按 Ctrl+Alt+I 键，打开"图像大小"对话框，在该对话框中可设置照片的输出尺寸，如下图所示。

❶**图像大小：**显示了打开图像的大小，在下方的尺寸区域会列出详细的宽度和高度。

❷**调整为：**在此下拉列表框中可以选择系统预设的长宽比，快速更改当前照片的大小。若选择"自动分辨率"选项，则会打开如右图所示的"自动分辨率"对话框，在该对话框中可自定义输出打印的挂网精度和打印图像的品质。

❸**宽度 / 高度**：用于输入文件的宽度和高度。在其右侧可以选择一种单位，包括"像素""英寸""厘米""毫米""点""派卡"和"列"等。

❹**分辨率**：用于输入文件的分辨率。在其右侧可以选择分辨率的单位，包括"像素／英寸"和"像素／厘米"。

❺**"限制长宽比"按钮**：单击该按钮，使其为已链接状态时，更改"高度"和"宽度"中的任意一个时，另一个也会自动更改，以维持原比例。

❻**重新采样**：Photoshop 根据文档类型以及是放大还是缩小文档来选择重新采样方法，默认值为"自动"，如下图所示。若需更改，则单击右侧的下三角按钮，然后选择其他选项。

| 自动 | Alt+1 |
|---|---|
| 保留细节（扩大） | Alt+2 |
| 两次立方（较平滑）（扩大） | Alt+3 |
| 两次立方（较锐利）（缩减） | Alt+4 |
| 两次立方（平滑渐变） | Alt+5 |
| 邻近（硬边缘） | Alt+6 |
| 两次线性 | Alt+7 |

更改数码照片的像素大小不仅会影响数码照片在屏幕上的显示大小，还会影响照片的质量及打印特性。通过设置"图像大小"对话框中的"分辨率"，可调整数码照片的分辨率。下图所示分别是将分辨率设置为 350 像素 / 英寸、50 像素 / 英寸和 150 像素 / 英寸时数码照片的显示和质量效果。

## 3.3　自动裁剪并修齐照片——"裁剪并修齐照片"命令

与使用数码相机拍摄时相机没有保持水平或垂直的道理相同，使用平台式扫描仪扫描照片或其他图片后，若没有做好对齐的工作，那么扫描出来的数码照片就会显得凌乱，给后期处理造成了极大的麻烦。现在不用着急，Photoshop CC 2015 中的"裁剪并修齐照片"命令可通过多图像扫描创建单独的图像文件，并在此过程中自动识别图像的边界，对图像进行自动对齐。下面将简单介绍如何使用"裁剪并修齐照片"命令自动裁剪和修齐数码照片。

打开需要设置的扫描图像，如下左图所示，执行"文件 > 自动 > 裁剪并修齐照片"菜单命令，如下右图所示。

稍等片刻，系统将自动识别各图像的边界，将多幅图像自动裁剪并修齐，修齐后 3 张照片的效果如下图所示。

★**技巧>>扫描照片时的注意事项**

为了获得最佳的扫描结果，用户应该在要扫描的图像之间保持 1/8 英寸的间距，而且背景（通常是扫描仪的台面）应该是没有杂色的均匀颜色。这是因为"裁剪并修齐照片"命令最适合用于外形轮廓十分清晰的图像。

## 3.4 旋转或翻转数码照片——"图像旋转"命令

在拍摄数码照片时，为了配合拍摄现场的情景和构图需要，有时会将数码相机竖起来拍摄，这样拍摄的数码照片不便于后期的浏览。这时可以使用 Photoshop CC 2015 中的"图像旋转"命令旋转或翻转整个数码照片，将倒立或镜像的数码照片进行转正。

执行"图像 > 图像旋转"菜单命令，即可在弹出的级联菜单中选择需要的命令，对图像进行旋转，如下图所示。若选择"180 度"命令，则可将照片进行 180°的旋转；若选择"顺时针 90 度"命令，则可将照片顺时针旋转 90°；若选择"逆时针 90 度"命令，则将照片逆时针旋转 90°；若选择"任意角度"命令，则会打开"旋转画布"对话框，在"角度"数值框中可输入 -359.99 ～ 359.99 之间的数值，对数码照片进行任意角度的旋转；若选择"水平翻转画布"命令，则可将照片进行水平镜像翻转；若选择"垂直翻转画布"命令，则可将照片进行垂直镜像翻转。

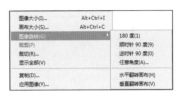

> ★ 技巧>>**将数码照片进行水平翻转**
>
> 打开需要设置的数码照片，如图❶所示。执行"图像 > 图像旋转 > 水平翻转画布"菜单命令，即可将照片进行水平翻转，如图❷所示。

## 3.5 调整数码照片的画布大小——"画布大小"命令

在后期处理中，一些数码照片由于受拍摄时的尺寸设置和拍摄角度的影响，不便于再裁剪或重设像素，这时可通过调整画布大小来解决后期的输出问题。Photoshop CC 2015 中的"画布大小"命令可快速增大或减小照片的画布大小，使照片满足后期的输出要求。

打开需要设置画布大小的数码照片，执行"图像 > 画布大小"菜单命令或按 Ctrl+Alt+C 键，打开"画布大小"对话框，在该对话框中可设置照片的输出尺寸，如下图所示。

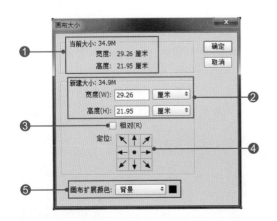

❶当前大小：该选项组显示了当前打开数码照片的宽度和高度。

❷新建大小：在"宽度"和"高度"数值框中可输入画布的尺寸，在其后的下拉列表框中可选择所需的测量单位。

❸相对：勾选该复选框，然后输入要从当前画布中添加或减去的数值。输入正数，则增大画布大小；输入负数，则减小画布大小。

❹定位：单击某个方块，以指示现有图像在新画布上的位置。

❺画布扩展颜色：在该下拉列表框中可选择扩展画布的颜色，如下左图所示。若选择"前景"或"背景"选项，则用当前的前景或背景颜色填充新画布；若选择"白色""黑色"或"灰色"选项，则使用白色、黑色或灰色填充新画布；若选择"其他"选项，

则打开"拾色器（画布扩展颜色）"对话框，在其中可选择需要的颜色填充新画布，如下右图所示。

# 3.6 校正相机的扭曲——"镜头校正"命令

在拍摄数码照片时，由于摄影师选择的镜头不同，产生的图像效果也不同。有时选择了错误的镜头，拍摄的画面会变得不协调。Photoshop 中的"镜头校正"命令专门用于校正与相机相关的因拍摄造成的照片外形和颜色的扭曲。"镜头校正"命令可修复常见的镜头瑕疵，如桶形和枕形失真、晕影、色差等。

打开需要校正的数码照片，执行"滤镜 > 镜头校正"菜单命令，打开"镜头校正"对话框，如下图所示。在该对话框中通过调整图像的选项，可校正扭曲的数码照片。

❶**工具箱**：位于"镜头校正"对话框的左侧，有"移动网格工具""抓手工具"和"缩放工具"3个用来调节界面的工具，以及"移去扭曲工具"和"拉直工具"两个用来应用滤镜调节的工具。

❷**预览、显示网格、大小、颜色**：勾选"预览"复选框，则可查看原图像和设置后图像的效果对比图；勾选"显示网格"复选框，则可显示网格；在"大小"数值框中输入数值可设置网格大小；单击"颜色"色块，可打开"拾色器"对话框，在该对话框中可设置网格的颜色。

❸**设置**："设置"下拉列表框中包括"镜头默认值""上一校正""默认校正"和"自定"4个选项。其中，"镜头默认值"使用默认的相机、镜头、焦距和光圈组合；"上一校正"选项使用上一次镜头校正中使用的设置；选择"自定"选项，可通过拖动"移去扭曲"滑块来消除照片中的枕状或桶状变形。

❹**色差**：用于消除高对比度边缘的边缘效应。在校正时，放大预览的图像可更近距离地查看色边。其中，"修复红／青边"选项通过调整红色通道相对于绿色通道的大小，针对红／青边进行补偿；"修复蓝／黄边"通过调整蓝色通道相对于绿色通道的大小，针对蓝／黄边进行补偿。

❺**晕影**：消除带特定光圈级数设置和焦长的不需要的晕影，以及镜头遮光器导致的晕影。

❻**变换**：该选项组中的透视选项可帮助校正平面倾斜状态。若数码照片是在相机没有端平时拍摄的，则可以通过设置"角度"对照片进行修复。通过设置"比例"参数，可快速、自动地按原照片的长宽比进行裁剪。

**应用>>枕状和桶状变形**

枕状变形是由于远距拍摄而引起中部收缩的变形效果；桶状变形是常见于广角照片中、中部凸出的变形效果。执行"滤镜 > 镜头校正"菜单命令，弹出"镜头校正"对话框，勾选对话框底部的"显示网格"复选框，即可显示水平和垂直方向的参考网格，如图❶所示。

单击"移去扭曲"滑块并向左拖动，则可生成广角镜头拍摄照片中常见的桶状变形，如图❸所示。

在"设置"选项组的"设置"下拉列表框中选择"自定"选项，然后单击"移去扭曲"滑块并向右拖动，即可生成枕状变形效果，如图❷所示。

# 3.7 校正镜头扭曲——"自适应广角"命令

使用"自适应广角"命令可校正由于使用广角镜头而造成的镜头扭曲。应用它可以快速拉直在全景图或采用鱼眼镜头和广角镜头拍摄的照片中看起来弯曲的线条。例如，使用广角镜头拍摄时会使建筑物看起来向内倾斜。同时，"自适应广角"命令还可以检测相机和镜头型号，并使用镜头特性拉直图像。

打开需要校正的数码照片，执行"滤镜 > 自适应广角"菜单命令，即可打开"自适合广角"对话框，在该对话框中可以通过绘制线条或设置参数来校正扭曲变形的数码照片，如右图所示。

❶**工具箱**：位于"自适应广角"对话框的左侧，设置了用于校正和查看照片调整效果的工具，包括"约束工具""多边形约束工具""移动工具""抓手工具"和"缩放工具"。

❷**校正**：选择校正类型。"鱼眼"选项用于校正由鱼眼镜头引起的极度弯曲；"透视"选项用于校正由视角和相机倾斜引起的会聚线；"完整球面"选项可校正 360°全景图，全景图的长宽比必须为 2：1。

❸**缩放**：指定校正后图像的缩放比例。

❹**焦距**：指定镜头的焦距。如果在照片中检测到透视信息，"焦距"值会自动填充。

❺**裁剪因子**：指定数值以确定如何裁剪最终图像，将"裁剪因子"与"缩放"结合起来使用可以补偿在应用此滤镜时导致的任何空白区域。

❻**原照设置**：启用此选项以使用镜头配置文件中定义的值，如果没有找到镜头信息，则禁用此选项。

❼**细节**：用于放大显示调整区域，以查看更准确的照片校正结果。

执行命令后将弹出"镜头校正"对话框，在其"校正"下拉列表框中选择"透视"选项，如图❸所示。选择该选项后，可以看到透视错误的图像得到了校正，如图❹所示。

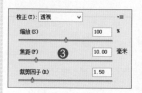 

为了进一步校正扭曲变形的图像，在"自适应广角"对话框中单击"约束工具"按钮，如图❺所示。运用此工具在扭曲的建筑物上单击并拖动鼠标，如图❻所示，绘制约束参考线，拉直扭曲的图像，如图❼所示。

**应用>>校正广角镜头拍摄的变形照片**

使用"自适应广角"滤镜可快速校正使用广角镜头拍摄的变形照片。校正图像前，打开素材图像，如图❶所示，执行"滤镜 > 镜头校正"菜单命令，如图❷所示。

# 3.8 调整图像大小并保护内容——新的内容识别缩放

在常规情况下，缩放数码照片的尺寸会影响图像的像素，而使用 Photoshop CC 2015 中的"内容识别缩放"命令，可在不更改重要可视内容（如人像、建筑、动物等）的情况下快速调整数码照片的尺寸。该命令适合处理 RGB、CMYK、Lab 和灰度颜色模式的图像，但不适合处理调整图层、图层蒙版、通道、智能对象、3D 图层、视频图层、图层组或同时处理多个图层。下面将简单介绍如何使用"内容识别缩放"命令。

## 1. 缩放图像时保留可视内容

如果是缩放"背景"图层，首先执行"选择 > 全部"菜单命令或按 Ctrl+A 键，选中所有图像，然后执行"编辑 > 内容识别缩放"菜单命令，此时数码照片的四周将出现控制手柄，单击并拖动四周的控制手柄，即可在缩放图像时保留可视内容，设置完成后按 Enter 键，再执行"图像 > 裁剪"命令，如下图所示。

在执行"编辑 > 内容识别缩放"菜单命令后，用户可进一步在其选项栏中进行设置，以确定缩放图像的各项参数，如下图所示。

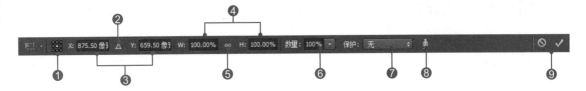

**❶参考点位置**：单击参考点定位符上的方块，以设置缩放图像时要围绕的固定点。默认状态下，该参考点位于图像的中心。

**❷使用参考点相关定位**：单击该按钮，可将参考点放置于特定位置，在 X 和 Y 数值框中输入数值即可。

**❸水平 / 垂直位置**：在 X 数值框中输入数值，可设置水平位置；在 Y 数值框中输入数值，可设置垂直位置。

**❹水平缩放比例和垂直缩放比例**：在 W 和 H 数值框中输入数值，可设置水平缩放和垂直缩放的比例。

**❺保持长宽比**：单击"保持长宽比"按钮，则在设置时保持图像的长宽比不变。

**❻数量**：用于设置内容识别缩放与常规缩放的比例，在"数量"数值框中输入数值或拖动滑块，即可设置内容识别缩放的百分比。

**❼保护**：用于选择要保护的区域或 Alpha 通道中的图像。

**❽保护肤色**：单击"保护肤色"按钮，可试图保留含肤色的区域。

**❾取消变换 / 进行变换**：单击"取消变换"按钮，则取消变换；单击"进行变换"按钮，则应用内容识别缩放。

### 2. 指定在缩放时要保护的内容

首先使用选区工具在要保护的图像内容周围建立选区，打开"通道"面板，单击面板底部的"将选区存储为通道"按钮，将选区存储为通道。按 Ctrl+A 键，然后执行"编辑 > 内容识别缩放"菜单命令，在其选项栏的"保护"下拉列表框中选择 Alpha 通道，再拖动外框上的手柄以缩放图像，如下图所示。

**📖 应用一>>使用"内容识别缩放"命令调整照片构图**

打开需要设置的照片，按快捷键 Ctrl+A 选中所有图像，再按快捷键 Shift+Ctrl+Alt+ C，单击并向左拖动右侧的控制手柄，如图❶所示。设置完成后按 Enter 键即可，如图❷所示。

**📖 应用二>>在水平方向上精确缩放数码照片**

打开需要设置的数码照片，按 Ctrl+A 键全选图像，如图❶所示；执行"编辑 > 内容识别缩放"菜单命令，在其选项栏的 W 数值框中输入数值 60，如图❷所示；输入数值后会自动根据输入数值调整编辑框，如图❸所示；按 Enter 键裁剪图像，效果如图❹所示。

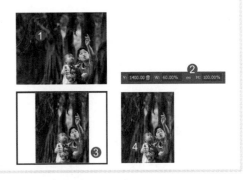

**⭐ 技巧>>图像缩放技巧**

单击并拖动外框上的手柄，可以缩放图像；按住 Shift 键单击并拖动角手柄，可按比例将图像进行缩放。当将鼠标指针放置在手柄上方时，指针将变为双向箭头。

## 实例演练 1:
# 将横躺的直幅照片转正

原始文件: 随书资源 \ 素材 \03\14.jpg
最终文件: 随书资源 \ 源文件 \03\ 将横躺的直幅照片转正 .jpg

解析: 摄影师在拍摄数码照片时, 为了配合现场的情景和构图的需要, 有时会将相机竖立起来拍摄, 这样拍摄的数码照片不便于在后期进行浏览。本实例讲解如何应用 Photoshop CC 2015 中的 "图像旋转" 命令将横躺的直幅照片转正。下图所示为制作前后的效果对比图, 具体操作步骤如下。

**1** 执行 "文件 > 打开" 菜单命令, 打开 "14.jpg" 文件, 打开的图像效果如下图所示。

### 应用>>试试其他旋转命令

将数码照片转正后, 再次执行 "图像 > 图像旋转 > 水平翻转画布" 菜单命令, 如图❶所示, 即可将数码照片进行水平翻转, 如图❷所示。

**2** 执行 "图像 > 图像旋转 > 逆时针 90 度" 菜单命令, 如下左图所示。

**3** 通过上一步的操作, 得到如下右图所示的图像效果, 即将横躺的直幅照片转正, 完成本实例的制作。

### 技巧>>为什么不使用相机的自动转正功能

一般数码相机都有照片自动转正功能, 若用户启用该功能, 就不需要再利用 Photoshop 进行转正了。但是启用该功能后在预览时照片会较小, 不方便查看。

## 实例演练 2:
# 修复拍摄倾斜的数码照片

原始文件: 随书资源 \ 素材 \03\15.jpg
最终文件: 随书资源 \ 源文件 \03\ 修复拍摄倾斜的数码照片 .psd

解析: 就摄影构图而言, 除非是特殊的情景, 否则倾斜的水平线或垂直线会破坏画面的平衡线, 使照片的视觉效果大打折扣。在拍摄照片时, 如果数码相机没有保持水平或垂直, 那么拍摄出来的照片会出现倾斜。本实例讲解如何通过 Photoshop 修复拍摄倾斜的数码照片。下图所示为制作前后的效果对比图, 具体操作步骤如下。

**1** 打开 "15.jpg" 文件,右击工具箱中的 "吸管工具" 按钮,在弹出的列表中选择 "标尺工具",如下左图所示。

**2** 使用标尺工具从画面左侧的地平线开始,沿地平线单击并拖动鼠标,如下右图所示。

**3** 执行 "图像 > 图像旋转 > 任意角度" 菜单命令,打开 "旋转画布" 对话框,在 "角度" 数值框中将根据拖出的拉直参考线自动填入数值 3.56,如下图所示。

| 旋转画布 | X |
|---|---|
| 角度(A): 3.56 | ○ 度顺时针(C) 确定 |
| | ● 度逆时针(W) 取消 |

**4** 设置完 "旋转画布" 对话框中的参数后,单击 "确定" 按钮,对数码照片进行逆时针旋转,即可得到如下图所示的图像效果。

**5** 按 M 键,切换至矩形选框工具,在旋转后的图像中间单击并拖动鼠标,绘制一个矩形选区,选中照片的中间部分,如下左图所示。

**6** 执行 "图像 > 裁剪" 菜单命令,对数码照片进行裁剪,得到如下右图所示的图像效果。

**7** 按 Ctrl+D 键,取消选区的选中状态,得到如下图所示的图像效果,完成本实例的制作。

---

**应用>> 使用 "拉直" 裁剪功能校正倾斜照片**

要校正倾斜的照片,除了可以使用 "标尺工具" 和旋转命令外,还可以使用 "裁剪工具" 选项栏中的 "拉直" 功能来校正。单击工具箱中的 "裁剪工具",此时 Photoshop 会自动沿照片边缘绘制裁剪框,如图❶所示,再单击选项栏中的 "拉直" 按钮,沿画面中的地平线拖出拉直参考线,如图❷所示。

释放鼠标后,Photoshop 将根据绘制的参考线旋转裁剪框并拉直图像,如图❸所示。此时按 Enter 键即可裁剪图像,完成倾斜照片的校正工作,效果如图❹所示。

⭐ 技巧>>**如何重新设置调整后的数码照片**

在使用"拉直"裁剪或拉直工具对照片进行校正后，如果觉得调整后的图像还是倾斜的，则可以在"历史记录"面板中将图像还原至未校正前的状态，然后使用"标尺工具"重新测量地平线偏移量，再对图像进行旋转。注意，不要在同一图像上多次应用"图像旋转"命令，它会使画面品质变差。

## 实例演练 3：
# 修复变形的数码照片

🔗 原始文件：随书资源 \ 素材 \03\16.jpg
最终文件：随书资源 \ 源文件 \03\ 修复变形的数码照片 .psd

**解析**：在拍摄过程中，由于拍摄场景的限制或被摄物体自身的因素，有时需要将相机朝着某个方向进行拍摄，但是这样得到的照片往往容易出现如左大右小或头小底大的问题，使画面变得极不协调。本实例将介绍如何应用 Photoshop CC 2015 中的"镜头校正"命令修复变形的数码照片。下图所示为制作前后的效果对比图，具体操作步骤如下。

**1** 打开 "16.jpg" 文件，选择 "背景" 图层，将其拖至 "创建新图层" 按钮 🔲，释放鼠标即可复制 "背景" 图层，得到 "背景 拷贝" 图层，如下图所示。

**2** 在 "图层" 面板中选中 "背景 拷贝" 图层，执行 "滤镜 > 镜头校正" 菜单命令，如下图所示。

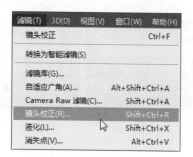

**3** 打开 "镜头校正" 对话框，在 "设置" 选项组的 "移去扭曲" 数值框中输入数值 10，如下图所示。

**4** 在 "变换" 选项组的 "垂直透视" 数值框中输入数值 -47，在 "水平透视" 数值框中输入数值 -10，在 "比例" 数值框中输入数值 103，其他参数保持不变，如下左图所示。

**5** 设置完 "镜头校正" 对话框中的各项参数后，单击 "确定" 按钮，完成本实例的制作，效果如下右图所示。

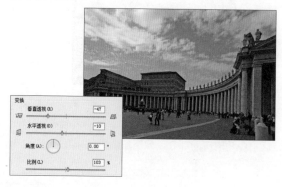

实例演练 4：
# 使用"三分法则"裁剪法二次构图

原始文件：随书资源 \ 素材 \03\17.jpg
最终文件：随书资源 \ 源文件 \03\ 使用"三分法则"裁剪法二次构图 .psd

**解析**：为了捕捉瞬间即逝的日落美景，在拍摄的时候往往会忽略画面的构图，导致拍摄出来的照片构图不准确，这时就需要通过后期处理对照片进行二次构图。本实例将介绍如何应用 Photoshop 的"三分法则"裁剪法对数码照片进行二次构图，以增强照片的表现力。下图所示为制作前后的效果对比图，具体操作步骤如下。

3 使用裁剪工具在画面的合适位置单击并拖动，建立裁剪框，如下左图所示。

4 创建裁剪框后，借用裁剪参考线调整裁剪框大小，将鼠标移至裁剪框边线位置，当鼠标指针变为双向箭头时，拖动鼠标，调整裁剪框，使云霞占图像的 2/3，如下右图所示。

1 打开"17.jpg"文件，按 Ctrl+J 键复制图层，得到"图层 1"，如下图所示。

5 设置完成后单击"裁剪工具"选项栏中的"提交当前裁剪操作"按钮☑，应用裁剪，得到如下图所示的三分法构图效果。

2 单击工具箱中的"裁剪工具"按钮 ⊏，展开"裁剪工具"选项栏，在选项栏中设置叠加选项为"三等分"，如下图所示。

清除 📷 拉直 ⊞ ⚙ ☑ 删除裁剪的像素

实例演练 5：
# 自由裁剪照片至想要的尺寸

原始文件：随书资源 \ 素材 \03\18.jpg
最终文件：随书资源 \ 源文件 \03\ 自由裁剪照片至想要的尺寸 .psd

**解析**：一张构图较乱的数码照片，会给人一种主体不明的感觉。对于这样的照片，若想突出照片的主体，最好将除主体外的其他成分进行删除或简化，通过 Photoshop CC 2015 中的裁剪工具可快速裁剪掉不需要的部分，使画面中要表现的主体成为观者的视觉中心。本实例将介绍如何使用裁剪工具自由裁剪照片至想要的尺寸。下图所示为制作前后的效果对比图，具体操作步骤如下。

1 打开 "18.jpg" 文件，选择 "裁剪工具"，将鼠标移至照片上单击，创建裁剪框，如下图所示。

2 取消勾选 "裁剪工具" 选项栏中的 "删除裁剪的像素" 复选框，然后将鼠标移至裁剪框右侧的边线位置，向左拖动鼠标，调整裁剪框的大小，经过反复的拖动操作，重新设置裁剪范围，如下图所示。

3 确定裁剪范围后，右击裁剪框中的图像，在弹出的快捷菜单中选择 "裁剪" 命令，应用裁剪，调整照片的构图，如下图所示。

**技巧>>裁剪工具应用技巧**

若要通过拖动鼠标自定义裁剪范围，则在选择工具箱中的 "裁剪工具" 后，单击其选项栏中的 "清除" 按钮，将前面选择或设置的裁剪范围删除，并通过拖动鼠标重新创建裁剪框。

**实例演练 6：**

# 将照片裁剪成适合冲印的大小

原始文件：随书资源 \ 素材 \03\19.jpg
最终文件：随书资源 \ 源文件 \03\ 将照片裁剪成适合冲印的大小 .psd

解析：数码相机拍摄的照片尺寸有其固定的比例，在后期处理照片时也会由于不同的需要对图像的尺寸进行调整，这样设置后的照片仅供用户在显示器上观赏，若要输出照片，则最好先将照片裁剪至适合冲印的比例，以免冲洗出来的相片被切头截尾。本实例将介绍如何将照片裁剪成适合冲印的大小。下图所示为制作前后的效果对比图，具体操作步骤如下。

1 打开 "19.jpg" 文件，按 Ctrl+R 键显示标尺，查看照片的宽度和高度，如下图所示。

2 执行"图像 > 图像大小"菜单命令,打开"图像大小"对话框,按下图所示设置其中的参数。

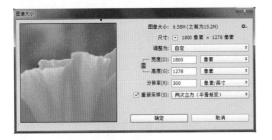

3 单击工具箱中的"矩形选框工具"按钮▣,显示"矩形选框工具"选项栏,在选项栏的"样式"下拉列表框中选择"固定大小"选项,激活右侧的"宽度"和"高度"数值框,右击鼠标,将单位设置为英寸,然后将"宽度"设置为 6 英寸、"高度"设置为 4 英寸,如下图所示。

样式: 固定大小 ÷  宽度: 6 英寸 ⇄ 高度: 4 英寸

4 将鼠标移至照片中间位置,单击鼠标,系统将自动创建 6 英寸 ×4 英寸的选区,如下左图所示。

5 将鼠标移至图像中,此时可以看到鼠标指针会变为▶形状,拖动鼠标调整选区的位置,最后的调整效果如下右图所示。

6 执行"图像 > 裁剪"菜单命令,对数码照片进行裁剪,如下左图所示。裁剪照片后按快捷键 Ctrl+D,取消选区的选中状态,得到如下右图所示的图像效果。

---

## 实例演练 7:
# 删除照片中的多余人物

原始文件:随书资源 \ 素材 \03\20.jpg
最终文件:随书资源 \ 源文件 \03\ 删除照片中的多余人物 .psd

解析:优秀的构图有助于打造优美而又令人赏心悦目的视觉效果,但是只有当画面中没有妨碍观者欣赏或干扰观者理解摄影作品所传达信息的要素时,才能达到这一目的。本实例讲解如何应用 Photoshop CC 2015 中的裁剪工具去除数码照片中的干扰元素,使观者专注于主体对象。下图所示为制作前后的效果对比图,具体操作步骤如下。

1 打开"20.jpg"文件,然后单击工具箱中的"裁剪工具"按钮▣,如下图所示。

2 在画面需要保留的位置单击并拖动鼠标,创建裁剪框,如下左图所示。

3 单击并拖动裁剪框边缘的控制手柄,调整裁剪框的大小和外形,如下右图所示。

**4** 确定裁剪范围后，执行"图像 > 裁剪"菜单命令，如下左图所示。最终得到如下右图所示的图像效果，完成本实例的制作。

**应用>>使用裁剪预设裁剪数码照片**

打开图像，按 C 键，切换至裁剪工具，在其选项栏中设置需要的裁剪预设，如图**❶**所示，然后创建裁剪框，按 Enter 键应用裁剪即可，如图**❷**所示。

---

## 实例演练 8：
# 在裁剪照片时保留特定内容

原始文件：随书资源 \ 素材 \03\21.jpg
最终文件：随书资源 \ 源文件 \03\ 在裁剪照片时保留特定内容 .psd

**解析：** 在后期裁剪数码照片时，很多时候不可避免地会将需要的图像裁剪掉，现在 Photoshop CC 2015 可以解决这个问题。Photoshop CC 2015 中的"内容识别缩放"命令可在缩放数码照片时通过 Alpha 通道来保护不需要缩放的内容。本实例将介绍如何在保留特定内容的情况下裁剪数码照片。下图所示为制作前后的效果对比图，具体操作步骤如下。

**1** 打开 "21.jpg" 文件，然后单击工具箱中的"矩形选框工具"按钮▦，在其选项栏的"样式"下拉列表框中选择"正常"选项，如下图所示。

**2** 在裁剪时需要保护的位置单击并拖动鼠标，将主体昆虫选中，创建矩形选区，如下图所示。

**3** 执行"窗口 > 通道"菜单命令，打开"通道"面板，单击面板底部的"将选区存储为通道"按钮，创建 Alpha 1 通道，并将通道中的选区部分填充为白色，如下图所示。

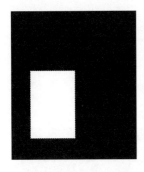

**4** 执行 "选择 > 全部" 菜单命令或按快捷键 Ctrl+A，将图像全部选中，如下图所示。

**5** 执行 "编辑 > 内容识别缩放" 菜单命令，然后在展开的选项栏中单击 "保护" 下三角按钮，在弹出的列表中选择 Alpha 1 选项，如下左图所示。

**6** 将鼠标放在内容识别编辑框顶部的边线位置，单击并向下拖动，调整编辑框的大小，如下右图所示。

**7** 完成设置后右击编辑框中的图像，在弹出的快捷菜单中选择 "裁剪" 命令，裁剪照片，如下图所示。

> ⭐ **技巧>>在裁剪过程中对图像进行重新取样**
>
> 若要在裁剪过程中对图像进行重新取样，则应在 "裁剪工具" 选项栏中输入高度、宽度和分辨率值。除非提供了宽度、高度以及分辨率，否则裁剪工具将不会对图像重新取样。

## 实例演练 9：
# 将照片调整至海报尺寸

原始文件：随书资源 \ 素材 \03\22.jpg
最终文件：随书资源 \ 源文件 \03\ 将照片调整至海报尺寸 .psd

解析：本实例介绍的这种调整尺寸的方法可以快捷、有效地将数码照片调整至海报尺寸，而且调整后的数码照片依然非常清晰。下图所示为制作前后的效果对比图，具体操作步骤如下。

**1** 打开 "22.jpg" 文件，执行 "图像 > 图像大小" 菜单命令，如下图所示。

**2** 打开"图像大小"对话框，在该对话框中可查看数码照片的原始尺寸，如下图所示。

**3** 在"高度"数值框中输入数值 590，并将其单位设置为"毫米"，如下左图所示。

**4** 调整完尺寸后，在"分辨率"数值框中输入数值 300，如下右图所示。

**5** 单击"重新采样"下三角按钮，在弹出的下拉列表中选择"两次立方（较锐利）（缩减）"选项，如下图所示。

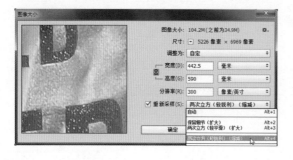

**6** 设置完"图像大小"对话框中的参数后，单击"确定"按钮，再执行"视图 > 标尺"菜单命令，如下左图所示。

**7** 通过以上操作，即可查看设置后的图像尺寸，如下右图所示，完成本实例的制作。

**技巧>>更改标尺的原点**

　　标尺可帮助用户精确定位图像，它一般出现在窗口的顶部和左侧。更改标尺原点可以使用户从图像的特定点开始度量。将鼠标放置在窗口左上角标尺的交叉点，如图①所示，然后沿对角线向下拖动，即可更改标尺的原点，如图②所示。

# 实例演练 10：
# 自定义常用的几组裁剪比例

原始文件：随书资源 \ 素材 \03\23.jpg
最终文件：随书资源 \ 源文件 \03\ 自定义常用的几组裁剪比例 .psd

　　**解析：** 当裁剪一组数码照片的大小以调整照片的构图或尺寸时，总会依照一种或几种固定的裁剪比例进行裁剪。为了提高工作效率，可以将常用的裁剪比例创建成工具预设，便于日后直接选取预设的比例进行数码照片的裁剪。本实例介绍如何将常用的裁剪比例创建成工具预设，具体操作步骤如下。

**1** 打开"23.jpg"文件，然后按 M 键，切换至矩形选框工具，在其选项栏中设置"样式""宽度"和"高度"参数，如下图所示。

**2** 单击"点按可打开'工具预设'选取器"按钮，在弹出的下拉列表中单击"创建新的工具预设"按钮，如下左图所示。

**3** 弹出"新建工具预设"对话框，在"名称"文本框中输入新建预设的名称，然后单击"确定"按钮，则新建的预设会出现在"工具预设"选取器中，如下右图所示。

**4** 同步骤 1 ～ 3 的方法，继续创建新的工具预设，如下图所示。

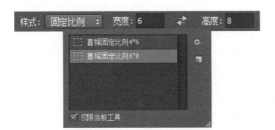

**5** 用同样的方法创建"直幅固定比例 5*7"工具预设，如下图所示。

**6** 在"工具预设"选取器中选择"直幅固定比例6*8"选项，如下左图所示。

**7** 在画面的合适位置单击并拖动鼠标，创建矩形选区，如下右图所示。

**8** 执行"图像 > 裁剪"菜单命令，对图像进行裁剪操作，如下左图所示。裁剪图像后，按快捷键 Ctrl+D，取消选区的选中状态，即可得到如下右图所示的图像效果。

# 第4章
# 修正有瑕疵的数码照片

在拍摄数码照片时，难免会有各种意想不到的瑕疵。本章将针对这一问题，介绍如何使用 Photoshop CC 2015 中的相关功能和工具去除数码照片中的瑕疵。本章内容包括使用修补工具去除多余对象、应用"减少杂色"命令去除照片中的杂色、修复照片中的噪点、图像的锐利度校正、聚焦技法等，通过本章的学习，读者可以快速掌握去除照片瑕疵的方法和技巧，使拍摄的照片呈现更完美的效果。

## 4.1 去除电线和其他异物——修补工具

建筑物或一些特定的景点通常都有杂乱的电线，在拍摄时无论如何改变拍摄角度，都很难避免这些异物入镜。有了 Photoshop 软件，就不用担心这些破坏画面的电线和异物，使用 Photoshop CC 2015 中的修补工具即可快速去除画面中的多余电线和其他异物。下面将介绍如何使用修补工具去除电线和其他异物。

使用修补工具可快速利用其他区域或图案中的像素来修复选中的区域。首先打开需要设置的素材图像，如下左图所示，然后单击工具箱中的"修补工具"按钮，在画面中需要修补的区域单击并拖动鼠标，创建一个选区，如下中图所示，最后将选区拖至要替换的区域，即可对图像进行修复，如下右图所示。

  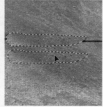 

单击工具箱中的"修补工具"按钮后，可在其选项卡中进一步设置修补工具的各项参数，使图像的修饰工作更加顺利。下图所示为"修补工具"选项栏，具体设置方法和相关技巧如下。

❶ **选择方式**：与选框工具的选取方式相同，使用修补工具创建选区后，可以进行添加、减去、与选区交叉等操作来对选区进行编辑。

❷ **修补方式**：选择图像修补方式，提供了"正常"和"内容识别"两个选项。默认为"正常"修补方式，此时将以修补区域内的图像像素进行修补；如果选

择"内容识别"修补方式，则在修补的同时会自动识别周围像素，让修补效果更自然。

❸ **源**：若在选项栏中选中"源"选项，则将选区边框拖至想要从中进行取样的区域，释放鼠标后，原来选中的区域将会使用样本像素进行修补，如下图所示。

❹目标：若选中"目标"选项，则将选区边界拖至要修补的区域，释放鼠标后，将会使用样本像素修补新选定的区域，如下图所示。

❺透明：若勾选该复选框，则修补的图像影调更亮；若取消勾选该复选框，则可使修补的图像与周围影调自然融合。

❻使用图案：创建选区后，单击"使用图案"按钮，即可利用选择的图案修补选区内的像素。单击图案后的下三角按钮，在弹出的"图案"列表中可选择需要的图案。

**应用>>使用快捷键调整修补图像的区域**

在图像的修补过程中，常常需要调整和变换修补的区域，利用快捷键可以轻松完成这一操作。使用修补工具在图像的适当位置单击并拖动鼠标，创建选区，如图❶所示；然后按住Shift键在海面上的船只位置单击并拖动鼠标，如图❷所示，可添加到现有选区，如图❸所示；按住Alt键在图像中拖动，可从现有选区中减去图像，如图❹所示；若按住Shift+Alt键在图像中拖动，则可选择与现有选区交叉的区域。

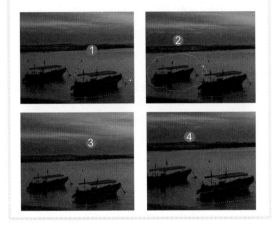

## 4.2 去除照片中的杂色——"减少杂色"滤镜

图像杂色显示为随机的无关像素，如果使用了很高的 ISO 设置拍照、曝光不足或者用较慢的快门速度在黑暗区域中拍照，则可能会出现杂色。应用"减少杂色"滤镜可基于影响整个图像或各通道的设置保留边缘，同时减少照片中的杂色。本节讲解如何使用"减少杂色"滤镜去除照片中的杂色。

打开需要设置的数码照片，执行"滤镜 > 杂色 > 减少杂色"菜单命令，打开"减少杂色"对话框，在该对话框中设置各项参数即可去除杂色，如下图所示。

❶强度：用于设置减少杂点的强度，控制应用于所有图像通道的明亮度杂色减少量。

❷保留细节：对图像像素细节进行调整，保留边缘和图像细节。如果值为100，则会保留大多数图像细节，但会将明亮度杂色减到最少。

❸减少杂色：设置减少杂色的数量，移去随机的颜色像素。值越大，减少的杂色越多。

❹锐化细节：可对图像像素边缘进行锐化处理，移去杂色将会降低图像的锐化程度。

❺移去 JPEG 不自然感：勾选该复选框，可移去由于使用低 JPEG 品质设置存储图像而导致的斑驳的图像伪像和光晕。

### ✿ 技巧一>>"高级"的去杂色技巧

　　杂色分为明亮度杂色以及颜色杂色，而明亮度杂色在图像的某个通道（通常是蓝色通道）中可能更加明显，所以使用"减少杂色"滤镜去除杂色时，可以在"高级"模式下单独调整每个通道的杂色，即选中"高级"单选按钮，切换至高级选项设置，然后检查每个通道中的图像，以确定某个通道中是否有很多杂色，对杂色较多的通道应用滤镜。图❶、图❷、图❸所示分别为不同通道中查看到的杂色效果。

### ✿ 技巧二>>缩放图像查看效果

　　应用"减少杂色"滤镜去除照片杂色时，可以通过单击图像预览框下方的"放大"和"缩小"按钮来缩放图像。如果需要查看图像细节效果，则单击图像预览框下方的"放大"按钮🔍；如果需要缩小预览框中的图像以查看整体效果，则单击"缩小"按钮🔍。

## 4.3　修复照片中的噪点——Camera Raw 滤镜

　　要在 Photoshop 中去除照片中的杂色，除了可以使用"减少杂色"滤镜外，还可以应用全新的 Camera Raw 滤镜来完成。使用 Camera Raw 滤镜中的"细节"选项卡可快速去掉照片中的明亮度杂色和颜色杂色，并且可以实时查看去除杂色后的图像效果。

　　在打开要处理的照片后，执行"滤镜 > Camera Raw 滤镜"菜单命令，即可打开如下图所示的 Camera Raw 对话框。在该对话框中单击"细节"按钮，切换到"细节"选项卡，在此选项卡下方的"减少杂色"选项组中设置选项可控制杂色去除效果。

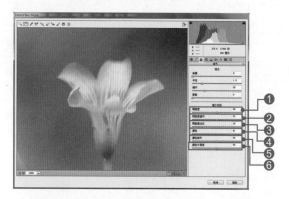

❶**明亮度**：用于减少明亮度杂色。

❷**明亮度细节**：控制明亮度杂色阈值。值越高，保留的细节就越多；值越低，产生的结果就越干净。

❸**明亮度对比**：控制明亮度对比。值越高，保留的对比度就越高，但可能会产生杂色的花纹或色斑；值越低，产生的结果就越平滑，但也可能使对比度较低。

❹**颜色**：用于减少彩色杂色。

❺**颜色细节**：控制彩色杂色阈值。值越高，边缘就能保持得更细、色彩细节更多，但可能会产生彩色颗粒；值越低，越能消除色斑，但可能会产生颜色溢出。

❻**颜色平滑度**：用于控制彩色杂色的平滑度。值越高，保留的细节越少，图像越干净。

### ✿ 技巧>>在不同视图方式下查看杂色去除

　　在 Camera Raw 对话框下方的预览区域中提供了视图切换按钮，通过单击"在'原图／效果图'视图之间切换"按钮🅨可以在不同的视图显示状态下查看图像效果。默认情况下仅查看应用到图像后的"效果图"设置，如图❶所示。单击按钮会分别切换至应用到图像左右一半的"原图／效果图"设置、应用到整个图像并且并排分开显示的"原图／效果图"设置、应用到图像上下一半的"原图／效果图"设置、应用到整个图像并且垂直分开显示以供比较的"原图／效果图"设置等视图显示模式。单击"在'原图／效果图'视图之间切换"按钮，切换视图后的图像效果如图❷所示。

 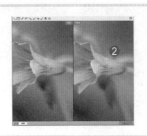

## 4.4 图像的锐利度校正

在拍摄照片时，由于拍摄技术和拍摄场景的限制，容易使拍摄的照片图像模糊，而 Photoshop CC 2015 中的锐化功能可以提高图像的清晰度，使图像边缘和线条看起来更加清楚、锐利。本节讲解如何进行图像的锐利度校正，具体操作方法和相关技巧如下。

### 1. 快速锐化图像——锐化工具

使用该工具可快速增加图像边缘的对比度，以增强外观上的锐化程度，使图像的线条更加清晰，图像效果更加鲜明。该工具常用于将模糊的图像变清晰。使用该工具在图像上单击或拖动绘制，即可完成锐化，但是过度的绘制会造成图像失真。打开一幅图像，如下左图所示，然后单击工具箱中的"锐化工具"按钮，在需要锐化的图像上单击并涂抹，使涂抹区域的图像变得清晰，如下右图所示。

单击工具箱中的"锐化工具"按钮后，可在其选项栏中进一步设置画笔的笔尖、混合模式、强度等选项，如下图所示。若勾选"对所有图层取样"复选框，则可使用所有可见图层中的数据进行锐化处理；若取消勾选该复选框，则该工具只使用当前图层中的数据。

![工具选项栏]

### 2. 增加图像边缘两侧的对比度——"USM锐化"和"高反差保留"滤镜

使用"USM 锐化"滤镜可调整图像的对比度，使画面更清晰。首先打开需要设置的素材图像，如下左图所示，然后执行"滤镜 > 锐化 >USM 锐化"菜单命令，打开"USM 锐化"对话框，如下右图所示，设置锐化的各项参数，设置完成后单击"确定"按钮即可。

> ⭐ 技巧一>>使用快捷键复制图层
>
> 要在 Photoshop 中复制图层，除了执行"图层 > 复制图层"菜单命令进行复制外，还可以选中图层，然后按快捷键 Ctrl+J 快速复制图层。

Photoshop CC 2015 中的"高反差保留"滤镜适用于降低无边缘区域的颜色和对比度，但同时会保留颜色毗邻处的对比度。下面讲解如何应用"高反差保留"滤镜锐化图像。

打开需要设置的素材图像，按 Ctrl+J 键复制图层，得到"背景 拷贝"图层，然后将该图层的混合模式设置为"叠加"，如下左图所示。执行"滤镜>其他>高反差保留"菜单命令，打开"高反差保留"对话框，可以看到图像中除彩色边缘外的其他位置已转换成中性灰色，设置"半径"为 8，如下右图所示。

设置完成后单击"确定"按钮，返回"图层"面板，如下左图所示。此时在图像窗口中可以看到锐化后的图像变得更清晰了，如下右图所示。

### ✿ 技巧二>>USM锐化技巧

"阈值"决定着滤镜评定边缘颜色差异的标准以及锐化边缘的界限。若设置阈值为 0，则表示任何差异都将视为边缘。"半径"选项用于设置彩色边缘对比度强度增加的延伸范围。用户可自定义该数值，直至重要的细节能达到所需的清晰度。"数量"选项用于设置滤镜增强彩色边缘的强度。在设置时，应尽可能提高"阈值"，但不要致使细节模糊。

### 🖋 应用一>>尝试其他的混合模式效果

在"图层"面板中选中"背景 拷贝"图层，将图层混合模式设置为"强光"，如图❶所示。设置后将得到更清晰的图像，效果如图❷所示。

### 3．制作逼真的"锐化焦点"——使用"智能锐化"滤镜

应用"智能锐化"滤镜可对图像的锐化进

行智能调整，以达到更好的锐化清晰效果。Photoshop CC 2015 中的"智能锐化"滤镜可以对图像整体应用锐化效果，也可以有选择性地针对阴影、高光进行锐化。下面将简单介绍如何使用"智能锐化"滤镜制作逼真的锐化焦点。

打开需要设置的素材图像，执行"滤镜 > 锐化 > 智能锐化"菜单命令，打开"智能锐化"对话框，在该对话框中可设置各项参数，具体设置如下图所示。

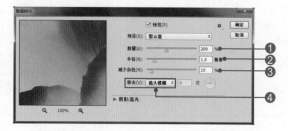

❶**数量**：设置锐化量。数值越大，边缘像素之间的对比度越大，从而使图像看起来更加锐利。

❷**半径**：决定边缘像素周围受锐化影响的像素数量。设置的数值越大，受影响的边缘就越宽，锐化的效果也就越明显。

❸**减少杂色**：用于减少不需要的杂色，同时保持重要边缘不受影响。

❹**移去**：设置用于对图像进行锐化的锐化算法。"高斯模糊"是"USM 锐化"滤镜使用的算法；"镜头模糊"将检测图像中的边缘和细节，可对细节进行更精细的锐化，并减少锐化光晕；"动感模糊"将尝试减少由于相机或主体移动而导致的模糊效果。如果选择"动感模糊"选项，则可设置"角度"参数，以便更精确地移去模糊，如下图所示。

### 4．按需要增加深浅区域的对比度——添加"减淡和加深"图层

使用"减淡和加深"图层可以很容易地按需要增加深浅区域的对比度，弱化或加强细节。下面将介绍如何按需要增加深浅区域的对比度，具体操作步骤如下。

打开需要设置的素材图像，按住 Alt 键单击"图层"面板底部的"创建新图层"按钮，打开"新建图层"对话框，将"模式"设置为"叠加"，勾选"填充叠加中性色（50% 灰）"复选框，然后单击"确定"按钮，如下图所示。

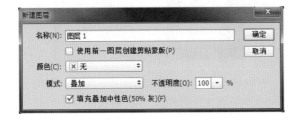

单击工具箱中的"画笔工具"按钮，在其选项栏中设置画笔大小、不透明度等参数。设置前景色为白色，在图像的适当位置单击并涂抹，恢复图像局部的原始影调，如下图所示。

> 📖 **应用二>>在"柔光"模式下添加"减淡和加深"图层**
>
> 在添加"减淡和加深"图层时，若使用"叠加"模式，容易使图像颜色看起来过于饱和。为了避免这种情况，可以将图层的混合模式设置为"柔光"，如图❶所示，即可得到如图❷所示的图像效果。
>
>

## 5. 颜色锐化——Lab通道

Lab 颜色锐化可以有效地避免照片锐化时所产生的色晕，因此用它可对照片执行比通常更多的锐化。下面将介绍如何进行 Lab 颜色锐化，具体操作方法如下。

打开需要设置的素材图像，如下左图所示。

执行"窗口>通道"菜单命令，打开"通道"面板，可以看到该照片是由红、绿和蓝 3 个通道的数据组合而成的，如下中图所示。执行"图像>模式>Lab 颜色"菜单命令，将图像转换为 Lab 颜色模式，如下右图所示。

单击"明度"通道，再执行"滤镜>锐化>USM 锐化"菜单命令，打开"USM 锐化"对话框，设置锐化参数，如下左图所示，设置完成后单击"确定"按钮。执行"图像>模式>RGB 颜色"菜单命令，将图像颜色模式转换为 RGB模式，得到如下右图所示的锐化效果。

> 📖 **应用三>>渐隐锐化**
>
> 打开需要设置的素材图像，如图❶所示。按 Ctrl+J 键复制图层，得到"图层 1"，然后执行"滤镜>锐化>USM 锐化"菜单命令，打开"USM 锐化"对话框，按图❷所示设置参数，再执行"编辑>渐隐 USM 锐化"菜单命令，打开"渐隐"对话框，按图❸所示设置渐隐的各项参数，设置完成后单击"确定"按钮，即可得到如图❹所示的图像效果。
>
>

### 6. 边缘锐化技术

当模糊的照片包含大量的边缘时，可应用边缘锐化技术对其进行锐化，具体操作步骤如下。

打开需要设置的素材图像，按 Ctrl+J 键复制图层，得到"图层 1"，如下左图所示。接着执行"滤镜 > 风格化 > 浮雕效果"菜单命令，打开"浮雕效果"对话框，设置浮雕效果的各项参数，如下右图所示，设置完成后单击"确定"按钮。

确认设置后，返回"图层"面板，在面板中将"图层 1"的混合模式设置为"强光"，如下左图所示，设置后将得到如下右图所示的更清晰的图像效果

## 4.5 聚焦技法

在拍摄照片时为了突出画面中要表现的主体对象，经常会通过模糊背景的方式达到聚焦的视觉效果。本节将简单介绍一些常用的数码照片后期处理聚焦技法。

### 1. 渐变的模糊变焦效果——场景模糊

"场景模糊"滤镜通过定义具有不同模糊量的多个模糊点来创建渐变的模糊效果。在使用此滤镜模糊图像时，可以在图像中添加多个图钉，从而定义不同的模糊焦点，并且可以对每个焦点外的图像指定不同的模糊量来调整模糊的程度，具体操作步骤如下。

打开需要设置的素材图像，如下左图所示。按 Ctrl+J 键复制图层，得到"图层 1"，执行"滤镜 > 模糊画廊 > 场景模糊"菜单命令，如下右图所示。

执行命令后会进入"模糊画廊"编辑状态，调整模糊图钉位置，确定画面的焦点位置，

然后调整参数，如下图所示，设置完成后单击选项栏中的"确定"按钮，就可以合并图钉并模糊图像。

### 2. 模拟浅景深的聚焦效果——光圈模糊

利用 Photoshop 中的"光圈模糊"滤镜可对照片模拟较真实的浅景深效果，而不管使用的是什么相机或镜头。在"光圈模糊"滤镜下可以定义多个焦点来实现一般相机技术几乎不可能实现的效果，具体设置方法如下。

在 Photoshop 中打开拍摄的照片，如下左图所示。按快捷键 Ctrl+J，复制图层，得到"图层 1"图层，如下右图所示。

★技巧一>>**定义多个模糊焦点**

　　使用"光圈模糊"滤镜模糊图像时，可以在图像中定义多个模糊焦点。具体方法就是将鼠标移至要设置为焦点的位置，单击鼠标添加模糊图钉，定义焦点。

　　执行"滤镜>模糊画廊>光圈模糊"菜单命令，就可以进入"模糊画廊"编辑状态。在该状态下，结合左侧的预览区域和右侧的选项设置，即可为照片设置出真实的模糊效果，如下图所示。

　　应用"光圈模糊"滤镜模糊图像时，可以利用"模糊画廊"中的"效果"面板来调整图像并为模糊的图像添加光斑效果，具体选项设置如下图所示。

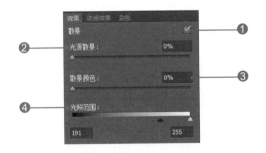

　　❶散景：勾选此复选框，可为焦点外的图像应用散景（光斑）效果，并通过"光源散景""散景颜色"和"光照范围"3个选项进行效果的调整。

　　❷光源散景：控制散景的亮度，也就是图像中高光区域的亮度。数值越大，亮度越高。

　　❸散景颜色：用于控制高光区域的颜色。由于是高光，因此颜色一般都比较淡。

　　❹光照范围：用于控制高光范围，数值为0~255之间的数值。数值越大，高光范围就越大；相反，高光范围就越小。

## 3. 模拟移轴效果使画面焦点更突出——移轴模糊

　　对于没有昂贵移轴镜头的摄影爱好者来说，如果要实现移轴效果的照片，可以在后期处理时借助 Photoshop 的"移轴模糊"滤镜来创建。使用"移轴模糊"滤镜处理图像时，可以使观者自然而然地被画面中间的主体对象所吸引，具体操作步骤如下。

　　打开需要设置的素材图像，如下左图所示，按快捷键 Ctrl+J，复制图层，如下右图所示。

　　执行"滤镜>模糊画廊>移轴模糊"菜单命令，打开"模糊画廊"并选中"倾斜偏移"模糊工具，在其中对"模糊""扭曲度"选项进行设置，设置后可以在左侧看到模糊后的图像效果，如下图所示。

　　应用"移轴模糊"滤镜模糊图像时，可以利用"模糊工具"面板中的选项来调整模糊的深度、扭曲效果等，具体选项设置如下图所示。

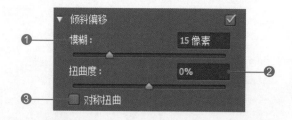

❶模糊：用于设置焦点范围外的图像的模糊程度。设置的参数越大，得到图像的模糊效果越明显。此选项的设置范围为 0~500 像素。

❷扭曲度：用于模拟广角镜头或其他镜头拍摄出现的移位现象，只对图像底部的区域起作用。

❸对称扭曲：勾选该复选框后，会对顶部及底部图像同时应用扭曲。

### 4. 设置动感的焦点模糊——路径模糊

使用"路径模糊"滤镜，可以沿绘制的路径创建动感的模糊效果。将"路径模糊"滤镜与图层蒙版结合起来，可以创建更有视觉冲击力的聚焦效果。使用"路径模糊"滤镜模糊图像时，还可以控制形状、模糊量等。当在图像中绘制多条路径时，Photoshop 会自动合并路径并将其应用于图像，得到模糊的画面效果，具体操作方法如下。

打开需要设置的素材图像，如下左图所示。按 Ctrl+J 键，复制图层，执行"滤镜 > 模糊画廊 > 路径模糊"菜单命令，进入"模糊画廊"编辑状态，运用鼠标在画面中沿汽车运动的方向单击并拖动鼠标，绘制一条直线路径，如下右图所示。

绘制路径后，在右侧的"模糊工具"面板中对模糊选项进行设置，调整模糊的"速度"和"锥度"，如下左图所示。设置完成后单击"确定"按钮，对图像应用模糊效果。为了使模糊后的图像焦点更突出，再为"图层 1"添加图层蒙版，用黑色的画笔涂抹汽车图像，还原清晰的主体效果，如下右图所示。

当使用"路径模糊"滤镜模糊图像时，需要结合"模糊工具"面板中的模糊选项来调整动感模糊的强度和模糊效果，如下图所示。下面介绍具体的选项设置。

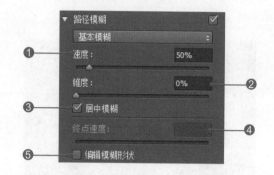

❶速度：用于指定要应用于图像的路径模糊量。其设置将应用于图像中的所有路径模糊。

❷锥度：用于指定锥度值。较高的值会使模糊逐渐减弱。

❸居中模糊：此选项可通过指定画面的模糊中心来创建稳定的模糊闪光灯闪光效果，如果要应用更有导向性的运动模糊，则应取消"居中模糊"复选框的选中状态。

❹终点速度：控制所选终点的模糊量。

❺编辑模糊形状：勾选该复选框，可显示和控制每个终点的模糊形状。

### 5. 模拟镜头拍摄的景深效果——镜头模糊

使用"镜头模糊"滤镜可以快速对焦点以外的图像进行模糊处理，使观者的注意力集中到画面的主体对象上。下面将介绍如何应用"镜头模糊"滤镜创建聚焦照片效果，具体设置如下。

打开需要设置的素材图像，如下左图所示。在应用滤镜模糊图像前，先复制图层，添加图层蒙版，确定模糊的焦点位置，即把焦点以外要模糊的部分涂抹为白色，而将不需要模糊的主体对象涂抹为黑色，如下右图所示。

执行"滤镜 > 模糊 > 镜头模糊"菜单命令，打开"镜头模糊"对话框，在该对话框中设置选项，如下左图所示。设置完成后单击"确定"按钮，即可模糊图像，效果如下右图所示。

⭐ **技巧二>>转换为智能图层并创建智能滤镜**

为了便于后面更改滤镜参数，在使用滤镜编辑图像前，可以先选中图层，如图❶所示。执行"图层 > 智能对象 > 转换为智能对象"菜单命令，把图层先转换为智能图层，如图❷所示。对该智能图层执行滤镜命令，此时应用到图层中的滤镜将会自动转换为智能滤镜，用户可以双击滤镜随时更改滤镜选项。

## 6. 创建风格化的焦距——径向模糊

"径向模糊"滤镜可以创建风格化的焦距效果。在对图像应用此滤镜时可以让主体对象保留在清晰焦距之中，并让图像表现出更强的动感。下面将简单介绍创建风格化焦距效果的具体操作方法。

打开需要设置的素材图像，按 Ctrl+J 键复制图层，得到"图层 1"图层。然后执行"滤

镜 > 模糊 > 径向模糊"菜单命令，打开"径向模糊"对话框，如下左图所示。在该对话框中设置"数量"为30、"模糊方法"为"缩放"，其他选项不变，完成后单击"确定"按钮，得到如下右图所示的图像效果。

应用滤镜后，确保"图层 1"图层为选中状态，单击面板底部的"添加图层蒙版"按钮，为该图层添加图层蒙版效果，如下左图所示。按 G 键切换至渐变工具，在其选项栏中设置渐变工具的各项参数，然后在如下中图所示的位置单击并拖动鼠标，完成风格化的焦距效果，最终效果如下右图所示。

🖌 **应用>>使用通道混合器突显主体对象**

打开需要设置的素材图像，如图❶所示。单击"图层"面板底部的"创建新的填充或调整图层"按钮，在弹出的菜单中选择"通道混合器"选项，打开"调整"面板，勾选"单色"复选框，其他参数不变，如图❷所示。

将"通道混合器 1"调整图层的混合模式设置为"变暗"，得到如图❸所示的图像效果。

单击调整图层的蒙版缩览图，使用画笔工具在人物部分单击并涂抹，恢复其原始影调，得到如图❹所示的图像效果，可以看到画面中的人物更加突出。

### ⭐ 技巧三>>蒙版的编辑技巧

使用调整图层调整照片明暗、色彩时，会自动在创建的调整图层右侧添加蒙版，此时使用画笔工具单击蒙版并在图像上涂抹，用黑色画笔涂抹会将涂抹区域的调整颜色隐藏起来，用白色画笔涂抹会将隐藏的调整颜色再次显示出来。

## 实例演练 1：
# 清除照片中的拍摄日期

原始文件：随书资源\ 素材 \04\19.jpg
最终文件：随书资源\ 源文件\04\ 清除照片中的拍摄日期 .psd

解析：很多数码相机都会提供照片显示日期的设定选项，在拍摄时，如果用户开启该功能，则每张拍摄的照片右下角都会显示拍摄当天的日期。虽然该功能便于知道照片拍摄的具体日期，但有时这些日期会破坏画面的整体美观。本实例将针对这一问题，使用修补工具清除照片中的拍摄日期。下图所示为制作前后的效果对比图，具体操作步骤如下。

**1** 打开 "19.jpg" 文件，按 Ctrl+J 键复制图层，如下图所示。

**2** 单击工具箱中的"缩放工具"按钮，在照片的日期部分单击并拖动鼠标，如下图所示，放大图像的局部。

**3** 单击工具箱中的"修补工具"按钮，按下图所示设置其选项栏参数。

**4** 使用修补工具在数字"2"处单击并拖动鼠标，创建选区，然后选中选区并将其向上拖动，再释放鼠标，即可清除照片中的日期数字，如下图所示。

**5** 继续使用修补工具在图像中有数字的图像附近单击并拖动鼠标，创建选区，将其移动至周围干净的图像上进行修补，清除照片中的拍摄日期，如下左图所示。最后的调整效果如下右图所示。

⭐ 技巧>>仿制图章工具

　　除了可以使用修补工具将日期创建为选区，并将其移至周围干净的图像上进行修补外，用户还可使用仿制图章工具来修补图像中比较明显的痕迹。

# 实例演练2：
# 清除照片中的杂物

🔗 原始文件：随书资源\素材\04\20.jpg
最终文件：随书资源\源文件\04\清除照片中的杂物.psd

　　解析：由于拍摄时场景的限制和取景角度的选择，拍摄出来的照片中可能会出现很多杂物，这些杂物将破坏图像的整体美感。本实例将针对这一问题，介绍如何使用修补工具和仿制图章工具清除照片中的杂物。下图所示为制作前后的效果对比图，具体操作步骤如下。

1 打开"20.jpg"文件，按 Ctrl+J 键复制图层，如下图所示。

2 确保"图层 1"为选中状态，使用缩放工具在如下图所示的位置单击并拖动鼠标，适当放大部分图像。

3 单击工具箱中的"修补工具"按钮🔲，在如下左图所示的位置单击并拖动鼠标，创建选区。

4 选中步骤 3 中创建的选区并向右拖动，移动至周围干净的山峰位置上，对画面中的三脚架进行修补，下如中图所示。设置完成后，按 Ctrl + D 键，取消选区的选中状态，如下右图所示。

5 继续使用修补工具在三脚架部分单击并拖动鼠标，创建选区，然后将其向右拖动，如下左图所示。

6 与前面的设置方法相同，使用修补工具进一步修补三脚架的上半部分，最后的修补效果如下右图所示。

7 单击"仿制图章工具"按钮 ▣ ，在其选项栏中
设置画笔大小，如下图所示。

8 设置画笔大小后，按住 Alt 键不放，在如下左图
所示的位置单击，设置取样点，然后在如下右
图所示的位置单击并涂抹，修补图像中的三脚架。

9 按住 Alt 键在图像中的另一位置单击，再次进行
图像取样，如下左图所示。

10 将鼠标移至清除干净的三脚架位置，单击并
涂抹，修复图像，如下右图所示。

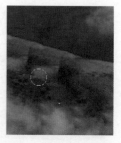

11 继续使用相同的操作方法，结合修补工具和
仿制图章工具进一步修补图像的细节部分，
最后的修补效果如下图所示，完成本实例的制作。

## 实例演练 3：
# 去除风景照片中的多余人物

原始文件：随书资源 \ 素材 \04\21.jpg
最终文件：随书资源 \ 源文件 \04\ 去除风景照片中的
多余人物 .psd

解析：有时照片中多余的人物会破坏照片的整体意境，如何快速去除风景照片中的多余人物是令很
多用户头痛的问题。不用烦恼，本实例将介绍如何使用 Photoshop 中的修补工具快速去除风景照片中
的多余人物。下图所示为制作前后的效果对比图，具体操作步骤如下。

1 打开"21.jpg"文件，按 Ctrl+J 键复制图层，
如下左图所示。

2 单击工具箱中的"修补工具"按钮 ▣ ，然后在
其选项栏中设置修补工具的各项参数，如下右
图所示。

3 使用修补工具在人物部分单击并拖动鼠标，创
建选区，如下左图所示。

4 单击并向右拖动上一步中创建的选区，如下右
图所示，用海水图像代替人物图像。

**5** 按 Ctrl++ 键将图像放大至合适比例，再使用修补工具创建选区，如下左图所示。

**6** 单击并向左拖动上一步中创建的选区，如下右图所示，用左侧的海滩图像替换未修补干净的图像。

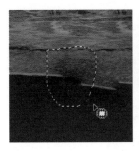

**7** 继续使用相同的方法，运用修补工具在图像中绘制选区，然后拖动选区内的图像进行图像的修补操作，如下图所示。

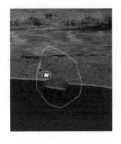

**8** 根据画面的整体效果，使用修补工具修复画面细节部分的图像，得到更为干净的画面，最后的调整效果如下图所示。

## 实例演练 4：
# 清除照片中的水印

原始文件：随书资源 \ 素材 \04\22.jpg
最终文件：随书资源 \ 源文件 \04\ 清除照片中的水印 .psd

　　解析：在将照片分享到社交网站之前，许多人习惯为照片添加水印以表明版权的归属，随后却又因为操作失误删除了无水印的原始照片。有没有办法清除水印，以便将照片用于其他场合呢？本实例将介绍如何结合 Photoshop 中的修补工具和仿制图章工具清除照片中的水印。下图所示为制作前后的效果对比图，具体操作步骤如下。

**1** 打开 "22.jpg" 文件，按 Ctrl+J 键复制图层，得到 "图层 1"，如下左图所示。

**2** 单击工具箱中的 "缩放工具" 按钮，在画面的水印部分单击并拖动鼠标，放大水印部分的图像，如下右图所示。

**3** 单击工具箱中的 "修补工具" 按钮，并在其选项栏中设置各项参数，如下图所示。

4 使用修补工具在如下左图所示的位置单击并拖动鼠标，创建选区，然后将创建的选区向下拖动，如下右图所示。

 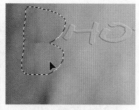

5 释放鼠标后，可以看到用下方干净的图像替换了原来的水印图案，如下图所示。

6 与步骤4的方法相同，使用修补工具在如下左图所示的位置单击并拖动鼠标，创建选区，然后将选区向下拖至没有水印的位置，清除水印，如下右图所示。

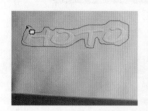 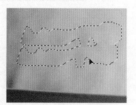

7 使用修补工具继续在水印文字上单击并拖动鼠标，创建选区，如下左图所示。将创建的选区向下拖至另一个没有水印的位置，如下右图所示。

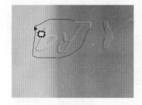 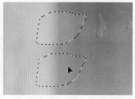

8 继续使用同样的方法，运用修补工具选择并修补照片左上角的水印文字，如下图所示。

9 按 Ctrl+L 键，打开"色阶"对话框，设置色阶值为 20、1.30、245，如下左图所示。

10 设置完"色阶"对话框中的各项参数后，单击"确定"按钮，得到如下右图所示的图像效果，完成本实例的制作。

★ 技巧>>快速复制图像

　　仿制图章工具可以将指定的图像区域如同盖章一样，复制到指定的区域，也可以将一个图层的一部分绘制到另一个图层。仿制图章工具对于复制对象或移去图像中的缺陷来说是很有用的，它的使用方法是先指定复制的基准点，再按住 Alt 键单击需要复制的图像进行取样，然后移动鼠标单击，即可快速完成图像的复制。

## 实例演练 5：
# 使照片中的主体更加突出

 原始文件：随书资源 \ 素材 \04\23.jpg
最终文件：随书资源 \ 源文件 \04\ 使照片中的主体更加突出 .psd

　　解析：在拍摄照片时，虽然可以利用相机中的光圈来控制图像的景深效果，突出画面中要表现的主体，但是如果照片中的主体不够清晰，则需要在后期处理中对图像进行锐化。本实例将介绍如何结合 Photoshop CC 2015 中的"USM 锐化"命令和图层蒙版，锐化照片中的花朵图像，使照片中的主体更加突出。下图所示为制作前后的效果对比图，具体操作步骤如下。

1 打开"23.jpg"文件，按 Ctrl+J 键复制图层，得到"图层 1"，如下左图所示。

2 确保"图层 1"为选中状态，执行"滤镜 > 锐化 >USM 锐化"菜单命令，打开"USM 锐化"对话框，设置锐化的各项参数，如下右图所示。

3 设置完成后单击"确定"按钮，即可将模糊的图像清晰化，如下左图所示。

4 单击"图层"面板底部的"添加图层蒙版"按钮，为"图层 1"添加图层蒙版，如下右图所示。

5 单击"图层 1"的蒙版缩览图，将前景色设置为黑色，然后使用画笔工具在图像的边缘部分单击并涂抹，如下图所示，隐藏锐化的图像。

6 按住 Ctrl 键，单击"图层 1"的蒙版缩览图，载入选区，如下左图所示。选择中间清晰的花朵图像，再执行"选择 > 反选"菜单命令，反选图像，如下右图所示。

7 按快捷键 Ctrl+J，复制选区内的图像，创建"图层 2"，执行"滤镜 > 模糊 > 高斯模糊"菜单命令，打开"高斯模糊"对话框，在该对话框中设置选项，如下左图所示。

8 设置完成后单击"确定"按钮，应用滤镜模糊图像，突出了画面中间位置的花朵主体，如下右图所示。

9 新建"色阶 1"调整图层，打开"属性"面板，在面板中对选项进行设置，如下左图所示。设置完成后应用"色阶"调整图像，提亮图像，效果如下右图所示。

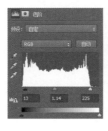

> ★技巧>>使用画笔工具调整蒙版
>
> 使用画笔工具对图层蒙版进行设置时，首先需要在"画笔工具"选项栏中选择较软的画笔，在绘制过程中不断按 [ 或 ] 键调整画笔的大小，按 1 ～ 100 数字键调整画笔的不透明度。

## 实例演练 6：
# 快速拯救对焦不准的照片

原始文件：随书资源 \ 素材 \04\24.jpg
最终文件：随书资源 \ 源文件 \04\ 快速拯救对焦不准的照片 .psd

解析：拍摄时对焦不准，可能导致拍摄的数码照片模糊、不清晰。本实例将针对这一问题，结合 Photoshop CC 2015 中的"智能锐化"滤镜和"高反差保留"滤镜快速拯救对焦不准的照片。下图所示为制作前后的效果对比图，具体操作步骤如下。

**1** 打开"24.jpg"文件，选择"背景"图层，将其拖至"创建新图层"按钮□，释放鼠标，复制图层，得到"背景 拷贝"图层，如下图所示。

**2** 执行"滤镜 > 锐化 > 智能锐化"菜单命令，打开"智能锐化"对话框，在该对话框中设置参数，如下图所示。设置完成后单击"确定"按钮,锐化图像。

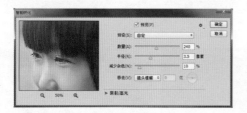

**3** 按快捷键Shift+Ctrl+Alt+E，盖印图层，得到"图层 1"。执行"滤镜 > 其他 > 高反差保留"菜单命令，打开"高反差保留"对话框，在该对话框中设置"半径"为 4.2，如下左图所示。

**4** 设置完成后单击"确定"按钮，应用滤镜处理图像，效果如下右图所示。

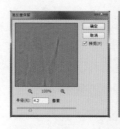

**5** 在"图层"面板中选中"图层 1"，将此图层的混合模式设置为"柔光"，如下左图所示，得到更清晰的图像效果，如下右图所示。

### ★ 技巧>>试试其他的混合模式效果

若将"图层 1"的混合模式设置为"叠加"，如图❶所示，则将得到如图❷所示的图像效果。

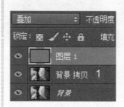

## 实例演练 7：
# 模拟逼真的镜头聚焦效果

原始文件：随书资源 \ 素材 \04\25.jpg
最终文件：随书资源 \ 源文件 \04\ 模拟逼真的镜头聚焦效果 .psd

解析：本实例将介绍如何使用极端锐化法使模糊的照片变得清晰。通过使用"模糊画廊"滤镜组中的滤镜指定模糊的焦点，并对焦点外的图像进行模糊处理，使画面呈现出逼真的镜头聚焦感。此外，为了让画面更加悦目，还将使用调整命令修饰照片的颜色。下图所示为制作前后的效果对比图，具体操作步骤如下。

1 打开"25.jpg"文件，按 Ctrl+J 键复制图层，得到"图层 1"，如下图所示。

2 确认"图层 1"为已选中状态，执行"滤镜 > 模糊画廊 > 光圈模糊"菜单命令，进入"模糊画廊"编辑状态，如下图所示

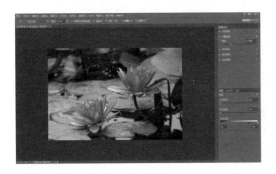

3 单击选中画面中间位置的模糊图钉，将选中的图钉移至右上角的花朵所在位置，如下左图所示。

4 将鼠标移至圆形边缘的控制点位置，当指针变为折线箭头时拖动鼠标，调整椭圆外形，如下右图所示。

5 打开"模糊工具"面板，在面板中将"模糊"设置为 20 像素，如下左图所示。

6 设置后可以看到位于圆环的图像变得模糊，效果如下右图所示。

7 将鼠标移至左下角的花朵所在位置，单击鼠标，添加一个模糊图钉，设置新的模糊焦点，如下图所示。

8 使用鼠标调整图钉外圆形的形状，如下左图所示。

9 打开"模糊工具"面板，在面板中将"模糊"设置为 23 像素，如下右图所示。

10 设置完成后单击"确定"按钮，返回图像窗口。单击工具箱中的"椭圆选框工具"按钮，在其选项栏中设置"羽化"为 100 像素，单击"添加到选区"按钮，如下图所示。

11 先在左下角的花朵图像上单击并拖动鼠标，创建椭圆选区，然后在右上角的花朵图像上单击并拖动鼠标，添加选区，同时选中两个花朵部分，如下图所示。

12 按快捷键 Ctrl+J，复制选区内的图像，得到"图层 2"。执行"滤镜 > 锐化 >USM 锐化"菜单命令，打开"USM 锐化"对话框，在该对话框中设置各项参数，如下左图所示。

13 设置完成后单击"确定"按钮，锐化图像，得到如下右图所示的效果，这时可以看到花朵上的纹理变得更清晰了。

14 打开"调整"面板，单击面板中的"曲线"按钮，如下左图所示。

15 创建"曲线 1"调整图层，打开"属性"面板，在面板中选择"绿"通道，拖动通道曲线，如下右图所示。

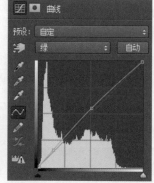

16 单击"通道"下三角按钮，在展开的列表中选择 RGB 选项，然后运用鼠标在曲线中单击，添加曲线点，并调整曲线形状，调整照片颜色，增强绿色，最后的调整效果如下图所示。

## 实例演练 8：
# 让照片中杂乱的背景变得整洁

原始文件：随书资源 \ 素材 \04\26.jpg
最终文件：随书资源 \ 源文件 \04\ 让照片中杂乱的背景变得整洁 .psd

解析：在拍摄照片时，常常会因拍摄环境的影响，导致拍摄出来的照片中出现多余的杂物，使观者感觉画面过于凌乱。在后期处理时，需要将这些影响主体的杂物去掉，让画面变得更加干净。本实例将学习如何使用修复与修补类工具对照片中杂乱的背景进行调修，以获得整洁的画面。下图所示为制作前后的效果对比图，具体操作步骤如下。

1 打开 "26.jpg" 文件，复制 "背景" 图层，创建
"背景 拷贝" 图层，如下图所示。

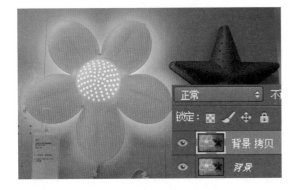

2 单击工具箱中的 "修补工具" 按钮，在图像的
背景墙面部分创建选区，然后向左拖动选区，
清除选区裂缝，如下图所示。

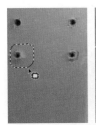

3 按快捷键 Ctrl++，将图像放大至合适比例，继
续使用修补工具在墙面部分创建选区，并将其
拖至旁边干净的图像上，如下图所示。

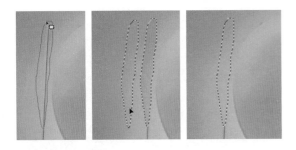

4 使用同样的方法，运用修补工具对画面中墙面上
的缝隙进行修复，修复后的图像如下左图所示。

5 按快捷键 Ctrl++，再次放大图像，可以看到画
面中的部分细节未处理干净，如下右图所示。

6 单击工具箱中的 "仿制图章工具" 按钮，在其选
项栏中对画笔大小做调整，如下左图所示，然后
将鼠标移至干净位置，按住 Alt 键单击，取样图像。

7 将鼠标移至灯具旁边的瑕疵位置，连续单击鼠
标，修复图像，如下右图所示。

8 继续使用同样的方法，修复细节瑕疵，修复后发
现画面下方还有较多的电源线，使画面看起来较
乱，因此选用修补工具在图像上单击并拖动，创建
选区，如下左图所示。

9 选中步骤 8 中创建的选区并向右拖动，移至周
围干净的背景墙位置，用干净的墙面替换选中
的电源线，如下右图所示。

10 使用同样的方法，结合修补工具和仿制图章工具对照片中的更多瑕疵进行处理，处理后的图像如下图所示。

11 新建"曲线1"调整图层，打开"属性"面板，在面板中选择"红"通道，运用鼠标单击并向上拖动曲线，如下左图所示。

12 选择RGB通道，运用鼠标单击并向上拖动曲线，如下右图所示。

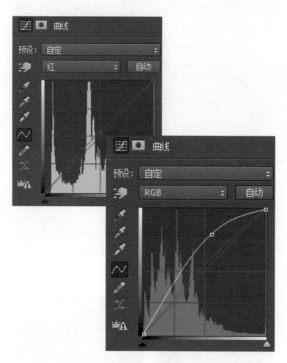

13 设置完成后，返回图像窗口，可以看到调整后画面变得更亮了，如下图所示。

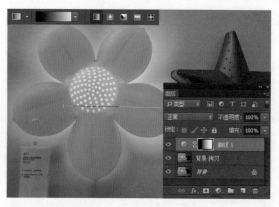

14 按快捷键Shift+Ctrl+Alt+E，盖印图层，创建"图层1"。执行"滤镜 > 杂色 > 减少杂色"菜单命令，在打开的"减少杂色"对话框中设置选项，如下左图所示。

15 设置完成后单击"确定"按钮，应用"减少杂色"滤镜去掉照片中的杂色，如下右图所示，完成本实例的制作。

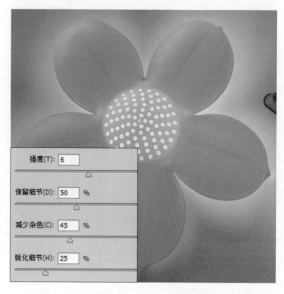

⭐ 技巧>>仿制图章工具与修复画笔工具配合使用

　　使用仿制图章工具涂抹修饰过的位置，若出现明显的痕迹，则可使用修复画笔工具进行进一步的修饰和处理。

# 第5章
# 动态范围不足的后期补救

动态范围成像会让照片呈现更丰富的层次。摄影师在拍摄照片时，为了最大限度地还原真实世界中的美景，会在拍摄时采用高动态范围拍摄，这样的照片无论是高光区域还是阴影区域都有较丰富的细节表现。随着数码摄影的日渐流行，许多业余摄影师也可以通过后期处理还原高动态范围图像的更多细节，让画面与人们实际所看到的效果更一致。本章将介绍修复动态范围不足照片的方法，通过本章的学习，读者可以快速制作出更加唯美的照片。

## 5.1 控制照片的亮度和对比度——"亮度 / 对比度"命令

Photoshop CC 2015 中的"亮度 / 对比度"命令可用于调整光线不足的数码照片，但是该命令不是调整图像的最好工具。它的调整有局限性，在调整过程中改变亮度会使整幅图像变亮或变暗；改变对比度会减少图像的细节。该工具适用于对图像颜色和色调范围进行折中处理。本节将简单介绍如何使用"亮度 / 对比度"命令控制照片的亮度 / 对比度，具体操作步骤如下。

打开需要设置的素材图像，执行"图像 > 调整 > 亮度 / 对比度"菜单命令，打开"亮度 / 对比度"对话框，如下图所示。在该对话框中可设置图像的亮度和对比度，具体设置如下。

❶亮度：用于调整图像的明暗程度。向右拖动滑块会增加色调值并扩展图像高光，使图像变亮；向左拖动滑块会减少色调值并扩展阴影，使图像变暗。

❷对比度：用于调整图像中阴影与高光之间的对比度。设置的数值越大，图像明暗对比越大，图像看起来越清晰。

打开需要设置的素材图像，如下左图所示。执行"图像 > 调整 > 亮度 / 对比度"菜单命令，打开"亮度 / 对比度"对话框，在该对话框中设置"亮度""对比度"，如下中图所示。设置完成后单击"确定"按钮，应用设置的参数值调整图像的亮度和对比度，效果如下右图所示。

> ### ★ 技巧>>自动亮度与对比度
>
> 为了让明暗对比不够出色的图像恢复到最自然的影调效果，在使用"亮度 / 对比度"命令调整图像时，可以尝试运用自动亮度 / 对比度进行调整。打开一张素材图像，如图❶所示。执行"图像 > 调整 > 亮度 / 对比度"菜单命令，打开"亮度 / 对比度"对话框，在该对话框中单击"自动"按钮，如图❷所示。单击按钮后系统将会根据打开的图像情况自动调整"亮度"和"对比度"，如图❸所示。调整后勾选"预览"复选框，可在图像窗口中查看应用自动亮度 / 对比度调整后的图像效果，如图❹所示。
>
>
>
>
>

## 5.2 局部增光——减淡工具的应用

减淡工具主要用于调节图像中特定区域的曝光度，可以使该区域的图像变亮。使用减淡工具在图像上涂抹，就可以使涂抹区域的图像变亮，涂抹的次数越多，得到的图像亮度越高。

单击工具箱中的"减淡工具"按钮 ，可在其选项栏中进一步设置减淡工具的各项参数，具体设置如下图所示。

❶画笔：单击该按钮，在弹出的"画笔"列表中可设置画笔的大小和硬度参数。

❷范围：单击该按钮，在弹出的下拉列表中提供了"阴影""中间调"和"高光"3个选项。选择"中间调"选项可以更改图像中灰色的中间色调，如下左图所示；选择"高光"选项可更改图像中较亮的区域，如下中图所示；选择"阴影"选项可更改图像中较暗的区域，如下右图所示。

❸曝光度：用于设置减淡工具使用的曝光量，可输入 0 ~ 100 之间的任意一个整数。设置的数值越大，被涂抹区域的图像就会越亮。

❹喷枪：单击该按钮，可以为画笔开启喷枪的功能。

❺保护色调：勾选该复选框，可最小化阴影和高光中的修剪，还可防止颜色发生色相偏移，在对图像进行减淡的同时更好地保护原图像的色调不产生变化。

> ★ 技巧>>**快速选择减淡工具**
>
> 除了可以单击工具箱中的"减淡工具"按钮选择该工具外，还可按 O 键快速选择减淡工具。

## 5.3 局部减光——加深工具的应用

加深工具用于调整图像中特定区域的曝光度，使该区域中的图像变暗，其作用与减淡工具刚好相反。右击工具箱中的"减淡工具"按钮，在弹出的列表中可以选择"加深工具"，然后在图像需要加深的位置单击并涂抹，即可加深图像，使其变得更暗。

打开一张需要处理的素材图像，如下左图所示。单击工具箱中的"加深工具"按钮，然后在其选项栏中设置选项，将鼠标移至照片中单击并涂抹，如下中图所示。经过反复涂抹，加深了图像，得到了更有层次感的画面效果，如下右图所示。

选择"加深工具"后，将会显示与减淡工具非常相似的工具选项栏，如下图所示。通过对选项栏中参数的设置，同样可完成更精细的图像加深处理。

❶**画笔：**单击该按钮，在弹出的"画笔"列表中可设置画笔的大小和硬度参数。

❷**范围：**用于选择加深的图像范围，提供了"阴影""中间调"和"高光"3 个选项，分别用于加深图像中的阴影、中间调和高光部分的图像。

❸**曝光度：**用于设置加深工具使用的曝光量，可输入 0 ～ 100 之间的任意一个整数。

❹**喷枪：**单击该按钮，可为画笔开启喷枪功能。

❺**保护色调：**勾选该复选框，可在加深图像时有效地保护原图像的色调不发生改变。

> ⭐ **技巧>>加深工具的应用技巧**
>
> 应用加深工具可明显增加图像的颜色对比度，表现出高对比度的图像效果。用户可根据需要设置加深的图像的颜色范围和曝光度等。加深工具是调整照片时常用的工具之一，将加深工具和其他工具结合使用，能够增强画面中特定图像的立体感。应用加深工具涂抹时，可直接按键盘上的 [ 或 ] 键调整画笔笔触大小。

## 5.4　将照片中较暗的图像快速变亮——遮罩调整图层

一般情况下，使用调整图层通常好过执行"图像 > 调整"级联菜单下的相关命令。调整图层不会更改图像中的像素，仅会略微增加文件的大小，它有一个内置的用于调整的图层蒙版，用户可以随时根据需要进行修改设置。调整图层可以修改图层堆栈中位于其下方的图层。本节将简单介绍如何使用遮罩调整图层将照片中的较暗区域快速变亮，具体操作方法如下。

打开需要设置的素材图像，如下左图所示。单击"图层"面板中的"创建新的填充或调整图层"按钮 ⬤，在弹出的菜单中选择"亮度 / 对比度"选项，如下中图所示。打开"属性"面板，设置参数，如下右图所示。

置单击并涂抹，恢复图像局部的原始影调，最后的调整效果如下右图所示。

> ⭐ **技巧>>认识调整图层**
>
> 调整图层可保护对图像进行颜色调整的图层，以便对图像进行多次调整。在对图像进行调整的同时，可将其调整参数保存为调整图层。单击"调整"面板中任意一个调整按钮，都可得到相应的调整图层。

单击"亮度 / 对比度 1"调整图层的蒙版缩览图，如下左图所示。按 B 键切换至"画笔工具"，设置该工具选项栏中的各项参数，如下中图所示。在不需要调整亮度 / 对比度的位

## 5.5　光影的均匀化——"色调均化"命令

"色调均化"命令可加大那些颜色相近的像素间的对比度，用于查看游离的色斑或柔和边缘的位置。该命令没有对话框，不需要对图像的参数进行设置，在照片过暗或者过亮时，直接执行菜单命令即可调整图像的整体亮度。在颜色对比较强时，可通过平均值亮度使高光部分略暗，使阴影部分略亮。本节将简单介绍如何使用"色调均化"命令将图像的光影均匀化。

打开需要设置的素材图像，如下左图所示。按快捷键 Ctrl+J，复制图层，得到"图层 1"，然后执行"图像 > 调整 > 色调均化"菜单命令，将图像中的光影均匀化，得到如下右图所示的图像效果。

## 实例演练 1：
## 使用加深 / 减淡工具增强照片层次

 原始文件：随书资源 \ 素材 \05\07.jpg
最终文件：随书资源 \ 源文件 \05\ 使用加深 / 减淡工具增强照片层次 .psd

解析：在处理照片时，对照片进行统一的明暗调整，有可能会导致照片出现局部偏暗或偏亮的情况。因此，在更多时候需要对照片的局部进行明暗调整。本实例将学习如何使用加深工具和减淡工具对照片中的不同区域进行亮度调整，让照片变得更有层次感。下图所示为制作前后的效果对比图，具体操作步骤如下。

1 打开"07.jpg"文件，将"背景"图层拖至"创建新图层"按钮，复制"背景"图层，创建"背景 拷贝"图层，如下图所示。

2 单击"加深工具"按钮，在显示的工具选项栏中设置画笔大小为 700、范围为"阴影"、"曝光度"为 30%，如下图所示。

3 将鼠标移至图像左上角位置，单击并涂抹，加深图像，如下左图所示。

4 继续使用加深工具涂抹图像四周，加深图像，为图像添加暗角效果，如下右图所示。

5 单击"减淡工具"按钮，在其选项栏中设置画笔大小为 900、范围为"高光"、"曝光度"为 20%，如下图所示。

6 将鼠标移至图像中间的台灯位置，单击并涂抹，提亮图像，如下左图所示。

7 继续使用减淡工具在画面中涂抹，提高涂抹区域的图像亮度，使高光部分变得明亮，如下右图所示。

8 单击"调整"面板中的"亮度／对比度"按钮 ，新建"亮度／对比度 1"调整图层，如下图所示。

9 打开"属性"面板，在面板中设置选项，如下左图所示，调整图像的亮度和对比度，效果如下右图所示。

## 实例演练 2:
# 应用"色调均化"命令快速提亮照片

原始文件: 随书资源＼素材＼05＼08.jpg
最终文件: 随书资源＼源文件＼05＼应用"色调均化"命令快速提亮照片.psd

解析: 本实例的素材照片由于拍摄时光线不足，画面整体偏暗，为使画面更明亮、更有层次感，使用"色调均化"命令进行提亮，再对色彩进行简单修饰，得到更完美的画面效果。如下图所示为制作前后的效果对比图，具体操作步骤如下。

1 打开"08.jpg"文件，打开后的图像效果如下左图所示。

2 按快捷键 Ctrl+J，复制"背景"图层，在"图层"面板中得到"图层 1"，如下右图所示。

3 执行"图像 > 调整 > 色调均化"菜单命令，如下左图所示，快速调整图像影调，调整效果如下右图所示。

4 单击"调整"面板中的"亮度／对比度"按钮 ，新建"亮度／对比度 1"调整图层，并在"属性"面板中设置"亮度"为 150，如下左图所示，调整图像的亮度，设置效果如下右图所示。

5 由于此处是对右下角的暗部区域做调整，所以单击工具箱中的"画笔工具"按钮，在其选项栏中设置画笔的大小和不透明度参数，然后将画笔颜色设置为黑色，在图像中不需要调整的天空和原野位置涂抹，还原图像的亮度，如下图所示。

**6** 创建"亮度／对比度2"调整图层,打开"属性"面板,在面板中对"亮度"和"对比度"进行设置,如下左图所示。

**7** 设置后发现照片中的部分区域曝光过度,因此单击工具箱中的"画笔工具"按钮 ✐,将前景色设置为黑色,在天空中曝光过度的区域涂抹,还原图像的亮度,如下右图所示。

**8** 按 Shift+Ctrl+Alt+E 键,盖印可见图层,得到"图层2"。执行"滤镜 > 杂色 > 减少杂色"菜单命令,打开"减少杂色"对话框,在该对话框中设置选项,如下左图所示。

**9** 设置完成后单击"确定"按钮,应用"减少杂色"滤镜去除因提高图像亮度而出现的噪点,得到更干净的画面,如下右图所示。

> ⭐ **技巧>>查看图层蒙版的内容**
>
> 在编辑图层蒙版后,可以切换显示方式查看蒙版内容,如图❶所示。按住 Alt 键单击"图层2"的蒙版缩览图,即可查看该图层蒙版的内容,效果如图❷所示。
>
>
>

## 实例演练3:
# 调整数码照片的对比度

🔗 原始文件:随书资源 \ 素材 \05\09.jpg
最终文件:随书资源 \ 源文件 \05\ 调整数码照片的对比度 .psd

　　**解析:** 由于拍摄的时间和拍摄者技术的限制,拍摄的某些照片的对比度会显得不足,看起来有雾蒙蒙的感觉。本实例将介绍如何处理对比不强、画面偏灰的照片,以加强对比,使图像的光影变化更加明显,使画面更具层次感。下图所示为制作前后的效果对比图,具体操作步骤如下。

**1** 打开"09.jpg"文件,单击"调整"面板中的"亮度／对比度"按钮 ,打开"属性"面板,在面板中向右拖动"对比度"滑块,提高图像的对比度,如下图所示。

2 按 G 键切换至"渐变工具"，在其选项栏中设置渐变颜色和类型，如下图所示。

3 单击"亮度／对比度 1"调整图层蒙版，从图像上方向下拖动鼠标，还原上部分图像的对比度，如下图所示。

4 按住 Ctrl 键单击"亮度／对比度 1"图层蒙版，将蒙版作为选区载入，如下图所示。

5 单击"调整"面板中的"亮度／对比度"按钮，新建"亮度／对比度 2"调整图层，并在打开的"属性"面板中设置参数，如下左图所示。

6 设置完成后返回图像窗口，查看进一步调整亮度和对比度后的图像效果，如下右图所示。

7 按快捷键 Shift+Ctrl+Alt+E，盖印图层，得到"图层 1"，将"图层 1"的混合模式更改为"叠加"，如下左图所示。

8 更改图层混合模式后，可看到图像的对比度得到了进一步提高，如下右图所示。

9 经过上一次操作，发现山峰上面的云朵有点曝光过度。使用矩形选框工具在图像上单击并拖动鼠标，绘制选区，如下图所示。

10 执行"选择 > 修改 > 羽化"菜单命令，打开"羽化选区"对话框，在该对话框中设置"羽化半径"为 100，如下左图所示。

11 设置完成后单击"确定"按钮，返回图像窗口，羽化选区，如下右图所示。

12 单击"调整"面板中的"亮度／对比度"按钮，新建"亮度／对比度 3"调整图层，打开"属性"面板，在面板中设置"亮度"为 -68，如下左图所示。

13 执行"选择 > 取消选择"菜单命令，取消选区，查看调整后的图像，如下右图所示，完成本实例的制作。

### 技巧>>删除创建的调整图层

在图像中创建调整图层后，如果要将创建的调整图层删除，则只需在"图层"面板中选中要删除的调整图层，然后将该图层拖至"删除图层"按钮即可。如果单击调整图层后面的图层蒙版并将其拖至"删除图层"按钮，则不会删除调整图层，而只会删除该调整图层所对应的图层蒙版。

## 实例演练 4：
# 随心所欲改变照片局部的明暗

原始文件：随书资源 \ 素材 \05\10.jpg
最终文件：随书资源 \ 源文件 \05\ 随心所欲改变照片局部的明暗 .psd

解析：在 Photoshop 中虽然可以结合调整图层、画笔工具或渐变工具调整照片的局部，但是操作相对较复杂，所以为了完成照片局部的快速调整，可以使用加深／减淡工具来处理。本实例将介绍如何使用加深／减淡工具来改变照片局部的明暗。下图所示为制作前后的效果对比图，具体操作步骤如下。

1 打开"10.jpg"文件，按快捷键 Ctrl+J，复制图层，得到"图层 1"，如下图所示。

2 单击工具箱中的"减淡工具"按钮，在其选项栏中设置画笔的大小、"范围"和"曝光度"参数，然后在人物面部单击并涂抹，如下图所示。

3 继续使用减淡工具在人物面部单击并涂抹，如下左图所示。

4 按 [ 键，将画笔缩小，然后在人物面部单击并涂抹，调整人物面部的影调，最后的调整效果如下右图所示。

5 在"减淡工具"选项栏中设置画笔大小为 25，设置其"曝光度"为 15%，然后在人物的眼白部分单击并涂抹，如下图所示。

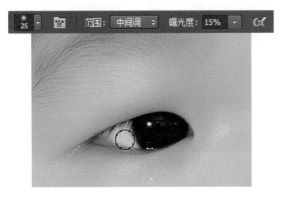

6 在"减淡工具"选项栏中设置画笔大小为 60，范围为"高光"，"曝光度"为 5%，然后在人物的嘴巴部分单击并涂抹，添加嘴唇的高光部分，如下图所示。

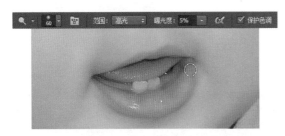

7 继续使用减淡工具在图像的适当位置单击并涂抹，增强人物面部的立体感，使处理后的小朋友的皮肤看起来更加白嫩，如下图所示。

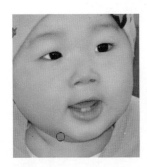 

8 右击工具箱中的"减淡工具"按钮，在弹出的列表中选择"加深工具"，如下图所示。

9 在"加深工具"选项栏中设置画笔的大小、"范围"和"曝光度"，如下图所示。

10 在人物的眼睛部分单击并涂抹，加深图像局部的影调，最后的调整效果如下图所示。

11 单击"调整"面板中的"亮度／对比度"按钮，新建"亮度／对比度 1"调整图层，打开"属性"面板，设置"亮度""对比度"参数，如下左图所示。设置后得到如下右图所示的图像效果。

★ 技巧>>**快速调整画笔大小**

使用加深／减淡工具调整图像时，如果要调整画笔大小，除了可以在工具选项栏中进行设置外，还可以按键盘中的 [ 或 ] 键，快速调整画笔笔触大小。

## 实例演练 5：
# 让灰暗的照片变明亮

原始文件：随书资源 \ 素材 \05\11.jpg
最终文件：随书资源 \ 素材 \05\ 让灰暗的照片明亮 .psd

解析：如果拍摄照片时光线太弱，则容易导致拍摄出来的照片出现整体偏暗的情况。本实例将针对这一问题，介绍如何结合"亮度／对比度"命令和"色调均化"命令快速调整照片，让灰暗的照片重现清楚的细节。下图所示为制作前后的效果对比图，具体操作步骤如下。

**1** 打开"11.jpg"文件，复制图层，得到"背景拷贝"图层，将该图层的混合模式设置为"滤色"，如下左图所示。设置后提亮了图像，效果如下右图所示。

**3** 按快捷键Shift＋Ctrl＋Alt＋E，盖印图层，得到"图层1"，如下左图所示。

**4** 执行"图像 > 调整 > 色调均化"菜单命令，调整图像，得到如下右图所示的图像效果。

**2** 单击"调整"面板中的"亮度／对比度"按钮，新建"亮度／对比度 1"调整图层，打开"属性"面板，在面板中设置选项，如下左图所示。提亮图像、增强对比后的图像效果如下右图所示。

# 第 6 章
# 数码照片曝光过度和不足的补救

曝光是摄影最基本的技术元素之一，摄影本身就是因曝光而获取影像的。可以毫不夸张地说，没有曝光就没有摄影。无论是摄影入门者，还是有经验的摄影家，都希望通过捕捉光线使拍摄的照片出彩，但是实际拍摄的照片往往是不尽如人意的，不是太亮就是太暗。现在有了 Photoshop 软件，一切都不成问题，只需利用 Photoshop 软件中的"色阶""曲线""曝光度""阴影 / 高光"等命令，即可快速还照片一个清晰、明亮的面貌。本章将详细介绍如何应用 Photoshop 软件快速调整数码照片的影调，将光线欠佳的照片调整到正常效果或更好的效果。

## 6.1 不同类型的色阶直方图

Photoshop CC 2015 有一些相当出色的功能，如"直方图"面板，应用该面板可快速查看当前图像的色调和影调，它显示了图像中颜色和色调的分布情况。"直方图"面板与"色阶"对话框相似，有自己的固定位置，该面板可以处于开启状态，以供随时查看对图像所做的更改。下面将简单介绍不同类型的色阶直方图。

直方图用图形表示图像每个亮度级别的像素数量，展示像素在图像中的分布情况，它还提供了图像色调范围或图像基本色调类型的快速浏览图。平均色调图像的细节集中在中间调处，如下左图所示；高色调图像的细节集中在高光处，如下中图所示；低色调图像的细节集中在阴影处，如下右图所示。识别色调范围有助于确定相应的色调校正。

### 1. 认识直方图

执行"窗口 > 直方图"菜单命令，打开"直方图"面板。默认情况下，该面板将以"紧凑视图"形式打开，没有控件或统计数据，用户可以根据需要调整视图。单击面板右上角的扩展按钮，在打开的面板菜单中可选择需要的视图方式。下面将简单介绍各种视图方式，具体如下。

（1）**紧凑视图**：显示不带控件或统计数据的直方图，如下图所示。该直方图代表整个图像。

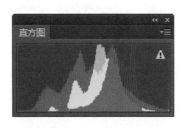

（2）**扩展视图**：显示有统计数据的直方图，同时显示用于选取由直方图表示的通道的控件，如下图所示。

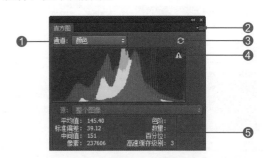

❶**通道**：在该下拉列表框中选择一个通道后，面板会显示该通道的直方图。

❷**扩展按钮**：单击此按钮，可以展开"直方图"面板菜单。

❸**不使用高速缓存的刷新**：单击"不使用高速缓存的刷新"按钮，可以刷新直方图，显示当前状态下最新的统计结果。

❹**高速缓存数据警告**：使用"直方图"面板时，Photoshop 会在内存中高速缓存直方图，即最新的直方图是被 Photoshop 存储在内存中的，而并非实时显示在"直方图"面板中。此时直方图的显示速度较快，但不能及时显示统计结果，并且会在面板中显示"高速缓存数据警告"图标，单击此图标，可刷新直方图。

❺**统计数据**：显示当前状态下最新的数据统计结果。

（3）**全部通道视图**：除了显示"扩展视图"的所有选项外，还显示各通道的单个直方图，如下图所示。单个直方图不包括 Alpha 通道、专色通道或蒙版。

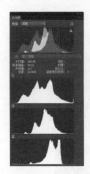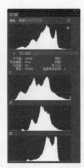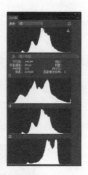

**应用一>>用原色查看通道直方图**

在"扩展视图"或"全部通道视图"中，在"通道"下拉列表框中选择某个单独的通道，如图❶所示；然后从面板菜单中选择"用原色显示通道"选项，如图❷所示；即可用原色查看通道直方图，如图❸所示。

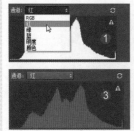

**2. 直看直方图统计数据**

默认情况下，"直方图"面板将在"扩展视图"和"全部通道视图"中显示统计数据。在"直方图"面板菜单中选择"显示统计数据"选项，将显示统计数据，如下图所示。若要查看有关特定像素值的信息，则将鼠标指针放置在直方图中；若要查看一定范围内的值的信息，则在直方图中拖动，以突出显示该范围，下面将简单介绍各统计数据的含义。

❶**平均值**：表示平均亮度值。

❷**标准偏差**：表示亮度值的变化范围。

❸**中间值**：显示亮度值范围内的中间值。

❹**像素**：表示用于计算直方图的像素总数。

❺**色阶**：显示指针下面区域的亮度级别。

❻**数量**：表示相当于指针下面亮度级别的像素总数。

❼**百分位**：显示指针所指的级别或该级别以下的像素累计数值，以图像中所有像素百分数的形式来表示，从最左侧的 0% 到最右侧的 100%。

❽**高速缓存级别**：显示当前用于创建直方图的图像高速缓存。当高速缓存级别大于 1 时，会更加快速地显示直方图。在这种情况下，直方图自图像中代表性的像素取样（基于放大率）。原始图像的高速缓存级别为 1，在每个大于 1 的级别上，将会对 4 个邻近像素进行平均运算，以得出单一的像素值。因此，每个级别都是它下一个级别尺寸的一半（具有 1/4 的像素数量）。

**应用二>>预览直方图调整**

在"直方图"面板中，可以预览任何颜色和色调调整对直方图所产生的影响。在任何颜色或色调调整命令的对话框中勾选"预览"复选框，则"直方图"面板将显示任务调整对直方图产生的影响，所进行的更改会自动反映在"直方图"面板中，如下图所示。

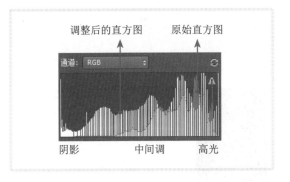

调整后的直方图　原始直方图

阴影　中间调　高光

◆在直方图中的任何位置双击鼠标。

◆单击"直方图"面板中的"高速缓存数据警告"图标，如图❶所示。

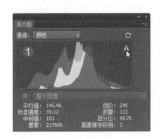

**应用三>>刷新直方图显示**

从高速缓存（而非文档的当前状态）中读取直方图时，"直方图"面板中将出现"高速缓存数据警告"图标。基于图像高速缓存的直方图显示得很快，并且是通过对图像中的像素进行典型性取样而生成的，可以在"性能"首选项中设置最高的高速缓存级别（从 2 到 8）。要刷新直方图，使它在当前状态下显示原图像的所有像素，可执行以下操作之一。

◆在"直方图"面板菜单中选择"不使用高速缓存的刷新"选项，如图❷所示。

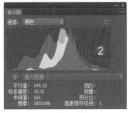

# 6.2　把握照片的曝光度——"曝光度"命令

Photoshop CC 2015 中的"曝光度"命令可用于调整 32 位 / 通道模式图像，与"色阶""曲线"和其他命令都是少数可用于 32 位文件的调整命令之一。在数码照片的拍摄过程中，由于拍摄时现场光源的影响和个人技术的限制，拍摄的照片常常不是因为曝光过度导致图像整体偏白，就是因为曝光不够导致图像整体偏暗，这时可以通过"曝光度"对话框快速调整数码照片的曝光度，使照片"起死回生"。下面简单介绍"曝光度"命令的使用方法，具体如下。

打开需要设置的素材图像，执行"图像 > 调整 > 曝光度"菜单命令，打开"曝光度"对话框，如下图所示。通过设置该对话框中的各项参数，可快速调整图像的曝光度，具体设置如下。

是其对于阴影区域的影响要慢于高光；单击并向左拖动滑块，则可降低图像的曝光度，如下图所示。

❷位移：用于调整图像的整体明暗度。单击并向左拖动滑块，可使图像整体变暗；单击并向右拖动滑块，可使图像整体变亮。该选项使阴影和中间调变暗，对高光的影响很轻微。

❶曝光度：用于设置图像的曝光度。单击并向右拖动"曝光度"滑块，可增强图像的曝光度，但

❸灰度系数校正：使用简单的乘方函数调整图像灰度系数。

❹吸管工具：用于调整图像的亮度值。单击"在图像中取样以设置黑场"按钮，可设置"位移"参数，同时将所单击的像素改变为零；单击"在图像中取样以设置灰场"按钮，可设置"曝光度"，同时将所单击的像素改变为中度灰色；单击"在图像中取样以设置白场"按钮，可设置"曝光度"，同时将所单击的像素改变为白色。

---

📷 **应用>>应用"曝光度"命令快速调整图像的整体影调**

打开需要设置的素材图像，如图❶所示。执行"图像 > 调整 > 曝光度"菜单命令，如图❷所示。打开"曝光度"对话框，在该对话框中设置"曝光度"为 +5.2，再将"位移"滑块

向右拖动至 +0.0038 位置，如图❸所示。设置完成后单击"确定"按钮，得到如图❹所示的图像效果。

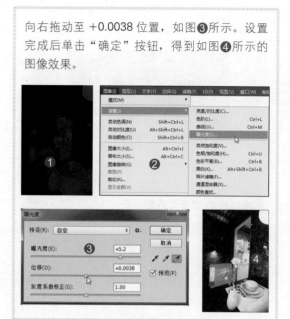

---

## 6.3 改善照片全景影调之必备工具1——"色阶"命令

若拍摄的数码照片有太亮、太暗或对比度不足等问题，通过查看直方图就会发现问题，这时可以使用 Photoshop CC 2015 中的"色阶"命令进行调整。"色阶"命令是改善照片全景影调的必备工具之一，该工具可通过修改图像的阴影、中间调和高光的亮度水平来调整图像的色调范围和色彩平衡，从而使照片的影调恢复正常。下面将简单介绍"色阶"对话框中各项参数的设置。

执行"图像 > 调整 > 色阶"菜单命令或按 Ctrl+L 键，打开"色阶"对话框，如下图所示。"色阶"对话框中有一个直方图、两组用于增加或降低对比度的黑白滑块，以及一个用于更改整体色调的灰色滑块。与"直方图"面板相似的是，"色阶"对话框也用图表的形式标识了色调的分布。

中可选择多种预设的色阶调整效果，如下图所示。若选择"自定"选项，用户则可通过设置"输入色阶"和"输出色阶"参数进行自由调整。

用户可通过选择"预设"下拉列表框中的选项，快速完成对图像影调的调整。下图所示分别为"预设"下拉列表框中各预设选项的效果。

❶预设：该选项提供了多种软件自带的色阶选项。单击"预设"下三角按钮，在弹出的下拉列表

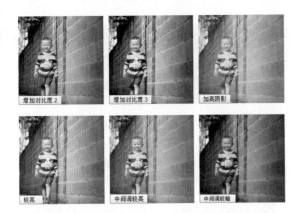

得到更好的图像效果。通过拖动黑场或白场滑块可重构图像的暗调和高光。下面将简单介绍如何拖动"输入色阶"下方的滑块来快速调整图像的影调，如图❶所示。

单击并向右拖动"输入色阶"中的白场滑块，可使所有浅于该值的像素变成白色；单击并向左拖动黑场滑块，则可使所有深于该值的像素变成黑色。

❷通道：单击"通道"下三角按钮，在弹出的下拉列表中可选择需要进行影调调整的通道。选择不同的通道，将得到不同的图像效果。下图所示为选择"蓝"通道时调整图像影调的效果。

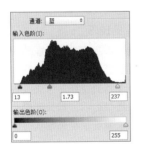 

❸输入色阶：通过单击并拖动"输入色阶"下方的滑块或在其下方的数值框中输入数值来调整图像阴影、中间调和高光部分图像的色调和对比度，如下图所示。其中，黑色滑块所指的位置代表图像最暗（黑色）的像素；灰色滑块代表中间调的像素；白色滑块代表图像最亮（白色）的像素。

❹输出色阶：通过单击并拖动"输出色阶"下方的滑块或在其下方的数值框中输入数值来调整图像的亮度。单击并向右拖动黑场滑块，图像会变亮；单击并向左拖动白场滑块，图像会变暗。

❺自动：单击"自动"按钮，将自动调整图像色调，如下图所示。单击该按钮，等同于选择"自动颜色校正选项"对话框中的"查找深色与浅色"和"对齐中性中间调"选项。

❻选项：单击"选项"按钮，打开"自动颜色校正选项"对话框，如下图所示。在该对话框中可通过"目标颜色和修剪"选项组中的"阴影""中间调"和"高光"选项来更改图像的阴影区域、中间调区域和高光区域的颜色。

### 🐾 技巧一>>通过拖动"输入色阶"下方的滑块调整图像的影调

有时，用户可通过查看"色阶"对话框中直方图最左侧和最右侧陡然增大的波峰来判断图像中非常暗或非常浅的像素。这种情况下，可以将黑场或白场滑块轻微地拖至波峰内，以

❼吸管工具：该工具用于校正诸如褪色幻灯片中的偏色。使用吸管工具在图像中单击，将选择的像素设置为中性灰，然后 Photoshop 便会对整幅图像的色彩平衡进行整体的调整。通过这里的 3 个颜色吸管，可设置图像的颜色。单击"在图像中取样以设置黑场"按钮 ✐，可将图像中最暗处的色调值设置为单击处的色调值，比其更暗的像素将成为黑色；单击"在图像中取样以设置灰场"按钮 ✐，单击颜色的亮度将成为图像的中间色调范围的平均高度；单击"在图像中取样以设置白场"按钮 ✐，可将图像中最亮处的色调值设置为单击处的色调值，所有色调值比它大的像素都将成为白色。

❽预览：勾选该复选框，即可查看设置后的图像效果。

单击并向左拖动中间色滑块，图像的中间色部分会变亮，图像整体也会变亮，如图❸所示。单击并向左拖动白场滑块，图像中较亮部分的图像会变得更亮，如图❹所示。

**应用>>使用"色阶"命令调整图像影调**

学习完"色阶"对话框中各选项的设置后，下面将介绍如何使用"色阶"命令快速调整图像的影调，具体操作方法如下。

打开需要设置的素材图像，如图❶所示。按 Ctrl+L 键，打开"色阶"对话框，单击并向右拖动黑场滑块，图像中的阴影部分会变得更暗，如图❷所示。

**技巧二>>调整图像影调的技巧**

用户可以尝试使用调整图层来调整图像的色调范围和色彩平衡。使用调整图层后可以返回并进行连续的色调调整，而无须扔掉或永久更改图像图层中的数据。在调整图像之前，最好先复制图像文件，便于任何时候查看或使用原始状态的图像。

## 6.4 改善照片全景影调之必备工具2——"曲线"命令

除了可以使用"色阶"命令调整图像影调外，用户还可以使用 Photoshop CC 2015 中的"曲线"命令调整图像的影调，提高照片的对比度。"曲线"命令非常适合调整图像的指定色调范围，而不会让图像整体变亮或变暗。下面将简单介绍该工具的使用方法和相关设置。

打开需要设置的素材图像，执行"图像>调整>曲线"菜单命令或按 Ctrl+M 键，打开"曲线"对话框，如下图所示。该对话框中的曲线代表了色调调整前后的关系。具体设置方法如下。

❶预设：用于选择预设的曲线设置。单击"预设"下三角按钮，在弹出的下拉列表中可选择多种预设的曲线调整效果，如下图所示。

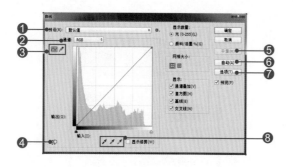

用户可通过选择"预设"下拉列表框中的选项快速完成对图像影调的调整。下图所示分别为"预设"下拉列表框中各预设选项的效果。

彩色负片

反冲

较暗

增加对比度

较亮

线性对比度

中对比度

负片

强对比度

❷**通道**：在此下拉列表框中可以选择要调整的颜色通道。调整通道会改变图像颜色。

❸**"曲线"／"铅笔"按钮**：若单击"曲线"按钮，则通过拖动曲线上的点来设置曲线外形，如下左图所示；若单击"铅笔"按钮，则通过绘制来修改曲线外形，如下右图所示。

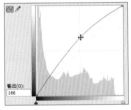
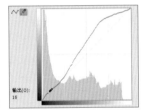

❹**图像调整工具**：选择此工具后，将鼠标指针放在图像上，曲线上会出现一个空的圆形图形，它代表了指针处的色调在曲线上的位置，在画面中单击并拖动鼠标可添加控制点并调整相应的色调。

❺**平滑**：使用"铅笔"工具绘制曲线后，单击该按钮，可以对曲线进行平滑处理，如下图所示。

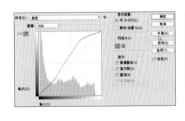

❻**自动**：单击该按钮，可以对图像应用"自动颜色""自动对比度"或"自动色调"校正，具体校正的内容取决于"自动颜色校正选项"对话框中的设置。下图所示为单击"自动"按钮、快速调整图像后的效果。

❼**选项**：单击该按钮，同样可以打开"自动颜色校正选项"对话框。

❽**吸管工具**：这几个工具与"色阶"对话框中相应工具的作用相同。

---

🎓 **应用>>使用"曲线"命令调整图像影调**

学习完"曲线"对话框中各选项的设置后，下面将介绍如何使用"曲线"命令快速调整图像的影调，具体操作方法如下。

打开需要设置的素材图像，如图❶所示。按快捷键 Ctrl+M，打开"曲线"对话框，在该对话框中的曲线上半部分单击，添加一个曲线控制点，然后向上调整该曲线控制点，如图❷所示。调整后图像的高光部分变得更亮，效果如图❸所示。

继续对曲线进行设置，在曲线左下角位置再次单击，添加另一个曲线控制点，如图❹所示。选中该曲线控制点，然后向下拖动调整曲线形状，经过设置，照片中的阴影部分变得更暗，此时可以看到图像的对比增强了，如图❺所示。

---

⭐ **技巧>>应用"曲线"命令的调整技巧**

"色阶"和"曲线"命令都位于"图像 > 调整"级联菜单中。单独应用"色阶"和"曲线"命令产生的作用可能十分有限，用户最好添加调整图层，然后设置调整图层的蒙版来调整图像影调。执行"图层 > 新建调整图层"菜单命令，在弹出的级联菜单中选择"色阶"或"曲线"命令，即可添加"色阶"或"曲线"调整图层。

# 6.5 控制照片的影调——"阴影/高光"命令

"阴影/高光"命令拥有分别控制调亮阴影和调暗高光的选项，该命令先是决定每个像素用来做阴影还是高光，或是不作为两者中的任何一个，然后决定对它调亮或调暗。若执行一次"曲线"或"色阶"命令都无法很好地解决图像的影调问题，那么可以使用"阴影/高光"命令对图像进行调整。该命令主要用于修改一些因为阴影或逆光而显得比较暗的数码照片。本节将简单介绍"阴影/高光"命令的设置方法，具体如下。

打开需要设置的素材图像，执行"图像>调整>阴影/高光"菜单命令，打开"阴影/高光"对话框，通过拖动该对话框中的各选项滑块或在其后的数值框中输入数值，可快速设置图像的影调，具体设置如下。在该对话框中勾选"显示更多选项"复选框，才会显示如下图所示的"阴影/高光"对话框。

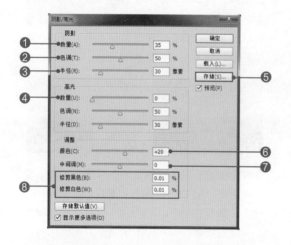

**①阴影数量：** 用于对阴影色调调整多少的比例进行更改。过大的值可能会导致交叉，在这种情况下，以高光开始的区域会变得比以阴影开始的区域颜色更深，这会使调整后的图像看上去"不自然"。下图所示分别为默认图像和设置不同阴影数量时的图像效果。

**②色调：** 用来控制阴影中色调的修改范围，其默认值为50%。较小的值会限制只对较暗区域进行阴影校正的调整，并只对较亮区域进行"高光"校正的调整。任何浅于50%的灰都将被当作高光像素。较大的值将进一步调整为中间调的色调范围。任何深于50%的灰都将被当作高光像素。

**③半径：** 控制每个像素周围的局部相邻像素的大小，相邻像素用于确定像素是在阴影还是在高光中。向左移动滑块会指定较小的区域，向右移动滑块会指定较大的区域。

**④高光数量：** 与阴影数量相反，高光数量用于控制高光中色调的修改范围，它决定了一个阴影像素的百分之几会被调亮或一个高光像素的百分之几会被调暗。

**⑤存储：** 单击该按钮，可以将当前的参数设置存储为预设，再次打开"阴影/高光"对话框时会显示该参数。如果要恢复为默认数值，可按下Shift键，该按钮会变为"复位默认值"按钮，单击该按钮就可以恢复默认值。

**⑥颜色：** 用于增加阴影/高光已调亮或调暗区域的饱和度。设置数值为负数，则降低图像的饱和度。

**⑦中间调：** 该选项可以在不使用单个曲线调整的情况下修复中间调的对比度。

**⑧修剪黑色/白色：** 可以指定在图像中将多少阴影和高光剪切到新的极端阴影（色阶为0，黑色）和高光（色阶为255，白色）颜色。设置的值越高，图像的对比度越强。

> **应用>>使用"阴影/高光"命令调整图像**
>
> 打开需要设置的素材图像，如图❶所示。按快捷键Ctrl+J，复制图层，执行"图像>调整>阴影/高光"菜单命令，打开"阴影/高光"对话框，在该对话框中勾选"显示更多选项"复选框，如图❷所示。

在"阴影／高光"对话框中将显示更多选项，然后对这些选项进行设置，如图❸所示。设置完成后单击"确定"按钮，调整图像，效果如图❹所示。

## 6.6　模拟各种光晕效果——镜头光晕

在拍摄数码照片时，若没有拍摄出镜头光晕效果，则可通过 Photoshop CC 2015 中的"镜头光晕"命令为照片添加各种梦幻的光晕效果。下面将简单介绍如何使用 Photoshop CC 2015 模拟各种光晕效果，具体操作方法及相关技巧如下。

打开需要设置的素材图像，执行"滤镜 > 渲染 > 镜头光晕"菜单命令，打开"镜头光晕"对话框，如下图所示。在该对话框中可设置各种光晕效果以及镜头内部的反射。

❶光晕效果：通过单击图像缩览图的任一位置或拖动其十字线光标，设置光晕中心的位置。

❷亮度：单击并拖动"亮度"滑块或在其后的数值框中输入数值，可设置光晕的亮度。

❸镜头类型：用于设置镜头的类型。Photoshop 提供了"50~300 毫米变焦""35 毫米聚焦""105 毫米聚焦"和"电影镜头"4 个选项，选中不同的单选按钮，将得到不同的镜头光晕效果

下面将展示几种不同的镜头类型的效果，如下图所示。

35毫米聚焦　　　105毫米聚焦　　　电影镜头

## 实例演练 1：
# 调节曝光不足的照片

原始文件：随书资源 \ 素材 \06\11.jpg
最终文件：随书资源 \ 源文件 \06\ 调节曝光不足的照片 .psd

解析：拍照时由于现场光源不足、无法使用闪光灯或相机测光错误等情况，会使拍摄出来的数码照片因曝光不足而出现一片黑暗的照片效果。本实例将介绍如何结合 Photoshop 中的"曝光度""色阶"和"曲线"命令快速调节曝光不足的照片。下图所示为制作前后的效果对比图，具体操作步骤如下。

**1** 打开"11.jpg"文件，如下左图所示。

**2** 执行"窗口 > 直方图"菜单命令，打开"直方图"面板，如下右图所示。像素都集中在面板左侧，出现"暗部剪裁"现象，面板右侧没有像素显示。

**3** 单击"调整"面板中的"曝光度"按钮，创建调整图层，并在"图层"面板中得到"曝光度 1"调整图层，如下图所示。

**4** 打开"属性"面板，在"属性"面板的"曝光度"数值框中输入数值 +3.53，在"位移"数值框中输入数值 -0.0083，在"灰度系数校正"数值框中输入数值 1，如下左图所示。设置后得到如下右图所示的图像效果。

**5** 执行"图层 > 新建调整图层 > 色阶"菜单命令，创建"色阶 1"调整图层，打开"属性"面板。在"预设"下拉列表框中选择"加亮阴影"选项，如下左图所示。设置后提高了阴影部分的图像亮度，效果如下右图所示。

**6** 创建"曲线 1"调整图层，打开"属性"面板。在"预设"下拉列表框中选择"中对比度"选项，如下左图所示。根据选择的选项，调整图像的对比效果，如下右图所示。

**7** 创建"曲线 2"调整图层，打开"属性"面板。单击并向上拖动曲线滑块，调整曲线外形，如下左图所示。

**8** 单击"曲线 2"调整图层的蒙版缩览图，如下右图所示。

**9** 将前景色设置为黑色，然后选择"画笔工具"，在其选项栏中将"不透明度"设置为 50%，使用画笔工具在图像的适当位置单击并涂抹，恢复局部图像的原始影调，如下图所示。

**10** 按快捷键 Shift+Ctrl+Alt+E，盖印图层，得到"图层 1"。执行"滤镜 > 杂色 > 减少杂色"菜单命令，打开"减少杂色"对话框，在该对

话框中设置选项，如下左图所示。设置完成后单击"确定"按钮，去除照片中的噪点，完成本实例的制作，最后的调整效果如下右图所示。

技巧>> "曲线"与"色阶"对话框的区别

与"色阶"对话框相同，"曲线"对话框也允许用户调整图像的整个色调范围。 但与其不同的是，色阶只允许用户通过白场、黑场和灰场 3 个点设置图像影调，而曲线允许用户在图像的整个色调范围内最多调整 14 个不同的点，还可以使用"曲线"命令对图像中的个别颜色通道进行精确设置。

## 实例演练 2：
# 调节曝光过度的照片

原始文件：随书资源\素材\06\12.jpg
最终文件：随书资源\源文件\06\调节曝光过度的照片.psd

解析：数码照片曝光过度会显得过于苍白，如果因此而放弃一张构图和景色都很特别的照片，那会相当遗憾。现在不用担心，可通过 Photoshop 中的"色阶"和"曝光度"命令快速拯救曝光过度的照片。本实例将介绍如何调节曝光过度的照片。下图所示为制作前后的效果对比图，具体操作步骤如下。

1 打开"12.jpg"文件，单击"调整"面板中的"曝光度"按钮，如下图所示。

2 新建"曝光度 1"调整图层，打开"属性"面板，在面板中设置"曝光度"为 -0.50，设置"位移"为 -0.0289，如下左图所示。设置后调整照片曝光，效果如下右图所示。

3 单击"调整"面板中的"色阶"按钮，如下左图所示。

4 创建"色阶 1"调整图层，打开"属性"面板，在面板中单击并向右拖动"输入色阶"左侧的黑场滑块，调整图像阴影部分的影调，如下右图所示。

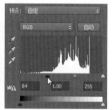

5 继续设置"色阶 1"调整图层，单击并向左拖动"输入色阶"右侧的白场滑块，调整图像高光部分的影调，如下左图所示。

6 设置完成后返回图像窗口，查看调整后的图像，效果如下右图所示。

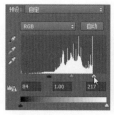

7 新建"曲线1"调整图层，打开"属性"面板，在面板中选择"红"通道曲线，用鼠标单击并向上拖动曲线，如下左图所示。

8 继续对"曲线1"调整图层进行设置，在"通道"下拉列表框中选择"蓝"选项，然后用鼠标单击并向下拖动蓝通道曲线，如下右图所示。

9 设置后返回图像窗口，查看应用曲线调整后的图像，效果如下左图所示。

10 单击"调整"面板中的"色阶"按钮，如下右图所示，新建"色阶2"调整图层。

11 打开"属性"面板，在面板中对色阶值进行设置，如下左图所示。设置后应用设置的参数，调整图像的亮度，完成本实例的制作，效果如下右图所示。

## 实例演练3：
## 调节灰蒙蒙的数码照片

原始文件：随书资源\素材\06\13.jpg
最终文件：随书资源\源文件\06\调节灰蒙蒙的数码照片.psd

解析：在拍摄照片时，有时会由于天气情况和拍摄时间的限制而使拍摄出来的照片又灰又暗，毫无生气，遇到这种情况时不用着急，利用Photoshop进行后期处理即可快速拯救这些灰暗的照片，使照片恢复活力。本实例将介绍如何使用Photoshop中的命令调整灰蒙蒙的数码照片。下图所示为制作前后的效果对比图，具体操作步骤如下。

1 打开"13.jpg"文件，如下左图所示。

2 执行"窗口>直方图"菜单命令，打开"直方图"面板，如下右图所示，可以看到像素都集中在面板左侧和中间，说明照片偏暗且对比度不够。

 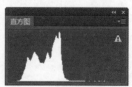

3 单击"调整"面板中的"色阶"按钮，新建"色阶1"调整图层，打开"属性"面板，在面板中设置"输入色阶"值为18、1、179，如下左图所示。

4 设置完成在图像窗口可查看调整后的效果，如下右图所示。

5 单击"调整"面板中的"亮度／对比度"按钮 ☀，创建"亮度／对比度 1"调整图层，在打开的"属性"面板中设置"亮度"和"对比度"选项，如下左图所示。

6 设置完成后应用设置的选项，调整图像的亮度和对比度，得到如下右图所示的图像效果。

7 按快捷键Shift＋Ctrl＋Alt＋E，盖印图层，得到"图层 1"。将此图层的混合模式更改为"柔光"，"不透明度"设置为60%，增强图像层次，如下图所示。

8 选择"快速选择工具"，在远处的山景位置连续单击，创建选区，如下左图所示。执行"选择 > 修改 > 羽化"菜单命令，打开"羽化选区"对话框，在该对话框中设置"羽化半径"为1，单击"确定"按钮，羽化选区，如下右图所示。

9 执行"选择 > 反选"菜单命令，反选选区，如下图所示。

10 确保"图层 1"为选中状态，单击"图层"面板底部的"添加图层蒙版"按钮 ▣，为"图层 1"添加图层蒙版，然后选中该图层蒙版，如下图所示。

11 按住 Ctrl 键单击"图层 1"图层蒙版，将此图层中的对象作为选区载入，如下图所示。

12 执行"选择 > 反选"菜单命令，反选选区，如下图所示。

13 单击"调整"面板中的"色阶"按钮 ▦，新建"色阶 2"调整图层，打开"属性"面板，在面板中设置参数，如下左图所示。

14 设置后返回图像窗口，得到如下右图所示的最终效果。

---

⭐ **技巧>>衡量色阶调整程度**

在"色阶"对话框中拖动黑场和白场滑块时，按住 Alt 键拖动，画面就会变为全白或全黑，并以色彩标示出调整后将会丧失细节的地方。用户可以用这种方法来判断调整的程度，若有太多区域出现色彩，则说明调整得过了。

---

## 实例演练 4：
# 调节高反差的数码照片

原始文件：随书资源 \ 素材 \06\14.jpg
最终文件：随书资源 \ 源文件 \06\ 调节高反差的数码照片 .psd

解析：在白天光线强烈时拍摄，拍出的照片中阴影部分会过暗，导致画面的色彩反差较大。对于这样的照片，需要在后期处理时提高暗部区域的亮度，降低亮部区域的亮度，从而缩小明暗的反差，使画面层次更为丰富。下图所示为制作前后的效果对比图，具体操作步骤如下。

**1** 打开 "14.jpg" 文件，单击面板底部的 "创建新的填充或调整图层" 按钮 ，在弹出的菜单中选择 "色阶" 选项，如下左图所示。

**2** 经过步骤 1 的操作后，打开 "属性" 面板，在 "预设" 下拉列表框中选择 "加亮阴影" 选项，如下右图所示。

**3** 经过步骤 2 的设置后，得到如下图所示的图像效果，将图像阴影部分的图像调亮。

**4** 选中 "色阶 1" 调整图层，按快捷键 Ctrl+J，复制图层，得到 "色阶 1 拷贝" 图层，将此图层的 "不透明度" 设置为 40%，进一步提亮阴影，如下图所示。

**5** 单击 "色阶 1 拷贝" 调整图层的蒙版缩览图，选择 "渐变工具"，在其选项栏中设置渐变选项，如下图所示。

**6** 从图像右上角往左下方拖动，当拖至合适位置后，释放鼠标，填充渐变，如下图所示。

**7** 单击 "调整" 面板中的 "曲线" 按钮 ，新建 "曲线 1" 调整图层，并打开 "属性" 面板，在面板中设置曲线形状，如下左图所示。

8 设置后返回图像窗口，查看设置后的效果，如下右图所示。

9 单击"图层"面板中的"曲线 1"图层蒙版，单击工具箱中的"画笔工具"按钮，设置前景色为黑色，在画面中不需要调整的图像上涂抹，还原图像的亮度，如下图所示，完成本实例的制作。

## 实例演练 5：
# 使照片中的光影更绚烂

原始文件：随书资源 \ 素材 \06\15.jpg
最终文件：随书资源 \ 源文件 \06\ 使照片中的光影更绚烂 .psd

解析：由于拍摄时间和技术等各方面的限制，拍摄出来的照片可能没有原场景中的图像自然。本实例将详细介绍如何通过后期处理使照片色彩更加绚烂。下图所示为制作前后的效果对比图，具体操作步骤如下。

1 打开"15.jpg"文件，单击"调整"面板中的"色阶"按钮，新建"色阶 1"调整图层，打开"属性"面板，在面板中设置色阶选项，如下左图所示。

2 应用设置的色阶调整图像的亮度，效果如下右图所示。

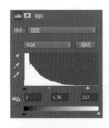

3 设置前景色为白色，背景色为黑色，单击工具箱中的"渐变工具"按钮，显示"渐变工具"选项栏，在选项栏中选择"从前景色到背景色渐变"，单击"径向渐变"按钮，如下图所示。

4 单击"色阶 1"图层蒙版，从图像中间向外侧拖动渐变，拖至一定的位置后释放鼠标，调整色阶应用范围，调整中间部分的图像亮度，如下图所示。

5 按住 Ctrl 键单击"色阶 1"图层蒙版，如下左图所示。

6 将此图层蒙版作为选区载入，载入后的选区效果如下右图所示。

7 执行"选择 > 反选"菜单命令,反选选区,如下左图所示。

8 新建"曲线 1"调整图层,打开"属性"面板,在面板中设置曲线形状,如下右图所示。

9 按住 Ctrl 键单击"色阶 1"图层蒙版,再次载入选区,新建"曲线 2"调整图层,打开"属性"面板,在面板中单击并向下拖动曲线,提亮选区内的图像,如下图所示。

10 按住 Ctrl 键单击"曲线 1"图层蒙版,载入选区,新建"曝光度"调整图层,在打开的"属性"面板中设置选项,如下左图所示。

11 返回图像窗口,根据设置的"曝光度"选项,调整选区内的图像亮度,使画面中间部分的图像变得更亮,效果如下右图所示。

12 新建"亮度 / 对比度 1"调整图层,打开"属性"面板,在面板中调整亮度和对比度,增强图像效果,如下图所示。

> ★ 技巧>>使用快捷键调整"曲线"
>
> 　　在 Photoshop 中,除了使用"曲线"调整图层调整图像明暗,也可以使用"曲线"命令,按下快捷键 Ctrl+M,将快速打开"曲线"对话框。

## 实例演练 6:
# 调整逆光的数码照片

原始文件:随书资源 \ 素材 \06\16.jpg
最终文件:随书资源 \ 源文件 \06\ 调整逆光的数码照片 .psd

　　解析:很多人都会使用"曲线"命令来调整逆光的数码照片,这种方法虽然可以将暗部调亮,但是图像亮部变得更亮了,变成了曝光过度,使图像的细节损失严重。本实例将介绍一种快速有效地调整逆光照片的方法。下图所示为制作前后的效果对比图,具体操作步骤如下。

1 打开"16.jpg"文件,按 Ctrl+J 键复制图层,得到"图层 1",如下图所示。

2 执行"图像 > 调整 > 阴影／高光"菜单命令，打开"阴影／高光"对话框，设置参数，设置完成后单击"确定"按钮，如下左图所示。

3 经过步骤 2 的操作后，得到如下右图所示的图像效果，快速调整了图像阴影部分的影调，使图像阴影部分变得明亮起来。

4 按快捷键 Shift+Ctrl+Alt+E，盖印图层，得到"图层 2"图层，将此图层的"不透明度"设置为 35%，如下左图所示。

5 执行"图像 > 自动颜色"菜单命令，软件将自动调整图像颜色，调整效果如下右图所示。

6 创建"色阶 1"调整图层，打开"属性"面板，在"预设"下拉列表框中选择"较亮"选项，提亮图像，如下图所示。

7 单击"色阶 1"调整图层，选择"画笔工具"，在选项栏中将"不透明度"设置为 30%，将前景色设置为黑色，然后在人物旁边的背景处涂抹，还原图像亮度，如下图所示。

8 单击工具箱中的"椭圆选框工具"按钮，在选项栏中设置"羽化"值为 40 像素，如下图所示。

9 在人物的脸部单击并拖动鼠标，绘制椭圆选区，如下左图所示。

10 执行"选择 > 变换选区"菜单命令，打开自由变换编辑框，单击并拖动编辑框，调整选区的大小和角度，如下右图所示。

11 按 Enter 键变换选区，创建"曲线 1"调整图层，在打开的"属性"面板中设置曲线，按下左图所示调整选区内的图像，完成本实例的制作，效果如下右图所示。

## 实例演练 7：
# 修补闪光灯过强的人像照片

原始文件：随书资源\素材\06\17.jpg
最终文件：随书资源\源文件\06\修补闪光灯过强的人像照片.psd

解析：当拍摄现场的光源不足时，会开启闪光灯进行补光，但是如果拍摄主体离相机太近或闪光灯太强，就会使图像显得过亮。本实例将介绍如何应用 Photoshop CC 2015 中的相关功能和命令修补闪光灯过强的人像照片，原照片因为采用闪光灯拍摄，导致人物的上半身出现了局部曝光过度的现象，在后期处理时可以结合"色阶"命令和图层蒙版对曝光过度的部分进行调整，还原更多的肤色细节。下图所示为制作前后的效果对比图，具体操作步骤如下。

**1** 打开"17.jpg"文件，执行"选择 > 色彩范围"菜单命令，打开"色彩范围"对话框，在该对话框的"选择"下拉列表框中选择"高光"选项，如下左图所示。

**2** 设置完成后单击"确定"按钮，选择照片中的高光部分，如下右图所示。

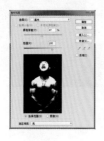

**3** 新建"曲线 1"调整图层，打开"属性"面板，在面板中单击并向下拖动曲线，如下左图所示。

**4** 根据设置的曲线，调整图像的亮度，使高光部分变得更暗，效果如下右图所示。

**5** 按住 Ctrl 键单击"曲线 1"图层蒙版，载入高光选区，如下图所示。

**6** 单击"调整"面板中的"色阶"按钮，新建"色阶 1"调整图层，打开"属性"面板，在面板中拖动黑场和灰场滑块，如下左图所示。

**7** 应用色阶调整选区内图像的阴影和高光部分，调整后的效果如下右图所示。

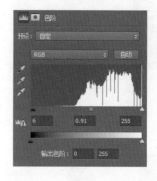

**8** 单击"背景"图层，执行"选择 > 色彩范围"菜单命令，打开"色彩范围"对话框，在该对话框的"选择"下拉列表框中选择"高光"选项，如下左图所示。

**9** 设置完成后单击"确定"按钮，再一次选择照片中的高光部分，如下右图所示。

**12** 创建"颜色填充 1"调整图层,设置此图层的混合模式为"深色"、"不透明度"为 23%,为高光着色,如下左图所示。设置后得到如下右图所示的效果。

**10** 单击"图层"面板底部的"创建新的填充或调整图层"按钮 ⊘,在弹出的菜单中选择"纯色"选项,如下左图所示。

**11** 打开"拾色器(纯色)"对话框,在该对话框中设置颜色为 R149、G103、B84,如下右图所示,设置完成后单击"确定"按钮。

**应用>>尝试其他的混合模式效果**

将"颜色填充 1"调整图层的混合模式设置为"正片叠底",将其"不透明度"设置为 23%,如图❶所示。设置后即可得到如图❷所示的图像效果。

---

**实例演练 8:**

# 渲染光晕突显浪漫氛围

原始文件:随书资源 \ 素材 \06\18.jpg
最终文件:随书资源 \ 源文件 \06\ 渲染光晕突显浪漫氛围 .psd

解析:镜头光晕是一种特殊的曝光效果,有时在拍摄对象时,利用镜头光晕的表现手法,可以为照片带来一种全新的视觉感受,使画面看起来更能表现独特的意境效果。本实例讲解如何结合调整命令和"镜头光晕"滤镜调整图像,打造更加唯美的画面效果。下图所示为制作前后的效果对比图,具体操作步骤如下。

**1** 打开"18.jpg"文件,按 Ctrl+J 键复制图层,得到"图层 1"。选中"图层 1",设置图层的混合模式为"滤色"、"不透明度"为 60%。

**2** 设置后可以看到图像变得更亮了,效果如下图所示。

**7** 按快捷键Shift+Ctrl+Alt+E，盖印图层，得到"图层 2"，如下左图所示。

**8** 执行"滤镜 > 渲染 > 镜头光晕"菜单命令，打开"镜头光晕"对话框，在该对话框图像预览区的右上角单击，定义光晕位置，如下右图所示。

**3** 单击"调整"面板中的"曲线"按钮，创建"曲线 1"调整图层，打开"属性"面板，在面板中选择"红"通道，然后运用鼠标单击并向上拖动曲线，调整红通道图像的亮度，如下左图所示。

**4** 继续对曲线进行设置，在"属性"面板中选择"蓝"通道，然后运用鼠标单击并向上拖动曲线，提高蓝通道图像的亮度，如下右图所示。

**9** 设置后单击"确定"按钮，应用滤镜为照片添加逼真的镜头光晕效果，如下左图所示。

**10** 在"图层"面板中选中"图层 2"，将此图层的"不透明度"设置为60%，如下右图所示。

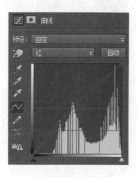 

**5** 在"通道"下拉列表框中选择 RGB 通道，然后单击并向上拖动 RGB 通道曲线。

**6** 完成通道的设置后，返回图像窗口，根据设置的曲线调整图像的亮度，得到更清晰的画面，效果如下图所示。

**应用>>尝试其他的光晕效果**

　　在"图层"面板中选中"图层 2"图层，执行"滤镜 > 渲染 > 镜头光晕"菜单命令，打开"镜头光晕"对话框，在该对话框中选中"105毫米聚焦"单选按钮，如图❶所示。设置完成后单击"确定"按钮，即可得到如图❷所示的光晕效果。

11 根据设置的"不透明度"选项，降低光晕的
不透明度，使添加的光晕更加自然，如下图
所示。

12 单击"图层"面板底部的"创建新的填充或
调整图层"按钮，在弹出的菜单中选择"纯
色"命令，如下左图所示，创建"颜色填充 1"调
整图层。

13 打开"拾色器（纯色）"对话框，在该对话
框中设置填充颜色为 R208、G148、B88，如
下右图所示。

15 在工具箱中将前景色设置为黑色，背景色设
置为白色，单击工具箱中的"渐变工具"按
钮，然后在"渐变工具"选项栏中选择"从前景
色到背景色渐变"，单击"线性渐变"按钮，如
下图所示。

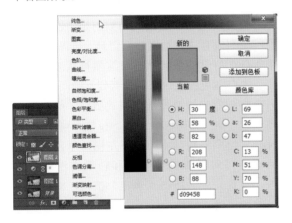

16 将鼠标移至画面中，从图像左下角往右上角
拖动鼠标，拖动至一定位置后释放鼠标，填
充渐变，隐藏图像左下角的填充颜色，如下图所示，
完成本实例的制作。

14 设置完成后单击"确定"按钮，返回"图层"
面板，在面板中设置"颜色填充 1"调整图
层的混合模式为"滤色"、"不透明度"为 40%，
效果如下图所示。

# 第7章
# 数码照片的色彩校正

在查看拍摄的数码照片时，您可能会发现拍摄照片中的色彩和现场看到的不一样。无论是专业摄影师还是业余的摄影爱好者，都明白色彩的重要性，颜色在表达数码照片情感方面扮演着举足轻重的作用。本章将介绍专业的色彩校正方法和相关技巧，展示在整个后期编辑过程中如何让照片颜色达到最佳效果，内容包括图像的颜色模式、自动调整数码照片的颜色和影调以及各种颜色控制方法。

## 7.1 认识图像的颜色模式

Photoshop CC 2015 中有多种不同的颜色模式，所有的这些模式都可以通过"模式"级联菜单中的各项命令来转换。其中，常见的颜色模式有位图模式、灰度模式、双色调模式、RGB 颜色模式、CMYK 颜色模式、Lab 颜色模式等。

打开需要设置的素材图像，执行"图像 > 模式"菜单命令，打开级联菜单，在该菜单中选择需要的颜色模式，即可将图像的颜色模式转换为选中的颜色模式，如下图所示。

### 1. 灰度

灰度模式下的图像（如黑白照片）仅含亮度值，而没有彩色图像的色相及饱和度特征。打开一张彩色图像，执行"图像 > 模式 > 灰度"菜单命令，弹出一个系统提示对话框，询问是否删除颜色信息，单击"扔掉"按钮，即可把图像转换为黑白图像，如下图所示。

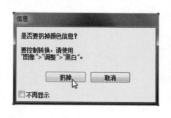

### 2. 位图

位图模式与灰度模式相似的是，仅使用明度信息而没有色相及饱和度信息。在该模式下，像素处于打开或关闭状态，这两种状态分别对应着黑白颜色的色域，而没有处于中间的灰色。只有将图像先转换为灰度模式后，才能启用位图模式。执行"图像 > 模式 > 位图"菜单命令，打开"位图"对话框，如下左图所示。在该对话框中可对图像的分辨率和转换方法进行设置，设置完成后单击"确定"按钮，即可将图像的颜色模式转换为位图模式，如下右图所示。

❶**分辨率**：用于设置图像输出的分辨率。在"输入"后会显示当前图像的分辨率。

❷**方法**：设置位图图像的转换模式。

### 3. 双色调

在双色调模式下包含了单色调（一种颜色）、双色调（两种颜色）、三色调（3 种颜色）

和四色调（4 种颜色）4 个选项。使用双色油墨可以得到比单一通道更多的色调，可在后期的打印页面中表现更多的细节。双色调模式采用一组曲线来设置各种颜色油墨传递灰度信息的方式。在将图像转换为双色调模式前，首先要把图像转换为灰度模式，然后才能进行双色调的设置。打开素材图像，执行"图像 > 模式 > 灰度"菜单命令，将图像转换为黑白效果，如下图所示。

执行"图像 > 模式 > 双色调"菜单命令，打开"双色调选项"对话框，在该对话框中可指定图像的色调和颜色，如下图所示。

### 技巧一>>设置双色调的技巧

"双色调选项"对话框的"预设"下拉列表框中包含了许多三色调和四色调选项，用户可以根据需要选择并重新指定自己需要的颜色。在四色调中大幅调整曲线形状，即可在高光、中间调和阴影中得到不同的颜色配置。

## 4. Web颜色——索引颜色

索引颜色模式为 GIF 专用模式，索引即使用 256 种或者更少的特定颜色来代替全彩图像中上百万颜色的过程。由于削减颜色常用于 Web 图像，因此索引通常在 Photoshop 的"存储为 Web 所用格式"对话框中。执行"图像 > 模式 > 索引颜色"菜单命令，可打开"索引颜色"对话框，如下图所示。

索引颜色模式可生成最多 256 种颜色的 8 位图像文件。当图像转换为索引颜色模式时，Photoshop 将构建一个颜色查找表（CLUT），用来存放并索引图像中的颜色。如果原图像中的某种颜色没有出现在该表中，则程序将选取最接近的一种，或使用仿色来模拟该颜色。

## 5. 创造性的颜色——RGB颜色

RGB 颜色模式下的图像是由红、绿、蓝 3 种颜色构成的。当这 3 种颜色以最大饱和度等强度混合时便会得到白色，去掉所有三色时则会得到黑色；当 3 种颜色以不同的明度混合时，便构成了 RGB 色谱上的所有颜色。图像为 RGB 颜色模式时，在"通道"面板中即可查看不同颜色的通道信息，如下图所示。

## 6. 印刷色——CMYK颜色

CMYK 颜色是常用于再现照片、插画和其他作品的四色印刷工艺。该模式下的图像由青色、洋红、黄色和黑色 4 种颜色构成，它们等量混合后得到黑色，添加黑色是为了弥补由青色、洋红和黄色混合而得到的深色不够黑的情况。打开一张 CMYK 颜色模式的图像，查看"通道"面板，可以看到是由 4 个颜色通道以及将它们全部混合在一起的 CMYK 通道构成的，如下图所示。

### 7. Lab颜色

Lab 颜色模式是将图像由 RGB 颜色转换为 CMYK 颜色的中间过渡模式，它的特点是在使用不同的显示器或打印机设备时所显示的颜色都是相同的。Lab 颜色模式的图像，其"通道"面板如下图所示。其中，明度通道可以在不影响色相及饱和度的状态下轻松修改图像的明暗信息，有时还可以在将彩色转换为黑白时降低噪点。相对而言，在 a 和 b 通道下，可以在不影响色调范围的情况下改变颜色。

---

**应用>>在颜色通道中查看各个模式的颜色**

在所有的颜色模式对应的"通道"面板中，位于第一个的都是混合通道。在部分模式下，如 RGB 颜色和 CMYK 颜色模式，面板中会显示出原色。在 Lab 颜色模式下，面板也显示了明度通道和其他组成颜色。下面将简单介绍如何在颜色通道下查看各个模式的颜色。

打开素材图像，其颜色模式为 RGB 颜色，如图❶所示。执行"图像 > 模式 >CMYK 颜色"菜单命令，将图像转换为 CMYK 颜色模式，如图❷所示。再执行"图像 > 模式 >Lab 颜色"菜单命令，将图像转换为 Lab 颜色模式，如图❸所示。

---

### 8. 多通道

该颜色模式是一种减色模式，如果将一个 RGB 图像转换成多通道图像，即可得到青色、洋红和黄色通道。如果将彩色图像（RGB 或 CMYK）的一个或多个通道删除，那么其颜色模式将会自动转换成只包含剩余原色的多通道模式，如下图所示。

---

**技巧二>>8位、16位和32位颜色**

除了颜色模式外，执行"图像 > 模式"菜单命令，还可以设置图像的色深。色深也称为位深，即多少位 / 像素，Photoshop 使用色深来存储文件中每个颜色通道的颜色信息。存储的位越多，则图像中包含的颜色和色调差越大。

◆ 8 位颜色：8 位颜色中的每种原色都有 256 级明度，灰度模式对应着包括黑白在内的 256 级灰色；在 RGB 颜色模式下，则对应有 256×256×256（超过 1600 万）种颜色。Photoshop 的所有功能均可在 8 位 / 通道模式下使用。

◆ 16 位颜色：16 位颜色中的每种原色都有超过 65 000 级的明度。也就是说，灰度模式对应着 65 000 级灰色，而 RGB 颜色模式对应着几十亿种颜色。

◆ 32 位颜色：那些特别拍摄的照片转换成 HDR 格式时，使用 32 位颜色即可在转换时充分利用32 位 / 通道（当前受限）的编辑功能优势。

---

**技巧三>>为图像添加专色**

Photoshop 的"模式"级联菜单中没有专色模式，但专色可添加到除位图外的任何一种颜色模式下。专色指的是那些特定的颜色混合而成的特定色系。在 Photoshop CC 2015 中，用户可以通过"通道"面板菜单中的"新建专色通道"命令添加专色。

## 7.2 自动调整数码照片的颜色和影调

在 Photoshop 中进行颜色调整时，最具有挑战性的工作便是选择最合适的调整命令。在"图像"菜单中有"自动色调""自动对比度"和"自动颜色"3 个自动调整图像的命令，使用这些命令可快速完成照片颜色和影调的调整，使图像更完美。下面将简单介绍这 3 个自动调整命令。

### 1. 自动色调

"自动色调"命令根据图像的色调来自动对图像的明度、纯度和色相进行调整，将图像的整个色调均匀化，可一次性完成图像颜色和色调的调整。执行"图像 > 自动色调"菜单命令，软件将自动调整图像的影调，如下图所示。

### 2. 自动对比度

"自动对比度"命令可在维持图像整体颜色关系的前提下快速调整图像的对比度，使图像的高光区域更亮，阴影区域更暗。该命令适用于色调较灰、明暗对比不强的图像。打开需要设置的素材图像，执行"图像 > 自动对比度"命令，即可快速调整图像的对比度，如下图所示。

### 3. 自动颜色

"自动颜色"命令可平衡任何接近中性的中间调，并提高其对比度。通过执行该命令可快速还原图像的真实颜色。打开需要设置的素材图像，执行"图像 > 自动颜色"菜单命令，即可快速调整图像的颜色，如下图所示。

**应用>>在"色阶"或"曲线"对话框中完成图像的自动调整**

◆ 自动色调：单击"色阶"或"曲线"对话框中的"自动"按钮，可得到相同的效果，如图❶和图❷所示。

◆ 自动对比度：在"色阶"或"曲线"对话框中单击"选项"按钮，打开"自动颜色校正选项"对话框，选中"增强单色对比度"单选按钮，如图❸所示，即可得到相同的效果，如图❹所示。

◆ 自动颜色：在"色阶"或"曲线"对话框中单击"选项"按钮，在弹出的对话框中选中"查找深色与浅色"单选按钮并勾选"对齐

中性中间调"复选框，如图❺所示，即可得到
相同的效果，如图❻所示。

# 7.3 提高数码照片的饱和度

　　风和日丽的好天气常常可遇不可求，而在阴天或雾天拍摄的照片，往往显得黯淡无光，毫无生气。Photoshop CC 2015中的"自然饱和度"命令可快速为数码照片增色，使黯淡的照片重现光彩。

　　执行"图像 > 调整 > 自然饱和度"菜单命令，打开"自然饱和度"对话框，如下图所示。在该对话框中可对图像的饱和度进行设置，具体设置方法如下。

❶自然饱和度：用于提高画面整体的颜色浓度，向左拖动滑块或在数值框中输入负数将降低图像颜色浓度，向右拖动滑块或在数值框中输入正数将提高图像颜色浓度。下图所示为不同"自然饱和度"下图像的效果。

❷饱和度：用于提高图像整体的颜色鲜艳度，其调整的程度比"自然饱和度"选项更强一些。

　　打开素材图像，执行"图层 > 新建调整图层 > 自然饱和度"菜单命令，打开"新建图层"对话框。单击"确定"按钮，在打开的"属性"面板中设置自然饱和度的各项参数，如下图所示。

⭐技巧>>设置自然饱和度的技巧

　　执行"图像 > 调整 > 自然饱和度"菜单命令，将直接调整并扔掉图像信息。在设置过程中，若要降低图像饱和度，则单击并向左拖动"自然饱和度"或"饱和度"滑块。

# 7.4 增强指定颜色的色相与饱和度——"色相/饱和度"命令

　　要调整照片的颜色饱和度，除了可以使用"自然饱和度"命令，还可以使用"色相/饱和度"命令。

　　执行"图像 > 调整 > 色相/饱和度"菜单命令，打开如下图所示的"色相/饱和度"对话框。在该对话框中有很多选项可以设置，用户可以选择颜色单独控制色相、饱和度及高光，同时还可

以选择调整整体颜色或分别调节红色、黄色、绿色、蓝色、青色和洋红色系，甚至可以扩展或减少色系中的颜色范围，控制那些受影响颜色和不受影响颜色间的渐变间隔或连续的方式，具体设置如下。

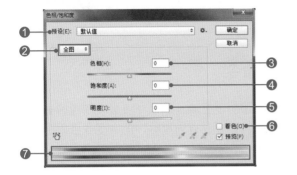

深褐　　　　　强饱和度　　　　黄色提升

❷编辑：在该下拉列表框中可选择要改变的颜色，共有"红色""蓝色""绿色""黄色""全图"等 7 个选项，如下图所示。

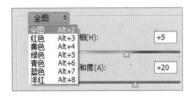

❶预设：选择系统预先设置好的色相／饱和度调整效果。单击"预设"下拉列表框右侧的下三角按钮，在展开的列表中即可进行选项的选择，如下图所示。

❸色相：用于改变图像的颜色，用户可通过在"色相"后的数值框中输入数值或单击并拖动"色相"滑块来设置图像的颜色倾向。

❹饱和度：用于设置图像色彩的鲜艳程度。用户可通过在"饱和度"后的数值框中输入数值或单击并拖动"饱和度"滑块进行设置。

❺明度：用于设置图像的明暗程度。设置的数值越大，图像越明亮；设置的数值越小，图像越黯淡。

❻着色：勾选该复选框，可使用单一颜色为图像着色。下图所示为"着色"效果。

通过选择"预设"下拉列表框中的选项，用户可以快速完成对图像颜色的调整。下图所示分别为"预设"下拉列表框中各预设选项的效果。

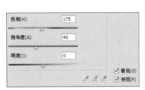

❼颜色条：以各自的顺序表示色轮中的颜色，上面的颜色条显示调整前的颜色，下面的颜色条显示调整如何以全饱和状态影响所有色相。

默认值　　　氰版照相　　进一步增加饱和度

增加饱和度　　　旧样式　　　　红色提升

> 🎓 应用>>使用"色相/饱和度"命令调整照片颜色
>
> 　　打开需要设置的素材图像，如图❶所示。执行"图像 > 调整 > 色相／饱和度"菜单命令，打开"色相／饱和度"对话框，在对话框中向右拖动"饱和度"滑块，如图❷所示。选择"黄色"，设置"色相"和"饱和度"选项，如图❸所示。设置完成后单击"确定"按钮，增强照片的艳丽度，效果如图❹所示。

## 7.5 颜色控制命令——"色彩平衡"命令

"色彩平衡"命令可单独为高光、中间调或阴影应用颜色更改。该命令可更改图像的总体颜色混合，应确保在"通道"面板中选择了复合通道，只有查看复合通道时，此命令才可用。下面将简单介绍如何应用"色彩平衡"命令控制图像的颜色。

打开需要设置的素材图像，执行"图像 > 调整 > 色彩平衡"菜单命令，打开"色彩平衡"对话框，如下图所示。在该对话框中可通过设置各项参数控制图像的颜色，具体设置如下。

❶**色彩平衡**：可在此选项组中拖动滑块，或直接改变"色阶"选项中的参数进行颜色的添加与删减，从而更改画面的色调。原始图像如下左图所示，在"色彩平衡"对话框中，向左拖动"青色、红色"滑块，效果如下中图所示；在"色彩平衡"对话框中向右拖动"黄色、蓝色"滑块，效果如下右图所示。

 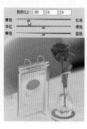 

❷**色调平衡**：用于选择要着重更改的色调范围。选中"阴影""中间调"或"高光"单选按钮，可分别对阴影部分、中间调部分和高光部分应用色彩平衡调整。下图所示分别为选中不同单选按钮后调整的图像效果。

❸**保持明度**：勾选该复选框，可防止图像的亮度值随颜色的更改而改变。该选项可以保持图像的色调平衡。

---

🖐️ **应用>>使用"色彩平衡"命令校正颜色**

打开需要设置的素材图像，如图❶所示。按快捷键 Ctrl+J，复制图层，执行"图像 > 调整 > 色彩平衡"菜单命令，打开"色彩平衡"对话框，在该对话框中单击"中间调"单选按钮，并拖曳"色彩平衡"组下的 3 个颜色滑块，如图❷所示。

单击"高光"单选按钮，以确认要调整的范围为高光部分，然后拖曳"色彩平衡"组下的 3 个颜色滑块，如图❸所示，最后单击"确定"按钮，调整后的图像如图❹所示。

# 7.6 提高照片的某种色温——照片滤镜

Photoshop CC 2015 中的"照片滤镜"命令将模拟相机镜头上的彩色滤镜效果。照片滤镜提供了加温和冷却滤镜选项，与常用镜头滤镜的联系更为紧密。该命令允许用户自由选择颜色预设，以便将色相调整应用到图像。下面将简单介绍如何使用"照片滤镜"命令提高照片的某种色温，具体操作方法和相关技巧如下。

打开需要设置的素材图像，执行"图层 > 新建调整图层 > 照片滤镜"菜单命令，打开"新建图层"对话框，单击"确定"按钮；打开"属性"面板，如下图所示。在该面板中可设置滤镜颜色和浓度，具体设置方法如下。

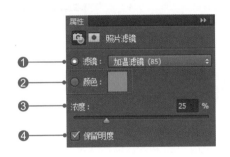

❶滤镜：在"滤镜"下拉列表框中可选择预设的滤镜选项，快速调整照片颜色。

❷颜色：选中该单选按钮，再单击其后的颜色块，打开"拾色器（照片滤镜颜色）"对话框，如下图所示。用户可在该对话框中自定义滤镜颜色。

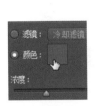 

❸浓度：设置应用于图像的颜色数量。

❹保留明度：勾选该复选框，在设置过程中保持图像亮度不变。

## 1. 加温

通常从阴影处向外或使用闪光灯拍摄时，摄影师会在相机镜头上安装一个加温滤镜，以吸收多余的蓝色并获取更强的暖色调，或单纯地提高某种颜色的色温。应用"照片滤镜"命令可快速获得相同的效果，具体操作步骤如下。

单击"图层"面板底部的"创建新的填充

或调整图层"按钮，在打开的菜单中选择"照片滤镜"选项，打开"属性"面板，选择"加温滤镜（81）"选项并调整其浓度，如下图所示。

### 应用一 >> 应用预设"照片滤镜"效果

加温滤镜（85 和 LBA）及冷却滤镜（80 和 LBB）是用于调整图像中白平衡的颜色转换滤镜。如果图像是使用色温较低的光（微黄色）拍摄的，则冷却滤镜（80）使图像的颜色更蓝，以便补偿色温较低的环境光。相反，如果照片是用色温较高的光（微蓝色）拍摄的，则加温滤镜（85）会使图像的颜色更暖，以便补偿色温较高的环境光。加温滤镜（81）和冷却滤镜（82）都是使用光平衡滤镜来对图像的颜色品质进行细微调整，加温滤镜（81）使图像变暖（变黄），冷却滤镜（82）使图像变冷（变蓝）。图❶~❻所示为应用加温或冷却滤镜的图像效果。

**2．冷却**

用户可以使用冷却滤镜来提高海景或雪景冰冷的感觉。下面将简单介绍如何为照片添加冷却滤镜效果，具体操作方法如下。

打开需要设置的素材图像，创建"照片滤镜1"调整图层，打开"属性"面板，在"滤镜"下拉列表框中选择"冷却滤镜（82）"选项，并采用默认的浓度值，如下图所示。

**应用二>>用照片滤镜校正色偏**

"照片滤镜"命令可用于校正照片的颜色。打开一张偏色的照片，如图❶所示。按快捷键Ctrl+J，复制图层，执行"图像 > 调整 > 照片滤镜"菜单命令，打开"照片滤镜"对话框，在该对话框中选择"青"滤镜并调整其浓度，如图❷所示。设置完成后单击"确定"按钮，图像效果如图❸所示。

## 7.7 协调照片的颜色差异——"匹配颜色"命令

"匹配颜色"命令可通过修改整幅图像的颜色或图像局部的颜色来匹配另一幅图像的颜色，要修改的图像或匹配的参考图像均可以是整幅图像或是包含用户为Photoshop指定颜色的特定区域。该命令适用于匹配一组图像，以达到校正颜色的目的。下面将简单介绍如何使用"匹配颜色"命令协调照片的颜色差异，具体操作方法和相关技巧如下。

打开需要更改颜色的照片以及需要参照其颜色进行匹配的照片，如下左图和下中图所示。按 Ctrl+J 键复制图层，得到"图层 1"，如下右图所示。

介绍了用"匹配颜色"命令校正照片颜色的方法，下面再为大家介绍"匹配颜色"对话框中各项参数的设置，具体内容如下。

执行"图像 > 调整 > 匹配颜色"菜单命令，打开"匹配颜色"对话框。在"图像选项"选项组中设置"渐隐"为27，在"源"下拉列表框中选择作为匹配参考的原照片，如下左图所示。单击"确定"按钮，得到如下右图所示的图像效果。

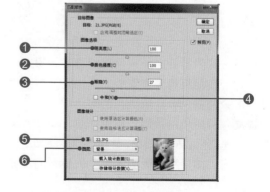

**①明亮度**：拖动"明亮度"滑块，可增加或减小目标图像的亮度。

**②颜色强度**：拖动"颜色强度"滑块，可调整目标图像的色彩饱和度。

**③渐隐**：拖动"渐隐"滑块，可控制应用于图像的调整量。向右拖动滑块可减小调整量。

**④中和**：勾选该复选框，将自动移去目标图像中的色痕。

**⑤源**：用于选择要将其颜色与目标图像中的颜色相匹配的源图像。若不希望参考另一个图像来计算色彩调整，则选择"无"选项。

**⑥图层**：从要匹配其颜色的源图像中选取图层。若要匹配源图像中所有图层的颜色，则可选择"合并的"选项。

## 7.8 针对单一颜色的色彩校正——"可选颜色"命令

"可选颜色"命令通过调整印刷油墨的含量来控制图像颜色。印刷色由青、洋红、黄、黑 4 种油墨混合而成。使用"可选颜色"命令可以有选择地修改主要颜色中印刷色的含量，但不会影响其他主要颜色，具体操作方法及相关技巧如下。

执行"图像 > 调整 > 可选颜色"菜单命令，打开如下图所示的"可选颜色"对话框，在该对话框中选择要调整的颜色，再对其油墨比进行设置，从而控制图像的色彩变化，具体设置如下。

**①颜色**：在"颜色"下拉列表框中可以选择需要调整的颜色区域，包括"红色""黄色""青色"

及"黑色"等多种颜色。选择不同的选项，即可对与之相对应的图像区域进行颜色调整。

**②方法**：包括"相对"和"绝对"两个单选按钮。选中"相对"单选按钮，可调整现有的 CMYK 的色阶值。假如图像中现有 50% 的红色，如果再增加 10% 的红色，那么实际增加的红色就是 5%，即增加后的红色为 55%。如果选中"绝对"单选按钮，则调整颜色的绝对值。即假如图像中现有 50% 的红色，如果再增加 10% 的红色，那么增加后就有 60% 的红色。由此可以看出"绝对"调整效果比"相对"调整效果要强。

> ⭐ **技巧>>存储预设**
>
> 在"可选颜色"对话框中设置颜色调整选项后，单击"预设"右侧的扩展按钮，在展开的菜单中选择"存储预设"选项，可以把设置的颜色调整选项存储为新的预设调整。

---

**实例演练 1：**
## 用自动命令快速调整色调和影调

🔗 原始文件：随书资源 \ 素材 \07\23.jpg
最终文件：随书资源 \ 源文件 \07\ 用自动命令快速调整色调和影调 .psd

**解析**：数码照片的色调是指其色彩外观的基本倾向，包括纯度、色相和明度 3 个方面。应用 Photoshop CC 2015 中的"自动色调"命令可快速根据图像的色调来调整图像的纯度、色相和明度，将照片的色调和影调调整至满意状态。下图所示为制作前后的效果对比图，具体操作步骤如下。

2 确保"图层 1"为选中状态,执行"图像 > 自动颜色"菜单命令或按 Shift+Ctrl+B 键,如下左图所示。

3 经过上一步的操作后,得到如下右图所示的图像效果,自动调整了图像的色调和影调。

1 打开"23.jpg"文件,按 Ctrl+J 键复制图层,得到"图层 1",如下图所示。

4 执行"图像 > 自动色调"菜单命令或按 Shift+Ctrl+L 键,进一步调整图像的色调和影调,如下左图所示;最后的调整效果如下右图所示,完成本实例的制作。

## 实例演练 2:
# 快速移除照片的色彩偏差

原始文件:随书资源 \ 素材 \07\24.jpg
最终文件:随书资源 \ 源文件 \07\ 快速移除照片的色彩偏差 .psd

解析:在日落时分拍摄照片,图像会因为受到光线的照射而整体偏黄或偏红,此时就需要通过后期处理对照片的颜色进行校正,还原景物原来的色彩。在 Photoshop 中要想快速移除数码照片的色彩偏差,可使用"色阶"命令的自动颜色校正功能。下图所示为制作前后的效果对比图,具体操作步骤如下。

2 执行"图像 > 调整 > 色阶"菜单命令或按 Ctrl+L 键,打开"色阶"对话框,单击"选项"按钮,如下图所示。

1 打开"24.jpg"文件,按 Ctrl+J 键复制图层,得到"图层 1",如下图所示。

3 打开"自动颜色校正选项"对话框，选中"算法"选项组中的"查找深色与浅色"单选按钮，再勾选"对齐中性中间调"复选框，然后分别在"阴影"和"高光"后的"修剪"数值框中输入数值 0.2 和 0.3，如下左图所示。

4 设置完成后单击"确定"按钮，返回"色阶"对话框，单击"确定"按钮，即可得到如下右图所示的图像效果，快速移除照片的色偏。

5 为了使图像影调更加自然，执行"图像 > 自动颜色"菜单命令，再次校正颜色，如下左图所示。设置完成后得到如下右图所示的图像效果，完成本实例的制作。

## 实例演练 3:
# 查看色彩值快速修复色彩失衡

原始文件：随书资源 \ 素材 \07\25.jpg
最终文件：随书资源 \ 源文件 \07\ 查看色彩值 快速修复色彩失衡 .psd

解析：打开一张照片以后，当选择"吸管工具"，并将鼠标移至照片中时，在"信息"面板中就会显示鼠标所在位置的具体颜色。借助此功能，可以对色彩失衡的照片进行校正。本实例将介绍如何通过颜色值修复偏色的照片。下图所示为校正前后的效果对比图，具体操作步骤如下。

1 打开"25.jpg"文件，执行"窗口 > 信息"菜单命令，打开"信息"面板，如下左图所示。

2 单击工具箱中的"吸管工具"按钮，在其选项栏的"取样大小"下拉列表框中选择"3×3 平均"选项，如下右图所示

3 将鼠标指针移至人物的面部皮肤部分，如下左图所示。

4 在"信息"面板中可以看到，图像的 G 值比其他值要低很多，说明图像中缺少绿色，如下右图所示。

5 按 Ctrl+J 键复制图层，执行"图像 > 调整 > 色彩平衡"菜单命令，打开"色彩平衡"对话框。由于照片中缺少绿色，因此将滑块分别向青色、绿色和黄色方向拖动，如下左图所示，增加这些颜色，减少互补色，调整时确保"信息"面板为打开状态。

6 将鼠标指针移至人物面部，可查看调整后 RGB 颜色值的变化，如下右图所示。

 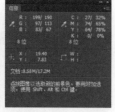

7 选中"色彩平衡"选项组中的"阴影"单选按钮，同步骤 5 中的方法相同，将滑块分别向青色、绿色和黄色方向拖动，如下图所示。

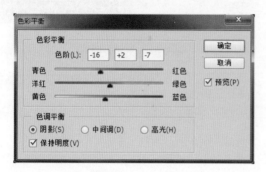

8 选中"色彩平衡"选项组中的"高光"单选按钮，将滑块分别向青色、绿色和黄色方向拖动，如下左图所示。

9 设置完成后单击"确定"按钮，得到如下右图所示的图像效果，完成本实例的制作。

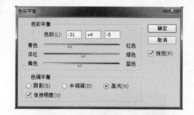 

技巧>>使用吸管工具判断偏色的相关技巧

黑色、白色和灰色都属于中性色，这些区域的 RGB 颜色值都是相等的。在查看照片的 RGB 颜色值时，如果某个色彩的数值明显高于其他数值，则可以判断此照片出现了偏色。在检测色偏时，应尽量避免图像的反光点，因为反光点通常会呈现为全白（即 R255、G255、B255）或接近全白，此时较难判断照片是否有色偏。

## 实例演练 4:
## 校正严重偏绿 / 偏蓝的数码照片

原始文件：随书资源 \ 素材 \07\26.jpg
最终文件：随书资源 \ 源文件 \07\ 校正严重偏绿 / 偏蓝的数码照片 .psd

解析：在室内拍摄物体时，因为受室内光线的影响，拍摄出来的照片可能会出现偏绿或偏蓝的情况，这时就需要通过后期处理加以校正。在 Photoshop 中可以利用互补色原理，使用"照片滤镜"中预设的滤镜来校正偏绿或偏蓝的照片，使照片中的物品颜色还原至自然状态。下图所示为制作前后的效果对比图，具体操作步骤如下。

1 打开"26.jpg"文件，可看到图像明显偏绿。单击"调整"面板中的"照片滤镜"按钮，如下左图所示。

2 经过步骤 1 的操作后，打开"属性"面板，在面板中选择"加温滤镜（85）"选项，如下右图所示。

3 单击"滤镜"下三角按钮，在展开的列表中选择与绿色互补的"洋红"选项，如下左图所示。

4 单击并向右拖动"浓度"滑块，增强颜色浓度，如下右图所示。

5 设置完成后，此时可看到照片的颜色更加自然，如下图所示。

6 为了突出照片中的包包，创建"色阶 1"调整图层，在打开的"属性"面板中向左拖动灰色和白色滑块，如下左图所示。调整图像中间调和高光部分的亮度，如下右图所示。

7 盖印图层，执行"图像 > 自动色调"菜单命令，调整颜色，如下左图所示；得到如下右图所示的图像效果。至此，已完成本实例的制作。

应用>>**什么是荧光灯照明？它对照片有什么影响？应如何校正？**

标准的荧光灯照明对于高质量彩色摄影来说一直是一个大问题，一般荧光灯照明的颜色再现指数（CRI）非常不理想，在这类光源下使用日光白平衡所拍摄的照片会偏绿。校正这些偏绿的照片时，必须用肉眼来判断色彩平衡，除非在捕捉的照片中有已知的白色或灰色。

## 实例演练 5：
# 修复色彩暗淡的照片

原始文件：随书资源 \ 素材 \07\27.jpg
最终文件：随书资源 \ 源文件\07\ 修复色彩暗淡的照片 .psd

解析：虽然通过 Photoshop CC 2015 的"色彩平衡""曝光度"和"亮度 / 对比度"等命令可以极大地改善照片的质量，但如果是在阴天或雾天拍摄的照片，即使调整过色阶，照片仍然会如蒙上一层灰般没有生气。本实例将介绍如何利用 Photoshop 软件中的"色相 / 饱和度"命令快速为照片"上妆"。下图所示为制作前后的效果对比图，具体操作步骤如下。

1 打开"27.jpg"文件，如下左图所示。

2 单击"调整"面板中的"色相 / 饱和度"按钮 ，如下右图所示，新建"色相 / 饱和度 1"调整图层。

3 确保"色相／饱和度1"图层为选中状态，在"属性"面板的"饱和度"数值框中输入数值47，如下图所示。

4 选择"红色"通道，然后设置其"饱和度"为+27，如下左图所示。

5 选择"黄色"通道，设置"色相"及"饱和度"参数，如下右图所示。

6 选择"蓝色"通道，设置"饱和度"参数，如下左图所示。

7 根据设置的选项，调整图像颜色，得到如下右图所示的效果。

8 创建"色阶1"调整图层，在打开的"属性"面板中设置参数，如下左图所示。

9 根据上一步设置的参数调整图像的亮度，得到如下右图所示的图像效果，修复色彩暗淡的照片，增强图像的饱和度，完成本实例的制作。

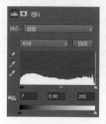 

---

★ 技巧>>颜色饱和度对照片的影响

尽管拍摄照片的色彩与被摄物的真实色彩客观上是存在差异的，但是摄影师还是希望自己所拍摄的照片生动、唯美，而这就需要在后期调整照片的颜色饱和度。饱和度是指色彩的纯度、生动度和强度，饱和度越高，人们所看到的照片颜色就越鲜艳。

---

## 实例演练6：
# 增强局部色彩让照片更迷人

原始文件：随书资源＼素材＼07＼28.jpg
最终文件：随书资源＼源文件＼07＼增强局部色彩让照片更迷人.psd

解析：使用 Photoshop 中的调整命令，不但可以对照片进行整体调色，还可以对画面中的部分区域应用调整，达到突出主体或细节的作用。本实例将介绍如何使用"色相／饱和度"和"可选颜色"命令对照片中人物的皮肤颜色进行调整，增强肌肤的颜色饱和度，使皮肤变得更加红润。下图所示为制作前后的效果对比图，具体操作步骤如下。

1 打开"28.jpg"文件，单击"调整"面板中的"色相／饱和度"按钮■，新建"色相／饱和度1"调整图层，如下图所示。

2 打开"属性"面板，在面板中单击"编辑"下
三角按钮，在展开的列表中选择"红色"选项，
然后设置其"饱和度"为 +24，如下图所示。

3 单击"编辑"下三角按钮，在展开的列表中选择"黄
色"选项，然后设置其"饱和度"为 +14，如
下图所示。

4 打开"图层"面板，单击面板中的"色相／饱
和度 1"图层蒙版缩览图，选择"画笔工具"，
设置前景色为黑色，在选项栏中设置画笔大小、不
透明度，如下图所示。

5 将鼠标移至人物的头发位置，单击并涂抹，如
下左图所示。

6 按键盘中的 [ 或 ] 键，调整画笔大小，继续在除
皮肤外的其他区域涂抹，还原图像颜色，如下
右图所示。

7 单击"调整"面板中的"可选颜色"按钮，
新建"选取颜色 1"调整图层，如下图所示。

8 打开"属性"面板，在面板中默认选中"红色"
选项，设置颜色百分比，如下左图所示。

9 单击"颜色"下三角按钮，在展开的列表中选
择"黄色"选项，如下右图所示。

10 在打开的"属性"面板中设置黄色颜色比，
如下左图所示。

11 根据上一步设置的参数调整图像，得到如下
右图所示的效果，此时可看到增强了红色和
黄色。

12 打开"图层"面板，单击"选取颜色1"图层缩览图，如下左图所示。

13 选择"画笔工具"，在人物的头发位置涂抹，如下右图所示。

14 继续使用画笔涂抹图像，还原头发的颜色，如下图所示。至此，已完成本实例的制作。

## 实例演练 7：
## 单击一次消除色偏

原始文件：随书资源 \ 素材 \07\29.jpg、30.jpg
最终文件：随书资源 \ 源文件 \07\ 单击一次消除色偏 .psd

解析：前面介绍了很多校正色偏的方法，本实例将介绍一种简单的校正色偏的方法，单击一次即可消除色偏。下图所示为校正前后的效果对比图，具体操作步骤如下。

1 打开"29.jpg"和"30.jpg"文件，如下图所示。

2 选择素材图像"30.jpg"，按快捷键 Ctrl+J，复制图层，得到"图层1"，如下左图所示。

3 确保"图层1"为选中状态，执行"图像 > 调整 > 匹配颜色"菜单命令，如下右图所示。

4 打开"匹配颜色"对话框，单击"源"下三角按钮，选择素材图像"29.jpg"为源文件，如下左图所示。

5 设置"明亮度""颜色强度"和"渐隐"值，如下右图所示。

6 设置完"匹配颜色"对话框中的参数后，单击"确定"按钮，得到如下图所示的图像效果，图像的色调恢复正常。

7 按快捷键 Ctrl+J，复制图层，然后执行"图像 > 自动色调"菜单命令或按 Shift+Ctrl+L 键，进一步调整照片的颜色，具体设置和调整后的效果如右图所示。至此，已完成本实例的制作。

## 实例演练 8：
## 使不够蓝的天空更加湛蓝

 原始文件：随书资源 \ 素材 \07\31.jpg
最终文件：随书资源 \ 源文件 \07\ 使不够蓝的天空更加湛蓝 .psd

解析：在太阳光下进行拍摄时，常常会因为光线过强和测光的原因（加上拍摄设备和拍摄技术水平的限制），导致拍摄出来的天空显得不够蓝。本实例将介绍如何使用"色彩平衡"命令使不够蓝的天空变得更加湛蓝，恢复天空原有的晴朗。下图所示为制作前后的效果对比图，具体操作步骤如下。

1 打开"31.jpg"文件，选择快速选择工具，在天空部分单击并拖动鼠标，选择天空部分，如下左图所示。

2 执行"选择 > 修改 > 羽化"菜单命令，打开"羽化选区"对话框，在该对话框中设置"羽化半径"为 2，如下右图所示，设置后单击"确定"按钮。

3 单击"创建新的填充或调整图层"按钮，在打开的菜单中选择"色彩平衡"选项，如下左图所示。

4 经过步骤3的操作后，打开"属性"面板，勾选"保留明度"复选框，设置"色彩平衡"的各项参数，如下右图所示。

5 经过步骤 4 的设置后，得到如下图所示的图像效果，可以看到天空的色调不再灰暗，加强了天空部分的蓝色影调。

6 单击"调整"面板中的"色相／饱和度"按钮，创建"色相／饱和度1"调整图层，打开"属性"面板，选择"全图"，设置其"饱和度"，如下图所示。

7 在"编辑"下拉列表框中选择"蓝色"选项，然后向右拖动"色相"滑块，增强蓝色，再向右拖动"饱和度"滑块，增强饱和度，如下左图所示。

8 根据上一步设置的参数，调整图像颜色饱和度，得到如下右图所示的效果。

9 按住 Ctrl 键，单击"图层"面板中的"色彩平衡 1"蒙版缩览图，载入选区，如下图所示。

10 执行"选择 > 反选"菜单命令，反选选区，选择图像，如下图所示。

11 创建"色阶 1"调整图层，打开"属性"面板，在面板中设置色阶选项，如下左图所示。

12 根据上一步设置的色阶选项，调整图像的亮度，得到如下右图所示的效果。至此，已完成本实例的制作。

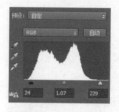

## 实例演练 9：
# 校正暖光下拍摄的偏色照片

原始文件：随书资源 \ 素材 \07\32.jpg
最终文件：随书资源 \ 源文件 \07\ 校正暖光下拍摄的偏色照片 .psd

**解析：** 在拍摄照片时，很容易因为环境光线的影响导致拍摄出来的照片偏黄。此时需要通过后期处理对偏色的照片进行校正，展现拍摄对象最真实、自然的一面。下图所示为制作前后的效果对比图，具体操作步骤如下。

1 打开"32.jpg"文件，单击"调整"面板中的"色彩平衡"按钮，新建"色彩平衡 1"调整图层，如下图所示。

2 打开"属性"面板，在面板中默认选择"中间调"选项，设置颜色值为 -36、0、+15，如下左图所示。

3 单击"色调"下三角按钮，在展开的下拉列表中选择"阴影"选项，如下右图所示。

4 设置颜色值为 -2、0、-2，如下左图所示。

5 单击"色调"下三角按钮，在展开的下拉列表中选择"高光"选项，如下右图所示。

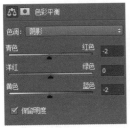 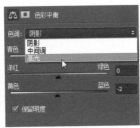

6 设置颜色值为 -8、0、+5，调整图像的颜色，此时可看到照片颜色更加接近于自然状态，如下图所示。

7 单击"图层"面板中的"创建新的填充或调整图层"按钮，在弹出的菜单中选择"照片滤镜"选项，如下左图所示。

8 打开"属性"面板，单击"滤镜"下三角按钮，选择"冷却滤镜（80）"选项，然后设置"浓度"为 21%，如下右图所示。

9 通过上一步设置的参数，调整图像颜色，得到如下左图所示的效果。

10 单击"调整"面板中的"曲线"按钮，新建"曲线 1"调整图层，如下右图所示。

11 打开"属性"面板，在面板中单击并向上拖动曲线，提亮图像，使画面更明亮，如下图所示。

12 单击"曲线 1"蒙版缩览图，选择画笔工具，在其选项栏中设置画笔大小、不透明度等，如下图所示。

13 设置前景色为黑色，在较亮的毛发位置涂抹，如下左图所示。

14 继续使用画笔工具在曝光过度的部位涂抹，还原其亮度，如下右图所示。

15 经过前面的设置，画面颜色已变得不错了，但是图像右侧感觉还是偏暗，因此选择矩形选框工具，在右侧较暗的部分单击并拖动鼠标，创建选区，如下左图所示。

**16** 执行"选择 > 修改 > 羽化"菜单命令，打开"羽化选区"对话框，在该对话框中设置"羽化半径"为 100，单击"确定"按钮，羽化选区，如下右图所示，使绘制的选区更为柔和。

**17** 单击"调整"面板中的"曲线"按钮，新建"曲线 2"调整图层，打开"属性"面板，在面板中单击并向上拖动曲线，提亮图像，如下图所示。至此，已完成本实例的制作。

> ★ 技巧>>自动曲线调整
>
> 使用"曲线"功能调整照片的明暗时，可以通过单击"曲线"对话框或"属性"面板中的"自动"按钮快速校正照片的明暗。

## 实例演练 10：
# 用"可选颜色"命令调整照片色彩

原始文件：随书资源 \ 素材 \07\33.jpg
最终文件：随书资源 \ 源文件 \07\ 用"可选颜色"命令调整照片色彩 .psd

解析：Photoshop CC 2015 中的"可选颜色"命令可对图像局部进行选择并调整，而未被选择的区域则保持原有的效果不变。本实例将介绍如何应用"可选颜色"命令调整图像的饱和度。下图所示为制作前后的效果对比图，具体操作步骤如下。

**3** 单击"图层"面板底部的"创建新的填充或调整图层"按钮，在弹出的菜单中选择"可选颜色"选项，如下左图所示。

**4** 经过步骤 3 的操作后，打开"属性"面板，在"颜色"下拉列表框中选择"黄色"选项，如下右图所示。

**1** 打开"33.jpg"文件，复制"背景"图层，得到"背景 拷贝"图层，如下图所示。

**2** 执行"图像 > 自动色调"菜单命令或按 Shift+Ctrl+L 键，自动调整图像色调，如下图所示。

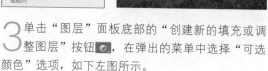

5 设置"黄色"的各项参数，如下左图所示。

6 在"颜色"下拉列表框中选择"绿色"选项，按下右图所示设置各选项参数。

7 在"颜色"下拉列表框中选择"青色"选项，按下左图所示设置各选项参数。

8 在"颜色"下拉列表框中选择"白色"选项，按下右图所示设置各选项参数。

9 在"颜色"下拉列表框中选择"中性色"选项，按下左图所示设置各选项参数。

10 经过步骤 3~9 的设置后，得到如下右图所示的图像效果。

11 单击"选取颜色 1"调整图层的蒙版缩览图，如下左图所示。

12 单击工具箱中的"渐变工具"按钮，在其选项栏中设置画笔的各项参数，如下右图所示。

13 从图像上方向下拖动鼠标，释放鼠标后，还原天空部分的图像颜色，如下图所示。

14 按住 Ctrl 键，单击"选取颜色 1"图层的蒙版缩览图，载入选区，如下左图所示。

15 执行"选择 > 反选"菜单命令，或按快捷键 Shift+Ctrl+I，反选选区，如下右图所示。

16 新建"色阶 1"调整图层，打开"属性"面板，在面板中设置参数，如下左图所示。

17 根据上一步设置的参数，调整图像亮度，得到如下右图所示的效果。

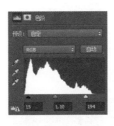 

18 按住 Ctrl 键，单击"色阶 1"图层蒙版，载入选区，如下图所示。

19 新建"自然饱和度 1"调整图层，打开"属性"面板，在面板中将"自然饱和度"滑块拖至 +100 的位置，如下图所示。至此，已完成本实例的制作。

**技巧>>应用"可选颜色"命令的技巧**

可选颜色校正是高端扫描仪和分色程序使用的一种技术，用于在图像的每个主要原色成分中更改印刷色的数量。用户可以有选择地修改任何主要颜色中的印刷色数量，而不会影响其他主要颜色。选中"相对"单选按钮，则按照总量的百分比更改现有的青色、洋红、黄色或黑色的量；选中"绝对"单选按钮，则采用绝对值调整颜色。

## 实例演练 11：
## 利用图层加强图像的色彩饱和度

原始文件：随书资源 \ 素材 \07\34.jpg
最终文件：随书资源 \ 源文件 \07\ 利用图层加强图像的色彩饱和度 .psd

解析：相机拍摄出的照片的色彩饱和度取决于拍摄场景中拍摄对象的物理特性以及场景的照明度，前面介绍了应用"色相 / 饱和度""可选颜色"命令等方法增强图像饱和度，本实例将介绍一种更加简便、快捷的方法，使图像的色彩更加绚丽和谐。下图所示为制作前后的效果对比图，具体操作步骤如下。

1 打开"34.jpg"文件，按 Ctrl+J 键，复制"背景"图层，得到"图层 1"，如下图所示。

2 设置"图层 1"的图层混合模式为"线性减淡（添加）"、"不透明度"为 30%。

3 经过步骤 2 的操作后，得到如下图所示的图像效果。

4 单击"调整"面板中的"色阶"按钮，新建"色阶 1"调整图层，打开"属性"面板，设置色阶值为 0、1.00、210，如右图所示。调整效果如下图所示。

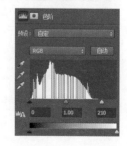

5 执行"图层 > 新建 > 图层"菜单命令，打开"新建图层"对话框，设置参数，如下图所示。

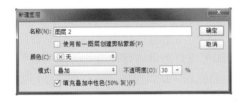

6 设置完成后单击"确定"按钮，即可创建"图层2"，如下图所示。

7 按 B 键切换至"画笔工具"，在图像的适当位置单击并涂抹，如下图所示。

8 调整画笔工具选项，继续使用画笔工具在图像的适当位置单击并涂抹，调整效果如下图所示。

9 按 Ctrl+J 键复制图层，得到"图层 2 拷贝"图层，设置复制图层的混合模式为"颜色减淡"，并将其不透明度设置为 20%。

10 经过步骤 9 的操作后，得到如下图所示的图像效果。

11 按快捷键 Shift+Ctrl+Alt+E，盖印图层，得到"图层 3"图层，将此图层的混合模式设置为"柔光"；单击"图层"面板中的"添加图层蒙版"按钮 ，添加蒙版，选择画笔工具，设置前景色为黑色，在较亮的位置涂抹，还原其颜色，如下图所示。至此，已完成本实例的制作。

## 第 8 章
# 制作特殊色彩效果

前面章节学习了数码照片色彩校正的基本方法。下面将介绍如何应用 Photoshop CC 2015 中的相关工具和功能将平淡无奇的照片转换为色彩层次更丰富、更富有个性的精美照片。本章内容包括添加多色油墨效果、通过通道设置照片色彩、快速为照片添加梦幻影调、制作高反差效果等。

## 8.1 通过颜色通道设置照片色彩——通道混合器

Photoshop CC 2015 中的"通道混合器"命令采用增减单个颜色通道的方法调整图像中的颜色，它在将彩色图像转换为黑白图像时表现尤为出色。利用"通道混合器"命令可创建高品质的灰度图像、棕褐色调图像或其他色调图像。除此之外，用户还可以对图像进行创造性的颜色调整。下面将详细介绍如何使用"通道混合器"命令设置数码照片的色彩，具体操作方法和相关技巧如下。

### 1. 将照片转换为单色照片

有时，对 RGB 图像的某一个彩色通道进行黑白图像的转换即可获得很好的单色照片效果。执行"图像 > 调整 > 通道混合器"菜单命令，打开"通道混合器"对话框，勾选左下角的"单色"复选框，即可将彩色照片转换为黑色效果，如下图所示。若在设置时没有一个通道看起来特别合适，则可以尝试将"红色"设置为 30%，"绿色"设置为 60%，"蓝色"设置为 10%。

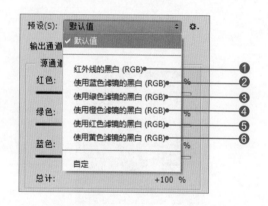

❶红外线的黑白（RGB）：红色 -70%、绿色 200%、蓝色 -30%。

❷使用蓝色滤镜的黑白（RGB）：红色 0%、绿色 0%、蓝色 100%。

❸使用绿色滤镜的黑白（RGB）：红色 0%、绿色 100%、蓝色 0%。

❹使用橙色滤镜的黑白（RGB）：红色 50%、绿色 50%、蓝色 0%。

❺使用红色滤镜的黑白（RGB）：红色 100%、绿色 0%、蓝色 0%。

❻使用黄色滤镜的黑白（RGB）：红色 34%、绿色 66%、蓝色 0%。

### 2. 使用通道混合器预设

单击"预设"下三角按钮，在打开的下拉列表中可选择需要的通道混合器预设选项，如下图所示。

各预设选项的效果如下图所示。

### 应用一>>在RGB颜色模式下应用通道调整

打开一张 RGB 颜色模式的素材图像，如图❶所示。按快捷键 Ctrl+J，复制图层，执行"图像 > 调整 > 通道混合器"菜单命令，打开"通道混合器"对话框。在该对话框中单击"输出通道"下三角按钮，在展开的下拉列表中选择"蓝"选项，如图❷所示。选择要调整的颜色通道后，设置通道中的颜色比，如图❸所示。设置完成后勾选"预览"复选框，得到如图❹所示的图像效果。

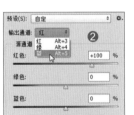

### 应用二>>CMYK颜色模式的通道混合

打开一张 CMYK 颜色模式的素材图像，如图❶所示。复制图层，得到"图层 1"，执行"图像 > 调整 > 通道混合器"菜单命令，打开"通道混合器"对话框。在该对话框中单击"输出通道"下三角按钮，在展开的下拉列表中选择"黄色"选项，如图❷所示。选择要调整的颜色通道后，设置通道中的颜色比，如图❸所示。设置完成后单击"确定"按钮，可以看到照片已转换为粉蓝色调效果，如图❹所示。

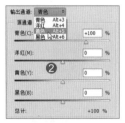

### 技巧>>设置通道混合器的技巧

要减少一个通道在输出通道中所占的比例，则应将相应的源通道滑块向左拖动；要增加一个通道的输出比例，则应将相应的源通道滑块向右拖动或在数值框中输入 -200% ～ 200% 之间的值，使用负值可以使源通道在被添加到输出通道之前反相。"常数"选项用于调整输出通道的灰度值，负值可增加更多的黑色，正值可增加更多的白色，设置数值为 -200，则输出通道变成黑色；设置数值为 200，则输出通道变成白色。

## 8.2 改变照片中的特定颜色——"替换颜色"命令

使用"替换颜色"命令可以创建蒙版，以选择图像中特定的颜色，然后用新设置的颜色替换图像中那些特定的颜色，而且还可以设置选定区域的色相、饱和度及亮度。下面将简单介绍如何使用"替换颜色"命令更改照片中特定的颜色，具体设置方法和相关技巧如下。

打开需要设置的素材图像，执行"图像>调整>替换颜色"菜单命令，打开"替换颜色"对话框，使用吸管工具在图像中吸取要替换的颜色，如下图所示。

 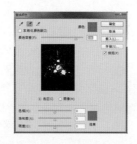

单击并拖动"色相""饱和度"及"明度"滑块,设置完成后单击"确定"按钮,即可快速将玫瑰的红色替换为紫色,如下图所示。

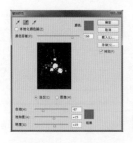 

执行"图像 > 调整 > 替换颜色"菜单命令,打开"替换颜色"对话框,如下图所示。在该对话框中,可以基于取样颜色绘制一个选区,然后进一步更改其色相、饱和度及明度。具体设置如下。

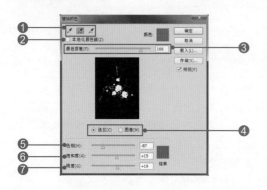

**❶吸管工具**:单击"吸管工具"按钮,可选择由蒙版显示的区域,如下左图所示;按住 Shift 键单击或使用"添加到取样"按钮,可添加区域,如下中图所示;按住 Alt 键单击或使用"从取样中减去"按钮,可移去区域,如下右图所示。

**❷本地化颜色簇**:勾选该复选框,可构建更加精确的蒙版。

**❸颜色容差**:通过拖动该滑块或输入数值来调整蒙版的容差。数值越大,选中的颜色范围越广,如下图所示。

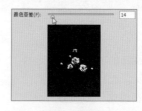 

**❹选区 / 图像**:选中"选区"单选按钮,可在预览框中显示蒙版。其中,黑色代表了未选择的区域;选中"图像"单选按钮,则会在预览框中显示图像,在处理放大的图像或屏幕空间有限时,该选项非常有用。

**❺色相**:拖动滑块可更改替换颜色的色相。

**❻饱和度**:拖动滑块可更改替换颜色的饱和度。

**❼明度**:拖动滑块可更改替换颜色的明度。

## 8.3 添加多色油墨效果——双色调

用户可以使用 Photoshop CC 2015 中的"双色调"命令创建单色调、双色调、三色调和四色调。单色调是用非黑色的单一油墨打印的灰度图像,双色调、三色调和四色调分别是用两种、3 种和 4 种油墨打印的灰度图像。下面将简单介绍如何使用"双色调"命令添加多种油墨效果,具体操作方法和相关技巧如下。

打开需要设置的素材图像,执行"图像 > 模式 > 灰度"菜单命令,将图像转换为灰度图像,只能将 8 位灰度图像转换为双色调。执行"图像 > 模式 > 双色调"菜单命令,打开"双色调选项"对话框,如下图所示。该对话框中各项参数的具体设置如下。

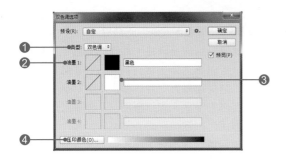

❹**压印颜色**：用于调整双色调的屏显状态，让它接近自定义油墨印刷的效果。单击该按钮，弹出"压印颜色"对话框，如下图所示。在该对话框中将显示组合的油墨在打印时的外观。单击任意一个色块，打开"选择压印颜色"对话框，用户可根据印刷样更改颜色的混合显示效果。

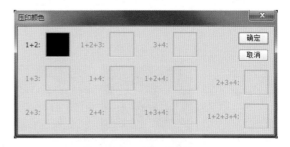

❶**类型**：用于选择创建的调整类型，提供了"单色调""双色调""三色调"和"四色调" 4 个选项，如下图所示。

❷**曲线框**：单击颜色框旁边的曲线框，打开"双色调曲线"对话框，如下图所示。在该对话框中可设置每种油墨颜色的双色调曲线。为了巧妙地使用颜色，以扩展中间调和阴影的可用色调数目，可调整曲线以缓慢添加油墨。

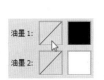
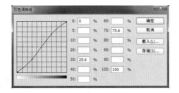

❸**颜色框**：调整曲线以缓慢添加油墨。单击颜色框（实心方形），打开拾色器，然后单击"颜色库"按钮，在打开的"颜色库"对话框中可选择油墨库和颜色，如下图所示。若要生成完全饱和的颜色，则需按降序指定油墨。

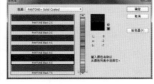

★**技巧>>快速转换双色调**

要在 Photoshop 中创建双色调图像，除了可以使用"双色调"命令，还可以使用"色相／饱和度"命令中的"着色"功能实现。打开要设置为双色调的素材图像，如图❶所示。创建"色相／饱和度 1"调整图层，并在"属性"面板中勾选"着色"复选框，如图❷所示。调整色相及饱和度，如图❸所示。此时在图像窗口中可看到转换后的双色调照片效果，如图❹所示。

## 8.4　为照片添加梦幻影调——渐变映射

　　Photoshop CC 2015 中的"渐变映射"命令可替代选中的带彩色渐变图像的色调，将相等的图像灰度范围映射到指定的渐变填充色，它可以在为照片添加颜色的同时保留该照片的原始色调。下面将简单介绍如何使用"渐变映射"命令为照片添加梦幻影调，具体操作方法和相关技巧如下。

打开需要设置的素材图像，单击"图层"面板底部的"创建新的填充或调整图层"按钮，在打开的菜单中选择"渐变映射"选项，创建"渐变映射 1"调整图层，打开"属性"面板，单击渐变填充右侧的下三角按钮，在弹出的下拉列表中选择需要的渐变填充色，然后设置该调整图层的混合模式为"颜色"即可，如下图所示。

### 技巧>>设置渐变映射的颜色

要编辑当前显示在"属性"面板中的渐变填充，可以单击渐变填充色块，如图❶所示。打开"渐变编辑器"对话框，在该对话框中设置渐变填充参数，如图❷所示。设置完成后单击"确定"按钮，返回"属性"面板，面板中的渐变颜色会根据设置的颜色而改变，如图❸所示。

## 8.5　制作高反差效果——阈值

Photoshop CC 2015 中的"阈值"命令可将图像中的各个像素转换成黑色或白色。用户可以设置某个色阶为阈值，则所有比阈值亮的像素将转换为白色，而所有比阈值暗的像素将转换为黑色。下面将介绍如何使用"阈值"命令制作高反差的图像效果。

执行"图像 > 调整 > 阈值"菜单命令，打开"阈值"对话框，如下图所示。在该对话框中可通过拖动滑块或在"阈值色阶"数值框中输入数值来控制图像色调范围内黑色与白色的划分界限。

打开需要设置的素材图像，执行"图层 > 新建调整图层 > 阈值"菜单命令，在打开的"新建图层"对话框中单击"确定"按钮，打开"属性"面板，该面板中会显示当前选区中像素亮度的直方图。下图所示分别为原图、默认"阈值色阶"和"阈值色阶"为 200 时的图像效果。

### 应用>>将照片调整为高对比度

打开需要设置的素材图像，如图❶所示。创建"阈值 1"调整图层，将"阈值色阶"设置为 200，如图❷所示。设置该调整图层的混合模式为"柔光"、"不透明度"为 75%，如图❸所示。可快速将照片调整为高对比度，效果如图❹所示。

# 8.6 常见的 5 种黑白图像制作技法

　　越来越多的摄影师愿意将自己拍摄的照片打造为黑白效果，因为简单且无须整理的色彩会使照片主题显得更高雅且更能突出照片主题的个性和独特。Photoshop CC 2015 中提供了很多将彩色照片转换为黑白图像的方法，具体使用哪一种方法取决于 RGB 源素材以及用户是想简单地将图像优化为最好的黑白复制品还是想得到一种特殊的拍摄效果。下面将介绍 5 种常见的黑白照片转换方法。

### 1. 应用灰度模式直接转换

　　执行"图像 > 模式 > 灰度"菜单命令，可将彩色照片直接转换为黑白效果。该方法对于处理那些拥有良好细节和对比度的 RGB 图像来说非常有效，它主要依据"绿"通道进行转换，因为"绿"通道的细节对比度通常最强，且其对"蓝"通道的影响最小。下图所示为使用灰度模式转换前后的效果对比图。

> **应用一>>进一步设置灰度模式转换的黑白照片**
>
> 　　在应用灰度模式将彩色照片转换为黑白照片后，执行"图像 > 自动色调"菜单命令，如图❶所示，进一步设置黑白照片的影调，如图❷所示。

### 2. 应用"去色"命令转换

　　如果源素材图像的深浅对比度不大且颜色差异大，那么单独进行灰度黑白转换的效果并不好，此时需要应用"去色"命令转换。打开需要设置的素材图像，执行"图像 > 调整 > 去色"菜单命令或按 Shift+Ctrl+U 键，即可将彩色照片转换为黑白照片，获得比较理想的对比度。下图所示分别为原图及应用灰度模式和"去色"命令转换后的图像效果。

### 3. 应用"色相/饱和度"命令转换

　　Photoshop CC 2015 中的"色相 / 饱和度"命令可以分别调整图像中单个颜色成分的"色相""饱和度"及"明度"。应用该命令可快速降低全图的饱和度，使彩色照片变成黑白效果。打开需要设置的素材图像，执行"图像 > 调整 > 色相 / 饱和度"菜单命令，打开"色相 / 饱和度"对话框，在"饱和度"数值框中输入数值 -100，再单击"确定"按钮，即可快速将彩色照片转换为黑白效果，如下图所示。

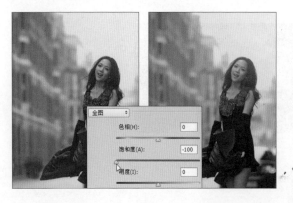

通道，当需要在不能保留通道的文件格式中保留单个通道信息时，该命令非常有用。打开素材图像，单击"通道"面板右上角的扩展按钮，在打开的菜单中选择"分离通道"命令，此时素材图像将自动关闭，单个通道将出现在单独的灰度图像窗口中，新窗口中的标题栏会显示源文件名及通道，如下图所示。

### 应用二>>应用"明度"通道快速将彩色照片黑白化

应用"明度"通道转换彩色照片是目前最流行的将彩色照片转换为黑白照片的方法之一。它是处理那些拥有良好细节和对比度的 RGB 图像的有效方法，因为这种方法可以只隔离出照片中的亮度，分离掉颜色，使用该方法常常可以得到完美的灰度图像。

打开需要设置的素材图像，如图❶所示。执行"图像 > 模式 >Lab 颜色"菜单命令，将图像模式转换为 Lab 模式，然后单击"明度"通道，如图❷所示。执行"图像 > 模式 > 灰度"菜单命令，打开提示对话框，单击"扔掉"按钮，将图像模式设置为灰度。按 Ctrl+J 键复制图层，将该图层的混合模式设置为"正片叠底"，如图❸所示，完成本实例的制作，最后的效果如图❹所示。

#### 5. 应用"黑白"命令转换

Photoshop 中的"黑白"命令可快速将彩色照片调整为黑白色。打开素材图像，执行"图像 > 调整 > 黑白"菜单命令，打开"黑白"对话框，在"预设"下拉列表框中选择"绿色滤镜"选项，然后单击"确定"按钮，即可将彩色照片转换为黑白效果，如下图所示。

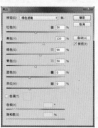

#### 4. 应用"分离通道"命令转换

应用"分离通道"命令可分离拼合图像的

## 实例演练 1：
# 制作反转负冲胶片效果

原始文件：随书资源 \ 素材 \08\16.jpg
最终文件：随书资源 \ 源文件 \08\ 制作反转负冲胶片效果 .psd

　　解析：反转片是在拍摄后经反转冲洗可直接获得正像的一种感光胶片。反转片经过负冲得到的照片色彩艳丽，反差偏大，景物的红、蓝、黄 3 色特别夸张。客观地讲，反转负冲照片效果比正常色调的照片在色彩方面更具表现力。本实例将介绍如何应用 Photoshop 中的"通道""应用图像""色阶"等命令制作反转负冲胶片效果，使照片反差强烈，色彩艳丽，具有独特的魅力。下图所示为制作前后的效果对比图，具体操作步骤如下。

**1** 打开 "16.jpg" 文件，按 Ctrl+J 键复制图层，得到 "图层 1"，如下图所示。

**2** 执行"窗口 > 通道"菜单命令，打开"通道"面板，单击"蓝"通道或按 Ctrl+5 键，如下图所示。

**3** 执行"图像 > 应用图像"菜单命令，打开"应用图像"对话框，在"混合"下拉列表框中选择"正片叠底"选项，然后在"不透明度"数值框中输入数值 50，勾选"反相"复选框，如下左图所示。设置完成后单击"确定"按钮，应用图像，如下右图所示。

**4** 单击"绿"通道或按 Ctrl+4 键，选中"绿"通道，如下图所示。

**5** 执行"图像 > 应用图像"菜单命令，打开"应用图像"对话框，设置图层源、混合模式等参数，设置完成后单击"确定"按钮，应用图像，如下图所示。

6 选中"红"通道,执行"图像 > 应用图像"菜单命令,按下左图所示设置参数,设置完成后单击"确定"按钮,应用图像,效果如下右图所示。

7 单击"调整"面板中的"色阶"按钮,创建"色阶 1"调整图层,如下左图所示。

8 打开"属性"面板,选择"红"通道,设置色阶值为 50、1.30 和 250,如下右图所示。

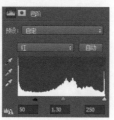

9 在"属性"面板中选择"绿"通道,然后按下左图所示设置参数。

10 选中"蓝"通道,然后按下右图所示设置色阶参数。

11 设置完成后单击"通道"面板中的 RGB 通道,如下图所示,查看应用色阶调整后的图像。

12 单击"调整"面板中的"色相 / 饱和度"按钮,创建"色相 / 饱和度 1"调整图层,打开"属性"面板,按下左图所示设置参数。

13 设置完成后返回图像窗口,查看效果,如下右图所示。

14 按快捷键 Shift+Ctrl+Alt+E,盖印图层,得到"图层 2",将"图层 2"的图层混合模式设置为"正片叠底",然后将其"不透明度"设置为 50%,如下左图所示。

15 设置图层混合模式和不透明度后,可以看到照片颜色对比增强,效果如下右图所示。

16 按快捷键 Ctrl+J,复制图层,得到"图层 2 拷贝"图层,将该图层的混合模式设置为"变暗",将其"不透明度"设置为 75%,如下左图所示。

17 经过设置,即可将图像制作为反转负冲胶片效果,如下右图所示。至此,已完成本实例的制作。

# 实例演练 2：
# 将彩色照片转换为高品质黑白照片

原始文件：随书资源 \ 素材 \08\17.jpg
最终文件：随书资源 \ 源文件 \08\ 将彩色照片
转换为高品质黑白照片 .psd

解析：黑白影像抽去了现实景物中的色彩，使影像处于"似是而非"的疏离状态。黑白摄影以其独特的表现力和持久的生命力，深深吸引着越来越多的摄影爱好者。本实例将介绍如何使用 Photoshop 中的"通道混合器"命令，快速将彩色照片转换为高品质的黑白照片。下图所示为制作前后的效果对比图，具体操作方法如下。

1 打开"17.jpg"文件，如下左图所示。

2 单击"调整"面板中的"通道混合器"按钮，创建"通道混合器 1"调整图层，如下右图所示。

3 打开"属性"面板，在"预设"下拉列表框中选择"使用橙色滤镜的黑白（RGB）"选项，如下左图所示。

4 进一步设置"红色""绿色"和"蓝色"参数，如下右图所示。

5 设置完成后返回图像窗口，应用设置的参数，创建黑白照片效果，如下左图所示。

6 单击"调整"面板中的"曲线"按钮，创建"曲线 1"调整图层，如下右图所示。

7 打开"属性"面板，单击并向下拖动曲线，调整曲线外形，如下左图所示。

8 设置完成后得到如下右图所示的图像效果。

9 将前景色设置为黑色，按 B 键切换至"画笔工具"，在其选项栏中设置画笔"不透明度"为 50%，调整画笔大小，然后在人物位置单击并涂抹，如下左图所示。

10 调整画笔大小，反复涂抹照片中的人物部分，还原该区域图像的影调，如下右图所示。

**15** 将前景色设置为白色，按 B 键切换至"画笔工具"，在其选项栏中设置画笔"不透明度"为 30%，调整画笔大小，然后在面部高光位置涂抹，如下左图所示。

**16** 调整画笔大小，运用画笔工具在人物高光边缘反复涂抹，控制"亮度/对比度 1"的调整范围，最后的设置效果如下右图所示，完成本实例的制作。

**11** 按 Shift+Ctrl+Alt+E 键，盖印可见图层，得到"图层 1"，如下左图所示。

**12** 执行"选择 > 色彩范围"菜单命令，打开"色彩范围"对话框，在对话框的"选择"下拉列表框中选择"高光"选项，如下右图所示。

**13** 设置完成后单击"确定"按钮，根据设置的选项，选中照片中的高光区域，如下左图所示。

**14** 新建"亮度/对比度 1"调整图层，打开"属性"面板，在面板中向左拖动"亮度"滑块，如下右图所示，降低高光亮度。

---

**★ 技巧>>选择适合的黑白照片转换方法**

在 Photoshop CC 2015 中将彩色照片转换为黑白照片的方法很多，下面将简单介绍两种常用的方法及其优缺点。

执行"图像 > 模式 > 灰度"菜单命令或"图像 > 调整 > 去色"命令，即可快速移除图像中的色彩信息。该方法操作简单快捷，但是细节调整不好。执行"图像 > 调整 > 黑白"菜单命令，可通过调整各个通道的数值，让黑白照片更具层次感。

---

## 实例演练 3：
# 用 Lab 颜色模式打造另类色调

 原始文件：随书资源 \ 素材 \08\18.jpg
最终文件：随书资源 \ 源文件 \08\ 用 Lab 颜色模式打造另类色调 .psd

解析：Lab 颜色模式调色是目前非常流行的调色技法，在 Lab 颜色模式下调整图像时，可以打造出更为另类的画面效果。本实例将介绍如何使用 Lab 颜色模式打造另类色调的风景照，其操作方法是将图像先转换为 Lab 颜色模式，再根据需要表现的画面效果复制颜色通道中的图像粘贴于其他通道中，从而创建更有艺术感的画面。下图所示为调整前后的效果对比图，具体操作步骤如下。

**1** 打开"18.jpg"文件，按快捷键Ctrl+J，复制图层，得到"图层1"，如下左图所示。

**2** 执行"图像 > 模式 >Lab 颜色"菜单命令，如下右图所示。

**3** 经过步骤2的操作后，弹出如下图所示的提示对话框，单击对话框中的"不拼合"按钮，将图像转换为 Lab 颜色模式。

**4** 执行"窗口 > 通道"菜单命令，打开"通道"面板，如下左图所示。

**5** 单击b通道的通道缩览图，选择b通道中的图像，如下右图所示。

**6** 执行"选择 > 全部"菜单命令或按 Ctrl+A 键，选中 b 通道中的所有图像，再按 Ctrl+C 键，复制选中的所有图像，如下左图所示。

**7** 按 Ctrl+4 键或单击 a 通道，选中该通道，如下右图所示。

**8** 执行"编辑 > 粘贴"菜单命令或按 Ctrl+V 键，将复制的图像进行粘贴，如下左图所示。

**9** 单击 Lab 通道的通道缩览图或按 Ctrl+2 键，如下右图所示。

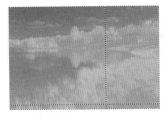

**10** 查看Lab通道下的图像效果，如下左图所示。

**11** 执行"图像 > 模式 >RGB 颜色"菜单命令，如下右图所示。

**12** 经过步骤 11 的操作后，弹出如下图所示的提示对话框，单击对话框中的"不拼合"按钮，将图像转换为 RGB 颜色模式。

**13** 单击"调整"面板中的"曲线"按钮，新建"曲线 1"调整图层，打开"属性"面板，在面板中单击并拖动曲线，设置曲线形状，如下左图所示。

**14** 设置完成后返回图像窗口，查看图像效果，如下右图所示，完成本实例的制作。

★ 技巧>>删除曲线的曲线控制点

使用"曲线"调整照片影调时，如果需要删除曲线上的控制点，则只需选中要删除的曲线控制点，然后将其拖动至曲线外的其他位置即可。

## 实例演练 4：
# 调出温暖浪漫的秋色图

原始文件：随书资源 \ 素材 \08\19.jpg
最终文件：随书资源 \ 源文件 \08\ 调出温暖浪漫的秋色图 .psd

解析：本实例将应用 Photoshop CC 2015 中的 "通道混合器""可选颜色"等命令及图层混合模式将照片中的绿色树叶快速打造为秋叶般的枯黄效果，通过设置可将春天的景象调整为温暖浪漫的秋色图。通过本实例的学习，读者可快速掌握风景照片季节转换的方法。下图所示为制作前后的效果对比图，具体操作步骤如下。

**3** 设置完成后单击"确定"按钮，应用设置，调整图像，提亮阴影，如下左图所示。

**4** 单击"图层"面板底部的"创建新的填充或调整图层"按钮，在弹出的菜单中选择"通道混合器"选项，如下右图所示。

**1** 打开"19.jpg"文件，复制"背景"图层，创建"背景 拷贝"图层，将图层的混合模式设置为"滤色"，"不透明度"设置为 60%，提亮图像，如下图所示。

**5** 打开"调整"面板，在"输出通道"下拉列表框中选择"红"选项，然后在"红色"数值框中输入数值 -50，在"绿色"数值框中输入数值 200，在"蓝色"数值框中输入数值 -50，在"常数"数值框中输入数值 0，如下左图所示。

**2** 确保"背景 拷贝"图层为选中状态，执行"图像 > 调整 > 阴影 / 高光"菜单命令，打开"阴影 / 高光"对话框，在对话框中设置阴影的"数量"为 35%，如下图所示。

**6** 通过设置将得到如下右图所示的图像效果，图像整体变成黄色。

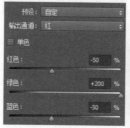 

7 单击"调整"面板中的"可选颜色"按钮，创建"选取颜色 1"调整图层，如下左图所示。

8 打开"属性"面板，在"颜色"下拉列表框中选择"红色"，设置红色的选项参数，如下右图所示。

9 在"属性"面板中单击"颜色"下三角按钮，在展开的列表中选择"黄色"，然后设置黄色百分比，如下左图所示。

10 在"属性"面板中单击"颜色"下三角按钮，在展开的列表中选择"绿色"，然后设置绿色百分比，如下右图所示。

11 在"属性"面板中单击"颜色"下三角按钮，在展开的列表中选择"黑色"，然后设置黑色百分比，如下左图所示。

12 设置完成后返回图像窗口，查看最终效果，如下右图所示，完成本实例的制作。

## 实例演练 5:
# 调出古典怀旧色调

原始文件：随书资源 \ 素材 \08\20.jpg
最终文件：随书资源 \ 源文件 \08\ 调出古典怀旧色调 .psd

解析：虽然艳丽的彩色照片看起来赏心悦目，但是若将彩色照片转换为古典怀旧色调，将会得到另一种特别的图像效果。本实例将介绍如何使用 Photoshop 中的通道和相关命令快速调出照片的古典怀旧色调。下图所示为制作前后的效果对比图，具体操作步骤如下。

1 打开"20.jpg"文件，执行"窗口 > 通道"菜单命令，打开"通道"面板，按 Ctrl+5 键或单击"蓝"通道缩览图，选中该通道，如下左图所示。

2 经过步骤 1 的操作后，可查看"蓝"通道下的图像效果，如下右图所示。

3 按快捷键 Ctrl+A，选中该通道下的所有图像，如下左图所示。

4 按 Ctrl+C 键，复制选中的图像，再执行"图像 > 模式 >Lab 颜色"菜单命令，将图像转换为 Lab 颜色模式，切换至"通道"面板，显示颜色通道，如下右图所示。

**5** 按快捷键 Ctrl+J，复制"背景"图层，得到"图层 1"，如下左图所示。

**6** 选中 b 通道，按 Ctrl+V 键，粘贴复制的图像，如下右图所示。

**7** 单击 Lab 通道的通道缩览图，显示 Lab 通道下的图像效果，然后将"图层 1"的"不透明度"设置为 30%，如下图所示。

**8** 设置完成后将得到如下左图所示的图像效果。

**9** 单击"调整"面板中的"照片滤镜"按钮，如下右图所示。

**10** 创建"照片滤镜 1"调整图层，打开"属性"面板，设置"滤镜""浓度"等参数，如下左图所示，得到如下右图所示的图像效果，完成本实例的制作。

## 实例演练 6：
# 制作富有个性的三色调图像

原始文件：随书资源 \ 素材 \08\21.jpg
最终文件：随书资源 \ 源文件 \08\ 制作富有个性的三色调图像 .psd

　　解析：在 Photoshop 中，如果需要将照片打造为双色调影像效果，最实用的方法就是使用"双色调"命令。应用"双色调"命令可以将彩色照片转换为单色调、双色调、三色调或者四色调效果，但是在转换为双色调图像前，需要先将照片转换为灰度模式，即黑白效果，然后才能进行双色调图像的转换。本实例将介绍如何使用"双色调"命令制作富有个性的三色调图像。下图所示为制作前后的效果对比图，具体操作步骤如下。

**1** 打开"21.jpg"文件，执行"图像 > 模式 > 灰度"菜单命令，弹出"信息"对话框，单击其中的"扔掉"按钮，如下图所示。

**2** 将图像转换为灰度模式,效果如下左图所示。

**3** 执行"图像 > 模式 > 双色调"菜单命令,如下右图所示。

**4** 打开"双色调选项"对话框,单击"类型"下三角按钮,在弹出的下拉列表中选择"三色调"选项,如下左图所示。

**5** 单击"油墨2"后的颜色块,如下右图所示。

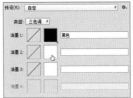

**6** 打开"拾色器(墨水 2 颜色)"对话框,设置颜色值为 R0、G172、B170,设置完成后单击"确定"按钮,如下图所示。

**7** 返回"双色调选项"对话框,在颜色块后的文本框中输入颜色名称 blue,如下图所示。

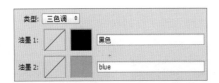

**8** 单击"油墨 3"后的颜色块,打开"拾色器(墨水 3 颜色)"对话框,按下图所示设置颜色参数。

**9** 返回"双色调选项"对话框,在颜色块后的文本框中输入颜色名称 Sky blue,如下图所示。

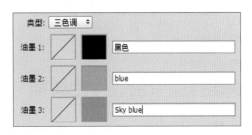

**10** 单击"油墨 1"后的曲线框,打开"双色调曲线"对话框,在对话框中设置参数,调整双色调曲线,设置完成后单击"确定"按钮,如下图所示。

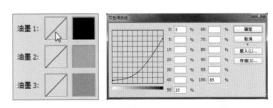

**11** 单击"油墨 2"后的曲线框,如下左图所示。打开"双色调曲线"对话框,设置参数,设置完成后单击"确定"按钮,如下右图所示。

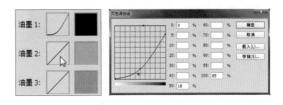

**12** 返回"双色调选项"对话框,单击"油墨 3"后的曲线框,如下左图所示。打开"双色调曲线"对话框,设置参数,如下右图所示。

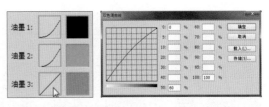

**13** 设置完成后单击"确定"按钮,返回"双色调选项"对话框,单击对话框右侧的"确定"按钮,如下图所示。

**14** 按快捷键 Ctrl+J,复制图层,得到"图层 1",将该图层的混合模式设置为"滤色",将图层"不透明度"设置为 50%,如下图所示,完成本实例的制作。

## 实例演练 7:
## 快速打造单色调冷艳风格

原始文件:随书资源 \ 素材 \08\22.jpg
最终文件:随书资源 \ 源文件 \08\ 快速打造单色调冷艳风格 .psd

解析:使用 Photoshop 中的"通道混合器"命令,不仅可以制作明暗层次分明的高质量黑白照片,还可以把它与其他调整命令结合起来制作单色调图像。本实例将介绍如何使用"通道混合器"和"色彩平衡"命令将拍摄的照片打造为冷艳风格的单色调照片效果。下图所示为制作前后的效果对比图,具体操作步骤如下。

**1** 打开"22.jpg"文件,如下左图所示。

**2** 单击"调整"面板中的"通道混合器"按钮,创建"通道混合器 1"调整图层,如下右图所示。

**3** 打开"属性"面板,单击"预设"下三角按钮,在展开的下拉列表中选择"使用橙色滤镜的黑白(RGB)"选项,如下左图所示。

**4** 返回图像窗口,得到如下右图所示的效果。

**5** 单击"调整"面板中的"色彩平衡"按钮,创建"色彩平衡 1"调整图层,打开"属性"面板,按下左图所示设置中间调中色彩平衡的各项参数。

**6** 在"色调"下拉列表框中选择"阴影"选项,参照下右图所示设置阴影色彩平衡参数。

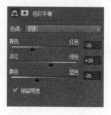

7 在"色调"下拉列表框中选择"高光"选项，按下左图所示设置高光色彩平衡参数。

8 设置完成后得到如下右图所示的照片效果。

11 使用横排文字工具在图像中输入文本，设置其属性，并将其调整至合适的位置，如下图所示，完成本实例的制作。

9 单击"调整"面板中的"曲线"按钮，创建"曲线1"调整图层，打开"属性"面板，在面板中单击"预设"下三角按钮，在展开的下拉列表中选择"线性对比度（RGB）"选项，如下左图所示。

10 设置完成后得到如下右图所示的图像效果。

## 实例演练 8：

# 将照片调整成艺术化色调

原始文件：随书资源 \ 素材 \08\23.jpg
最终文件：随书资源 \ 源文件 \08\ 将照片调整成艺术化色调 .psd

解析：在 Photoshop 中不但可以创建黑白照片，还可以制作出整体黑白、局部彩色的艺术化效果。其原理是先把图像转换为黑白效果，再利用"画笔工具"调整黑白效果起作用的范围，还原局部区域的色彩。下图所示为制作前后的效果对比图，具体操作步骤如下。

2 打开"属性"面板，单击面板右上角的"自动"按钮，自动调整颜色值，如下图所示。

1 打开"23.jpg"文件，单击"调整"面板中的"黑白"按钮，将图像转换为黑白效果，得到"黑白1"调整图层，如下图所示。

3 根据自动调整的参数，更改黑白照片的影调，得到如下左图所示的效果。

4 单击"图层"面板中的"黑白1"调整图层，如下右图所示。

5 设置前景色为黑色，单击工具箱中的"画笔工具"按钮 ✎，在其选项栏中选择"硬边圆"画笔，设置画笔大小为 70，在模特手中的苹果上单击并涂抹，涂抹过程中可按键盘中的 [ 或 ] 键调整画笔大小，如下左图所示。

6 经过涂抹，苹果恢复为原始的绿色，如下右图所示。

7 选择"画笔工具"，在选项栏中调整画笔选项，选择"柔边圆"画笔，设置"不透明度"为 50%。

8 在人物的嘴唇部分单击并涂抹，如下左图所示。

9 继续使用画笔涂抹人物嘴唇及眼影部分，恢复局部图像的原始影调，如下右图所示。

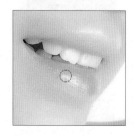 

10 选择"磁性套索工具"，在选项栏中设置"羽化"为 1 像素，沿人物的嘴唇边缘单击并拖动鼠标，绘制选区，选中图像，如下图所示。

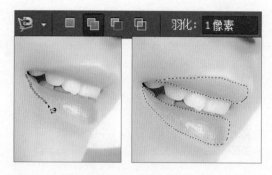

11 单击"调整"面板中的"色相/饱和度"按钮 ▦，创建"色相/饱和度1"调整图层，在"属性"面板中设置各项参数，如下左图所示。

12 根据设置的选项调整选区颜色，得到如下右图所示的效果。

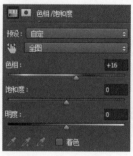 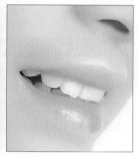

13 选择"套索工具"，在选项栏中设置"羽化"为 1 像素，单击"添加到选区"按钮 ▦，在人物的一只眼睛上方单击并拖动鼠标，绘制选区，选中图像，如下左图所示。

14 继续使用套索工具在人物的另一只眼睛上方单击并拖动鼠标，绘制选区，如下右图所示。

**15** 单击"图层"面板中的"创建新的填充或调整图层"按钮 ☑，在弹出的菜单中选择"渐变"选项，如下左图所示。

**16** 打开"渐变填充"对话框，在对话框中选择"蓝，红，黄渐变"，如下右图所示。

**17** 设置完成后单击"确定"按钮，创建"渐变填充 1"调整图层。在"图层"面板中选中"渐变填充 1"调整图层，设置图层的混合模式为"柔光"、"不透明度"为 20%，如下左图所示。

**18** 根据设置的选项，增强眼影颜色，得到如下右图所示的效果，完成本实例的制作。

---

## 实例演练 9：
# 黑白照片上色

原始文件：随书资源 \ 素材 \08\24.jpg
最终文件：随书资源 \ 源文件 \08\ 黑白照片上色 .psd

解析：可能有人会觉得黑白照片过于单调乏味，不能生动地表现照片中的景物，但有了 Photoshop，就算只拍摄了黑白照片也没关系，可在后期处理中为照片上色。本实例将介绍如何使用 Photoshop CC 2015 中的"色相／饱和度"命令和图层蒙版快速为黑白照片上色，使照片生动活泼，充满现代感。下图所示为制作前后的效果对比图，具体操作步骤如下。

**1** 打开"24.jpg"文件，单击"图层"面板底部的"创建新的填充或调整图层"按钮 ☑，在打开的菜单中选择"色相／饱和度"选项，如下左图所示。

**2** 经过步骤 1 的操作后，打开"属性"面板，勾选"着色"复选框，设置"色相／饱和度"参数，如下右图所示。

**3** 同步骤 1、2 的方法相同，创建"色相／饱和度 2"调整图层，打开"属性"面板，在面板中设置"色相／饱和度"参数，调整图像颜色，如下图所示。

**4** 单击"色相／饱和度 2"调整图层的蒙版缩览图，如下左图所示。

**5** 将前景色设置为黑色，按 B 键切换至"画笔工具"，将画笔"不透明度"设置为 80%，然后在图像的适当位置单击并涂抹，如下右图所示。

**6** 选择"画笔工具"，调整画笔大小，并将"不透明度"设置为 37%，继续在图像上涂抹，如下左图所示。

**7** 反复涂抹，调整图像，使花朵的层次更加分明，如下右图所示。

**8** 创建"色相／饱和度 3"调整图层，打开"属性"面板，设置"色相／饱和度"参数，如下图所示。

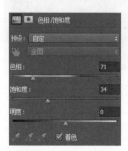

**9** 单击"色相／饱和度 3"调整图层的蒙版缩览图，与步骤 5 的方法相同，使用画笔工具在图像的适当位置单击并涂抹，如下左图所示。

**10** 涂抹完成后，再次按住 Alt 键单击蒙版缩览图，可查看设置后的图像效果，如下右图所示。

**11** 创建"色相／饱和度 4"调整图层，打开"属性"面板，设置"色相／饱和度"参数，如下图所示。

**12** 按住 Alt 键单击"色相／饱和度 4"调整图层的蒙版缩览图，进入图层蒙版状态，使用画笔工具在画面的适当部分涂抹，如下左图所示。

**13** 设置完成后，再次按住 Alt 键单击图层蒙版缩览图，得到如下右图所示的图像效果。

**14** 创建"自然饱和度 1"调整图层，打开"属性"面板，设置"自然饱和度"和"饱和度"参数，如下左图所示，调整颜色饱和度。

**15** 创建"色阶 1"调整图层，打开"属性"面板，在"预设"下拉列表框中选择"增加对比度 1"选项，通过设置得到如下右图所示的图像效果。

16 根据画面的整体效果，再创建"色阶 2"调整图层，在打开的"属性"面板中将灰色滑块拖至 1.50 的位置，如下左图所示。

17 根据设置的参数调整图像，提高照片中中间调部分的图像亮度，最后得到如下右图所示的图像效果，完成本实例的制作。

## 实例演练 10：
# 替换照片中人物服饰的颜色

原始文件：随书资源 \ 素材 \08\25.jpg
最终文件：随书资源 \ 源文件 \08\ 替换照片中人物服饰的颜色 .psd

解析：Photoshop CC 2015 中的"替换颜色"命令可以快速替换图像中特定区域的颜色。本实例将介绍使用"替换颜色"命令更改图像中人物衣服的颜色，制作出另一种图像感觉。下图所示为制作前后的效果对比图，具体操作步骤如下。

1 打开"25.jpg"文件，按 Ctrl+J 键复制图层，得到"图层 1"，如下图所示。

2 执行"图像 > 调整 > 替换颜色"菜单命令，打开"替换颜色"对话框，单击"吸管工具"按钮，在图像中人物的衣服上单击，取样颜色，则在选区预览框中可看到白色区域即为衣服选区，如下图所示。

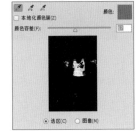

3 单击"添加到取样"按钮，然后在衣服部分单击，加选图像，如下左图所示。

4 单击"从取样中减去"按钮，然后在不需要选择的人物手臂上单击，减选图像，如下右图所示。

5 确定要调整的范围后，设置"色相"为 +87、"饱和度"为 -12，如下左图所示。

6 设置完成后单击"确定"按钮，得到如下右图所示的图像效果，将人物衣服转换为绿色。

7 为"图层 1"添加图层蒙版，选择"画笔工具"，单击"图层 1"图层蒙版，如下左图所示。

8 在除小朋友衣服外的其他部分涂抹，恢复涂抹区域的原始色调，如下右图所示。

9 按快捷键 Shift+Ctrl+Alt+E，盖印图层，得到"图层 2"，如下左图所示。

10 选择"吸管工具"，在衣服旁边的红色区域单击，取样颜色，如下右图所示。

11 执行"选择 > 色彩范围"菜单命令，打开"色彩范围"对话框，设置"颜色容差"为 111，根据取样颜色调整图像，如下左图所示。

12 设置完成后单击"确定"按钮，创建选区，选择图像，如下右图所示。

13 创建"色相／饱和度 1"调整图层，并在"属性"面板中勾选"着色"复选框，设置"色相"及"饱和度"，对选区内的图像进行着色处理，如下图所示。

14 选择"画笔工具"，在选项栏中调整画笔大小、不透明度等，如下图所示。

15 将鼠标移至衣服旁边的皮肤位置，单击并涂抹图像，如下左图所示。

16 使用画笔工具反复涂抹，还原局部图像的原始色调，如下右图所示。

17 选择"磁性套索工具"，在选项栏中设置选项，如下图所示。

18 沿图像中小朋友衣服边缘单击并拖动鼠标，创建选区，选择图像，如下左图所示。

19 创建"色阶 1"调整图层，在打开的"属性"面板中设置选项，调整衣服的层次，如下右图所示，完成本实例的制作。

# 第9章
# 快速抠图技法

快速抠图技法就是使用较为简便的方法将需要的图像选取并保留，然后将多余图像隐藏或删除。在 Photoshop 中，不但可以通过"选择"菜单中的命令和选框工具来选取图像，还可以通过修改文件的某个颜色通道，将颜色通道中的图像转换为选区来选取图像。本章将简单介绍如何运用最快捷的方式抠取所需要的图像，缩短制作合成图像的时间，提高工作效率。本章先介绍规则选区的创建、不规则选区的创建、根据颜色选取图像等内容，然后通过 10 个简单的实例快速、完整地介绍快速抠取并合成图像的方法。

## 9.1 规则选区的创建——选框工具的应用

在抠图过程中，若想要"框"定一个简单的选区，则可以使用 Photoshop CC 2015 中的矩形选框工具或椭圆选框工具。Photoshop 中的选框工具主要用来创建矩形、圆形、单行或单列这种规则形状的选区。本节将简单介绍如何使用选框工具来创建规则的选区。

在工具箱中按下"矩形选框工具"按钮不放，在弹出的隐藏工具条中提供了"矩形选框工具""椭圆选框工具""单行选框工具"和"单列选框工具"4 个选框工具，如下图所示。具体设置如下。

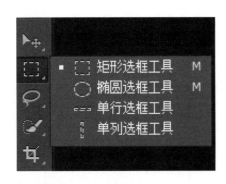

### 1. 矩形选框工具

矩形选框工具主要通过单击并拖动鼠标来创建矩形或正方形选区，具体操作方法如下。

打开需要设置的素材图像，如下左图所示。单击工具箱中的"矩形选框工具"按钮，在图像需要创建选区的位置单击并拖动鼠标，如下中图所示，即可创建矩形选区，如下右图所示。若要创建正方形选区，按住 Shift 键单击并拖动鼠标即可。

**📒 应用一>>重新选择**

在图像中当前选区的周围都带有一个规则的虚线框，如图❶所示。若使用选框工具单击选区边框外侧的区域，则虚线框就会消失。如果需要重新选择该选区，则可以在选择另一个选区前执行"选择 > 重新选择"菜单命令，如图❷所示，或右击鼠标，在弹出的快捷菜单中选择"重新选择"命令，即可恢复选区，如图❸所示。

单击工具箱中的"矩形选框工具"按钮▦，在其选项栏中可进一步设置创建选区的方式及"羽化""样式"等参数，如下图所示。下面将简单介绍其选项栏中的各选项及其主要作用。

❶**创建选区的方式**：用于设置创建选区的方式。若已创建选区，则可通过单击不同的按钮对选区进行添加或减少。单击"新选区"按钮▦，则可在图像中创建新的矩形选区；单击"添加到选区"按钮▦，则可将建立的选区与原选区相加；单击"从选区减去"按钮▦，则可在原选区中减去新选区；单击"与选区交叉"按钮▦，则保留新选区和原选区的相交部分。下图所示分别为创建新选区、添加到选区、从选区减去和与选区交叉后的选区效果。

❷**羽化**：通过建立选区和选区周围像素之间的转换边界来模糊选区边缘。在"羽化"数值框中输入数值可控制羽化范围。下图所示分别为设置"羽化"为 0 和 150 像素后的选区效果。

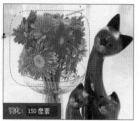

❸**消除锯齿**：通过软化边缘像素与背景像素之间的颜色转换，消除选区边缘的锯齿状态。

❹**样式**：用于设置选区的形状。单击"样式"

下三角按钮，在弹出的下拉列表中包含"正常""固定比例"和"固定大小"3 个选项。其中，"正常"选项为系统默认样式，单击并拖动鼠标即可设置矩形选区的范围和大小；若选择"固定比例"选项，则通过设置选区宽度和高度之间的比例创建选区；"固定大小"选项则可创建固定大小的选区。下图所示分别为应用这三种样式后创建的选区效果。

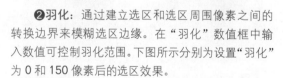

❺**调整边缘**：可提高选区边缘的品质并允许用户对照不同的背景查看选区，还可以使用"调整边缘"选项来调整图层蒙版。创建一个选区后单击该按钮，在打开的"调整边缘"对话框中可对选区边缘的"半径""对比度""平滑""羽化"等选项进行设置，如下图所示。

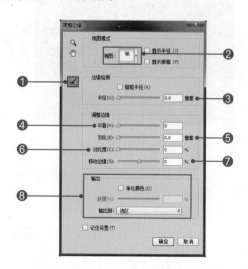

❶**调整半径工具和抹除调整工具**：按住 Alt 键单击可在两个工具间切换，用于精确调整发生边缘调整的边界区域。

❷视图：单击"视图"选项右侧的下三角按钮，在展开的下拉列表中可设置视图模式。

❸半径：设置选区边界周围的区域大小。

❹平滑：减少选区边界中的不规则区域，以创建更加平滑的轮廓。

❺羽化：在选区及其周围像素之间创建柔化边缘过渡。

❻对比度：锐化选区边缘并去除模糊的不自然感。

❼移动边缘：收缩或扩展选区边界。

❽输出：用于设置调整后的选区输出方式。

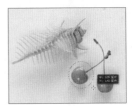

**技巧一>>设置快速蒙版预览模式的颜色和不透明度**

双击工具箱中的"以快速蒙版模式编辑"按钮，如❶图所示。打开"快速蒙版选项"对话框，在该对话框中可更改蒙版颜色和不透明度，如图❷所示。

**应用二>>应用选框工具制作双胞胎人像效果**

使用矩形选框工具创建选区后，结合其他工具或命令可复制选区中的图像，制作双胞胎人像效果。

单击工具箱中的"矩形选框工具"按钮，在其选项栏中设置"羽化"选项为 30 像素，然后在图像中沿人物绘制一个矩形选区，如图❶所示。按 Ctrl+J 键复制图层，得到"图层 1"，如图❷所示。按 Ctrl+T 键，在图像上右击鼠标，在弹出的快捷菜单中选择"水平翻转"命令，如图❸所示。再进一步调整图像的位置，调整完成后按 Enter 键，应用变换，如图❹所示。

## 3. 单行选框工具

单行选框工具用于创建一个像素高的横向选区。打开需要设置的素材图像，如下左图所示。单击工具箱中的"单行选框工具"按钮，然后在图像中需要的位置单击，即可创建单行选区，效果如下右图所示。

**技巧二>>快速取消选区的选中状态**

◆在选中选框工具的状态下，在选区以外的任意区域单击鼠标，即可取消选区的选中状态。

◆若对创建的选区不满意，则按 Ctrl+Z 键，即可取消选区的选中状态。

◆按 Ctrl+D 键，也可快速取消选区的选中状态。

## 2. 椭圆选框工具

"椭圆选框工具"用于在图像或图层中创建圆形或椭圆形选区，具体操作方法如下。

打开需要设置的素材图像，如下左图所示。单击工具箱中的"椭圆选框工具"按钮，在需要创建椭圆选区的位置单击并拖动鼠标，即可创建椭圆选区，如下右图所示。

**技巧三>>创建多个单行选区**

若要创建多个单行选区，则在选择"单行选框工具"后，单击其选项栏中的"添加到选区"按钮，如下图所示。

**4. 单列选框工具**

单列选框工具用于创建一个像素宽的竖向区域。打开需要设置的素材图像，如下左图所示。单击工具箱中的"单列选框工具"按钮 ，在图像中需要的位置单击，即可创建单列选区，如下右图所示。

执行"选择 > 反选"菜单命令，如图❶所示，或按 Shift+Ctrl+I 键，即可将选区反向，如图❷所示。

## 9.2 不规则选区的创建

规则选框工具只能创建出简单的规则选区，若需要创建复杂多变的选区，则需要用到不规则选框工具。不规则选框工具包括"套索工具""多边形套索工具"和"磁性套索工具"3个工具。本节将介绍如何使用这些工具创建不规则选区。

**1. 套索工具**

套索工具对于绘制选区边框的手绘线段来说十分有用。单击工具箱中的"套索工具"按钮，在需要创建选区的位置单击并拖动鼠标，如下左图所示，以创建手绘的选区边界，释放鼠标后，虚线的起点和终点会自动连接形成封闭选区，如下右图所示。

线段来说十分有用。打开需要设置的素材图像，如下左图所示。单击工具箱中的"多边形套索工具"按钮 ，在图像中需要创建选区的位置连续单击并拖动鼠标，绘制出一个多边形，最后双击鼠标即可自动闭合多边形并形成选区，如下右图所示。

要在未选定任何其他像素时绘制带直边的选区边界，则可按住 Alt 键单击线段开始和结束的位置。用户可以在绘制手绘线段和直边线段之间切换。

将鼠标指针放置在用户创建的第一条直线段的开始位置，单击鼠标，如图❶所示，然后按住 Shift 键单击结束位置，即可绘制角度为 45° 倍数的直线，如图❷所示。

**2. 多边形套索工具**

多边形套索工具对于绘制选区边框的直边

### 3. 磁性套索工具

磁性套索工具用于快速选择与背景对比强烈且边缘复杂的对象。打开需要设置的素材图像，如下左图所示。单击工具箱中的"磁性套索工具"按钮 ，在荷花的边缘单击并拖动鼠标，则该工具将自动沿着花朵的边界移动，最后双击鼠标或当终点与起点重合时单击，就会自动创建出闭合选区，如下右图所示。

> ★ 技巧三>>**使用磁性套索工具的技巧**
>
> 在边缘精确定义的图像上，用户可以使用更大的宽度和更高的边对比度，大致地跟踪边缘；在边缘较柔和的图像上，可以使用较小的宽度和较低的边对比度，更精确地跟踪边缘。

选择"磁性套索工具"后，可在其选项栏中进一步设置选区的各项参数，使用户可以更加快速、便捷地创建需要的选区。下图所示为"磁性套索工具"选项栏，具体设置方法如下。

❶创建选区的方式：包含"新选区""添加到选区""从选区减去"和"与选区交叉"4 个选项，选择不同的选项，将确定创建选区的方式。

❷宽度：用于设置检测宽度，磁性套索工具只检测从鼠标指针开始指定距离以内的边缘。在其后的数值框中可输入 1 ～ 256 之间的任意整数，设置的数值越小，则创建的选区越精确。下图所示为不同"宽度"设置下的选区效果。

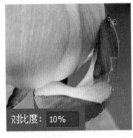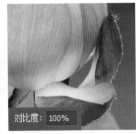

❹频率：用于设置紧固点的频率。用户可在其后的数值框中输入 0 ～ 100 之间的任意整数，设置的数值越大，则在图像中生成的锚点就越多，创建的选区就越精确。下图所示分别为设置频率为 10 和 100 后拖动鼠标的效果。

❸对比度：用于设置图像边缘的灵敏度。用户可在"对比度"后的数值框中输入 1 ～ 100 之间的任意整数，若设置的数值较低，则检测低对比度边缘，如下左图所示；若设置的数值较高，则检测与其周边对比鲜明的边缘，如下右图所示。

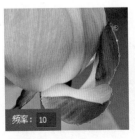

❺使用绘图板压力以更改钢笔宽度：用于设置绘图板的笔刷压力，只有在安装了绘图板和驱动程序时才可用。单击该按钮，可以以更改边缘的宽度，增大钢笔压力将导致边缘宽度减小。

📋 **应用>>对背景色和前景色差别不大的图像创建选区**

无论使用什么样的选择工具，只要加大待选区域和周围环境之间的影调或色调对比度，那么选取工作就会变得更容易。例如，在图像图层上添加一个色阶调整图层，则可使原图中的不同颜色区分得更为明显。下面将简单介绍应用该方法创建选区的具体操作。

打开需要设置的素材图像，如图❶所示。创建"色阶1"调整图层，按图❷所示设置"色阶"的各项参数，然后使用磁性套索工具沿着花朵的边缘单击并拖动鼠标，创建选区，如图❸所示。选取工作结束后，即可删除调整图层或将其隐藏，如图❹所示。

⭐ **技巧四>>使用磁性套索工具的一些建议**

勾勒边缘规律的边界时，可设置一个大的宽度值并快速移动鼠标，使工具的操作更加便捷。按左右方括号键"["和"]"，可快速更改宽度值：按左方括号键"["，可将磁性套索边缘宽度减小1像素；按右方括号键"]"，可将磁性套索边缘宽度增大1像素。这意味着用户可以在单手操作工具的同时，使用另一只手控制工具轨迹缩放，调节轨迹的尺寸，使其能与选区边界相协调。

## 9.3　根据颜色选取图像

Photoshop CC 2015 中的一些选择工具可同时利用颜色和形状进行图像的选取，在颜色对比强烈的区域，可以直接根据颜色进行选取。本节将详细介绍如何根据颜色创建选区，具体操作方法如下。

要创建包含某种相近颜色的所有像素的选区，可通过 Photoshop CC 2015 中的魔棒工具、快速选择工具或魔术橡皮擦工具（后面章节进行详细介绍）来完成，如下图所示。

| ▪ 🖌 快速选择工具 | W |
| ▪ 🪄 魔棒工具 | W |

| ▪ 🧽 橡皮擦工具 | E |
| 🧽 背景橡皮擦工具 | E |
| 🪄 魔术橡皮擦工具 | E |

### 1. 魔棒工具

魔棒工具用于对颜色一致的区域进行选取，而不必跟踪其轮廓。打开需要设置的素材图像，单击工具箱中的"魔棒工具"按钮🪄，将鼠标移至图像上，如下左图所示。在图像中需要的颜色区域内单击，即可创建选区，如下右图所示。

⭐ **技巧一>>在对比不明显的图像上创建选区**

在对比不明显的地方，可以通过背景橡皮擦工具和魔术橡皮擦工具手动对选区进行选取，这两个工具属于"破坏性"选取工具。因为使用这些工具在分离出所选像素后，系统会将这些隔离开的部分直接删除。

选择"魔棒工具"后，可在其选项栏中进一步设置该工具的选取方式、容差大小等选项，魔棒工具的指针会随设置的选项而变化，如下图所示。下面将简单介绍该选项栏中的各选项，具体如下。

❶容差：用于设置选定像素的相似点差异度。用户可在其后的数值框中输入 0 ～ 255 之间的任意整数。若输入的数值较低，则将选择与所单击像素非常相似的少数几种颜色，如下左图所示；若设置的数值较高，则将选择范围更广的颜色，如下右图所示。

❷清除锯齿：勾选该复选框，可创建较为平滑的边缘选区。

❸连续：勾选该复选框，将只选择相同颜色的邻近区域；若取消勾选该复选框，则选取区域与图像上的单击位置无关。下图所示分别为取消勾选和勾选该复选框后创建的选区效果。

❹对所有图层取样：勾选该复选框，则使用所有可见图层中的数据选择颜色；若取消勾选该复选框，则魔棒工具将只从当前图层中选择颜色。

应用一>>应用魔棒工具合成图像

使用魔棒工具可以在创建选区时节省大量时间。

打开需要设置的素材图像，单击工具箱中的"魔棒工具"按钮，单击白色背景，即为白色区域创建了选区，如图❶所示。此时单击"添加到选区"按钮，继续在背景中连续单击，可以选中整个背景图像，选择后按快捷键 Shift+Ctrl+I，将选区反向。按快捷键 Ctrl+J，复制图层，得到"图层 1"，如图❷所示。打开一张新的素材图像，如图❸所示。按快捷键 Ctrl+V，将抠出的玩具图像拖至另一张图像中，并按 Ctrl+T 键，将其调整至合适大小和位置，如图❹所示。

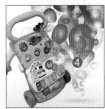

复制画面中的玩具图像，得到"图层 1 拷贝"图层，再次按快捷键 Ctrl+T，打开自由变换编辑框，调整编辑框中的图像大小，如图❺所示。最后为其添加文字效果，如图❻所示。

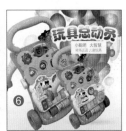

## 2. 快速选择工具

快速选择工具以圆形画笔笔尖的形式快速创建选区。单击工具箱中的"快速选择工具"按钮，在需要创建选区的位置单击并拖动鼠标，则选区会向外扩展并自动查找和跟随图像中定义的边缘，从而可以快速创建选区，如右图所示。

利用快速选择工具可选择颜色和形状相似的区域。在选中该工具后，用户可进一步在其选项栏中设置参数，使创建选区的工作更加顺利。下图所示为"快速选择工具"选项栏，具体设置如下。

❶选取方式：提供了"新选区""添加到选区"和"从选区减去"3种选取方式。"新选区"为未选择任何选区的情况下的默认选项。创建初始选区后，此选项将自动更改为"添加到选区"，单击该按钮后，画笔中间会出现一个"+"符号。若单击"从选区减去"按钮，则会在已有的选区中减去新的选区与已有选区相交的部分，形成新的选区。单击该按钮后，画笔中间将出现一个"-"符号。下图所示分别为"新选区""添加到选区"和"从选区减去"的选区效果。

> ⭐ **技巧二>>快速切换快速选择工具的选取方式**
>
> 按住 Alt 键，即可临时在"添加到选区"模式和"从选区减去"模式之间切换。

> 🎖 **应用二>>设置工具光标**
>
> 执行"编辑 > 首选项 > 光标"菜单命令，打开"首选项"对话框，如下图所示。"正常画笔笔尖"选项将显示标准的快速选择光标，其中带有用于显示选区模式的加号或减号。

❷画笔：用于设置画笔大小、笔尖等参数。单击"画笔"下三角按钮，在弹出的下拉列表中可设置画笔的直径、硬度、角度等参数，如下图所示。其中，"直径"选项用于设置画笔的大小；"硬度"选项用于设置选择的范围，设置的数值越小，选择的范围就越大；"间距"选项用于设置选择范围的连续性，设置的数值越小，则图像越不容易被连续选择；设置的数值越大，则图像越容易被连续选择。

❸自动增强：勾选该复选框后，将减少选区边界的粗糙度和块效应。

> ⭐ **技巧三>>只更改选中图层中的图像**
>
> 首先选中需要设置的图层，再取消勾选其选项栏中的"对所有图层取样"复选框，然后在画面中的合适位置单击，则只对选中图层的图像进行设置。

# 9.4 擦除并抠出图像

要在 Photoshop CC 2015 中快速抠出图像，除了可以用前面介绍的工具实现外，也可以使用橡皮擦工具组来抠取。橡皮擦工具组中的工具主要用于擦除图像。本节将详细介绍如何利用橡皮擦工具组中的工具抠图，具体操作方法如下。

Photoshop 的橡皮擦工具组中包括"橡皮擦工具""背景橡皮擦工具"和"魔术橡皮擦工具"。在工具箱中长按"橡皮擦工具"按钮，可以在隐藏工具条中查看其他工具，如下图所示。

## 1. 橡皮擦工具

橡皮擦工具相当于日常生活中的橡皮擦。Photoshop 中的橡皮擦工具可以任意调整大小和不透明度等。当所擦去图像所在的图层为"背景"图层时，被擦去的图像部分将被填充为背景色，如下左图所示；当所擦去图像所在的图层为普通图层时，被擦去的图像部分则显示为透明像素，如下右图所示。

## 2. 背景橡皮擦工具

背景橡皮擦工具可在拖动时将图层上的像素抹成透明，可以在抹除背景的同时在前景中保留对象的边缘，并且可以通过指定不同的取样和容差选项来控制透明的范围和边界的锐化程度。背景橡皮擦通过采集画笔中心的色样，并删除在画笔内任何位置出现的该颜色，如下左图所示。在背景上单击并涂抹，将背景颜色擦除，擦除后的效果如下右图所示。

在工具箱中单击"背景橡皮擦工具"按钮后，可进一步设置其选项栏中的各项参数，如下图所示。在选项栏中设置不同参数后，所得到的效果也不相同。

❶取样：用于设置抹除图像时的取样方式。单击"取样：连续"按钮 ，可随着拖动连续采取色样；单击"取样：一次"按钮 ，只抹除包含第一次单击的颜色的区域；单击"取样：背景色板"按钮 ，只抹除包含当前背景色的区域。

❷限制：选取抹除的限制模式，包括"不连续""连续"和"查找边缘"3 个选项。选择"不连续"选项，可抹除出现在画笔下面任何位置的样本颜色；选择"连续"选项，可抹除包含样本颜色并且相互连接的区域；选择"查找边缘"选项，可抹除包含样本颜色的连续区域，同时更好地保留形状边缘的锐化程度。

❸容差：控制抹除的范围，通过输入数值或拖动滑块进行设置。低容差仅限于抹除与样本颜色非常相似的区域，高容差抹除范围更广的颜色。

❹保留前景色：勾选此复选框，可防止抹除与工具框中的前景色匹配的区域。

> 应用>>**用背景橡皮擦工具擦除背景，抠出主体**
>
> 使用背景橡皮擦工具可以快速抠出需要的图像。
>
> 打开需要设置的素材图像，单击工具箱中的"背景橡皮擦工具"按钮，在其选项栏中设

置工具选项，然后将鼠标移至打开图像中的背景处，如图❶所示。此时单击并拖动鼠标可以擦除图像，如图❷所示。经过连续的涂抹操作，擦除背景图像，抠出小狗图像，如图❸所示。

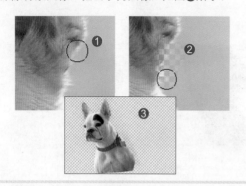

选择"魔术橡皮擦工具"后，可进一步在选项栏中设置工具的属性选项，使抠出的图像更加精确，如下图所示。下面将简单介绍"魔术橡皮擦工具"选项栏中常用的选项，具体如下。

❶容差：用于设置清除颜色的范围。设置的数值较低，则抹除颜色值范围内与单击像素非常相似的像素；设置的数值较高，则会扩大将被抹除的颜色范围。

❷不透明度：用于设置清除图像的强度。若设置"不透明度"为100%，则完全清除像素；若设置的数值较低，则清除部分像素。

---

### 技巧一>>获得更干净的图像效果

在对图像进行擦除时，若对擦除的图像精度要求较高，则可按快捷键Ctrl++，将图像放大，以便在擦除图像时能更好地观察是否将图像擦除干净，还可以通过选项栏调整画笔的大小，使擦除图像的工作更加容易。

---

### 3. 魔术橡皮擦工具

使用魔术橡皮擦工具在画面中相似的像素上单击，即可将像素更改为透明。如果在已锁定透明度的图层中工作，则这些像素将更改为背景色；如果在背景中单击，则将背景转换为图层并将所有相似的像素更改为透明。单击工具箱中的"魔术橡皮擦工具"按钮，在画面的背景部分单击，如下左图所示，即可删除多余图像，最后删除图像的效果如下右图所示。

---

### 技巧二>>"魔术橡皮擦工具"选项栏的其他设置

勾选"消除锯齿"复选框，则可使抹除区域的边缘平滑；勾选"连续"复选框，则只抹除与单击处像素连续的像素，取消勾选则抹除图像中的所有相似像素。

---

## 实例演练 1：
## 使用魔棒工具快速更换人像背景

原始文件：随书资源\素材\09\21.jpg、22.jpg
最终文件：随书资源\源文件\09\使用魔棒工具快速更换人像背景.psd

解析：使用魔棒工具可以选择颜色相近的区域，并可以通过其选项栏中的各项参数设置精确选区范围。该工具通常用于较简单区域的选取。本实例将介绍如何通过魔棒工具选取背景图像并将其删除，然后为其更换图像背景。下图所示为制作前后的效果对比图，具体操作步骤如下。

1 打开"21.jpg"文件，选择工具箱中的魔棒工具，再单击其选项栏中的"添加到选区"按钮，并设置"容差"值，如下左图所示。

2 使用魔棒工具在图像左上角背景部分单击，快速创建选区，如下右图所示。

3 继续使用魔棒工具在图像右侧的背景上单击，添加选区，如下左图所示。

4 选择工具箱中的"快速选择工具"，运用此工具对选区做进一步调整，选择整个背景图像，如下右图所示。

5 执行"选择 > 反选"菜单命令，将步骤 4 中创建的选区进行反向，得到如下图所示的选区。

6 按 Shift+F6 键，打开"羽化选区"对话框，设置"羽化半径"为 2，羽化选区，如下左图所示。

7 按快捷键 Ctrl+J，复制图层，得到"图层 1"，如下右图所示。

8 打开"22.jpg"文件，执行"窗口 > 排列 > 双联垂直"菜单命令，调整打开图像的排列方式，如下图所示。

9 按 V 键切换至"移动工具"，然后单击并拖动步骤 8 中打开的图像至人像文件中，得到"图层 2"，如下图所示。

10 确保"图层 2"为选中状态，将其拖至"图层 1"和"背景"图层之间，如下左图所示。

11 按快捷键 Ctrl+T，打开自由变换编辑框，自由变换新背景中的图像大小和位置，调整完成后按 Enter 键应用变换，得到如下右图所示的图像效果，完成本实例的制作。

**应用>>试试其他图层混合模式的效果**

将"图层 2"的混合模式设置为"强光"，如图❶所示，将得到如图❷所示的图像效果。

## 实例演练 2：
# 使用磁性套索工具抠出花朵

原始文件：随书资源\素材\09\23.jpg
最终文件：随书资源\源文件\09\使用磁性套索工具抠出花朵.psd

**解析：** 应用磁性套索工具可以沿着物体的边缘创建选区，该工具一般用于选取与背景颜色相差较大，而图像边缘又很复杂的图像。本实例就运用该工具的这一特性选取花朵图像，并对未选取的背景图像进行编辑。下图所示为制作前后的效果对比图，具体操作步骤如下。

1 打开"23.jpg"文件，选择工具箱中的"磁性套索工具"，并在其选项栏中设置各项参数，如下图所示。

宽度：20 像素　对比度：50%　频率：70

2 使用磁性套索工具沿着花瓣边缘单击并拖动鼠标，如下图所示。

3 继续使用磁性套索工具沿着花朵的边缘单击并拖动鼠标，直至将左侧的整个花朵图像选中，如下左图所示。

4 单击"磁性套索工具"选项栏中的"添加到选区"按钮，如下右图所示，然后在未选中花朵位置单击并拖动鼠标。

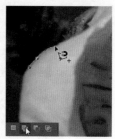

5 继续使用磁性套索工具沿未选中花朵位置单击并拖动鼠标，加选图像，选中照片中的所有花朵部分，如下左图所示。

6 执行"选择 > 修改 > 羽化"菜单命令或按 Shift+F6 键，如下右图所示。

7 经过步骤 6 的操作后，打开"羽化选区"对话框，设置"羽化半径"为 2，如下左图所示，单击"确定"按钮，羽化选区，效果如下右图所示。

8 新建"色相／饱和度 1"调整图层，打开"属性"面板，然后在面板中设置参数，如下左图所示。

9 根据设置的参数，调整选区中的花朵颜色，如下右图所示。

10 按住 Ctrl 键，单击"色相／饱和度 1"图层蒙版，载入选区。新建"色阶 1"调整图层，并在"属性"面板中设置参数，如下左图所示。

11 根据设置的参数，调整选区内花朵的亮度，如下右图所示。

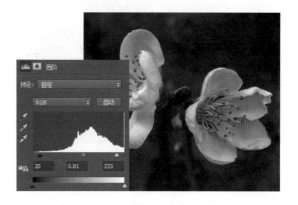

12 按住 Ctrl 键，单击"色阶 1"图层蒙版，载入选区。新建"曲线 1"调整图层，并在"属性"面板中设置曲线，选择"中对比度（RGB）"选项，如下左图所示。

13 根据选择的曲线，调整图像亮度，增强对比效果，如下右图所示，完成本实例的制作。

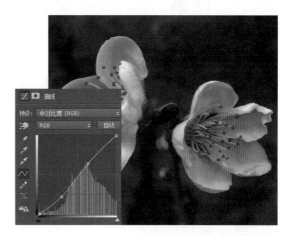

## 实例演练 3：
## 借助魔术橡皮擦工具合成背景

原始文件：随书资源 \ 素材 \09\24.jpg、25.jpg
最终文件：随书资源 \ 源文件 \09\ 借助魔术橡皮擦工具合成背景 .psd

解析：数码照片的天空中出现蓝天白云，不仅能让人感觉到拍摄现场晴朗的好天气，还可以让画面的色彩变得更加丰富。本实例将介绍如何使用 Photoshop CC 2015 中的魔术橡皮擦工具擦除背景并添加蓝天白云效果。下图所示为制作前后的效果对比图，具体操作步骤如下。

**1** 打开"24.jpg"文件，按 Ctrl+J 键复制图层，得到"图层 1"，如下图所示。

**2** 选择工具箱中的"魔术橡皮擦工具"，并设置选项栏中的各项参数，如下图所示。

容差: 50  ☑ 消除锯齿  ☑ 连续

**3** 单击"背景"图层前的"指示图层可见性"图标 👁，隐藏该图层，在画面的天空部分单击，如下图所示。

**4** 继续使用魔术橡皮擦工具在画面的天空部分单击，擦除天空部分的图像，如下左图所示。

**5** 按 Ctrl++ 键，将图像放大至合适比例，然后在向日葵叶子间的天空部分单击，如下右图所示。

**6** 应用相同的方法，继续使用魔术橡皮擦工具擦除原天空部分的图像，如下左图所示。

**7** 打开"25.jpg"文件，图像效果如下右图所示。

**8** 使用移动工具将打开的图像拖至本实例文件中，得到"图层 2"，再按 Ctrl+T 键调整其外形，如下图所示。

**9** 调整完图像外形后按 Enter 键应用变换，然后将"图层 2"调整至"图层 1"和"背景"图层之间，如下左图所示。

**10** 经过步骤 9 的操作后，得到如下图所示的图像效果，为图像添加了蓝天白云，完成本实例的制作。

> ⭐ **技巧>>快速设置容差**
>
> 　　魔术橡皮擦工具的容差值可通过直接输入数值进行快速设置。只需将光标定位在"容差"数值框中，然后输入 0 ～ 255 之间的任意整数即可。

## 实例演练 4：
# 使用磁性套索工具抠出主体

　　原始文件：随书资源 \ 素材 \09\26.jpg、27.jpg
　　最终文件：随书资源 \ 源文件 \09\ 使用磁性套索工具抠出主体 .psd

　　解析：使用磁性套索工具可以沿着物体的边缘创建选区，一般用于选取与背景颜色相差较大且边缘又很复杂的图像。本实例将介绍如何应用 Photoshop CC 2015 中的磁性套索工具抠出主体商品，然后为该图像更换背景，最后输入需要的文本，并将其调整至合适位置。下图所示为制作前后的效果对比图，具体操作步骤如下。

**1** 打开"26.jpg"文件，然后创建"曲线 1"调整图层，打开"属性"面板，单击并向上拖动滑块，如下图所示。

**2** 单击"曲线 1"调整图层的蒙版缩览图，按 B 键切换至"画笔工具"，设置前景色为黑色，然后在画面中的鞋底部分涂抹，恢复其原始影调，如下图所示。

**3** 复制"背景"图层，得到"背景 拷贝"图层，单击"背景"图层前的"指示图层可见性"图标 👁，隐藏"背景"图层，如下图所示。

**4** 单击工具箱中的"磁性套索工具"按钮，在其选项栏中设置"宽度""对比度""频率"等参数，如下图所示。

| 宽度：25 像素 | 对比度：100% | 频率：80 |
| --- | --- | --- |

**5** 按 Ctrl++ 键，将图像放大至合适比例，然后沿着鞋子外形单击并拖动鼠标，如下左图所示。

**6** 继续使用磁性套索工具沿着鞋子边缘单击并拖动鼠标，在鞋子部分创建选区，如下右图所示。

7 执行"选择 > 修改 > 羽化"菜单命令，打开"羽化选区"对话框，按下图所示设置羽化半径，设置完成后单击"确定"按钮。

8 按 Ctrl+J 键复制图层，得到"图层 1"，如下左图所示。

9 打开"27.jpg"文件，图像效果如下右图所示。

 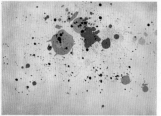

10 使用移动工具将打开的图像拖至本实例文件中，得到"图层 2"，如下图所示。

 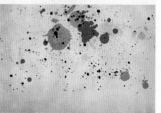

11 将得到的"图层 2"调整至"图层 1"和"背景 拷贝"图层之间，然后按 Ctrl+T 键，自由调整图像外形，如下图所示。

12 复制"图层 1"图层，创建"图层 1 拷贝"图层，再执行"编辑 > 变换 > 垂直翻转"菜单命令，垂直翻转图层，并调整适当角度，单击添加矢量蒙版。建立蒙版后，选择"渐变工具"，从图像下方往上拖曳黑白渐变，如下图所示，为蒙版填充渐变，为鞋子添加投影效果。

13 结合横排文字工具和矩形工具在画面的合适位置绘制图形并输入需要的文本，为图像添加文案效果，如下图所示，完成本实例的制作。

## 实例演练 5：
# 使用快速选择工具替换背景颜色

 原始文件：随书资源 \ 素材 \09\28.jpg
最终文件：随书资源 \ 源文件 \09\ 使用快速选择工具替换背景颜色 .psd

**解析**：虽然快速选择工具的主要原理与魔棒工具的相似，但是在实际操作中，使用快速选择工具可以比魔棒工具更加快捷、准确地选取需要的图像。本实例将介绍如何使用快速选择工具选择画面中的背景区域，然后使用调整命令对选择的背景颜色进行调整，创建不一样的画面效果。下图所示为制作前后的效果对比图，具体操作步骤如下。

**1** 打开 "28.jpg" 文件，选中工具箱中的 "快速选择工具"，单击 "画笔" 下三角按钮，在弹出的下拉列表中设置 "画笔" 的各项参数，如下左图所示。

**2** 使用快速选择工具在画面的背景部分单击并拖动鼠标，如下右图所示，创建选区。

**3** 继续使用快速选择工具在背景上单击并涂抹，创建选区，扩大选择范围，如下左图所示。

**4** 单击 "快速选择工具" 选项栏中的 "从选区减去" 按钮，在人物图像上单击，调整选区范围，如下右图所示。

**5** 继续使用快速选择工具在图像上涂抹，调整选区范围，选中整个背景部分，如下左图所示。

**6** 执行 "选择 > 修改 > 羽化" 菜单命令，在打开的 "羽化选区" 对话框中设置参数，如下右图所示，设置完成后单击 "确定" 按钮。

**7** 按 Ctrl+J 键，复制选区内的图像，得到 "图层1"，如下左图所示。

**8** 单击 "调整" 面板中的 "色相／饱和度" 按钮，如下右图所示，创建 "色相／饱和度 1" 调整图层。

**9** 打开 "属性" 面板，在面板中设置 "色相／饱和度" 参数，如下左图所示，调整背景部分的颜色，效果如下右图所示。

**10** 按住 Ctrl 键单击 "色相／饱和度 1" 图层蒙版，载入选区。创建 "色阶 1" 调整图层，并在打开的 "属性" 面板中设置选项，调整背景图像的亮度，如下图所示。

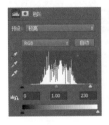

**11** 将 "图层 1" 拖至面板底部的 "创建新图层" 按钮，复制得到 "图层 1 拷贝" 图层，如下图所示。

12 确保"图层1拷贝"图层为选中状态，执行"滤镜 > 模糊 > 动感模糊"菜单命令，打开"动感模糊"对话框，在"角度"数值框中输入数值50，在"距离"数值框中输入数值120，设置完成后单击"确定"按钮，将背景图像模糊化，如下图所示。

13 为了恢复墙面的细节纹理，将"图层1拷贝"图层的混合模式设置为"变亮"，将"不透明度"设置为60%，如下图所示，完成本实例的制作。

---

## 实例演练 6:
## 借助多边形套索工具调整影调

原始文件：随书资源 \ 素材 \09\29.jpg
最终文件：随书资源 \ 源文件 \09\ 借助多边形套索工具调整影调 .psd

解析：用户可应用 Photoshop CC 2015 中的多边形套索工具快速创建多边形选区。本实例将介绍如何使用多边形套索工具选择多边形外形的建筑图像，然后结合调整命令对选区的建筑物进行颜色调整，以得到更加漂亮的照片效果。下图所示为制作前后的效果对比图，具体操作步骤如下。

1 打开"29.jpg"文件，单击工具箱中的"多边形套索工具"按钮，在选项栏中单击"添加到选区"按钮，设置"羽化"为2像素，如下图所示。

2 使用多边形套索工具在画面左侧的建筑物边缘单击，确定起始点，然后沿着建筑物拖动鼠标，如下图所示。

3 继续使用多边形套索工具沿着建筑物单击并拖动鼠标，创建选区，如下左图所示。

4 单击"调整"面板中的"色阶"按钮，如下右图所示，新建"色阶1"调整图层。

5 打开"属性"面板，设置色阶值为0、1.21、246，将画面中的建筑物影调调亮，如下图所示。

6 单击"色阶 1"调整图层的蒙版缩览图，将蒙版作为选区载入，如下图所示。

7 新建"色相／饱和度 1"调整图层，在"饱和度"数值框中输入数值 +23，然后在"编辑"下拉列表框中选择"黄色"选项，在"饱和度"数值框中输入数值 +32，如下图所示。

8 经过步骤 7 的设置后，得到如下图所示的图像效果，提高了图像中建筑物的颜色饱和度。

9 再次载入建筑物选区，创建"曲线 1"调整图层，并在"属性"面板中设置曲线，如下左图所示。

10 根据设置的曲线，调整建筑物图像的对比，使图像更有层次感，如下右图所示。

11 载入建筑物选区，创建"色阶 2"调整图层，并在"属性"面板中设置色阶参数，如下左图所示。

12 根据设置的色阶，调整建筑物图像的明度，得到如下右图所示的效果，完成本实例的制作。

## 实例演练 7：
# 使用快速选择工具突出照片主体

原始文件：随书资源 \ 素材 \09\30.jpg
最终文件：随书资源 \ 源文件 \09\ 使用快速选择工具突出照片主体 .psd

**解析**：数码照片后期处理过程中，如果发现原照片中主体与背景颜色区别不大，为了突出照片中的主体对象，可以对照片局部颜色进行调整。本实例将介绍使用快速选择工具选择照片中的主体图像并将其抠取出来，然后对背景进行去色调整，达到突出照片主体的作用。下图所示为制作前后的效果对比图，具体操作步骤如下。

1 打开"30.jpg"文件，单击工具箱中的"快速选择工具"按钮，根据需要设置其选项栏，如下图所示，然后在蜡烛部分单击。

2 继续使用快速选择工具在蜡烛部分单击并涂抹，
创建选区，如下图所示。

3 将图像放大至合适比例，单击其选项栏中的"从
选区减去"按钮，将画笔大小设置为 20，在如
下左图所示的位置涂抹。

4 继续设置选区的外形，创建更准确的选区，如
下右图所示。

5 按快捷键 Shift+F6，打开"羽化选区"对话框，
在"羽化半径"数值框中输入数值 1，如下图
所示。

6 按 Ctrl+J 键复制图层，得到"图层 1"，再复制"背
景"图层，如下图所示。

7 确保"背景 拷贝"图层为选中状态，创建"黑
白 1"图层，打开"属性"面板，单击面板中的"自
动"按钮，如下左图所示，调整参数，将图像黑白化，
如下右图所示。

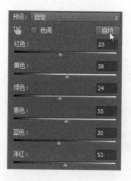 

8 按住 Ctrl 键，单击"图层 1"图层缩览图，将
此图层载入到选区，如下图所示。

9 创建"色相／饱和度 1"调整图层，打开"属性"
面板，如下左图所示设置"色相／饱和度"参数。

10 经过步骤 9 的操作后，得到如下右图所示的
图像效果，突出了画面中的主体图像，完成
本实例的制作。

⭐ 技巧>>如何保存并加载选区

　　创建选区后，若想保存该选区，以便在需要
时将其加载到图像中，则可将选区保存为 Alpha
通道。在保存后的 Alpha 通道中，白色区域是可
以被调用的，黑色区域是不能被选择的，而灰色
区域则只是部分可以被选择，且根据灰色的亮度
决定了所选区域的比例。用户可选择从当前选区
中制作一个 Alpha 通道，执行"选择 > 存储选区"
菜单命令，在弹出的"存储选区"对话框中选中"新
建通道"单选按钮，然后单击"确定"按钮即可。

## 实例演练 8：
# 使用套索工具合成静物和人像

原始文件：随书资源 \ 素材 \09\31.jpg、32.jpg
最终文件：随书资源 \ 源文件 \09\ 使用套索
工具合成静物和人像 .psd

**解析：** 本实例将介绍如何使用 Photoshop CC 2015 中的套索工具合成静物和人像照片。为让合成效果更自然，可适当降低图像的不透明度，并调整图像的透视角度，确认无误后再创建图层蒙版。下图所示为制作前后的效果对比图，具体操作步骤如下。

1 打开 "31.jpg" 和 "32.jpg" 文件，使用移动工具将 "32.jpg" 文件拖至 "31.jpg" 文件中，如下图所示。

2 经过步骤 1 的操作后，得到 "图层 1"，将该图层的 "不透明度" 设置为 50%，如下图所示。

3 按 Ctrl+T 键，自由调整图像的外形和位置，然后右击鼠标，在弹出的快捷菜单中选择 "透视"命令，如下左图所示。

4 单击并向上拖动左上角的控制手柄，如下右图所示，自由调整图像的透视外形。

5 调整透视角度后，按 Enter 键，应用透视效果，如下左图所示。

6 执行 "编辑 > 变换 > 缩放" 菜单命令，对图像进行缩放操作，缩放后的图像效果如下右图所示。

7 单击工具箱中的 "套索工具" 按钮，在选项栏中设置选项参数，如下图所示。

羽化：10 像素

8 沿着画面中的相框内侧边缘单击并拖动鼠标，如下左图所示。

9 当绘制的终点与起点重合时，双击鼠标，创建选区，选择图像，如下右图所示。

**10** 确保"图层1"为选中状态，单击"图层"面板底部的"添加图层蒙版"按钮，如下左图所示，为该图层添加图层蒙版。

**11** 添加图层蒙版后，将选区外的图像隐藏，得到如下右图所示的图像效果。

**12** 在"图层"面板中选中"图层1"，将此图层的"不透明度"重新设置为100%，如下图所示，完成本实例的制作。

> ★ **技巧>>准确定位图像**
>
> 在本实例的编辑过程中，将人物素材拖至背景图像中后，首先需要调整人物素材所在图层的不透明度，因为只有这样才能更加准确地调节人物的外形和位置，设置完成后可恢复原始的不透明度。

## 实例演练 9：
# 用矩形选框工具制作创意照片

原始文件：随书资源 \ 素材 \09\33.jpg
最终文件：随书资源 \ 源文件 \09\ 用矩形选框工具制作创意照片 .psd

**解析**：在进行数码照片的后期处理时，可以对照片进行艺术化处理，制作更有新意的照片效果。本实例将使用矩形选框工具选择照片中的不同区域，并对其填充新的颜色，得到渐变色彩的照片效果。下图所示为处理前后的效果对比图，具体操作步骤如下。

**1** 按 Ctrl+N 键，打开"新建"对话框，设置文件的"名称""大小""分辨率"等参数，如下左图所示。

**2** 设置完"新建"对话框中的各项参数后，单击"确定"按钮，创建新文件，如下右图所示。

**3** 打开"33.jpg"文件，图像效果如下左图所示。

**4** 使用移动工具将步骤 3 中打开的图像拖至新建的文件中，如下右图所示。

5 按 Ctrl+T 键，将人物素材调整至合适大小和外形，如下图所示，设置完成后按 Enter 键应用变换。

6 单击工具箱中的"矩形选框工具"按钮，按下图所示设置其选项栏中的各项参数。

样式：固定比例 宽度：2 高度：15

7 使用矩形选框工具在画面的合适位置单击并拖动鼠标，创建矩形选框，如下左图所示。

8 继续沿着人像照片外轮廓创建相同大小的选区，效果如下右图所示。

9 确保"图层 1"为选中状态，单击"图层"面板底部的"添加图层蒙版"按钮，为该图层添加图层蒙版，得到如下图所示的图像效果。

10 按住 Ctrl 键，单击"图层 1"的蒙版缩览图，载入选区，如下图所示。

11 单击选项栏中的"从选区减去"按钮，然后在如下图所示的位置单击并拖动鼠标，从选区减去图像。

12 创建"照片滤镜 1"调整图层，打开"属性"面板，在"滤镜"下拉列表框中选择"深黄"选项，在"浓度"数值框中输入数值 100，如下左图所示，为选区中的图像添加深黄色调，如下右图所示。

13 利用同样的方法，选中"图层 1"，按住 Ctrl 键，单击该图层的蒙版缩览图，载入选区，然后使用矩形选框工具在画面的合适位置设置选区，调整选择范围，如下图所示。

14 创建"照片滤镜 2"调整图层，打开"属性"面板，在"滤镜"下拉列表框中选择"青"选项，在"浓度"数值框中输入数值 100，如下左图所示，为选区中的图像添加青色影调，如下右图所示。

15 在第三道条纹上创建选区，如下左图所示。再创建"照片滤镜3"调整图层，打开"属性"面板，设置滤镜颜色和"浓度"，为选区中的图像添加深黄影调，如下右图所示。

16 与前面设置选区的方法相同，在画面的第四道条纹上创建选区，如下图所示。

17 创建"照片滤镜4"调整图层，打开"属性"面板，设置滤镜的颜色和"浓度"，如下左图所示，为该选区中的图像添加蓝色影调，如下右图所示。

18 根据画面整体效果和个人喜好，为其他条纹创建选区，并调整选区内的图像颜色，设置后的效果如下图所示。

19 隐藏"背景"图层，按快捷键 Shift+Ctrl+Alt+E，盖印可见图层，得到"图层2"，如下左图所示。

20 按 Ctrl+T 键，然后右击鼠标，在弹出的快捷菜单中选择"垂直翻转"命令，如下右图所示。

21 将图像进行垂直翻转后，使用移动工具将其向下拖动，调整至如下图所示的位置。

22 显示"背景"图层，为"图层2"添加图层蒙版，然后使用渐变工具在如下图所示的位置单击并拖动鼠标，为其应用线性渐变填充效果。

23 将"图层2"的"不透明度"设置为 40%，如下左图所示，得到如下右图所示的图像效果。

24 使用横排文字工具输入需要的文字，然后设置文本属性并将其调整至合适位置，如下图所示，完成本实例的制作。

## 实例演练 10：
# 将普通生活照打造为标准证件照

原始文件：随书资源 \ 素材 \09\34.jpg、发丝 .abr
最终文件：随书资源 \ 源文件 \09\ 将普通生活
照打造为标准证件照 .psd

**解析：** 在急需证件照片而手中又没有时，可以运用 Photoshop 中的相关工具及命令，轻松将生活照制作为标准证件照效果。本实例将通过使用裁剪工具对照片进行裁剪，然后通过抠出图像替换背景的方式制作两寸证件照片。下图所示为制作前后的效果对比图，具体操作步骤如下。

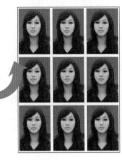

**1** 打开 "34.jpg" 文件，单击工具箱中的 "裁剪工具" 按钮，设置其选项栏中的各项参数，如下图所示。

| 宽×高×分... | ⬍ | 3.5 厘米 | ⇄ | 4.9 厘米 | 300 | 像素/厘米 |

**2** 根据设置的裁剪选项，在图像中自动创建一个相应的裁剪框，如下左图所示。

**3** 将鼠标移至裁剪框上，单击并拖动鼠标，调整裁剪框的大小和角度，得到如下右图所示的裁剪框效果。

**4** 确定裁剪范围后，右击裁剪框中的图像，在弹出的快捷菜单中选择 "裁剪" 命令，裁剪照片，如下图所示。

**5** 执行 "选择 > 色彩范围" 菜单命令，打开 "色彩范围" 对话框，在对话框中将 "颜色容差" 设置为最大值，然后运用吸管工具在背景处单击，设置选择范围，如下左图所示。设置完成后单击 "确定" 按钮，创建选区，如下右图所示。

**6** 选择快速选择工具，单击选项栏中的 "从选区减去" 按钮，然后在脸部区域单击，如下左图所示。

**7** 继续使用快速选择工具在人物图像上单击，调整选区范围，得到如下右图所示的选区效果。

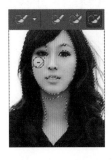

**8** 双击 "背景" 图层，弹出 "新建图层" 对话框，默认其选项设置，单击 "确定" 按钮，将 "背景" 图层转换为普通图层，系统将其命名为 "图层 0"，如下图所示。

**9** 按 Delete 键，删除选区内的图像，得到如下左图所示的图像效果。

**10** 单击"创建新图层"按钮，在"图层 0"图层下方新建"图层 1"图层，如下右图所示。

**11** 设置前景色为 R255、G0、B0，按快捷键 Alt+Delete，将背景填充为红色，如下左图所示。

**12** 选中"图层 0"，单击工具箱中的"橡皮擦工具"按钮，在人物的头发边缘单击并拖动鼠标，删除多余图像，效果如下右图所示。

**13** 载入"发丝"画笔，然后选择画笔工具，在"画笔预设"选取器中单击载入的发丝笔刷，如下左图所示。

**14** 单击"创建新图层"按钮，新建"图层 2"，将此图层混合模式设置为"深色"，如下右图所示。

**15** 将鼠标移至右侧的头发边缘位置，单击鼠标，绘制发丝图案，如下左图所示。

**16** 选中"图层 2"，单击"图层"面板底部的"添加图层蒙版"按钮，为此图层添加蒙版。选择画笔工具，设置前景色为黑色，在重叠于人物头发部分的发丝边缘涂抹，隐藏部分图像，使绘制的头发显得更自然，如下右图所示。

**17** 选中"图层 2"，按快捷键 Ctrl+J，复制"图层 2"，得到"图层 2 拷贝"图层，如下图所示，复制图层后增强了发丝效果。

**18** 执行"图像 > 画布大小"菜单命令，打开"画布大小"对话框，如下左图所示设置参数，设置完成后单击"确定"按钮，扩展画布，效果如下右图所示。

**19** 按住 Ctrl 键，单击"图层 1"，将该图层中的图像作为选区载入，如下图所示。

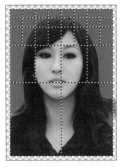

**20** 执行 "选择 > 反选" 菜单命令或按 Shift+ Ctrl+I 键，将步骤 19 中载入的选区反向，如下左图所示。

**21** 创建 "图层 3"，设置前景色为白色，按快捷键 Alt+Delete，将选区填充白色，如下右图所示。

**22** 执行 "编辑 > 定义图案" 菜单命令，打开 "图案名称" 对话框，在对话框中设置图案名称，单击 "确定" 按钮，定义图案，如下左图所示。

**23** 按快捷键 Ctrl+N，打开 "新建" 对话框，设置新建文件的各项参数，然后单击 "确定" 按钮，新建文件，如下右图所示。

**24** 单击工具箱中的 "油漆桶工具" 按钮，在 "设置填充区域的源" 下拉列表框中选择 "图案" 选项，然后在其右侧的下拉列表中选择步骤 22 中定义的图案，如下左图所示。

**25** 在画面的任意位置单击，快速填充选中的图案，如下右图所示。

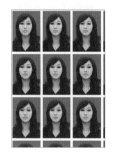

**26** 按 C 键切换至 "裁剪工具"，在画面的合适位置单击并拖动鼠标，如下左图所示，创建裁剪框，然后按 Enter 键应用裁剪，如下右图所示，完成本实例的制作。

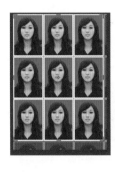

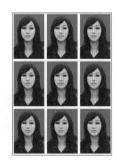

# 第10章
# 精细抠图技法

上一章介绍的快速抠图方法虽然操作简单、速度较快，但适用的图像类型有限。为了抠取更加复杂的主体图像，并使图像的细节更加完善，需要使用精细抠图技法，包括应用"色彩范围"命令抠图、快速蒙版抠图法、通道抠图法、路径抠图法等。通过本章的学习，读者可以在后期的照片合成中更加快速、精细地将照片设置为自己满意的效果。

## 10.1 应用"色彩范围"命令抠图

"色彩范围"命令一般用于图像中相近颜色的选取，可使用该命令来选取背景与主体图像相差较大的区域，该命令不可用于 32 位 / 通道的图像。本节将介绍如何使用"色彩范围"命令进行抠图，具体操作方法如下。

打开需要设置的素材图像，执行"选择 > 色彩范围"菜单命令，打开"色彩范围"对话框，通过设置该对话框中的各项参数可创建更加精确的选区，具体设置如下。

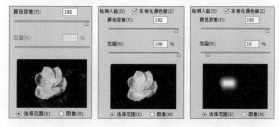

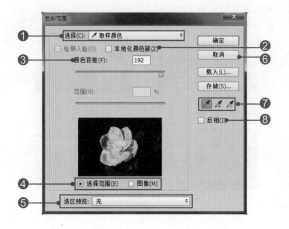

**❶选择**：用于选择基于图像的取样颜色，可在该下拉列表框中选择颜色或色调范围，但是不能调整选区。选择任意颜色范围即可使用一个色系的颜色代替取样颜色。

**❷本地化颜色簇**：若在图像中选择多个颜色范围，则勾选该复选框可构建更加精确的选区。勾选该复选框后，则下方的"范围"选项为可用状态，可拖动滑块或输入数值以控制要包含在蒙版中的颜色与取样点的最大和最小距离，如下图所示。

**❸颜色容差**：用于设置选择范围内色彩范围的广度，并增加或减少部分选定像素的数量。若设置的数值较低，则限制色彩范围；若设置的数值较高，则增大色彩范围，如下图所示。一般来说，将容差值设置在 16 以上，就可避免选区出现毛刺边界的现象。

 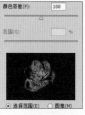 

**❹选择预览方式**：用于设置预览框中的预览方式。若选中"选择范围"单选按钮，则白色区域代表选中的像素，灰色区域代表部分像素选中，随着颜色的不断加深，被选的程度就越来越少，黑色则表示未选择该区域，如下左图所示。若选中"图像"单选按钮，则可预览整个图像，如下右图所示。

**⑤选区预览**：用于设置预览框中将显示的图像效果。单击其右侧的下三角按钮，在弹出的下拉列表中包含"无""灰度""黑色杂边""白色杂边"和"快速蒙版"5 个选项，选择不同的选项，将得到不同的预览效果，如下图所示。

**⑥取消**：按住 Alt 键单击该按钮，可切换为"复位"按钮。

**⑦调整选区按钮**：单击"吸管工具"按钮，则选取图像区域；单击"添加到选区"按钮，则在预览区域或图像中单击可添加颜色；单击"从选区减去"按钮，则在预览或图像区域中单击可移去颜色。

**⑧反相**：勾选该复选框，则将创建的选区反相，如下图所示。

设置容差值为 50，在天空的其他部位单击，进一步选取图像，如图❸所示。设置完成后单击"确定"按钮，创建选区，如图❹所示。

单击"图层"面板中的"创建新的填充或调整图层"按钮，在弹出的菜单中选择"渐变"选项，打开"渐变填充"对话框，按图❺所示设置渐变填充参数，设置完成后单击"确定"按钮。为了让渐变填充的颜色与下方的天空图像融合，将"渐变填充 1"调整图层的混合模式设置为"叠加"，如图❻所示，最终效果如图❼所示。

---

**应用一>>使用"色彩范围"命令使天空更加湛蓝**

打开需要设置的素材图像，如图❶所示。执行"选择 > 色彩范围"菜单命令，打开"色彩范围"对话框，按图❷所示设置"色彩范围"的各项参数，然后单击"添加到取样"按钮，

**应用二>>选择不同的区域**

执行"选择 > 色彩范围"菜单命令后，鼠标指针将会变为吸管工具，使用该工具在图像中单击，即可将单击处的颜色或者相近的颜色转换为选区。单击不同的区域，所得到的图像选区就会产生很大的差异。

单击绿色铅笔，则绿色铅笔以及与之颜色相近的区域将会呈白色显示，如图❶所示。单击不同的位置将得到不同的选区效果，如图❷和图❸所示。

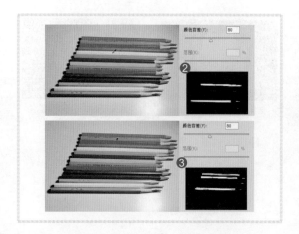

# 10.2　路径抠图法

路径是不受分辨率影响的曲线或轮廓，它们与文件中的所有图层均无关联，但是可以保存、激活或创建选区。路径抠图法一般针对于较复杂边缘的图像，可使用钢笔工具在绘制的过程中通过拖动鼠标控制线，再使用直接选择工具进一步调整路径的外形，使绘制的路径满足各种需要。本节将详细介绍如何使用路径进行抠图，具体操作方法如下。

## 1. 使用钢笔工具绘制路径

使用钢笔工具可通过单击并拖动鼠标，创建出需要的路径。

（1）**设置角点**：使用钢笔工具沿着杯子外轮廓单击，即可绘制一个角点，如下左图所示。

（2）**放置平滑（曲线）点**：单击要放置点的位置，接着朝着下一条曲线段的走势方向拖动鼠标，即可塑造曲线外形，如下右图所示。

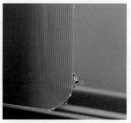

（3）**将刚绘制的锚点在平滑点和角点之间互换**：在绘制过程中按住 Alt 键单击角点（刚绘制的），即可将它转换为平滑点，如下左图所示。

（4）**封闭路径**：将鼠标移至起始点，当指针右下角出现小圆圈时，单击即可封闭路径，如下右图所示。

### 技巧一>>使用钢笔工具绘制路径的技巧

在使用钢笔工具单击并拖动鼠标时，"钢笔工具"光标旁会出现两种小型符号来标识绘制状态。

◆从附近已选择点开始绘制路径：在绘制路径的过程中，若切换至其他工具，而又要继续绘制当前路径，则可按 P 键切换至"钢笔工具"，然后将鼠标指针置于要绘制路径的端点上，即可激活端点，如图❶所示。

◆绘制新的组件路径：在当前激活的路径中单击，运用钢笔绘制新的路径组件，如图❷所示。

## 应用>>从照片中抠出复杂的图像

打开需要设置的素材图像，如图❶所示。单击工具箱中的"钢笔工具"按钮，将鼠标移至要抠出的图像边缘位置，单击鼠标，绘制路径起点，如图❷所示。将鼠标移至要抠取图像边缘的另一位置，单击并拖动鼠标，绘制曲线路径，如图❸所示。继续使用同样的方法，沿下面素材中的鞋子图像绘制路径，当绘制的路径终点与起点重合时，鼠标指针会变为 形状，如图❹所示。

单击鼠标连接路径，完成封闭路径的绘制。绘制好路径后，要抠出图像，需要再按快捷键Ctrl+Enter 将绘制的路径转换为选区，如图❺所示。按快捷键 Ctrl+J，复制选区内的图像，得到"图层 1"图层，将"背景"图层隐藏，就可以看到抠出的图像效果，如图❻所示。

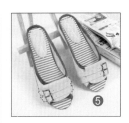

### 2. 使用自由钢笔工具绘制路径

使用自由钢笔工具可以像使用钢笔工具那样拖动以创建曲线，在绘制过程中，将自动生成和放置锚点。该工具主要用于绘制较不规则的图形，在绘图时将自动添加锚点，而无须确定锚点的位置，完成路径后可进一步对其进行调整。

单击工具箱中的"自由钢笔工具"按钮，然后在画面中需要创建路径的位置单击并拖动鼠标，即可创建路径，如下左图所示。若勾选其选项栏中的"磁性的"复选框，则在绘制时会根据图像颜色自动创建路径，如下右图所示。

### 技巧二>>设置自由钢笔选项

要控制最终路径对鼠标移动的灵敏度，则单击其选项栏中的"自定形状工具"下三角按钮，在弹出的下拉列表中设置各项参数，如下图所示。其中，"曲线拟合"选项可输入 0.5 ～ 10之间的数值，设置的数值越大，则创建的路径锚点越少，路径越简单；"钢笔压力"复选框被勾选时，钢笔压力增加将导致宽度减小。

### 3. 编辑路径

Photoshop CC 2015 中的路径编辑工具可用于编辑由绘图工具创建的路径。用户可以随时编辑路径段，但是编辑现有路径段与绘制路径段之间存在些许差异。

（1）添加锚点工具：主要用于在已存在的路径中添加锚点。添加锚点可以增强对路径的控制，也可以扩展开放路径，但最好不要添加多余的点，点数较少的路径更易于编辑、显示和打印。若要添加锚点，则将指针定位到路径段的上方，如下左图所示。单击鼠标即可添加新锚点，如下右图所示。

（2）删除锚点工具：主要用于删除路径上多余的锚点，删除锚点可以降低路径的复杂性。将鼠标指针定位到锚点上，如下左图所示，然后单击鼠标即可，如下右图所示。需要注意的是，若路径上仅有两个锚点，则该工具无法使用。

若要将平滑点转换成具有独立方向线的角点，则单击任一方向点即可，如下图所示。

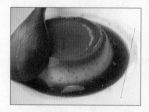 

（3）转换点工具：通过拖动锚点设置平滑的曲线。将转换点工具放置在要转换的锚点上方，如果要将角点转换成平滑点，则向角点外拖动，使方向线出现，如下图所示。

（4）直接选择工具：如果锚点连接两条线段，则移动该锚点将同时更改两条线段；当使用钢笔工具绘制时，可以临时启用"直接选择工具"，以便调整已绘制的路径段；当用户使用直接选择工具编辑现有平滑点时，将只更改所拖动一侧的方向线的长度。

（5）路径选择工具：使用此工具在图像中单击可以选择路径，如下左图所示。要选择多个路径组件，则按住 Shift 键单击其他路径组件，将其添加到选区即可，如下右图所示。

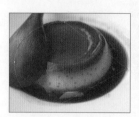 

如果要将角点转换为具有独立方向线的角点，则将方向点拖动出角点，再松开鼠标拖动任一方向点，如下图所示。

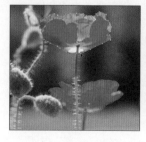 

## 10.3 快速蒙版抠图法

当用户选择了某个图像的部分区域时，则未选中区域将"被蒙版"或受保护以免被编辑。因此，创建蒙版后，当用户需要改变图像某个区域的颜色或对该区域应用滤镜或其他效果时，可隔离并保护图像的其余部分，在对复杂图像进行编辑时也可使用快速蒙版。本节将介绍快速蒙版抠图法，具体操作方法如下。

在图像的适当位置创建一个选区，如下左图所示。单击工具箱中的"以快速蒙版模式编辑"按钮，则当前选区外的图像变成了一个带有颜色的蒙版区域，如下右图所示。用户可以使用 Photoshop

中的绘画工具和滤镜命令对选区进行设置。在快速蒙版模式下，可以看到图像和蒙版，这样可以非常方便地通过设置创建精细选区。

## 1. 创建临时快速蒙版

要使用快速蒙版模式，则从选区开始，给它添加或从中减去选区，以建立蒙版，也可以完全在快速蒙版模式下创建蒙版。

打开需要设置的素材图像，按 B 键切换至"画笔工具"，然后单击工具箱中的"以快速蒙版模式编辑"按钮，切换至快速蒙版模式，使用画笔工具在猫的身上单击并涂抹，如下左图所示。设置完成后单击"以标准模式编辑"按钮，得到如下右图所示的选区。

### 技巧一>>快速蒙版模式下蒙版的设置

用白色绘制可在图像中选择更多的区域（颜色叠加会从用白色绘制的区域中移去）；要取消选择区域，则用黑色在它们上面绘制（颜色叠加会覆盖用黑色绘制的区域）；用灰色或其他颜色绘制可创建半透明区域，这对羽化或消除锯齿效果很有用。

## 2. 更改快速蒙版选项

双击工具箱中的"以快速蒙版模式编辑"按钮，将会打开"快速蒙版选项"对话框，如下图所示。

❶**色彩指示**：选中"被蒙版区域"单选按钮，则可将被蒙版区域设置为黑色（不透明），并将所选区域设置为白色（透明）。用黑色绘画可扩大被蒙版区域，用白色绘画可扩大选中区域。选中"所选区域"单选按钮，则将被蒙版区域设置为白色，将所选区域设置为黑色

❷**不透明度**：设置快速蒙版的不透明度，可输入 0 ～ 100 之间的任意数值。

### 技巧二>>设置快速蒙版预览模式的颜色

使用图层蒙版抠图时，如果要选择的图像也为红色，那么为了更好地区分图像，可以在编辑快速蒙版时更改蒙版的颜色。单击"快速蒙版选项"对话框中的颜色块，如图❶所示，即可打开"拾色器（快速蒙版颜色）"对话框，在对话框中单击或输入数值，进行颜色的设置，如图❷所示。设置完成后返回"快速蒙版选项"对话框，对话框中的颜色也会随之发生改变，如图❸所示。同时，图像窗口中的蒙版颜色也变为新设置的颜色，如图❹所示。

### 技巧三>>设置快速蒙版预览模式颜色的意义

颜色和不透明度设置都只是影响蒙版的外观，对蒙版下面的区域没有影响。更改这些设置能使蒙版与图像中的颜色对比更加鲜明，从而具有更好的可见性。

# 10.4 通道抠图法

在抠取一张照片中的主体时，最主要的任务就是完整地选取图像中的主体，且不带任何背景元素。使用通道抠图法即便是难抠的头发也很容易抠出。下面将介绍通道抠图法的详细操作方法和相关技巧。

### 1. 查看各通道的图像

在 Photoshop 中编辑图像时，实际上是在编辑颜色通道。颜色通道是用来描述图像颜色信息的彩色通道和图像的颜色模式有关。每个颜色通道都是一幅灰度图像，只代表一种颜色的明暗变化。例如，一幅 RGB 颜色模式的图像，其通道就显示为 RGB、"红""绿""蓝" 4 个通道。下图所示分别为"红""绿"和"蓝"通道下的图像效果。

### 2. 复制通道

在使用通道对图像进行编辑的过程中，复制通道是一个重要的步骤。例如，使用通道抠取图像时，就需要复制一个通道来进行编辑，以避免影响原图像。在"通道"面板中选择需要复制的通道，然后将其拖动到"创建新通道"按钮上，如下左图所示，即可复制通道，如下右图所示。

### 应用一>> 显示或隐藏通道

通过"通道"面板中的"指示通道可见性"图标 👁，可以将单个通道暂时隐藏。此时，图像中该通道的相关信息也被隐藏，再次单击才可显示。显示和隐藏通道的具体操作方法如下。

如图❶所示，在"通道"面板中未隐藏任何通道，显示的色彩是完整的。单击"红"通道前的"指示通道可见性"按钮 👁，将"红"通道隐藏，则图像中所有的红色信息被隐藏，如图❷所示。在复制通道后，将只显示复制的通道，其他的通道被隐藏，如图❸所示。在复制的通道中进行编辑后，单击 RGB 通道，如图❹所示，就可显示原图像通道。

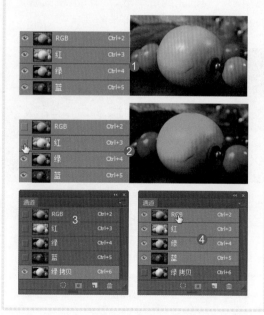

### 3. 调整通道图像

在"通道"面板的颜色通道中，每一个通道都代表一种颜色。对单个颜色通道进行调整，则图像也会随之改变。在通道中还可以应用滤镜来设置不一样的图像效果。为了使画面中主体人物和背景的区别更加明显，可按 Ctrl+L 键，打开"色阶"对话框，设置"色阶"参数，如下左图所示。设置完成后单击"确定"按钮，得到如下中图所示的图像效果。将前景色设置为黑色，使用画笔工具在人物部分单击并涂抹，再将前景色设置为白色，在背景部分单击并涂抹，得到如下右图所示的图像效果。

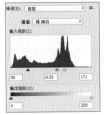  

### 4. 将通道中的图像作为选区载入

在"通道"面板中通过"将通道作为选区载入"按钮 ，可在当前图像上调用选择通道上的灰度值，并将其转换为选取区域。另一种方法是按住 Ctrl 键，在需要载入选区的通道上单击，即可载入选区。下图所示分别为按住 Ctrl 键单击通道缩览图、将通道中的图像作为选区载入和删除选区的图像效果。

**应用二>>为通道中的图像应用滤镜**

打开需要设置的素材图像，如图❶所示。选中"蓝"通道，如图❷所示。执行"滤镜 > 模糊 > 表面模糊"菜单命令，打开"表面模糊"对话框，按图❸所示设置参数，再执行"滤镜 > 渲染 > 云彩"菜单命令，设置完成后选中 RGB 通道，设置"背景 拷贝"图层的"不透明度"为 60%，将得到如图❹所示的图像效果。

---

## 实例演练 1：
# 使用单通道抠出毛茸茸的猫咪

原始文件：随书资源 \ 素材 \10\16.jpg、17.jpg
最终文件：随书资源 \ 源文件 \10\ 使用单通道抠出毛茸茸的猫咪 .psd

解析：单通道抠图就是选择颜色差异较大的通道，然后对此通道进行调整，就能把主体对象与背景分离，这种方法一般适用于主体对象颜色与背景颜色都较为单一且两者色调相差很大的图像。本实例将介绍如何使用单通道抠出毛茸茸的猫咪，并为其更换背景。下图所示为制作前后的效果对比图，具体操作步骤如下。

**1** 打开"16.jpg"文件，按快捷键 Ctrl+J，复制图层，得到"图层 1"，如下左图所示。

**2** 选择工具箱中的"套索工具"，在其选项栏中设置参数，然后在画面的合适位置单击并拖动鼠标，创建选区，如下右图所示。

**3** 单击"图层"面板底部的"添加图层蒙版"按钮 ，为"图层1"添加图层蒙版，再复制"背景"图层，并将复制的图层拖至最顶层，如下图所示。

**4** 执行"窗口 > 通道"菜单命令，打开"通道"面板，分别按 Ctrl+3、Ctrl+4 和 Ctrl+5 键，查看"红""绿"和"蓝"通道下的图像效果，然后选择背景与主体图像差别最大的通道（"蓝"通道），单击该通道缩览图，查看通道下的图像效果，如下图所示。

**5** 按住 Ctrl 键，单击"蓝"通道的通道缩览图，如下左图所示。

**6** 将"蓝"通道中的图像作为选区载入，载入后的图像效果如下右图所示。

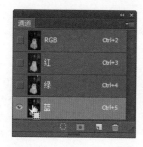

**7** 切换至"图层"面板，单击面板底部的"添加图层蒙版"按钮 ，为"背景 拷贝"图层添加图层蒙版效果，如下图所示。

**8** 按快捷键 Ctrl+I，将蒙版中的图像进行反相，然后按住 Alt 键单击该蒙版的缩览图，显示蒙版内容，如下图所示。

**9** 执行"图像 > 调整 > 色阶"菜单命令或按 Ctrl+L 键，打开"色阶"对话框，设置色阶值为 70、0.65、235，设置完成后单击"确定"按钮，加强图像的黑白对比，如下左图所示。将前景色设置为白色，按 B 键切换至"画笔工具"，在背景的黑色部分单击并涂抹，如下右图所示。

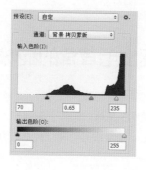

**10** 继续使用画笔工具涂抹背景部分，设置完成后按 Ctrl+I 键，将图像进行反相，再将前景色设置为黑色，在猫咪的身体部分涂抹，如下左图所示。

**11** 单击"背景 拷贝"图层的图层缩览图，再将"背景"图层进行隐藏，如下右图所示。

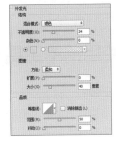

12 单击"背景 拷贝"图层蒙版缩览图,打开"属性"面板,单击面板中的"蒙版边缘"按钮,打开"调整蒙版"对话框,在对话框中设置选项,并指定输出结果,如下左图所示。

13 设置完成后单击"确定"按钮,调整蒙版边缘,得到"背景 拷贝 2"图层,如下右图所示,隐藏"背景"和"背景 拷贝"图层。

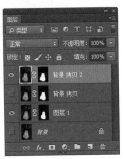

14 打开"17.jpg"文件,使用移动工具将打开的图像拖动至本文件中,并调整其位置,如下图所示。

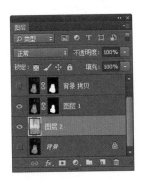

15 双击"背景 拷贝 2"图层,打开"图层样式"对话框,在对话框中设置"内发光"选项,如下左图所示。

16 单击"图层样式"对话框中的"外发光"样式,然后在右侧设置"外发光"选项,如下右图所示。

17 设置完成后单击"确定"按钮,应用样式,效果如下左图所示。

18 按住 Ctrl 键,单击"背景 拷贝 2"图层,如下右图所示,将此图层中的图像载入选区。

19 新建"色阶 1"调整图层,打开"属性"面板,在面板中设置色阶值为 0、1.06、216,如下左图所示。

20 继续设置色阶选项,选择"蓝"通道,设置色阶值为 22、1.07、255,如下右图所示。

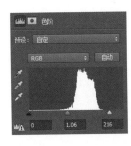
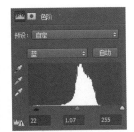

21 再次载入相同的选区,新建"曲线 1"调整图层,打开"属性"面板,在面板中单击并向上拖动曲线,调整猫咪图像的亮度,如下图所示,完成本实例的制作。

## 实例演练 2：
# 使用钢笔工具抠出漂亮女鞋

原始文件：随书资源 \ 素材 \10\18.jpg、19.jpg
最终文件：随书资源 \ 源文件 \10\ 使用钢笔工具
抠出漂亮女鞋 .psd

解析：钢笔工具是 Photoshop CC 2015 中常用的绘制图像的工具之一，而使用它来进行抠图也非常准确，通常适用于背景较复杂但主体很突出的图像。本实例将介绍如何使用钢笔工具抠出漂亮女鞋，并为其更换背景。下图所示为制作前后的效果对比图，具体操作步骤如下。

**1** 打开 "18.jpg" 文件，单击工具箱中的 "钢笔工具" 按钮，设置其选项栏中的各项参数，如下图所示。

**2** 沿着右侧鞋子的外轮廓单击并拖动鼠标，绘制路径，如下左图所示。

**3** 继续使用钢笔工具沿着右侧鞋子的外轮廓单击并拖动鼠标，绘制路径，最后的绘制效果如下右图所示。

**4** 单击工具箱中的 "添加锚点工具" 按钮，将鼠标指针置于如下左图所示的位置，然后单击鼠标。

**5** 经过步骤 4 的操作后，即可添加锚点，然后向右拖动鼠标，调整路径外形，如下右图所示。

**6** 结合使用添加锚点工具和直接选择工具添加锚点，并调整路径外形，最后的调整效果如下图所示。

**7** 单击工具箱中的 "转换点工具" 按钮，在如下左图所示的位置单击并拖动鼠标，将角点转换为平滑点。

**8** 拖动该锚点，调整路径外形，如下右图所示。

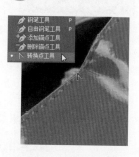 

**9** 使用相同的方法，继续进行路径的调整，调整后的效果如下左图所示。

**10** 执行 "窗口 > 路径" 菜单命令，打开 "路径" 面板，在面板中显示路径缩览图，如下右图所示。

11 双击"路径"面板中的"工作路径",打开"存储路径"对话框,在"名称"文本框中输入路径名称,如下图所示,设置完成后单击"确定"按钮即可。

12 单击"路径"面板底部的"将路径作为选区载入"按钮,将选中的路径作为选区载入,如下图所示。

13 执行"选择 > 修改 > 收缩"菜单命令,打开"收缩选区"对话框,在"收缩量"后的数值框中输入数值 1,单击"确定"按钮,收缩选区,如下图所示。

14 按 Shift+F6 键,打开"羽化选区"对话框,在"羽化半径"后的数值框中输入数值 1,设置后单击"确定"按钮,羽化选区,如下图所示。

15 按快捷键 Ctrl+J,复制选区内的图像,得到"图层 1",复制图像后,单击"背景"图层前的"指示图层可见性"图标,隐藏"背景"图层,查看抠出的鞋子效果,如下图所示。

16 打开"19.jpg"文件,然后使用移动工具将打开的图像拖动至本文件中,如下图所示,得到"图层 2"。

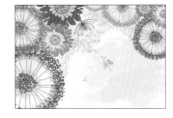 

17 将"图层 2"调整至"图层 1"和"背景"图层之间,如下左图所示。按 Ctrl+T 键,自由变换该图层中的图像,将其调整至合适大小和位置,调整完成后按 Enter 键即可,如下右图所示。

18 按住 Ctrl 键,单击"图层 1",载入选区,效果如下左图所示。

19 创建"色阶 1"调整图层,打开"属性"面板,在面板中输入色阶选项,如下右图所示调整鞋子的亮度。

20 选中"图层1"和"色阶1"调整图层，按快捷键 Ctrl+Alt+E，盖印所选图层，得到"色阶1（合并）"图层，如下左图所示。

21 选中"色阶1（合并）"图层，执行"编辑>变换>垂直翻转"菜单命令，垂直翻转图像并调整其位置，如下右图所示。

24 创建"文案"图层组，如下左图所示。运用矩形工具和横排文字工具在图像的右下角添加文字和图案，得到如下右图所示的图像效果，完成本实例的制作。

22 选中"色阶1（合并）"图层，单击"图层"面板中的"添加图层蒙版"按钮 ，添加蒙版，如下左图所示。

23 选择"渐变工具"，在选项栏中选择"黑，白渐变"，从图像下方往上拖动渐变，为鞋子制作投影效果，如下右图所示。

## 实例演练 3：
# 使用"色彩范围"命令替换背景

原始文件：随书资源 \ 素材 \10\20.jpg、21.jpg
最终文件：随书资源 \ 源文件 \10\ 使用"色彩范围"命令替换背景 .psd

解析：本实例将介绍如何使用"色彩范围"命令快速选中背景部分的图像并为图像更换背景。本实例的素材图像中，主体人物与灰色的背景颜色反差较大，因此可执行"色彩范围"命令，运用吸管工具在背景上单击调整取样范围，确定要替换的背景区域，然后对该区域的图像进行替换。如下图所示为制作前后的效果对比图，具体操作步骤如下。

2 执行"选择>色彩范围"菜单命令，打开"色彩范围"对话框，如下左图所示。

3 单击"吸管工具"按钮 ，在图像的背景部分单击，如下右图所示。

1 打开"20.jpg"文件，按下快捷键 Ctrl+J，复制图层，得到"图层1"，如下图所示。

4 单击对话框中的"添加到取样"按钮📷，再次在图像右侧单击鼠标，创建选区，如下左图所示。设置完成后单击"确定"按钮，创建如下右图所示的选区。

5 执行"选择 > 反选"菜单命令或按快捷键 Shift+Ctrl+I，将选区进行反向，如下图所示。

6 选择工具箱中的"套索工具"，单击选项栏中的"添加到选区"按钮📷，在如下左图所示的位置单击并拖动鼠标，添加选区。

7 继续使用套索工具设置选区，设置完成后的效果如下右图所示。

8 按快捷键 Ctrl+J，复制选区内的图像，得到"图层 2"，如下左图所示。

9 单击"背景"和"图层 1"前的"指示图层可见性"图标，隐藏图层，查看抠出的图像，如下右图所示。

10 打开"21.jpg"文件，使用移动工具将其拖动至本文件中，如下图所示，得到"图层 3"。

11 将"图层 3"调整至"图层 2"和"图层 1"之间，如下左图所示。

12 确保"图层 3"为选中状态，如下左图所示。按快捷键 Ctrl+T，自由变换该图层中的图像，设置完成后按 Enter 键，应用变换，得到如下右图所示的图像效果，完成本实例的制作。

⭐技巧>>根据图像选择选取方式

若设置的选区为规则选区，则可使用"选框工具"进行选取；若设置的选区为不规则选区，则可使用"套索工具"选项栏中的相关工具进行选取；若选择着色相近的选区，则可使用"魔棒工具"选项栏中的工具进行选取；若设置的选区图像与背景部分的图像颜色差较大，则可使用"色彩范围"命令进行选取。

## 实例演练 4:
## 使用通道抠图法抠出透明的婚纱

原始文件:随书资源 \ 素材 \10\22.jpg、23.jpg
最终文件:随书资源 \ 源文件 \10\ 使用通道抠图法抠出透明的婚纱 .psd

**解析**:本实例介绍如何使用通道抠图法抠出透明的婚纱图像。使用通道抠图时,需要先利用"通道"面板观察图像,在不同的颜色通道中选择一个明暗反差较大的通道进行编辑,进一步增强主体与背景的对比效果,从而精确地抠取半透明的婚纱。如下图所示为制作前后的效果对比图,具体操作步骤如下。

1 打开"22.jpg"文件,如下左图所示。

2 将"背景"图层拖动至面板底部的"创建新图层"按钮 上,复制"背景"图层,如下右图所示。

3 单击"钢笔工具"按钮 ,在人物边缘单击,创建路径锚点,然后单击并拖动鼠标,创建曲线路径,经过连续单击并拖动鼠标,沿人物图像创建一个封闭的工作路径,如下左图所示。

4 打开"路径"面板,查看路径,如下右图所示。

5 单击"路径"面板底部的"将路径作为选区载入"按钮 ,将绘制的工作路径转换为选区,如下图所示。

6 按快捷键 Ctrl+J,复制选区内的图像,得到"图层 1",单击"背景"和"背景 拷贝"图层前的"指示图层可见性"图标,隐藏图层,查看抠出的图像,如下图所示。

7 选中"图层 1",按快捷键 Ctrl+J,复制图层,得到"图层 1 拷贝"图层,执行"图像 > 调整 > 反相"菜单命令,反相图像,如下图所示。

8 切换到"通道"面板，选择"绿"通道并将其拖动至"创建新通道"按钮 🔲，释放鼠标，复制通道中的图像，得到"绿拷贝"通道，如下图所示。

9 选择"绿拷贝"通道，再执行"图像 > 反相"菜单命令，对图像进行反相设置，如下图所示。

10 选中"绿拷贝"通道，执行"图像 > 调整 > 色阶"菜单命令，打开"色阶"对话框，在对话框中设置色阶值为 175、1.00、213，如下图所示。

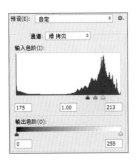

★ 技巧>>为什么要应用"色阶"命令

应用"色阶"命令可去除图像中的灰色部分，使图像的对比度更加强烈，也方便在后面的操作中使用画笔工具将整个人物图像编辑成白色。应用"色阶"命令的操作对整个图像设置起过渡作用。

11 设置完成后单击"确定"按钮，应用"色阶"调整图层，如下左图所示。

12 选中"绿拷贝"通道，单击"通道"面板下方的"将通道作为选区载入"按钮，载入选区，如下右图所示。

13 单击"通道"面板中的 RGB 通道，如下左图所示，显示该通道。

14 打开"图层"面板，隐藏"图层 1 拷贝"图层，查看载入的通道选区效果，如下右图所示。

15 按快捷键 Ctrl+J，复制选区内的图像，得到"图层 2"，如下左图所示。

16 选中"图层 1"，单击"图层"面板中的"添加图层蒙版"按钮 🔲，为"图层 1"添加图层蒙版，如下右图所示。

17 选择"画笔工具"，在选项栏中调整画笔大小、不透明度等选项，如下图所示。

**18** 设置前景色为黑色，在透明的婚纱上方涂抹，隐藏下方的图像，抠出半透明的婚纱，如下图所示。

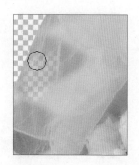

**19** 打开"23.jpg"文件，图像效果如下左图所示。

**20** 使用移动工具将其拖动至本文件中，再将得到的图层调整至如下右图所示的位置。

**21** 选择"画笔工具"，单击"图层1"，将前景色设置为黑色，继续在人物图像边缘涂抹，将多余的图像隐藏起来。

**22** 双击"图层2"，打开"图层样式"对话框，在对话框中设置"内发光"样式，为图像添加内发光效果，如下图所示。

## 实例演练5：
# 抠出人物制作海边留影效果

原始文件：随书资源 \ 素材 \10\24.jpg、25.jpg
最终文件：随书资源 \ 源文件 \10\ 抠出人物制作海边留影效果 .psd

　　解析：在 Photoshop 中抠取图像时，为了得到更精细的抠图效果，往往会将多种抠图工具或命令结合起来使用。本实例将介绍如何利用通道和"色彩范围"命令精细地抠取原照片中的人物图像，并将其制作为海边留影效果。下图所示为制作前后的效果对比图，具体操作步骤如下。

**1** 打开"24.jpg"文件，打开"通道"面板，查看各通道下的图像效果，然后选择对比较强的"绿"通道，单击该通道，查看图像，如下图所示。

**2** 将"绿"通道拖动至"创建新通道"按钮，释放鼠标，复制通道，得到"绿拷贝"通道，如下图所示。

3 选中"绿拷贝"通道,执行"图像 > 调整 > 色阶"菜单命令,打开"色阶"对话框,在对话框中输入色阶值,调整通道中的图像,如下图所示。

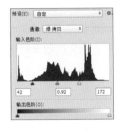 

4 执行"选择 > 色彩范围"菜单命令,打开"色彩范围"对话框,如下左图所示。

5 在"色彩范围"对话框中用吸管工具在画面的人物所在位置单击,如下右图所示。

6 设置完成后单击"确定"按钮,根据设置的选择范围,创建选区,如下左图所示。

7 单击"通道"面板中的RGB通道,如下右图所示,显示该通道。

8 返回图像窗口,查看选区效果,如下左图所示。

9 按快捷键 Ctrl+J,复制选区内的图像,得到"图层 1",如下右图所示。

10 打开"25.jpg"文件,使用移动工具将其拖动至本文件中,得到"图层 1",如下图所示。

11 选择工具箱中的"橡皮擦工具",将鼠标移至左侧的人物图像上,单击并涂抹图像,如下左图所示。

12 继续使用橡皮擦工具擦除图像,保留右侧的女性人物,如下右图所示。

13 按住 Ctrl 键,单击"图层 1",载入选区,载入后的选区效果如下左图所示。

14 新建"曲线 1"调整图层,打开"属性"面板,在面板中选择"红"选项,单击并向上拖动曲线,如下右图所示。

15 在"属性"面板中选择 RGB 选项,然后单击并向下拖动曲线,降低图像的亮度,如下图所示,完成本实例的制作。

## 实例演练 6：
# 使用快速蒙版打造浅景深

原始文件：随书资源 \ 素材 \10\26.jpg
最终文件：随书资源 \ 源文件 \10\ 使用快速蒙版打造浅景深 .psd

解析：浅景深可以制造出背景模糊但主体清晰的效果。拍摄人像时,常常需要运用这种方法来突显主体人物,同时营造出朦胧、梦幻的视觉效果。但是很多时候由于镜头光圈的限制,很难拍摄出浅景深效果,本实例就来介绍如何在后期处理时使用快速蒙版打造浅景深效果。下图所示为制作前后的效果对比图,具体操作步骤如下。

1 打开"26.jpg"文件,按 Ctrl+J 键复制图层,得到"图层 1",如下图所示。

2 单击工具箱中的"以快速蒙版模式编辑"按钮 ,如下左图所示,进入快速蒙版编辑状态。选择"画笔工具",在照片中的人物图像上单击并涂抹。

3 继续使用画笔工具沿着人物外轮廓单击并涂抹,绘制图像,如下右图所示。

4 设置完成后单击工具箱中的"以标准模式编辑"按钮 ,如下左图所示。

5 退出快速蒙版编辑状态,创建选区,效果如下右图所示。

6 按 Shift+F6 键,打开"羽化选区"对话框,按下左图所示设置"羽化半径"。设置完成后单击"确定"按钮,羽化选区,效果如下右图所示。

7 按 Ctrl+J 键，复制选区内的图像，在"图层"面板中得到"图层 2"，如下左图所示。

8 选中"图层 2"，执行"滤镜 > 模糊 > 高斯模糊"菜单命令，打开"高斯模糊"对话框，按下右图所示设置"半径"值。

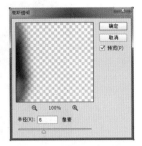

9 设置完"高斯模糊"对话框中的各项参数后，单击"确定"按钮，得到如下左图所示的图像效果。

10 单击"图层"面板底部的"添加图层蒙版"按钮，为"图层 2"添加图层蒙版，然后选中该蒙版，如下右图所示。

11 将前景色设置为黑色，按 G 键切换至"渐变工具"，在其选项栏中设置各项参数，然后在如下左图所示的位置单击并拖动鼠标。

12 经过上一步的设置后，即可为蒙版应用线性渐变填充，得到如下右图所示的图像效果，完成本实例的制作。

⭐技巧>> "高斯模糊"滤镜的使用技巧

在应用"高斯模糊"滤镜后，若觉得图像还不够模糊，可多次按 Ctrl + F 键套用"高斯模糊"滤镜效果，其效果会比一次设置很高的模糊半径的效果要好。

## 实例演练 7：
# 使用快速蒙版优化人物面部皮肤

原始文件：随书资源 \ 素材 \10\27.jpg
最终文件：随书资源 \ 源文件 \10\ 使用快速蒙版优化人物面部皮肤 .psd

解析：本实例将介绍使用快速蒙版优化人物面部皮肤，模拟摄影棚内"苹果灯"的打光技巧，柔化模特面部的皮肤，使人物皮肤散发出自然的粉嫩光泽。下图所示为制作前后的效果对比图，具体操作步骤如下。

1 打开"27.jpg"文件，按快捷键 Ctrl+J，复制图层，如下图所示。

2 单击工具箱中的"以快速蒙版模式编辑"按钮
🔲，进入快速蒙版编辑状态；选择"画笔工具"，
将前景色设置为黑色，在人物面部单击并涂抹，如
下左图所示。

3 继续使用画笔工具在人物的面部和脖子部分单
击并涂抹，绘制图像，如下右图所示。

4 按 E 键切换至"橡皮擦工具"，在人物的眼睛
部分单击并涂抹，如下左图所示。

5 继续使用橡皮擦工具在人物的五官部分单击并
涂抹，擦除五官部分的图像，如下右图所示。

6 单击工具箱中的"以标准模式编辑"按钮🔲，
退出快速蒙版编辑状态，得到如下左图所示的
选区效果。

7 按快捷键 Shift+Ctrl+I，将选区进行反选，如
下右图所示。

8 按快捷键 Shift+F6，打开"羽化选区"对话框，
设置"羽化半径"为 2，如下左图所示。

9 设置完成后单击"确定"按钮，羽化选区，效
果如下右图所示。

10 在"图层"面板中选中"图层 1"，按快捷
键 Ctrl+J，复制选区内的图像，得到"图层 2"，
如下左图所示。

11 确保"图层 2"为选中状态，执行"滤镜 >
杂色 > 蒙尘与划痕"菜单命令，打开"蒙尘
与划痕"对话框，在对话框中设置各项参数，如下
右图所示。

12 设置完"蒙尘与划痕"对话框中的各项参数后，单击"确定"按钮，得到如下左图所示的图像效果。

13 选中"图层 2"，按快捷键 Ctrl+J，复制图层，得到"图层 2 拷贝"图层，如下右图所示。

15 创建"色阶 1"调整图层，打开"属性"面板，在面板中单击并向左拖动灰色滑块，如下图所示。

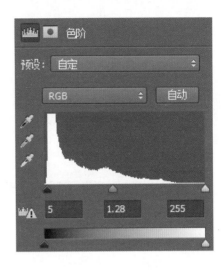

16 根据设置的色阶，调整中间调部分图像的亮度，得到如下图所示的图像效果。

14 选中"图层"面板中的"图层 2 拷贝"图层，设置其混合模式为"滤色"、"不透明度"为 15%，设置后人物的皮肤显得更加白嫩，如下图所示。

⭐ 技巧>>图层蒙版的应用

若只柔化部分皮肤，则可按住 Alt 键单击"图层"面板底部的"添加图层蒙版"按钮，为设置皮肤的图层添加一个全黑的图层蒙版，再将前景色设置为白色，使用较软的画笔在人物皮肤局部单击并涂抹即可。

# 第11章
# 为数码照片添加绘画艺术特效

人们形容风景美，喜欢用"风景如画"来比喻；形容人长得漂亮，会说"像从画上走下来的"。绘画，是美的一种载体。绘画利用线条和色彩反映生活的瞬间，表现色调鲜艳、多种多样的　事物。Photoshop CC 2015 中的滤镜可用来将数码照片风格化为美术作品。通过使用滤镜，可为照片添加自己喜欢的各种特殊艺术效果。本章将详细介绍如何应用 Photoshop CC 2015 中的相关工具和命令为数码照片添加各种特殊绘画艺术特效。

## 11.1　通过"滤镜"菜单应用滤镜

Photoshop CC 2015 的"滤镜"菜单提供了 13 个滤镜组，应用这些滤镜可快速为数码照片添加各种艺术效果。本节将简单介绍如何通过"滤镜"菜单应用滤镜。

要将滤镜应用于整个图层，应先选中需要设置的图层；要将滤镜应用于图层的一个区域，则应先选择需要应用滤镜的区域；要在应用滤镜时不造成破坏，以便以后能够更改滤镜设置，则选择包含要应用滤镜的图像内容的智能对象。执行"滤镜 > 滤镜库"菜单命令，打开如下图所示的对话框，具体设置方法和相关技巧如下。

**❶预览**：在窗口中可看到数码照片的变化效果。

**❷滤镜组**：用于选择"滤镜库"对话框中的滤镜效果，包括"风格化""画笔描边""扭曲""素描""纹理"和"艺术效果"6 个滤镜组。单击需要的滤镜组，即可显示该滤镜组中的各个滤镜。

**❸所选滤镜选项**：这些选项用于设置选中滤镜的各项参数。

**❹放大、缩小和设置当前图像的缩放百分比**：这些选项用于设置当前图像的预览大小。单击"缩小"按钮，可将图像缩小；单击"放大"按钮，可将图像放大；单击"图像缩放比"下三角按钮，在弹出的下拉列表中可选择需要的图像缩放百分比。

**❺新建效果图层**：单击"新建效果图层"按钮，可添加新的效果滤镜图层，该选项主要用于在图像上应用多个滤镜。

**❻删除效果图层**：单击"删除效果图层"按钮，可将当前选中的效果图层删除。

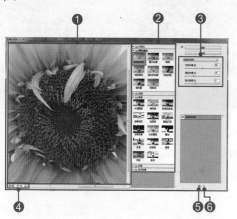

## 11.2　"素描"滤镜组

"素描"滤镜组中包括"半调图案""便条纸""粉笔和炭笔""铬黄渐变""绘图笔""基底凸现""石膏效果""水彩画纸""撕边""炭笔""炭精笔""图章""网状"和"影印"14 个滤镜，下面将简单介绍这些滤镜。

"素描"滤镜组中的各个滤镜可将纹理添加到图像上，通常用于获得 3D 效果。这些滤镜还适用于创建美术或手绘外观。用户可通过"滤镜库"对话框来应用所有素描滤镜，如下图所示。

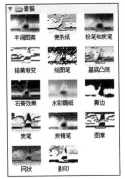

"素描"滤镜组中包括的滤镜效果如下。

### 1. 半调图案

"半调图案"滤镜在保持连续的色调范围的同时模拟半调网屏的效果，如下左图所示。

### 2. 便条纸

"便条纸"滤镜用于创建像是用手工制作的纸张构建的图像。图像的暗区显示为纸张上层中的洞，使背景色显示出来，如下右图所示。

### 3. 粉笔和炭笔

"粉笔和炭笔"滤镜将重绘高光和中间调，并使用粗糙粉笔绘制纯中间调的灰色背景，如下左图所示。

### 4. 铬黄渐变

"铬黄渐变"滤镜将渲染图像，使它像是具有擦亮的铬黄表面。高光在反射表面上是高点，阴影是低点，如下右图所示。

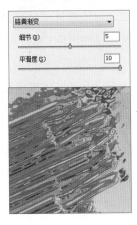

> ★ 技巧一 >>重复应用滤镜
>
> 如果需要对图像重复应用上一次的滤镜效果，可以按下快捷键 Ctrl+F；如果需要使用上一次的滤镜并打开滤镜对话框重新设置参数，则按下快捷键 Ctrl+Alt+F。

### 5. 绘图笔

"绘图笔"滤镜使用前景色作为油墨，使用背景色作为纸张，它使用细的、线状的油墨描边，以捕捉原图像中的细节，如下左图所示。对于扫描图像，其效果会更明显。

### 6. 基底凸现

"基底凸现"滤镜将变换图像，使之呈现浮雕的雕刻状和突出光照下变化各异的表面。图像的暗区呈现前景色，而浅色使用背景色，如下右图所示。

### 7. 石膏效果

"石膏效果"滤镜按 3D 塑料效果塑造图

像，再使用前景色与背景色为结果图像着色，如下左图所示。

### 8. 水彩画纸

"水彩画纸"滤镜通过模拟在潮湿的纤维纸上进行的绘画，使颜色流动并自动产生混合效果，如下右图所示。

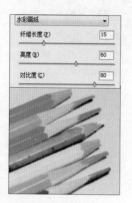

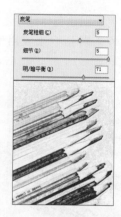

---

> ★ 技巧二>>使用滤镜需要遵循的原则
>
> 要使用滤镜，可以从"滤镜"菜单中选择相应的菜单命令，但是在使用时需要遵循以下几个原则。
>
> ◆滤镜只能应用于当前的可见图层或选区。
>
> ◆不能将滤镜应用于位图模式或索引颜色的图像。
>
> ◆可以将所有滤镜应用于8位图像，但是能应用于16位和32位图像的滤镜有限。
>
> ◆有些滤镜完全在内存中处理，若可用于处理滤镜效果的内存不够，则用户会收到一条错误消息。
>
> ◆所有滤镜都可以单独应用，对于8位／通道的图像，可通过"滤镜库"对话框累积应用大多数滤镜。

---

### 9. 撕边

"撕边"滤镜将重建图像，使之由粗糙、撕破的纸片状组成，再使用前景色与背景色为图像着色，如下左图所示。

### 10. 炭笔

"炭笔"滤镜产生色调分离的涂抹效果，使用粗线条绘制主要边缘，而中间色调用对角描边进行素描，如下右图所示。

### 11. 炭精笔

"炭精笔"滤镜在图像上模拟浓黑和纯白的炭精笔纹理。该滤镜在暗区使用前景色，在亮区使用背景色，如下左图所示。

### 12. 图章

"图章"滤镜简化了图像，使之看起来像是用橡皮或木制图章创建的一样，如下右图所示。它非常适用于黑白图像。

### 13. 网状

"网状"滤镜模拟胶片乳胶的可控收缩和扭曲来创建图像，使之在阴影处呈结块状，在高光处呈轻微颗粒化，如下左图所示。

### 14. 影印

"影印"滤镜模拟影印图像的效果。大的暗区趋向于只复制边缘四周，而中间色调要么是纯黑色，要么是纯白色，如下右图所示。

模糊""动感模糊""径向模糊""表面模糊""形状模糊""镜头校正""添加杂色""去斑""蒙尘与划痕""中间值""减少杂色""纤维""云彩""分层云彩""镜头光晕""锐化""锐化边缘""进一步锐化""智能锐化""USM锐化""浮雕效果""查找边缘""曝光过度""逐行""NTSC 颜色""自定""高反差保留""最大值""最小值""位移"等滤镜可应用于 16 位图像。

★ 技巧三>> **可应用于16位图像的滤镜**

"液化""消失点""平均""模糊""进一步模糊""方框模糊""高斯模糊""镜头

# 11.3 "艺术效果"滤镜组

Photoshop CC 2015 中的"艺术效果"滤镜组中的滤镜能够模拟自然或传统介质效果,帮助用户为美术或商业项目制作绘画效果或艺术效果,如水彩画、油画、铅笔画等。Photoshop CC 2015 提供了 15 种艺术效果滤镜,本节将简单介绍如何使用艺术效果滤镜,具体操作方法和相关技巧如下。

打开需要设置的素材图像,执行"滤镜 > 滤镜库"菜单命令,打开"滤镜库"对话框,在该对话框中单击"艺术效果"滤镜组,即可展开"艺术效果"滤镜组,如下图所示。通过单击可以对图像应用一种或多种艺术效果滤镜。

"艺术效果"滤镜组包括的滤镜效果如下。

## 1. 壁画

"壁画"滤镜使用短而圆的、粗略涂抹的小块颜料,以一种粗糙的风格绘制图像,如下左图所示。

## 2. 彩色铅笔

"彩色铅笔"滤镜使用彩色铅笔在纯色背景上绘制图像。其外观呈粗糙阴影线。纯色背景色透过比较平滑的区域显示出来,如下右图所示。

## 3. 粗糙蜡笔

该滤镜在带纹理的背景上应用粉笔描边。在亮色区域,粉笔看起来很厚;而在深色区域,粉笔看起来很淡,使纹理很明显,如下图所示。

## 4. 底纹效果

"底纹效果"滤镜在带纹理的背景上绘制图像,然后将最终图像绘制在该图像上,如下图所示。

## 5. 干画笔

"干画笔"滤镜使用干画笔技术（介于油彩和水彩之间）绘制图像边缘。它通过将图像的颜色范围降到普通颜色范围来简化图像，如下左图所示。

## 6. 海报边缘

"海报边缘"滤镜减少图像中的颜色数量，并自动查找图像的边缘，在边缘上绘制黑色线条。大而宽的区域有简单的阴影，而细小的深色细节遍布图像，如下右图所示。

## 9. 胶片颗粒

"胶片颗粒"滤镜将平滑图案应用于阴影和中间色调。它将一种更平滑、饱和度更高的图案添加到亮区，如下左图所示。在消除混合的条纹和将各种来源的图素在视觉上进行统一时，该滤镜非常有用。

## 10. 木刻

"木刻"滤镜使图像看上去是由从彩纸上剪下的边缘粗糙的纸片组成的。高对比度的图像看起来呈剪影状，而彩色图像看上去是由几层彩纸组成的，如下右图所示。

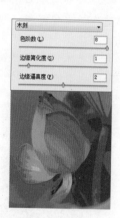

## 7. 海绵

"海绵"滤镜使用颜色对比强烈、纹理较重的区域创建图像，以模拟海绵绘画的效果，如下左图所示。

## 8. 绘画涂抹

"绘画涂抹"滤镜可创建绘画效果，如下右图所示。画笔类型包括"简单""未处理光照""未处理深色""宽锐化""宽模糊"和"火花"。

## 11. 霓虹灯光

"霓虹灯光"滤镜将各种类型的灯光添加到图像中的对象上。该滤镜用于在柔化图像外观时给图像着色。"发光颜色"选项中设置的颜色可将图像的轮廓部分表现为霓虹灯效果，如下左图所示。

## 12. 水彩

"水彩"滤镜以水彩的风格绘制图像，使用蘸了水和颜料的中号画笔绘制，以简化细节。当边缘有显著的色调变化时，此滤镜会使颜色更饱满，如下右图所示。

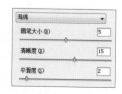

 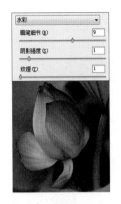

Photoshop CC 2015 中的"平均""方框模糊""高斯模糊""动感模糊""径向模糊""形状模糊""表面模糊""添加杂色""云彩""镜头光晕""智能锐化""USM 锐化""逐行""NTSC 颜色""浮雕效果""高反差保留""最大值""最小值""位移"等滤镜可以应用于 32 位图像。

### 13. 塑料包装

"塑料包装"滤镜给图像涂上一层光亮的塑料,以强调表面细节,如下左图所示。

### 14. 调色刀

"调色刀"滤镜减少图像中的细节,以生成描绘得很淡的画布效果,可以显示出图像下面的纹理,如下右图所示。

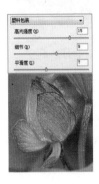 

### 15. 涂抹棒

"涂抹棒"滤镜使用短的对角描边涂抹暗区,以柔化图像,如下图所示。这样亮区会变得更亮。

## 11.4 "画笔描边"滤镜组

"画笔描边"滤镜组主要使用不同的画笔和油墨描边效果创造出类似于绘画效果的外观效果,可以为图像添加杂色、边缘细节、纹理,也可以模拟出绘画效果。"画笔描边"滤镜组中的滤镜不能用于处理 Lab 和 CMYK 颜色模式的图像。本节将简单介绍如何使用"画笔描边"滤镜组中的滤镜处理照片,具体操作方法和相关技巧如下。

打开需要设置的素材图像,如下左图所示。执行"滤镜>滤镜库"菜单命令,打开"滤镜库"对话框,单击对话框中的"画笔描边"滤镜组,即可展开如下右图所示的"画笔描边"滤镜组。该滤镜组包括了"成角的线条""墨水轮廓""喷溅""喷色描边""强化的边缘""深色线条""烟灰墨"和"阴影线"8 个滤镜。

"画笔描边"滤镜组包括的滤镜效果如下。

### 1. 成角的线条

"成角的线条"滤镜使用对角的线条重新绘制图像,用相反方向的线条来绘制亮部区域和暗部区域,得到如同用画笔在对角线上绘制的感觉,如下左图所示。

### 2. 墨水轮廓

"墨水轮廓"滤镜以钢笔画的风格,用纤细的线条在原细节上重绘图像,如下右图所示。

### 3. 喷溅

"喷溅"滤镜控制转换图像边缘的柔和性和平滑性，它能够模拟喷溅喷枪的效果，并从整体上简化图像，如下左图所示。

### 4. 喷色描边

"喷色描边"滤镜使用图像的主导色，用成角的、喷溅的颜色线条重新绘制图像，而且还可以选择喷射的角度，产生倾斜的飞溅效果，如下右图所示。

### 5. 强化的边缘

"强化的边缘"滤镜可强调图像边缘，并在图像的边缘部分上绘制，形成颜色对比的图像，设置高的边缘亮度值时，强化效果类似白色粉笔；设置低的边缘亮度值时，强化效果类似黑色油墨，如下左图所示。

### 6. 深色线条

"深色线条"滤镜应用黑色线条绘制图像的暗部区域，用白色线条绘制图像的亮部区域，从而使图像产生一种很强烈的黑色阴影效果，如下右图所示。

### 7. 烟灰墨

"烟灰墨"滤镜在图像中添加黑色油墨形态，使图像看起来像是用蘸满油墨的画笔在宣纸上绘画而成，同时此滤镜使用非常黑的油墨来创建柔和的模糊边缘，如下左图所示。

### 8. 阴影线

使用"阴影线"滤镜可以在保留原始图像的细节和特征的情况下，使用模拟的铅笔阴影线添加纹理，并使彩色区域的边缘变粗糙，如下右图所示。

## 11.5 "纹理"滤镜组

使用"纹理"滤镜组中的各种滤镜可以模拟具有深度或者质感的图像，并制作出相应的纹理效果。本节将简单介绍如何使用"纹理"滤镜组中的各种滤镜为照片添加绘画般的纹理质感。

打开需要设置的素材图像，执行"滤镜 > 滤镜库"菜单命令，打开"滤镜库"对话框，单击"纹理"滤镜组，即可展开"纹理"滤镜组，

在该滤镜组下显示了"龟裂缝""颗粒""马赛克拼贴""拼缀图""染色玻璃"和"纹理化"6 个滤镜，如下图所示。

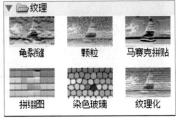

### 1. 龟裂缝

　　"龟裂缝"滤镜可使图像产生凹凸不平的皱纹效果，与龟甲上的纹理类似，如下左图所示。

### 2. 颗粒

　　"颗粒"滤镜可以在图像上设置杂点，模拟以不同种类的颗粒改变图像的表面纹理，如下右图所示。

> ⭐ 技巧>> "马赛克拼贴"与"马赛克"滤镜的区别
>
> 　　"像素化"滤镜组中的的"马赛克"滤镜可以将图像分解成各种颜色的像素块，而"纹理"滤镜组中的"马赛克拼贴"滤镜则是用于将图像创建为拼贴块。

### 5. 染色玻璃

　　"染色玻璃"使用前景色把图像分割成像植物细胞般的小块，制作出蜂巢一样的拼贴纹理效果，如下左图所示。

### 6. 纹理化

　　"纹理化"滤镜将选择或创建的纹理应用于图像，可选择不同的纹理应用于图像，产生不同的纹理表面，如下右图所示。

### 3. 马赛克拼贴

　　"马赛克拼贴"滤镜渲染图像，使其看起来是由小的碎片或拼贴组成，即将图像分解成各种颜色的像素块，如下左图所示。

### 4. 拼缀图

　　"拼缀图"滤镜将图像分解为用图像中该区域的主色填充的正方形，得到一种矩形的瓷砖效果，如下右图所示。

## 11.6　"像素化"滤镜组

　　"像素化"滤镜组通过变形图像的像素并对这些像素进行重新构成，组合成不同的图像效果。在 Photoshop 中提供了 6 种像素化滤镜，本节将简单介绍如何使用像素化滤镜，具体操作方法和相关技巧如下。

　　打开需要设置的素材图像，如下左图所示。执行"滤镜 > 像素化"菜单命令，在打开的级联菜单中可以看到如下右图所示的像素化滤镜。

## 1. 彩块化

"彩块化"滤镜能够使图像中的纯色或颜色相近的像素结成相近颜色的像素块，使图像看起来像手绘图像效果，也可使图像呈现抽象派的艺术绘画效果，如下左图所示。

## 2. 彩色半调

"彩色半调"滤镜在图像的每个通道上使用放大的半调网屏效果，如下右图所示。此滤镜将图像的每个通道划分出矩形区域，再以和矩形区域亮度成正比的圆形替代这些矩形，圆形的大小与矩形区域亮度成比例，高光部分生成的网点较小，阴影部分生成的网点较大。

## 3. 点状化

"点状化"滤镜可将图像中的颜色分解为随机分布的网点，如同点状绘画效果，背景色作为网点之间的画布区域，如下左图所示。

## 4. 晶格化

"晶格化"滤镜可以使图像中相近的像素集中到多边形色块中，产生颗粒效果，如下右图所示。

## 5. 马赛克

"马赛克"滤镜将像素结为方形块，再给块中的像素应用平均颜色，创建出马赛克效果，如下左图所示。

## 6. 碎片

"碎片"滤镜可对选区像素进行4次复制，然后将复制的4个副本平均轻移，使图像产生不聚焦的模糊效果，如下右图所示。

## 7. 铜版雕刻

"铜版雕刻"滤镜可以在图像中随机生成各种不规则的直线、曲线和斑点，使图像产生年代久远的金属板效果。在"铜版雕刻"对话框中，可以根据需要选择雕刻类型，如下左图所示。设置完成后单击"确定"按钮，就可以应用滤镜处理图像，如下右图所示。

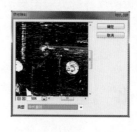 

---

## 实例演练 1:
# 打造逼真的素描画效果

 原始文件：随书资源 \ 素材 \11\07.jpg
最终文件：随书资源 \ 源文件 \11\ 打造逼真的素描画效果 .psd

**解析**：素描是一项需要长期训练才能掌握的特殊技能。素描具备自然律动感，观者在欣赏的过程中

可感受到这一点。不同的笔触会营造出不同的线条及横切关系。很多人都想拥有自己的素描艺术照，但由于自己没有美术基础，基本无法完成。现在不用烦恼了，使用 Photoshop 可快速将自己的照片设置为素描效果。下图所示为制作前后的效果对比图，具体操作步骤如下。

**1** 打开"07.jpg"文件，执行"图像 > 调整 > 去色"菜单命令，如下图所示。

**2** 按 Ctrl+J 键，复制图层，得到"图层 1"，如下左图所示。

**3** 确保"图层 1"为选中状态，执行"图像 > 调整 > 通道混合器"菜单命令，打开"通道混合器"对话框，如下右图所示。

**4** 设置参数，设置完成后单击"确定"按钮，调整图像的明暗，如下图所示。

**5** 在工具箱中将前景色设置为黑色，背景色设置为白色，如下左图所示。

**6** 执行"滤镜 > 滤镜库"菜单命令，打开"滤镜库"对话框，如下右图所示。

**7** 单击"素描"滤镜组下的"绘图笔"滤镜，再设置"描边长度"为 12、"明 / 暗平衡"为100，如下图所示。

**8** 单击"新建效果图层"按钮，在滤镜列表框中创建一个新的"绘图笔"效果图层，如下图所示。

9 单击左侧的"半调图案"滤镜，将"绘图笔"滤镜替换为"半调图案"滤镜，设置后调整"大小"为1、"对比度"为8、图案类型为"网点"，如下图所示。

10 设置完成后单击"确定"按钮，对图像应用滤镜，效果如下左图所示。

11 单击"图层"面板中的"创建新图层"按钮，新建"图层2"，如下右图所示。

12 在工具箱中将前景色设置为白色，按快捷键Alt+Delete，为图层填充白色，如下左图所示。

13 执行"滤镜 > 滤镜库"菜单命令，打开"滤镜库"对话框，单击"纹理"滤镜组中的"纹理化"滤镜，如下右图所示。

14 继续对纹理进行设置，在"滤镜库"对话框中设置参数后单击"确定"按钮，如下左图所示。

15 执行"图像 > 调整 > 曲线"菜单命令或按Ctrl+M键，打开"曲线"对话框。在其中单击并向下拖动鼠标，设置曲线外形，如下右图所示。

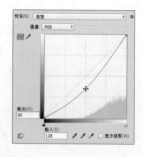

16 设置好"曲线"对话框中的各项参数后，单击"确定"按钮，得到如下左图所示的图像效果。

17 设置"图层2"的混合模式为"叠加"、"不透明度"为10%，如下右图所示。

18 为了增强效果，按快捷键Shift+Ctrl+Alt+E，盖印图层，得到"图层3"，如下左图所示。

19 确保"图层3"为选中状态，执行"滤镜 > 滤镜库"菜单命令，再次对图像应用"纹理化"滤镜，如下右图所示，增强纹理效果。

20 执行"编辑 > 渐隐滤镜库"菜单命令，打开"渐隐"对话框，在对话框中设置选项，设置完成后单击"确定"按钮，渐隐纹理化效果，如下图所示。

21 执行"选择 > 色彩范围"菜单命令，打开"色彩范围"对话框，在对话框中选择"高光"选项，设置完成后单击"确定"按钮，创建选区，选中图像中的高光部分，如下图所示。

22 新建"图层 4"，设置前景色为 R128、G128、B128，按快捷键 Alt+Delete，将图层填充为灰色，然后设置图层的"不透明度"为 15%，如下图所示，完成本实例的制作。

**应用>>加强素描图像的对比度**

要使素描图像的影调更加强烈，可将"图层 4"的混合模式设置为"颜色减淡"，如图❶所示。设置后的效果如图❷所示。

---

## 实例演练 2：
# 网点版画效果

原始文件：随书资源 \ 素材 \11\08.jpg
最终文件：随书资源 \ 源文件 \11\ 网点版画效果 .psd

解析：版画运用不同形状的线条和点组成画面，表现图案深浅明暗的层次，刚劲有力，艺术性很强。本实例将介绍如何使用 Photoshop CC 2015 中的相关滤镜和命令制作网点版画效果。下图所示为制作前后的效果对比图，具体操作步骤如下。

3 执行"图像 > 调整 > 色阶"菜单命令或按 Ctrl+L 键，打开"色阶"对话框，设置色阶值，设置完成后单击"确定"按钮，如下图所示。

1 打开"08.jpg"文件，执行"图像 > 模式 > 灰度"菜单命令，弹出"信息"对话框，单击"扔掉"按钮，如下左图所示。

2 执行上一步的操作后，彩色照片被转换为黑白效果，如下右图所示。

**4** 按快捷键 Ctrl+J，或执行"图层 > 复制图层"菜单命令，复制"背景"图层，在"图层"面板中得到"图层 1"，如下图所示。

**5** 在工具箱中将前景色设置为灰色，背景色设置为黑色，如下左图所示。

**6** 确保"图层 1"为选中状态，执行"滤镜 > 滤镜库"菜单命令，打开"滤镜库"对话框，如下右图所示。

**7** 单击"素描"滤镜组下的"半调图案"滤镜，然后在右侧设置滤镜选项，如下图所示。

**8** 设置完成后单击"确定"按钮，应用滤镜编辑图像，效果如下左图所示。

**9** 执行"图像 > 模式 >RGB 颜色"菜单命令，如下右图所示，选择以"不拼合"方式将图像转换为 RGB 颜色模式。

**10** 单击"调整"面板中的"色相／饱和度"按钮，创建"色相／饱和度 1"调整图层，然后在打开的"属性"面板中勾选"着色"复选框，并设置"色相"及"饱和度"，如下左图所示。

**11** 设置后返回图像窗口，根据设置的参数值为照片着色，着色后的图像效果如下右图所示。

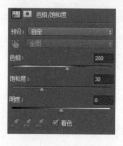

**12** 按快捷键 Shift+Ctrl+Alt+E，盖印图层，执行"滤镜 > 锐化 >USM 锐化"菜单命令，打开"USM 锐化"对话框，在对话框中设置选项，如下左图所示。

**13** 设置完成后单击"确定"按钮，应用"USM 锐化"滤镜锐化图像，得到如下右图所示的图像效果。至此，已完成本实例的制作。

---

## 实例演练 3：
# 黑白淡彩画效果

 原始文件：随书资源 \ 素材 \11\09.jpg
最终文件：随书资源 \ 源文件 \11\ 黑白淡彩画效果 .psd

**解析**：黑白淡彩画具备素描的明暗关系和色彩的冷暖，其特点是既有素描体感的塑造，又有水彩画轻快、活泼的艺术表现，是介于素描与水彩之间的边缘画种。本实例将介绍如何使用 Photoshop CC 2015 中的通道混合器、图层混合模式、图层蒙版和曲线等功能制作黑白淡彩画效果。下图所示为制作前后的效果对比图，具体操作步骤如下。

1 打开"09.jpg"文件，如下左图所示。

2 将"背景"图层拖动至面板底部的"创建新图层"按钮，复制"背景"图层，在"图层"面板中生成"背景 拷贝"图层，如下右图所示。

3 确保"背景 拷贝"图层为选中状态，执行"图像 > 调整 > 通道混合器"菜单命令，打开"通道混合器"对话框，如下左图所示设置参数，设置完成后单击"确定"按钮，效果如下右图所示。

4 复制"背景"图层，得到"背景 拷贝 2"图层，将其拖动至面板最顶部，如下图所示。

5 确保"背景 拷贝 2"图层为选中状态，设置其图层混合模式为"柔光"、"不透明度"为65%，如下左图所示。

6 设置完成后得到如下右图所示的图像效果。

7 按 Shift+Ctrl+Alt+E 键，盖印可见图层，在"图层"面板中得到"图层 1"，设置该图层的混合模式为"滤色"、"不透明度"为 70%，加强图像的影调，如下图所示。

8 为"图层 1"添加图层蒙版，选择"画笔工具"，在选项栏中调整工具选项，具体设置如下图所示。

9 将鼠标移至人物图像上，单击并涂抹图像，如下左图所示。

10 继续使用画笔工具在人物图像上涂抹，还原涂抹区域的人物图像的亮度，得到如下右图所示的图像效果。

11 盖印图层，得到"图层2"，执行"滤镜 > 滤镜库"菜单命令，打开"滤镜库"对话框，在对话框中单击"画笔描边"滤镜组中的"成角的线条"滤镜，具体参数设置如下左图所示。

12 设置完成后单击"确定"按钮，应用滤镜效果，如下右图所示。

13 选中"图层2"，为该图层添加图层蒙版，选择"画笔工具"，设置前景色为黑色，在人物嘴唇位置涂抹，如下左图所示。

14 继续使用画笔工具在人物五官位置涂抹，还原涂抹区域的人物图像的亮度，得到如下右图所示的图像效果，完成本实例的制作。

技巧>>绘画艺术的要素——线条

绘画艺术最基本的要素是线条、色彩和构图。绘画艺术中的线条在自然界中是不存在的，这里所说的线条只不过是形体与形体、色块与色块会合的地方，是人们的想象力在它们之间创造出来的可视语言。线条是绘画者用以表达自己的感觉和情感的造型语汇。当绘画者用画笔画过纸张或画布时，标出了空间的界限，同时也表现出了时间的流动，绘画者的感觉和情感也随之凝聚在画面上。

## 实例演练4：
## 水彩画效果

原始文件：随书资源\素材\11\10.jpg
最终文件：随书资源\源文件\11\水彩画效果.psd

解析：一般水彩画的颜色都是纯净、透明、清晰和自然的，大多具有通透的视觉感受。这也是水彩画区别于其他画种的显著特征。Photoshop CC 2015 中有很多可以模拟水彩画风格的滤镜，使用这些滤镜可快速将照片变成色彩丰富的艺术画作。本实例将介绍如何制作水彩画效果。下图所示为制作前后的效果对比图，具体操作步骤如下。

1 打开"10.jpg"文件，按 Ctrl+J 键，复制图层，得到"图层1"，如下图所示。

2 确保"图层 1"为选中状态,执行"滤镜 > 模糊 > 高斯模糊"菜单命令,打开"高斯模糊"对话框,如下左图所示设置半径值,设置完成后单击"确定"按钮,应用滤镜,效果如下右图所示。

3 执行"滤镜 > 模糊 > 特殊模糊"菜单命令,打开"特殊模糊"对话框,如下左图所示,在对话框中设置"半径""阈值"和"品质"等参数。

4 设置完成后单击"确定"按钮,得到如下右图所示的图像效果。

5 执行"滤镜 > 滤镜库"菜单命令,打开"滤镜库"对话框,单击"素描"滤镜组下的"水彩画纸"滤镜,然后在右侧设置滤镜选项,如下左图所示。

6 设置完成后单击"确定"按钮,应用滤镜,效果如下右图所示。

7 继续在"滤镜库"对话框中进行设置,单击"新建效果图层"按钮,再单击"画笔描边"滤镜组下的"喷色描边"滤镜,然后在右侧设置滤镜选项,如下左图所示。设置完成后单击"确定"按钮,应用滤镜,效果如下右图所示。

8 按快捷键Shift+Ctrl+Alt+E,盖印图层,得到"图层 2"。选中此图层,设置图层混合模式为"叠加"、"不透明度"为 60%,如下左图所示。

9 根据设置叠加图层,增强画面的层次,得到如下右图所示的效果。至此,已完成水彩画效果的制作。

 技巧>>使用模糊工具调整图像的技巧

　　Photoshop CC 2015 中的模糊工具可快速柔化硬边缘或减少图像中的细节。使用该工具在图像中涂抹后,被涂抹过的区域就会变得模糊,涂抹的次数越多,图像就越模糊。用户可在该工具的选项栏中设置模糊的强度,其默认值为 50%。其强度值越大,模糊效果就越明显。

## 实例演练 5:
## 模拟逼真的油画效果

原始文件:随书资源 \ 素材 \11\11.jpg
最终文件:随书资源 \ 源文件 \11\ 模拟逼真的油画效果 .psd

　　解析:油画效果以其油画颜料厚堆的功能和极强的可塑性,能在观感上产生出与人们思想情感共振的节奏与力度,这是其他画种无法比拟的。油画图像凭借其颜料的遮盖力和透明性,可较充分地表现描绘对象,使画面色彩丰富,立体质感强。本实例将介绍如何使用 Photoshop CC 2015 中的"木刻""成角的线条""阴影线"等滤镜与调整命令相结合,快速将拍摄的数码照片转换为逼真的油画效果。下图所示为制作前后的效果对比图,具体操作步骤如下。

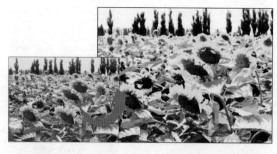

**1** 打开"11.jpg"文件，按Ctrl+J键两次，复制图层，得到"图层1"和"图层1拷贝"图层，并隐藏"图层1拷贝"图层，如下图所示。

**2** 选中"图层1"，执行"滤镜 > 滤镜库"菜单命令，打开"滤镜库"对话框，单击"艺术效果"滤镜组下的"木刻"滤镜，然后在对话框右侧设置参数，如下左图所示。

**3** 设置完成后单击"确定"按钮，应用滤镜，效果如下右图所示。

**4** 确保"图层1"为选中状态，将此图层的混合模式设置为"强光"，如下图所示。

**5** 单击"图层1拷贝"图层前的"指示图层可见性"图标 👁，显示并选中"图层1拷贝"图层，如下左图所示。

**6** 执行"滤镜 > 杂色 > 中间值"菜单命令，打开"中间值"对话框，在对话框中设置"半径"为4，如下右图所示，设置完成后单击"确定"按钮。

**7** 返回图像窗口，查看设置后的图像效果，如下左图所示。

**8** 选中"图层1拷贝"图层，执行"滤镜 > 滤镜库"菜单命令，打开"滤镜库"对话框，单击"画笔描边"滤镜组下的"深色线条"滤镜，然后在对话框右侧设置参数，如下右图所示。

**9** 选中"图层1拷贝"图层，设置图层的混合模式为"滤色"、"不透明度"为30%，如下图所示。

**10** 按快捷键Shift+Ctrl+Alt+E，盖印图层，得到"图层2"，如下左图所示。

**11** 选中"图层2"，执行"滤镜 > 滤镜库"菜单命令，打开"滤镜库"对话框，单击"画笔描边"滤镜组下的"阴影线"滤镜，然后在对话框右侧设置参数，如下右图所示。

12 选中"图层 1"，执行"滤镜 > 滤镜库"菜单命令，打开"滤镜库"对话框，单击"艺术效果"滤镜组下的"干画笔"滤镜，然后在对话框右侧设置参数，如下左图所示。

13 单击"滤镜库"右下角的"新建效果图层"按钮，再单击"画笔描边"滤镜组中的"成角的线条"滤镜，设置参数，如下右图所示。

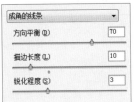

14 设置完成后单击"确定"按钮，应用滤镜效果，如下左图所示。

15 单击"调整"面板中的"自然饱和度"按钮，如下右图所示，新建"自然饱和度 1"调整图层。

16 打开"属性"面板，在面板中设置"自然饱和度"和"饱和度"选项，调整照片的颜色饱和度，得到更鲜艳的画面效果，如下图所示。

17 创建"色阶 1"调整图层，打开"属性"面板，在面板中设置色阶值为 0、1.08、255，调整图像，提亮中间调部分的图像亮度，如下图所示。

18 创建"选取颜色 1"调整图层，打开"属性"面板，在面板中选择"绿色"选项，并设置参数，如下左图所示。

19 设置完成后，调整图像中的绿色，得到如下右图所示的图像效果。至此，已完成本实例的制作。

## 实例演练 6：
## 水墨画效果

原始文件：随书资源 \ 素材 \11\12.jpg
最终文件：随书资源 \ 源文件 \11\ 水墨画效果 .psd

解析：中国的水墨画强调"外师造化，中得心源"，要求"意存笔先，画尽意在"，强调融化物我，创造意境，达到以形写神、形神兼备、气韵生动的效果。本实例将介绍如何应用 Photoshop CC 2015 中的模糊、"中间值"和"纹理化"等滤镜以及色调调整等命令将普通古镇照片调整为富有韵味的水墨画。下图所示为制作前后的效果对比图，具体操作步骤如下。

1 打开"12.jpg"文件，如下左图所示。

2 按 Ctrl+J 键，复制图层，得到"图层 1"，再次按 Ctrl+J 键，复制图层，得到"图层 1 拷贝"图层，如下右图所示。

3 选中"图层1",隐藏"图层1拷贝"图层,如下左图所示。

4 执行"图像 > 调整 > 去色"菜单命令,将"图层1"中的图像黑白化,如下右图所示。

5 执行"图像 > 调整 > 亮度/对比度"菜单命令,打开"亮度/对比度"对话框,设置亮度为5、对比度为60,如下左图所示。

6 设置完成后单击"确定"按钮,调整图像的亮度和对比度,效果如下右图所示。

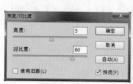 

7 执行"滤镜 > 模糊 > 特殊模糊"菜单命令,打开"特殊模糊"对话框,设置"半径""阈值"和"品质"等参数,如下左图所示。

8 设置完成后单击"确定"按钮,得到如下右图所示的图像效果。

9 执行"滤镜 > 模糊 > 高斯模糊"菜单命令,打开"高斯模糊"对话框,设置高斯模糊的参数,如下左图所示。

10 设置完成后单击"确定"按钮,得到如下右图所示的图像效果。

11 执行"滤镜 > 杂色 > 中间值"菜单命令,打开"中间值"对话框,在"半径"数值框中输入数值"2",如下左图所示。

12 设置完成后单击"确定"按钮,得到如下右图所示的图像效果。

⭐ 技巧一 >> "中间值"滤镜的设置技巧

"中间值"滤镜通过混合选区中像素的亮度来减少图像的杂色。该滤镜在消除或减少图像的动感效果时非常有用。"半径"数值框中的数值越大,像素的相似颜色范围就越大。

13 显示"图层1拷贝"图层,并选中该图层,如下左图所示。

14 执行"图像 > 调整 > 去色"菜单命令,将"图层1拷贝"图层中的图像黑白化,如下右图所示。

15 执行"图像 > 调整 > 曲线"菜单命令或按Ctrl+M键,打开"曲线"对话框,单击并向上拖动曲线,设置曲线外形,设置完成后单击"确定"按钮,如下左图所示。

**16** 执行"图像 > 调整 > 亮度/对比度"菜单命令，打开"亮度/对比度"对话框，设置"亮度/对比度"参数，如下右图所示。

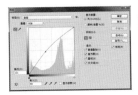 

**17** 设置完成后单击"确定"按钮，调整图像，调整后的图像效果如下左图所示。

**18** 确保"图层 1 拷贝"图层为选中状态，执行"滤镜 > 模糊 > 特殊模糊"菜单命令，打开"特殊模糊"对话框，设置参数，设置完成后单击"确定"按钮，如下右图所示。

**19** 执行"滤镜 > 模糊 > 高斯模糊"菜单命令，打开"高斯模糊"对话框，设置"半径"为 1，如下左图所示。

**20** 设置完成后单击"确定"按钮，得到如下右图所示的图像效果。

**21** 确保"图层 1 拷贝"图层为选中状态，设置其图层混合模式为"正片叠底"、"不透明度"为 30%，加强图像影调，如下图所示。

**22** 按 Shift+Ctrl+Alt+E 键，盖印可见图层，得到"图层 2"，如下左图所示。

**23** 执行"滤镜 > 滤镜库"菜单命令，打开"滤镜库"对话框，单击"艺术效果"滤镜组下的"干画笔"滤镜，然后在对话框右侧设置参数，如下右图所示。

**24** 单击"滤镜"对话框右下角的"新建效果图层"按钮，新建效果图层，然后单击"纹理"滤镜组下的"纹理化"滤镜，设置参数，如下左图所示。

**25** 设置完成后单击"确定"按钮，得到如下右图所示的图像效果。

**26** 创建"色阶 1"调整图层，打开"属性"面板，在面板中设置色阶为 8、0.92、218，如下左图所示。

**27** 根据设置的"色阶"调整图像的亮度，最后使用文字工具在图像左上角添加简单的文字效果，如下右图所示。至此，已完成水墨画效果的制作。

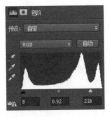 

> ⭐ **技巧二>>中国画的构图技巧**
>
> 　　中国画的构图以立意、气韵作为根本的出发点和归宿，重视情势，讲究画面物象内在联系上脉通气贯，在位置的经营上讲究环环相扣、节节相连，从内外两个方面形成一种起伏而又连贯的情感节奏。

## 实例演练 7：
# 打造仿手绘效果

原始文件：随书资源\素材\11\13.jpg、睫毛.abr
最终文件：随书资源\源文件\11\打造仿手绘效果.psd

解析：为了让拍摄的照片更加漂亮，可以在后期处理时将照片转换为仿手绘效果。在制作仿手绘效果时，需要对画面进行简化，结合"涂抹工具"对图像进行涂抹，表现绘画的质感。同时，为了让图像中要表现的对象的轮廓更有立体感，可以通过绘制路径并进行描边路径、调整颜色等方式对细节进行美化。下图所示为制作前后的效果对比图，具体操作步骤如下。

1 打开"13.jpg"文件，复制"背景"图层，得到"背景 拷贝"图层，如下图所示。

2 执行"滤镜 > 杂色 > 中间值"菜单命令，打开"中间值"对话框，在对话框中设置"半径"为4，如下左图所示。

3 设置完成后单击"确定"按钮，得到如下右图所示的效果。

4 复制"背景 拷贝"图层，得到"背景 拷贝2"图层，如下左图所示。

5 执行"滤镜 > 杂色 > 中间值"菜单命令，打开"中间值"对话框，在对话框中设置"半径"为9，如下右图所示。

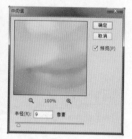

6 按快捷键 Shift+Ctrl+Alt+E，盖印图层，得到"图层1"，如下左图所示。

7 选择"涂抹工具"，执行"窗口 > 画笔"菜单命令，打开"画笔"面板，在面板中单击"圆钝形"画笔，如下右图所示。

8 选择画笔后，更改画笔大小，并继续对"硬毛刷品质"选项进行设置，如下左图所示。

9 将鼠标移至人物图像脸旁的头发位置，单击并涂抹图像，如下右图所示。

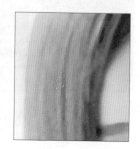

10 继续使用涂抹工具顺着头发的走向进行涂抹，直到看不清原来的头发，涂抹后的发丝如下左图所示。

11 选择"画笔工具"，载入"睫毛"画笔，并在"画笔预设"选取器中选择一个画笔，如下右图所示。

12 新建"睫毛"图层，将前景色设置为 R72、G63、B65，在人物图像上单击，绘制睫毛图案，如下左图所示。

13 选中"睫毛"图层，将该图层的"不透明度"降为 82%，使睫毛颜色更自然，再使用"自由变换"命令对睫毛的外形进行调整，让睫毛与人物左眼更贴合，如下右图所示。

14 确保"睫毛"图层为选中状态，按快捷键 Ctrl+J，复制图层，并将图层中的睫毛移至另一眼睛上方，调整其角度和大小，得到如下左图所示的效果。

15 选择"钢笔工具"，在左眼上单击并拖动鼠标，绘制曲线路径，如下右图所示。

16 单击"设置前景色"按钮，在打开的"拾色器（前景色）"对话框中将前景色设置为 R71、G62、B69，如下左图所示。

17 选择"涂抹工具"，执行"窗口 > 画笔"菜单命令，打开"画笔"面板，在面板中单击"圆钝形"画笔，将画笔"大小"设置为 10 像素，如下右图所示。

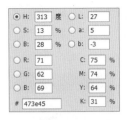

18 单击"图层"面板中的"创建新图层"按钮，新建"右眼线"图层，如下左图所示。

19 打开"路径"面板，单击面板右上角的扩展按钮，在展开的面板菜单中选择"描边路径"命令，如下右图所示。

20 打开"描边路径"对话框，在对话框中选择"画笔"工具，勾选"模拟压力"复选框，单击"确定"按钮，如下图所示。

21 应用设置的画笔，对绘制的路径进行描边，得到如下左图所示的眼线效果。

22 继续使用同样的方法对眼睛、鼻子等更多部位进行描边，得到更自然的手绘效果，如下右图所示。

23 创建"眼睛"图层，设置前景色为 R119、G101、B101，选择"椭圆工具"，在右眼上单击并拖动鼠标，绘制圆形，如下左图所示。

24 执行"滤镜 > 模糊 > 高斯模糊"菜单命令，打开"高斯模糊"对话框，在对话框中设置"半径"为 1，单击"确定"按钮，模糊图像，如下右图所示。

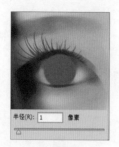

25 选择"椭圆选框工具"，在选项栏中设置"羽化"为 1 像素，如下图所示。

26 将鼠标移至步骤 23 中绘制的小圆中间位置，单击并拖动鼠标，绘制椭圆选区，如下左图所示。

27 设置前景色为黑色，按快捷键 Alt+Delete，将选区填充为黑色，如下右图所示。

28 将鼠标移至黑色的小圆左上角位置，单击并拖动鼠标，绘制椭圆选区，如下左图所示。

29 设置前景色为白色，按快捷键 Alt+Delete，将选区填充为白色，如下右图所示。

30 选择"加深 / 减淡工具"，将加深和减淡的范围都设置为"中间调"，然后在绘制的眼球图像上单击并涂抹，加深 / 减淡图像，得到如下左图所示的效果。

31 执行"滤镜 > 模糊 > 高斯模糊"菜单命令，打开"高斯模糊"对话框，在对话框中设置"半径"为 1，单击"确定"按钮，模糊图像，如下右图所示。

32 按快捷键 Ctrl+J，复制"眼球"图层，得到"眼球 拷贝"图层，将此图层移至另一眼睛上方，如下图所示。

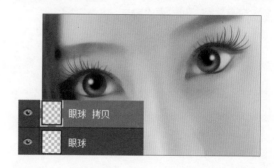

33 使用钢笔工具沿嘴唇绘制路径，按快捷键 Ctrl+Enter，将绘制的路径转换为选区，执行"选择 > 修改 > 收缩"菜单命令，打开"收缩选区"对话框，设置"收缩量"为 2，单击"确定"按钮，收缩选区，如下图所示。

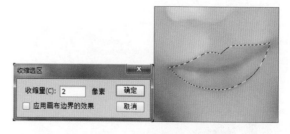

34 执行"选择 > 修改 > 羽化"菜单命令，打开"羽化选区"对话框，设置"羽化半径"为 5，单击"确定"按钮，羽化选区，如下图所示。

**35** 创建"色相／饱和度 1"调整图层,打开"属性"面板,在面板中单击并向右拖动"饱和度"滑块至 +21 的位置,如下左图所示。

**36** 根据设置的调整选项,调整颜色,使嘴唇的颜色更鲜艳,如下右图所示。

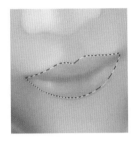

**37** 按住 Ctrl 键,单击"色相／饱和度 1"图层蒙版,载入选区,新建"色彩平衡"调整图层,如下左图所示设置"阴影"颜色。

**38** 选择"中间调"选项,如下右图所示设置"中间调"颜色。

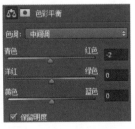

**39** 再次载入选区,然后单击"图层 1",执行"选择 > 色彩范围"菜单命令,打开"色彩范围"对话框,在对话框中选择"高光"选项,如下左图所示。

**40** 单击"确定"按钮,根据设置的选择范围创建选区,如下右图所示。

**41** 在"色彩平衡 1"图层上方新建"颜色填充 1"调整图层,设置填充色为白色、"不透明度"为 40%,如下左图所示。

**42** 选择"画笔工具",在"画笔预设"选取器中选择"柔边圆"画笔,然后在高光部分涂抹,使高光显得更自然,涂抹后的图像如下右图所示。

**43** 按快捷键 Shift+Ctrl+Alt+E,盖印图层,得到"图层 2",执行"滤镜 > 滤镜库"菜单命令,打开"滤镜库"对话框,在对话框中选择并设置"阴影线"滤镜,如下左图所示。

**44** 设置完成后单击"确定"按钮,应用滤镜,效果如下右图所示。

**45** 为"图层 2"添加图层蒙版,选择"画笔工具",设置前景色为黑色,使用画笔在人物的皮肤位置涂抹,隐藏滤镜效果,如下左图所示。

**46** 新建"色阶 1"调整图层,打开"属性"面板,在面板中选择"增加对比度 1"选项,增强对比效果,如下右图所示。至此,已完成本实例的制作。

⭐ 技巧>> "成角的线条"与"阴影线"滤镜的区别

　　画笔描边滤镜使用不同的画笔和油墨描边效果来创造具有绘画效果的外观。其中，"成角的线条"滤镜使用对角描边重新绘制图像，用相反方向的线条来绘制亮区和暗区；"阴影线"滤镜保留原始图像的细节和特征，同时使用模拟的铅笔阴影线添加纹理，并使彩色区域的边缘变粗糙。

## 实例演练 8:
# 卡通插画效果

🔗 原始文件：随书资源 \ 素材 \11\14.jpg、15.jpg
最终文件：随书资源 \ 源文件 \11\ 卡通插画效果 .psd

　　解析：卡通插画效果使画面更生动、更具象地活跃在读者的心中。它不仅能突出主题的思想，还会增强艺术的感染力。本实例将介绍如何应用 Photoshop CC 2015 中的相关功能和命令将人物照片制作为卡通插画效果。下图所示为制作前后的效果对比图，具体操作步骤如下。

**1** 打开 "14.jpg" 文件，执行 "选择 > 色彩范围" 菜单命令，打开 "色彩范围" 对话框，在对话框中选择 "高光" 选项，单击 "确定" 按钮，创建选择高光部分的选区，如下图所示。

**2** 创建 "曲线 1" 调整图层，打开 "属性" 面板，在面板中单击并向下拖动曲线，如下左图所示。

**3** 根据设置的曲线，调整选区内的图像，使高光部分变得更暗，如下右图所示。

**4** 按快捷键 Shift+Ctrl+Alt+E，盖印图层，得到 "图层 1"，如下左图所示。

**5** 选择 "曲线 1" 调整图层，单击 "创建新图层" 按钮 🔳，在 "曲线 1" 调整图层上方新建 "图层 2"，设置前景色为白色，按快捷键 Alt+Delete，将图层填充为白色，如下右图所示。

**6** 选中 "图层 1"，连续按两次快捷键 Ctrl+J，复制图层，得到 "图层 1 拷贝" 和 "图层 1 拷贝 2" 图层，如下左图所示。

**7** 隐藏 "图层 1 拷贝" 和 "图层 1 拷贝 2" 图层，再选中 "图层 1"，执行 "滤镜 > 滤镜库" 菜单命令，打开 "滤镜库" 对话框，单击 "画笔描边" 滤镜组下的 "阴影线" 滤镜，如下右图所示。

 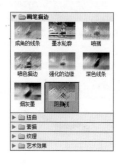

8 在对话框右侧设置"阴影线"滤镜的选项，如下左图所示。

9 设置完成后单击"确定"按钮，应用滤镜，得到如下右图所示的效果。

10 选中"图层 1"，将此图层的混合模式设置为"点光"，混合图像，如下图所示。

11 显示并选择"图层 1 拷贝"图层，执行"滤镜 > 滤镜库"菜单命令，打开"滤镜库"对话框，单击"画笔描边"滤镜组下的"深色线条"滤镜，如下左图所示设置参数。

12 设置完成后单击"确定"按钮，应用滤镜，得到如下右图所示的效果。

13 确保"图层 1 拷贝"图层为选中状态，然后将此图层的混合模式设置为"变亮"，混合图像，如下图所示。

14 显示并选择"图层 1 拷贝 2"图层，执行"滤镜 > 滤镜库"菜单命令，打开"滤镜库"对话框，单击"画笔描边"滤镜组下的"强化的边缘"滤镜，如下左图所示设置参数。

15 设置完成后单击"确定"按钮，应用滤镜，得到如下右图所示的效果。

16 确保"图层 1 拷贝 2"图层为选中状态，将此图层的混合模式设置为"强光"，混合图像，如下图所示。

17 同时选中"图层 1""图层 1 拷贝"和"图层 1 拷贝 2"图层，如下左图所示。

18 按快捷键 Ctrl+Alt+E，盖印所选图层，得到"图层 1 拷贝 2（合并）"图层，如下右图所示。

19 设置前景色为黑色、背景色为白色，执行"滤镜 > 滤镜库"菜单命令，打开"滤镜库"对话框，单击"素描"滤镜组下的"影印"滤镜，如下左图所示设置参数。

20 设置完成后单击"确定"按钮，应用滤镜，得到如下右图所示的效果，显示清晰的轮廓线条。

**21** 在"图层"面板中选中"图层 1 拷贝 2（合并）"图层，将此图层的混合模式设置为"线性加深"，加深线条，得到更清晰的线条效果，如下图所示。

**22** 盖印图层，生成"图层 3"，打开"15.jpg"文件，将打开的图像复制到人物图像上，得到"图层 4"，如下左图所示。

**23** 按快捷键 Ctrl+T，打开自由变换编辑框，调整编辑框中的图像，调整完成后按 Enter 键，应用变换，得到如下右图所示的效果。

**24** 隐藏"图层 4"，选中"图层 3"，如下左图所示。

**25** 执行"选择 > 色彩范围"菜单命令，打开"色彩范围"对话框，在对话框中调整颜色容差后，用吸管工具在照片中的亮部区域单击，设置选择范围，如下右图所示。

**26** 设置完成后单击"确定"按钮，根据设置的选项创建选区，得到如下左图所示的效果。

**27** 单击"图层 4"前的"指示图层可见性"图标，如下右图所示，显示并选中"图层 4"。

**28** 单击"图层"面板底部的"添加图层蒙版"按钮，添加图层蒙版，隐藏部分图像，如下图所示。

**29** 选择"画笔工具"，单击"画笔预设"选取器中的"硬边圆"笔刷，如下左图所示，再将前景色设置为黑色，在主体人物图像上涂抹，将被遮盖的人物重新显示出来，如下右图所示。

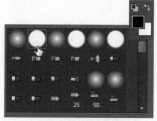

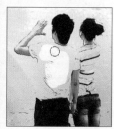

**30** 将前景色设置为白色，然后在背景部分多余的图像上涂抹，隐藏图像，如下左图所示。

**31** 继续使用画笔工具涂抹图像，编辑蒙版显示范围，得到如下右图所示的图像效果。

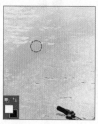

32 选择工具箱中的"横排文字工具",在照片
左上角位置单击并输入文字,如下图所示。
至此,已完成卡通插画效果的制作。

★ 技巧>>文字的设置技巧

　　使用文字工具在处理的照片中添加文字后,
如果要更改文字,那么可以选中文字工具,然
后在输入的文字上单击并拖动鼠标,选中要修
改的文字,再结合文字工具选项栏或"字符"
面板进行调整,也可以直接在"图层"面板中
选中文本图层,然后在选项栏或"字符"面板
中设置选项,调整整个文本图层中的文字。

## 实例演练 9:
## 钢笔淡彩画效果

原始文件:随书资源 \ 素材 \11\16.jpg
最终文件:随书资源 \ 源文件 \11\ 钢笔淡彩画效果 .psd

　　解析:钢笔淡彩画可在柔和的、有光泽的水彩画上融入流畅的、清晰的线条,使用该效果可快速加
强水彩画的艺术效果,画面中以灵活的钢笔笔触展现画面中对象的外貌,表现纹理或添加细节,从而表
现出独特的风格。本实例将介绍如何应用 Photoshop CC 2015 中的模糊滤镜、"水彩"滤镜和色调调
整命令快速将数码照片调整为钢笔淡彩画效果。下图所示为制作前后的效果对比图,具体操作步骤如下。

1 打开"16.jpg"文件,连续按两次快捷键 Ctrl+J,
复制图层,得到"图层 1"和"图层 1 拷贝"图
层,如下左图所示。

2 选中"图层 1",隐藏"图层 1 拷贝"图层,如
下右图所示。

5 按 Ctrl+I 键,对图像进行反相,得到如下左图
所示的图像效果。

6 显示"图层 1 拷贝"图层,确保该图层为选中
状态,如下右图所示。

3 执行"滤镜 > 模糊 > 特殊模糊"菜单命令,打
开"特殊模糊"对话框,如下图所示设置参数。

4 设置完成后单击"确定"按钮,得到如下右图
所示的图像效果。

7 执行"滤镜 > 模糊 > 特殊模糊"菜单命令,打
开"特殊模糊"对话框,如下左图所示设置参数。

8 设置完成后单击"确定"按钮,得到如下右图
所示的图像效果。

9 执行"滤镜 > 滤镜库"菜单命令，打开"滤镜库"对话框，单击"艺术效果"滤镜组下的"水彩"滤镜，然后如下左图所示设置参数。

10 设置完成后单击"确定"按钮，得到如下右图所示的图像效果。

11 执行"编辑 > 渐隐滤镜库"菜单命令，打开"渐隐"对话框，设置"不透明度"和"模式"，如下左图所示。

12 设置完成后单击"确定"按钮，得到如下右图所示的图像效果。

13 将"图层1拷贝"图层的混合模式设置为"正片叠底"，增强图像的色彩对比，如下图所示。

14 创建"色阶1"调整图层，打开"属性"面板，在"预设"下拉列表框中选择"加亮阴影"选项，加亮阴影，使图像阴影部分变得更亮，如下图所示。

15 按 Shift+Ctrl+Alt+E 键，盖印可见图层，得到"图层2"，如下左图所示。

16 创建"色相／饱和度1"调整图层，打开"属性"面板，在面板中设置"饱和度"参数，如下右图所示。

 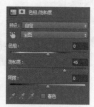

17 再次盖印图层，生成"图层3"，执行"滤镜 > 模糊 > 高斯模糊"菜单命令，打开"高斯模糊"对话框，设置半径为9，如下左图所示。

18 设置完成后单击"确定"按钮，模糊图像，得到如下右图所示的图像效果。

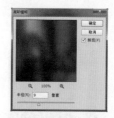 

19 选择"图层3"，将此图层的混合模式设置为"正片叠底"，增强图像的层次，如下图所示。

20 执行"图像 > 调整 > 阴影／高光"菜单命令，打开"阴影／高光"对话框，如下左图所示设置参数。

21 设置完成后单击"确定"按钮，调整图像，得到如下右图所示的效果。至此，已完成本实例的制作。

# 第12章
# 为数码照片添加天气和气氛效果特效

千变万化的自然风光吸引着摄影师的视线，摄影师喜欢戏剧性的天气，雨、雪、雾、风暴等天气状况可使摄影师的照片增色并且协助其传达出一种情绪或者心态。漫射霓虹灯光的街道与在阳光普照下看上去迥然不同，迷雾覆盖的废弃住房会比晴朗日子里的更具气氛。遗憾的是，摄影师在拍摄时并不能完全遇到并把握这些特殊天气所产生的特殊效果。现在不用担心，有了Photoshop软件，可以在后期处理中快速为数码照片添加各种天气和气氛效果，使拍摄的数码照片更加生动出彩。

## 12.1　滤镜的应用技巧

本节将介绍一些常用的滤镜应用技巧，如混合和渐隐滤镜及提高滤镜性能等。通过应用这些技巧，可使用户能更加快捷、准确地得到满意的图像效果。

### 1. 混合和渐隐滤镜

Photoshop CC 2015中的"渐隐"命令可更改任何滤镜、绘画工具、橡皮擦工具或颜色调整的不透明度和混合模式。渐隐混合模式是绘画和编辑工具选项中的混合模式的子集。应用"渐隐"命令类似于在一个单独的图层上应用滤镜效果，然后使用图层不透明度和混合模式控制。

打开需要设置的素材图像，执行"滤镜 > 滤镜库"菜单命令，在打开的对话框中单击"纹理"滤镜组中的"拼缀图"滤镜，在右侧会显示对应的滤镜选项，如下图所示，按需要调整设置后单击"确定"按钮。

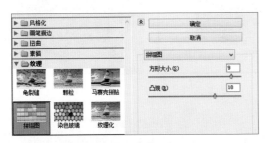

执行"编辑 > 渐隐滤镜库"菜单命令，打开"渐隐"对话框，可在该对话框中设置渐隐的"不透明度"和"模式"，设置完成后单击"确定"按钮即可，如下图所示。

### 2. 提高滤镜性能

有些滤镜效果可能会占用大量内存，特别是应用于高分辨率的图像时。应用滤镜时，可以执行下列任一操作来提高性能。

（1）在小部分图像上应用滤镜和设置。

（2）如果图像很大，并且存在内存不足的问题，就将效果应用于单个通道，如应用于RGB通道。

（3）在运行滤镜之前先执行"编辑 > 清理"菜单命令，释放计算机内存。

（4）将更多的内存分配给Photoshop。如有必要，退出其他的应用程序，以便为Photoshop提供更多的可用内存。

（5）如果将在灰度打印机上打印，最好在应用滤镜之前先将图像的一个副本转换为灰度图像。但是，如果先将滤镜应用于彩色图像再转换为灰度图，其效果可能与将该滤镜直接应用于此图像的灰度图所得到的效果不同。

◆ 创建边缘效果：可以使用多种方法来处理只应用于部分图像的边缘效果。要保留清晰边缘，只需应用滤镜即可。要得到柔和的边缘，则可先将边缘羽化，然后应用滤镜。要得到透明效果，则可应用滤镜，然后使用"渐隐"命令调整选区的混合模式和不透明度。

◆ 将滤镜应用于图层：可以将滤镜应用于单个图层或多个连续图层，以加强效果。要使滤镜影响图层，图层必须是可见的，并且必须包含像素，如中性的填充色。

◆ 将滤镜应用于单个通道：可将滤镜应用于单个通道，对各颜色通道应用不同的效果或应用具有不同设置的同一滤镜。

◆ 创建背景效果：应用于纯色或灰度效果的各种背景和纹理。用户可对这些纹理进行模糊处理，使效果更自然。

◆ 提高图像品质和一致性：用户可以掩饰图像中的缺陷，修改或改进图像或对一组图像应用同一效果来建立关系。使用"动作"面板记录修改一幅图像的步骤，然后对其他图像应用该动作即可。

# 12.2 扭曲滤镜

通过"扭曲"滤镜组中的滤镜可移动、扩展或缩小构成图像的像素，将原图像变为各种形态。"扭曲"滤镜组中包含了"波浪""波纹""极坐标"等多个滤镜。单击该滤镜组中的滤镜后，会弹出相应的滤镜对话框，如下左图所示。除此之外，在"滤镜库"对话框的"扭曲"滤镜组中还提供了"玻璃""海洋波纹"和"扩散亮光" 3 个扭曲滤镜，使用这 3 个滤镜同样可以快速扭曲图像，如下右图所示。下面就简单介绍这些扭曲滤镜。

"扭曲"级联菜单及"扭曲"滤镜组中包括的滤镜效果如下。

## 1. 波浪

"波浪"滤镜可以创建波状起伏的图像，制作出波浪效果。打开如下左图所示的图像，执行"滤镜 > 扭曲 > 波浪"菜单命令，在打开的"波浪"对话框中进行设置，如下右图所示，设置后在对话框右侧可看到应用滤镜后的图像效果。

## 2. 波纹

"波纹"滤镜通过在图像上创建波状起伏的图像来模拟水池表面的波纹，此滤镜的工作方式与"波浪"滤镜的相同，但提供的选项较少，只能控制波纹的数量和波纹效果，"波纹"对话框，如下左图所示。应用了"波纹"滤镜时的图像效果，如下右图所示。

## 3. 极坐标

"极坐标"滤镜可将选区从平面坐标转换到极坐标，也可以将选区从极坐标转换为平面坐标，从而产生扭曲效果。执行"滤镜 > 扭曲 > 极坐标"菜单命令，打开"极坐标"对话框，设置参数后单击"确定"按钮，如下左图所示，可得到如下右图所示的图像效果。

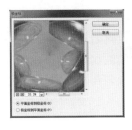

### 4. 挤压

"挤压"滤镜可以将图像或选区内的图像挤压，产生凸起或凹陷的效果。在"挤压"对话框中设置参数并应用滤镜后的图像效果如下左图所示。

### 5. 切变

"切变"滤镜沿一条曲线来创建扭曲图像。"切变"对话框和应用"切变"滤镜处理后的照片效果如下图所示。

### 6. 球面化

"球面化"滤镜通过将选区折成球形、扭曲图像及伸展图像以适合选中曲线让图像中间产生凸起或凹陷的效果，同时让对象具有 3D 效果。"球面化"对话框和应用该滤镜的效果如下右图所示。

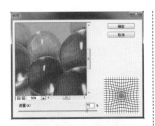

### 7. 水波

"水波"滤镜根据图像像素的半径将选区径向扭曲，从而产生类似于水波的效果。在"水波"对话框中设置参数，如下左图所示，可得到如下右图所示的效果。

### 8. 旋转扭曲

"旋转扭曲"滤镜可将选区内的图像旋转，图像中心的旋转程度比图像边缘的旋转程度大，当设置旋转扭曲角度时，可生成旋转扭曲图案。下图所示为"旋转扭曲"对话框和应用滤镜后的效果。

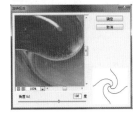

### 9. 置换

"置换"滤镜通过置换图像中的颜色值来改变选区，0 是最大的负向改变值，255 是最大的正向改变值，灰度值为 128 时不产生置换。在使用此滤镜前需要准备一张用于置换的 PSD 格式图像，如下左图所示。对打开的图像执行"滤镜 > 扭曲 > 置换"菜单命令，打开如下右图所示的"置换"对话框，在对话框中设置参数。

设置完成后单击"确定"按钮，即可弹出如下左图所示的"选取一个置换图"对话框。在此对话框中选择准备好的置换图，单击"打

开"按钮，即可对图像应用置换效果，如下右图所示。

### 10. 玻璃

"玻璃"滤镜可以制作细小的纹理，使图像看起来像是透过不同类型的玻璃来观察的。在处理图像时，可以选取玻璃效果或创建自己的玻璃表面并加以应用，如下图所示。

### 11. 海洋波纹

"海洋波纹"滤镜可以将随机分隔的波纹添加到图像表面，它产生的波纹细小，边缘有较多抖动，图像看起来就像是在水下面，如下左图所示。

### 12. 扩散亮光

"扩散亮光"滤镜可以在图像中添加白色杂色，并从图像中心向外渐隐亮光，使其产生一种光芒漫射的效果。使用此滤镜可以将照片快速处理为柔光照，亮光的颜色由背景色决定，选择不同的背景色，可以产生不同的视觉效果，如下右图所示。

## 12.3　"高斯模糊"滤镜

"高斯模糊"滤镜可以添加低频细节，使照片呈现一种朦胧效果。"高斯模糊"滤镜主要通过调整"半径"值来控制模糊的强度，它以像素为单位，数值越高，得到的图像模糊效果越强烈，具体操作方法和相关技巧如下。

打开需要设置的素材图像，如下左图所示。执行"滤镜 > 模糊 > 高斯模糊"菜单命令，打开"高斯模糊"对话框，在该对话框中设置选项，单击"确定"按钮，模糊图像，如下右图所示。

键，复制图层，如图❶所示。复制图层后，再对复制图层中的图像应用模糊滤镜，可以在应用模糊滤镜的同时保留原图像。此时单击复制的"图层 1"前的"指示图层可见性"图标，如图❷所示，则可以显示未处理前的清晰的画面效果，如图❸所示。

### 技巧一>>设置时保留原图像

为了使操作的灵活性更强，可以先按 Ctrl+J

## 应用>>模拟柔光镜拍摄效果

在 Photoshop 中可以应用"高斯模糊"滤镜和图层混合模式打造柔光镜拍摄的效果，具体操作方法如下。

打开一张需要处理的素材图像，如图❶所示。按快捷键 Ctrl+J，复制图层，得到"图层 1"图层，将此图层的混合模式设置为"滤色"，如图❷所示。执行"滤镜 > 模糊 > 高斯模糊"菜单命令，打开"高斯模糊"对话框，在对话框中参照图❸设置参数，设置完成后单击"确定"按钮，应用滤镜处理图像，得到如图❹所示的模拟柔光镜拍摄的图像效果。

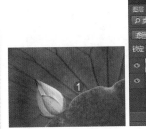

## 技巧二>>缩放预览模糊效果

使用"高斯模糊"滤镜模糊图像时，可以看到在"高斯模糊"对话框的预览框下方有两个缩放按钮，单击"缩小"按钮，就可以快速缩小预览框中的图像，如图❶所示；单击"放大"按钮，则可以重新放大已缩小的预览框中的图像，如图❷所示。除此之外，如果要快速缩放图像，还可以按快捷键 Ctrl+- 或 Ctrl++ 来实现。

# 12.4 "动感模糊"滤镜

"动感模糊"滤镜可以根据制作效果的需要沿指定方向（-360°～+360°）以指定强度（1～999）模糊图像，使其产生类似于以固定的曝光时间给一个移动的对象拍摄的效果。在表现对象的速度或运动感时经常会使用此滤镜。

打开一张需要设置的素材图像，执行"滤镜 > 模糊 > 动感模糊"菜单命令，打开"动感模糊"对话框，在该对话框中可设置相关参数，如下图所示。

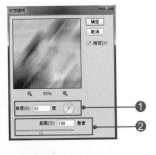

❶角度：用于设置动感模糊的方向，可输入角度数值，也可以拖动指针调整角度。

❷距离：用于控制图像像素移动的距离，设置的值越大，得到的图像越模糊。

## 应用>>制作动感的画面效果

打开需要设置的素材图像，如图❶所示。按快捷键 Ctrl+J，复制图层，执行"滤镜 > 模糊 > 动感模糊"菜单命令，打开"动感模糊"对话框，在对话框中参照图❷设置参数，设置完成后单击"确定"按钮，得到如图❸所示的图像效果。此时发现全图都进行了模糊，因此为复制的"图层 1"添加蒙版，然后用黑色画笔涂抹主体人物，还原清晰的图像，得到动感的画面效果，如图❹所示。

## 12.5 "径向模糊"滤镜

"径向模糊"滤镜可以模拟缩放或旋转的相机所产生的模糊，形成一种柔化的模糊效果。具体操作方法和相关技巧如下。

打开一张需要处理的照片，执行"滤镜 > 模糊 > 径向模糊"菜单命令，打开"径向模糊"对话框，设置径向模糊的各项参数，然后单击"确定"按钮，即可径向模糊图像，如下图所示。

在应用"径向模糊"滤镜模糊图像时，需要在"径向模糊"对话框中对各项参数进行设置，具体设置如下图所示。

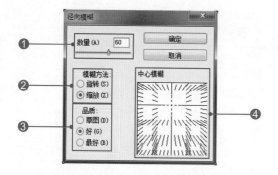

**❶数量：** 用于设置模糊的强度，设置的参数值越大，得到的模糊效果越强烈。

**❷模糊方法：** 选择图像模糊的方法。选择"旋转"时，图像会沿同心圆环产生旋转的模糊效果，如下左图所示；选择"缩放"时，则会产生放射模糊效果，如下右图所示。

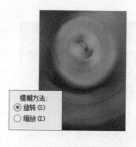

**❸品质：** 用于设置应用模糊效果后的图像的显示品质。选择"草图"时，处理的速度最快，但会产生颗粒状效果；选择"好"和"最好"时，可以产生较平滑的效果，但除非应用在较大的图像上，否则看不出这两种品质图像的区别。

**❹中心模糊：** 在此设置框内单击，可以将单击点定义为模糊的原点，原点位置不同，模糊的中心也不相同，如下图所示。

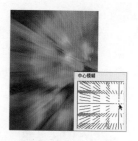

### 🎋 应用>>使用图层蒙版加强动感

用户可以通过添加图层蒙版将主体对象保持在焦距中，创建风格化的焦距外效果。该方法尤其适用于表现或加强动感，具体操作步骤如下。

打开需要设置的素材图像，如图❶所示。按 Ctrl+J 键，复制图层，得到"图层 1"。执行"滤镜 > 模糊 > 径向模糊"菜单命令，打开"径向模糊"对话框，参照图❷设置参数。设置完成后单击"确定"按钮，就可以应用设置的参数模糊图像，如图❸所示。模糊图像后再为"图层 1"添加图层蒙版，如图❹所示。使用画笔工具在照片不需要模糊的区域涂抹，还原被涂抹区域的图像的清晰度，使主体部分或需要突出表现的部分重新变得清晰起来，如图❺所示。

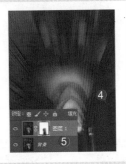

⭐ 技巧 >> 径向模糊的技巧

　　使用"径向模糊"滤镜处理图像时，需要进行大量的计算，如果图像的尺寸较大，可以先设置较低的"品质"来观察效果，在确认最终效果后，再提高"品质"来处理。

## 12.6　云彩与分层云彩的渲染

　　在为照片渲染天气或气氛时，经常会遇到云彩、云雾等特效的添加。Photoshop 中使用"云彩"和"分层云彩"滤镜即可快速为图像添加较为柔和的云彩图案。本节将简单介绍这两种滤镜的具体设置技巧。

　　"云彩"滤镜可以使用介于前景色与背景色之间的随机值生成较逼真的云彩图案；而"分层云彩"滤镜可以将云彩数据和现有的像素混合，其方式与"差值"模式混合颜色的方式相同。第一次使用"云彩"滤镜时，图案的某些部分被反相为云彩图案，多次应用"分层云彩"滤镜之后，则会创建出与大理石纹理相似的凸缘与叶脉图案，具体的设置方法如下。

　　打开一张需要渲染云彩的照片，先在工具箱中将前景色设置为蓝色，背景色设置为白色，如下左图所示。设置后用快速选择工具选中照片中的天空部分，如下右图所示。

　　执行"滤镜 > 渲染 > 云彩"菜单命令，为选区渲染云彩效果，如下左图所示。若执行"滤镜 > 渲染 > 分层云彩"菜单命令，则得到如下右图所示的分层云彩效果。

## 12.7　模拟镜头杂色——"添加杂色"滤镜

　　"添加杂色"滤镜可以将随机的像素应用于图像，模拟在高速胶片上拍照的效果。此滤镜可以用来减少羽化选区或渐变填充中的条纹，或者使经过重大修饰的区域看起来更加真实，或者在一张空白的图像上生成随机的杂点，制作杂纹或其他底纹，具体的操作方法和相关技巧如下。

打开一张需要添加杂色的照片，执行"滤镜 > 杂色 > 添加杂色"菜单命令，打开"添加杂色"对话框，在对话框中将"数量"设置为20，勾选"单色"复选框，其他选项不变，如下图所示。设置完成后单击"确定"按钮，应用滤镜为照片添加杂色，增强复古气息。

**❷分布：**用来设置杂色的分布方式。选择"平均分布"，会随机地在图像中加入杂点，效果比较柔和，如下左图所示；选择"高斯分布"，会沿一条钟形曲线分布的方式来添加杂点，杂点较强烈，如下右图所示。

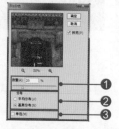

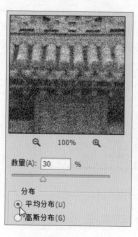
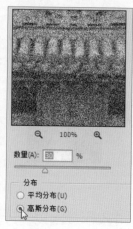

**❶数量：**用来设置杂色的数量，数值越大，添加的杂色越多，如下图所示。

**❸单色：**勾选"单色"复选框，杂点只会影响原有像素的亮度，像素的颜色不发生改变。

# 12.8 快速将滤镜效果应用到照片中——动作的应用

Photoshop CC 2015 中的"动作"面板提供了一个在单个文件或一批文件中记录 Photoshop 操作并按序回放的途径。用户可以将常用的操作记录成动作，以方便后面做相同效果时可快速应用该操作。本节将简单介绍如何应用"动作"面板快速将绘图效果应用到数码照片中，具体操作方法和相关技巧如下。

动作以组的形式列在"动作"面板中。控制栏位于面板底部，单击面板右上角的扩展按钮，在打开的面板菜单中提供了大多数供用户编辑、控制回放、保存和载入动作的命令。下面将简单介绍"动作"面板，如下图所示。

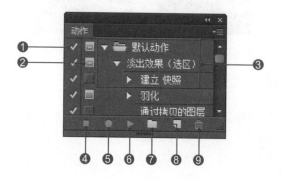

**❶切换项目开 / 关：**如果动作组、动作或命令前显示有此图标，就表示这个动作组、动作或命令可以执行；如果动作组或动作前没有此图标，就表示该动作组或动作不能被执行；如果某一命令前没有此图标，就表示该动作不能被执行。

**❷切换对话开 / 关：**如果命令前显示此图标，就表示动作执行到该命令时会暂停，并打开相应的对话框，此时可修改命令中的参数，单击"确定"按钮可继续执行后面的动作；如果动作组和动作前出现此图标，就表示该动作中有部分命令设置了暂停。

**❸动作组 / 动作 / 命令：**动作组是一系列动作的集合，动作是一系列操作命令的集合。单击命令前的按钮，可以展开命令列表，显示命令的具体参数。

**❹停止播放 / 记录：**单击按钮可以停止播放动作和停止记录动作。

❺**开始记录：** 单击该按钮，可录制新动作。

❻**播放选定的动作：** 选择一个动作后，单击该按钮可播放该动作。

❼**创建新组：** 单击该按钮，可以创建一个新的动作组，以保存新建的动作。

❽**创建新动作：** 单击该按钮，可以创建一个新的动作。

❾**删除：** 选中动作组、动作或命令后，单击此按钮可以将其删除。

## 实例演练 1：
# 下雨效果

原始文件：随书资源 \ 素材 \12\12.jpg
最终文件：随书资源 \ 源文件 \12\ 下雨效果 .psd

解析：对于喜欢生活纪实的摄影师来说，下雨作为生活的常态之一，绝对是不可忽略的景象。这是因为下雨天往往能拍到很多晴天所没有的景象。但是很多摄影师出于对相机的保护，都会在雨天收起相机停止拍照。现在不用矛盾了，使用 Photoshop 中的"点状化"滤镜、"动感模糊"滤镜和图层混合模式可快速模拟出雨天的景象。下图所示为制作前后的效果对比图，具体操作步骤如下。

**1** 打开"12.jpg"文件，打开后的图像如下左图所示。

**2** 按 Ctrl+J 键，复制图层，得到"图层 1"，如下右图所示。

**3** 单击"图层"面板底部的"创建新图层"按钮，创建"图层 2"，为其填充黑色，如下图所示。

**4** 确保"图层 2"为选中状态，执行"滤镜 > 像素化 > 点状化"菜单命令，打开"点状化"对话框，在"单元格大小"数值框中输入数值 5，如下左图所示。

**5** 设置完成后单击"确定"按钮，应用滤镜效果，如下右图所示。

**6** 执行"图像 > 调整 > 阈值"菜单命令，打开"阈值"对话框，设置参数，如下左图所示，设置完成后单击"确定"按钮，调整图像，如下右图所示。

**7** 执行"滤镜 > 模糊 > 动感模糊"菜单命令，打开"动感模糊"对话框，设置"角度"和"距离"等参数，如下左图所示。

**8** 设置完成后单击"确定"按钮，得到如下右图所示的图像效果。

**9** 选中"图层2",将此图层的混合模式设置为"滤色",如下左图所示。

**10** 设置混合模式后,得到如下右图所示的效果。

**11** 单击"图层"面板中的"图层2",按快捷键Ctrl+T,打开自由变换编辑框,然后拖动编辑框中的图像,调整其大小,如下图所示。

**12** 创建"色阶1"调整图层,打开"属性"面板,设置输入色阶值为21、1.00、255,调整图像阴影部分的亮度,如下图所示。

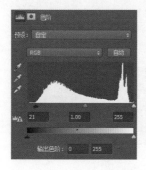 

**13** 选中"图层1",创建"曲线1"调整图层,打开"属性"面板,单击并向下拖动曲线,调整图像的亮度,如下图所示。

**14** 将"曲线1"调整图层的混合模式设置为"点光",使画面的下雨感更强,如下图所示。

**15** 复制"曲线1"调整图层,设置新图层的混合模式为"柔光"、"不透明度"为50%,如下左图所示,得到如下右图所示的图像效果。至此,已完成本实例的制作。

## 实例演练 2:
## 暴风雪效果

 原始文件:随书资源\素材\12\13.jpg
最终文件:随书资源\素材\12\暴风雪效果.psd

　　**解析**:雪景在人们眼中是很美的,也是很多摄影爱好者所追求的美丽景象。但是由于季节和天气的限制,摄影师很难拍摄到暴风雪景象。现在不用担心了,使用 Photoshop CC 2015 中的"添加杂色""自定"和"动感模糊"等滤镜可快速制作暴风雪效果。下图所示为制作前后的效果对比图,具体操作步骤如下。

**1** 打开"13.jpg"文件，新建"图层 1"，为该图层填充黑色，如下图所示。

**2** 执行"滤镜 > 杂色 > 添加杂色"菜单命令，打开"添加杂色"对话框，为图像添加杂色，如下图所示。

**3** 执行"滤镜 > 其他 > 自定"菜单命令，打开"自定"对话框，参照下图设置参数。

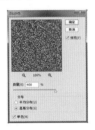

**4** 设置完成后单击"确定"按钮，得到如下左图所示的图像效果。

**5** 使用矩形选框工具在如下右图所示的位置单击并拖动鼠标，创建矩形选区。

**6** 按 Ctrl+J 键，复制图层，得到"图层 2"，然后隐藏"图层 1"，如下图所示。

**7** 按 Ctrl+T 键，自由变换"图层 2"中的图像，如下左图所示，设置完成后按 Enter 键，应用变换。

**8** 将"图层 2"的混合模式设置为"滤色"，如下右图所示。

**9** 通过上一步的操作，得到如下图所示的图像效果。

**10** 执行"滤镜 > 模糊 > 动感模糊"菜单命令，打开"动感模糊"对话框，设置"角度"和"距离"等参数，如下左图所示。

**11** 设置完成后单击"确定"按钮，得到如下右图所示的图像效果。

12 按 Alt+F9 键，打开"动作"面板，选中"暴风雪"选项，再单击"播放选定的动作"按钮 ▶，如下左图所示。

13 动作播放完后,得到如下右图所示的图像效果。

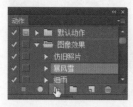 

14 选择应用动作后得到的"图层 2 拷贝"图层，设置此图层的混合模式为"滤色"、"不透明度"为 30%，如下左图所示，得到如下右图所示的图像效果。

15 创建"色阶 1"调整图层，打开"属性"面板，在面板中设置色阶为 18、1.50、255，如下左图所示。

16 设置完成后，得到如下右图所示的图像效果。

17 新建"色彩平衡 1"调整图层，打开"属性"面板，在面板中选择默认的"中间调"，然后设置颜色为 -21、0、+26，如下左图所示。

18 根据设置的"色彩平衡"选项调整照片颜色，加深图像的青色和蓝色，效果如下右图所示。

19 创建"色阶 2"调整图层，打开"属性"面板，在面板中单击"预设"下三角按钮，在展开的下拉列表中选择"增加对比度 2"选项，如下左图所示。

20 增强对比效果，得到如下右图所示的图像，完成本实例的制作。

## 实例演练 3:
## 闪电效果

原始文件: 随书资源 \ 素材 \12\14.jpg
最终文件: 随书资源 \ 源文件 \12\ 闪电效果 .psd

解析：闪电是大自然中最常见的自然景观之一，但是很难使用数码相机将这转瞬即逝的景观拍摄下来。本实例将介绍如何应用 Photoshop CC 2015 中的"分层云彩"滤镜、反相和图层混合模式等为数码照片添加逼真的闪电效果。下图所示为设置前后的效果对比图，具体操作步骤如下。

1 打开"14.jpg"文件，按 Ctrl+J 键，复制图层，再新建"图层 2"，如下图所示。

2 按 G 键切换至"渐变工具",选择"黑,白渐变",
  在图像中拖动鼠标,如下左图所示,为图像应
用线性渐变填充效果,效果如下右图所示。

3 确保"图层 2"为选中状态,执行"滤镜 > 渲
  染 > 分层云彩"菜单命令,如下左图所示,为
图像应用"分层云彩"滤镜效果,得到如下右图所
示的图像效果。

4 执行"图像 > 自动色调"菜单命令,调整颜色,
  如下左图所示。

5 执行"图像 > 调整 > 反相"菜单命令或按
  Ctrl+I 键,对图像进行反相,得到如下右图所
示的图像效果。

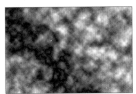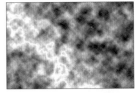

6 按 Ctrl+L 键,打开"色阶"对话框,设置色阶
  值为 0、0.02、255,单击"确定"按钮,调整图像,
如下图所示。

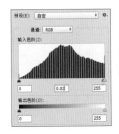

7 按 Ctrl+U 键,打开"色相/饱和度"对话框,
  设置"色相""饱和度"等参数,如下左图所示,
设置完成后单击"确定"按钮,调整图像的颜色、
饱和度,如下右图所示。

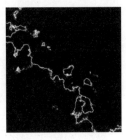

8 确保"图层 2"为选中状态,将图层混合模式
  设置为"颜色减淡",如下左图所示。

9 更改图层混合模式后,得到如下右图所示的图
  像效果,制作出闪电的基本外形。

10 使用移动工具将"图层 2"中的图像调整至
   画面合适位置,然后按 Ctrl+T 键,对其进行
自由变换,如下左图所示。

11 确定外形后按 Enter 键,调整效果如下右图
   所示。

12 为"图层 2"添加图层蒙版,单击图层蒙版
   缩览图,将前景色设置为黑色,使用较软的
画笔在画面合适位置涂抹,擦除多余的图像,如下
图所示。

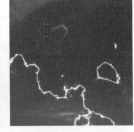

13 继续使用画笔工具在画面合适位置涂抹,调整
   闪电的外形和亮度,调整效果如下左图所示。

**14** 复制"图层 2", 得到"图层 2 拷贝"图层, 如下右图所示。

**15** 按快捷键 Ctrl+T, 将复制图层中的图像调整至画面合适位置, 然后进一步用画笔编辑图层蒙版, 制作出另一道闪电, 如下图所示。

**16** 创建"色阶 1"调整图层, 打开"属性"面板, 在面板中单击"预设"下三角按钮, 在展开的下拉列表中选择"增加对比度 2"选项, 如下左图所示。

**17** 选择预设的色阶, 增强了对比效果, 得到如下右图所示的图像。至此, 已完成本实例的制作。

---

## 实例演练 4:
# 阳光照耀效果

原始文件: 随书资源 \ 素材 \12\15.jpg
最终文件: 随书资源 \ 源文件 \12\ 阳光照耀效果 .psd

**解析:** 本实例将介绍如何使用 Photoshop 中的相关工具和命令将拍摄的照片制作为阳光照耀效果。下图所示为制作前后的效果对比图, 具体操作步骤如下。

**1** 打开"15.jpg"文件, 按 Ctrl+J 键, 复制图层, 得到"图层 1", 如下图所示。

**2** 执行"滤镜 > 模糊 > 径向模糊"菜单命令, 打开"径向模糊"对话框, 设置径向模糊的各项参数, 如下左图所示, 设置完成后单击"确定"按钮, 模糊图像, 如下右图所示。

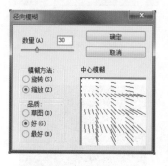 

**3** 执行"图像 > 调整 > 色阶"菜单命令或按 Ctrl+L 键, 打开"色阶"对话框, 设置色阶值为 0、1.5、180, 如下左图所示。

**4** 设置完成后单击"确定"按钮, 得到如下右图所示的图像效果。

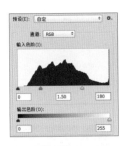 

5 选择"图层 1"，设置图层的混合模式为"叠加"、"不透明度"为 70%，如下图所示。

6 单击"图层"面板底部的"添加图层蒙版"按钮，为"图层 1"添加蒙版，单击图层蒙版缩览图，将前景色设置为黑色，使用画笔工具在人物部分单击并涂抹，如下图所示。

7 单击"图层"面板底部的"创建新图层"按钮，创建"图层 2"，如下图所示。

8 选择工具箱中的"椭圆选框工具"，再单击其选项栏中的"添加到选区"按钮，在画面合适位置单击并拖动鼠标，创建椭圆选区，如下左图所示。

9 继续使用椭圆选框工具在画面中单击并拖动鼠标，创建多个椭圆选区，如下右图所示。

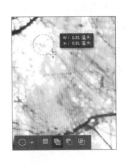 

10 将前景色设置为白色，按快捷键 Alt+Delete，将选区填充为白色，如下左图所示。

11 按 Ctrl+D 键，取消选区的选中状态，如下右图所示。

12 执行"滤镜 > 模糊 > 动感模糊"菜单命令，打开"动感模糊"对话框，设置模糊的"角度"和"距离"等参数，如下左图所示。

13 设置完成后单击"确定"按钮，应用滤镜模糊图像，得到如下右图所示的图像效果。

14 新建"图层 3"，用步骤 8~10 的方法，创建并填充椭圆选区，如下图所示。

**15** 将选区填充为白色后,取消选区的选中状态,再执行"滤镜 > 模糊 > 动感模糊"菜单命令,打开"动感模糊"对话框,设置模糊的"角度"和"距离"等参数,如下左图所示。

**16** 设置完成后单击"确定"按钮,模糊图像,得到如下右图所示的图像效果。

**17** 新建"图层4",使用椭圆选框工具创建选区,并为其填充白色,如下图所示。

**18** 执行"滤镜 > 模糊 > 动感模糊"菜单命令,打开"动感模糊"对话框,设置参数,如下左图所示。设置完成后单击"确定"按钮,效果如下右图所示。

**19** 按Ctrl+T键,自由变换图像外形,确定光线外形后,按Enter键,应用变换,并调整其位置,如下图所示。

**20** 选中"图层2",设置混合模式为"强光"、"不透明度"为80%,如下左图所示。

**21** 用上一步的方法选中"图层3",设置混合模式为"强光"、"不透明度"为55%,如下右图所示。

**22** 选中"图层4",按Shift+Ctrl+Alt+E键,盖印可见图层,得到"图层5",如下图所示。

**23** 确保"图层5"为选中状态,执行"滤镜 > 渲染 > 镜头光晕"菜单命令,打开"镜头光晕"对话框,设置光晕中心、亮度和类型等参数,如下左图所示。

**24** 设置完成后单击"确定"按钮,得到如下右图所示的图像效果。至此,已完成本实例的制作。

> ⭐ **技巧>>快速指定径向模糊的中心点**
>
> 在"径向模糊"对话框中,单击并拖动"中心模糊"选项中的图案,即可快速指定模糊的中心点,如下图所示。
>
>

# 实例演练 5：
# 云雾效果

原始文件：随书资源 \ 素材 \12\16.jpg
最终文件：随书资源 \ 源文件 \12\ 云雾效果 .psd

解析：云雾是大气变化中常见的景观，它给人一种迷梦般的朦胧感，能使人产生想象和联想。但是因为天气条件及拍摄时间和位置的限制，很难拍摄到云雾弥漫的景象。现在不用遗憾了，使用 Photoshop CC 2015 可快速在普通风景照上制作出云雾弥漫的效果。下图所示为制作前后的效果对比图，具体操作步骤如下。

1 打开"16.jpg"文件，图像效果如下左图所示。

2 单击"调整"面板中的"色相 / 饱和度"按钮，如下右图所示，创建"色相 / 饱和度 1"调整图层。

3 打开"属性"面板，在面板中设置"饱和度""明度"等参数，如下左图所示。

4 设置完成后应用设置选项，调整图像，得到如下右图所示的图像效果。

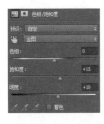

5 新建"色阶 1"调整图层，打开"属性"面板，在面板的"预设"下拉列表框中选择"增加对比度 2"选项，如下左图所示。

6 根据选择的色阶选项调整对比度，得到如下右图所示的效果。

7 新建"曲线 1"调整图层，打开"属性"面板，在面板中单击并向上拖动曲线，设置曲线外形，调整图像，提高画面的亮度，如下图所示。

8 按快捷键 Shift+Ctrl+Alt+E，盖印图层，得到"图层 1"，查看图层中的图像效果，如下图所示。

9 单击工具箱中的"以快速蒙版模式编辑"按钮，如下图所示。

10 执行"滤镜 > 渲染 > 云彩"菜单命令，为图像应用"云彩"滤镜效果，如下左图所示。

11 按快捷键 Ctrl+F，再次应用"云彩"滤镜，得到如下右图所示的图像效果。

12 设置完成后单击工具箱中的"以标准模式编辑"按钮，如下左图所示。

13 通过上一步的操作，创建了如下右图所示的不规则选区。

14 创建"图层2"，将前景色设置为R194、G195、B198，按 Alt+Delete 键，为该图层中的图像填充白色，填充完成后按 Ctrl+D 键，取消选区的选中状态，如下图所示。

15 为"图层2"添加图层蒙版，选择工具箱中的"画笔工具"，在其选项栏中设置画笔大小、不透明度和流量等参数，如下图所示。

16 在图像适当位置单击并涂抹，编辑图层蒙版，如下左图所示。

17 继续使用画笔工具在图像中涂抹，根据画面整体效果调整白雾在图像中的应用区域，最终的设置效果如下右图所示。至此，已完成本实例的制作。

**技巧>>云雾景象的拍摄技巧**

云雾在山上常会随风而移动，有时会停留在山腰间或只露出山峰。晨雾存在于树林中，阳光从枝叶稀疏的地方照射到林中，产生一条条斜射的光线。这种光线根据太阳的高低转移投射方向和角度，显示出明暗不同的光柱。这一切自然景物的变化为拍摄山林景色创造了优越的条件。

## 实例演练 6：
## 双彩虹效果

原始文件：随书资源\素材\12\17.jpg
最终文件：随书资源\源文件\12\双彩虹效果.psd

**解析**：有时会见到两条彩虹同时出现，在平常的彩虹外边出现同心效果，这就是双彩虹效果。由于该自然景观的罕见性及拍摄难度，很多摄影爱好者都因错过此奇观而遗憾。使用 Photoshop CC 2015 中的相关功能和命令就可制作出这种罕见的自然景观效果。本实例将介绍如何制作双彩虹效果。下图所示为制作前后的效果对比图，具体操作步骤如下。

1 打开"17.jpg"文件，新建"图层1"，如下图所示。

2 按 G 键切换至"渐变工具",打开"渐变编辑器"对话框,在对话框中单击预设的"透明彩虹渐变",如下左图所示。

3 单击并选中第一个红色色标,然后向右拖动该色标至 24% 的位置,如下右图所示。

 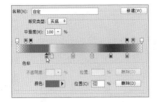

4 继续使用同样的方法,拖动另外几个色标,调整其位置,得到如下左图所示的渐变色效果。

5 在渐变条中的红色和粉红色色标旁边单击,添加两个色标,并将这两个色标的颜色设置为黑色,如下右图所示。

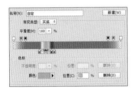 

6 设置好"渐变编辑器"对话框中的各项参数后,单击"确定"按钮,再单击"渐变工具"选项栏中的"径向渐变"按钮█,在图像适当位置单击并拖动鼠标,为图像应用径向渐变填充效果,如下图所示。

7 执行"选择 > 色彩范围"菜单命令,打开"色彩范围"对话框,设置各项参数,如下左图所示。

8 设置完成后单击"确定"按钮,创建选区,如下右图所示。

 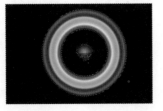

9 执行"选择 > 修改 > 扩展"菜单命令,打开"扩展选区"对话框,设置扩展量为 20,设置完成后单击"确定"按钮,扩展选区,如下图所示。

 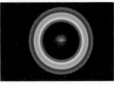

10 选中"图层 1",按 Delete 键,删除选区内的图像,如下左图所示。

11 按快捷键 Ctrl+D,取消选区的选中状态,得到如下右图所示的效果。

12 按 Ctrl+T 键,自由变换及调整图像的外形和位置,如下图所示。

13 执行"编辑 > 变换 > 变形"菜单命令,打开变形编辑框,单击并拖动编辑框,对图像进行变形,调整彩虹图像的外形,如下图所示。

14 确定图像外形和位置后按 Enter 键,应用变换,得到如下左图所示的图像效果。

15 选中"图层 1"图层,执行"图层 > 智能对象 > 转换为智能对象"菜单命令,将"图层 1"转换为智能图层,如下右图所示。

**16** 确保"图层1"为选中状态，单击"图层"面板底部的"添加图层蒙版"按钮 ，为"图层1"添加图层蒙版，如下左图所示。

**17** 将前景色设置为黑色，使用画笔工具在图像适当位置涂抹，擦除多余部分的彩虹图像，如下右图所示。

**18** 将"图层1"的混合模式设置为"柔光"、"不透明度"设置为65%，得到更逼真的彩虹图案，如下图所示。

**19** 执行"滤镜 > 模糊 > 高斯模糊"菜单命令，打开"高斯模糊"对话框，在"半径"数值框中输入数值8.0，如下左图所示。

**20** 设置完成后单击"确定"按钮，得到如下右图所示的图像效果，将彩虹图像模糊化。

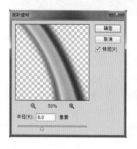

**21** 按Ctrl+J键，复制图层，得到"图层1拷贝"图层，设置该图层的混合模式为"变亮"、"不透明度"为40%，如下左图所示。

**22** 通过上一步的操作，得到如下右图所示的图像效果，彩虹的影调已更加和谐自然。

**23** 再次按Ctrl+J键，复制图层，得到"图层1拷贝2"图层，将该图层的混合模式设置为"滤色"、"不透明度"设置为30%，如下左图所示。

**24** 设置后可以看到彩虹颜色变得更亮了，如下右图所示。

**25** 选择工具箱中的"钢笔工具"，在画面中单击并拖动鼠标，绘制路径，如下左图所示。

**26** 右击绘制的路径，在弹出的快捷菜单中执行"建立选区"命令，打开"建立选区"对话框，在对话框中设置"渲染"的"羽化半径"为10，单击"确定"按钮，将路径转换为柔和选区，如下右图所示。

**27** 单击"图层"面板中的"创建新图层"按钮 ，新建"图层2"，如下左图所示。

28 设置前景色为 R255、G110、B2，选择"渐变工具"，在选项栏中设置渐变选项，如下右图所示。

 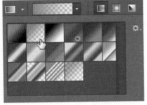

29 将鼠标移至画面中，单击并向右上角拖动鼠标，当拖动至一定角度后，释放鼠标，为选区填充渐变颜色，如下图所示。

30 选中"图层 2"，执行"图层 > 智能对象 > 转换为智能对象"菜单命令，将"图层 2"转换为智能图层，如下左图所示。

31 执行"滤镜 > 模糊 > 高斯模糊"菜单命令，打开"高斯模糊"对话框，在"半径"数值框中输入数值 15，如下右图所示，设置完成后单击"确定"按钮。

 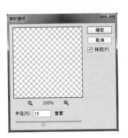

32 确保"图层 2"为选中状态，将此图层的混合模式设置为"柔光"、"不透明度"设为70%，如下图所示。

33 选中"图层 1"及其以后的所有图层，按快捷键 Ctrl+Alt+E，盖印所选图层，得到"图层 2（合并）"图层，如下左图所示。

34 选择工具箱中的"移动工具"，将盖印所得到的彩虹图像向左拖动，如下右图所示。

35 选中"图层 2（合并）"图层，执行"图层 > 智能对象 > 转换为智能对象"菜单命令，将"图层 2（合并）"图层转换为智能图层，如下左图所示。

36 执行"滤镜 > 模糊 > 高斯模糊"菜单命令，打开"高斯模糊"对话框，在"半径"数值框中输入数值 15，如下右图所示，设置完成后单击"确定"按钮。

37 为"图层 2（合并）"图层添加蒙版，选用黑色画笔涂抹山峰上的彩虹图像，将其隐藏起来，然后将此图层的"不透明度"调整为 20%，如下图所示。至此，已完成本实例的制作。

> ★技巧>>创建第二道彩虹的快捷方法
>
> 设置好第一道彩虹后，首先隐藏"背景"图层，只显示包含彩虹图像的图层，按 Shift+Ctrl+Alt+E 键，盖印可见图层；然后将该图层的图像调整至合适大小和位置，根据画面的整体效果和个人喜好，设置其不透明度和图层混合模式；再将其调整至图像适当位置即可。

## 实例演练 7：
# 水中倒影效果

原始文件：随书资源 \ 素材 \12\18.jpg
最终文件：随书资源 \ 源文件 \12\ 水中倒影效果 .psd

解析：倒影和投影可为画面带来很多乐趣。无论是波光潋滟还是水平如镜，或是虚幻幽深，都充满了诗意。比起那些真实的图像，倒影为画面添加了更多轻松和神秘的气氛。本实例将介绍如何应用 Photoshop CC 2015 中的相关功能和命令为照片添加水中倒影效果。下图所示为制作前后的效果对比图，具体操作步骤如下。

**1** 打开 "18.jpg" 文件，选择工具箱中的 "裁剪工具"，单击选项栏中的 "拉直" 按钮 ，沿照片中的水平线单击并拖动鼠标，如下左图所示。

**2** 释放鼠标，拉直图像，然后拖动裁剪框，调整裁剪范围，得到如下右图所示的效果。

**3** 按 Enter 键，裁剪照片，选择 "矩形选框工具"，在图像上方单击并拖动鼠标，绘制矩形选框，如下左图所示。

**4** 按快捷键 Ctrl+T，打开自由变换编辑框，然后调整选区中的图像大小，填满整个图像，如下右图所示。

**5** 确认变换操作，执行 "图像 > 画布大小" 菜单命令，打开 "画布大小" 对话框，设置参数，如下左图所示，设置完成后单击 "确定" 按钮，扩展画布，效果如下右图所示。

**6** 选择 "矩形选框工具"，在图像上方单击并拖动鼠标，绘制矩形选区，选择图像，如下左图所示。

**7** 按 Ctrl+J 键，复制选区内的图像，得到 "图层 1"，如下右图所示。

**8** 按快捷键 Ctrl+T，打开自由变换编辑框，然后右击鼠标，在弹出的快捷菜单中选择 "垂直翻转" 命令，如下左图所示。

**9** 翻转图像，然后将复制图层中的图像向下拖动，移至如下右图所示的位置。

**10** 按 Shift+Ctrl+Alt+E 键，盖印可见图层，得到 "图层 2"，如下左图所示。

11 单击"图层"面板底部的"创建新图层"按钮，创建"图层 3"，如下右图所示。

12 执行"滤镜 > 滤镜库"菜单命令，打开"滤镜库"对话框，在对话框中单击"素描"滤镜组下的"半调图案"滤镜，然后设置参数，如下左图所示。设置完成后单击"确定"按钮，应用滤镜效果，如下右图所示。

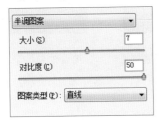

13 执行"滤镜 > 模糊 > 高斯模糊"菜单命令，打开"高斯模糊"对话框，设置高斯模糊的参数，如下左图所示。设置完成后单击"确定"按钮，模糊图像，如下右图所示。

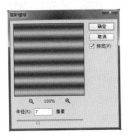

14 执行"文件 > 存储为"菜单命令，打开"存储为"对话框，设置各项参数，如下左图所示，设置完成后单击"保存"按钮。

15 隐藏"图层 3"，选中"图层 2"，如下右图所示。

16 执行"滤镜 > 扭曲 > 置换"菜单命令，打开"置换"对话框，设置置换的各项参数，再单击"确定"按钮，如下左图所示。

17 弹出"选取一个置换图"对话框，如下右图所示，在对话框中选择步骤 14 中保存的文件，单击"打开"按钮。

18 置换图像，得到如下左图所示的扭曲图像效果。

19 按住 Ctrl 键，单击"图层 1"，载入如下右图所示的选区。

20 选中"图层 2"，单击"图层"面板底部的"添加图层蒙版"按钮，添加蒙版，如下图所示。

21 按快捷键 Shift+Ctrl+Alt+E，盖印图层，得到"图层 4"，如下左图所示。

22 按住 Ctrl 键，单击"图层 1"，载入选区，单击"图层 4"，按快捷键 Ctrl+J，复制选区内的图像，得到"图层 5"，如下右图所示。

**23** 确保"图层 5"为选中状态，执行"滤镜 > 扭曲 > 波纹"菜单命令，打开"波纹"对话框，在对话框中将"数量"设置为 -260，如下左图所示。

**24** 设置完成后单击"确定"按钮，应用滤镜处理图像，得到如下右图所示的图像效果。

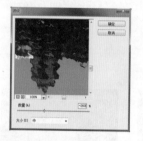 

**25** 按快捷键 Shift+Ctrl+Alt+E，盖印图层。执行"滤镜 >Camera Raw 滤镜"菜单命令，打开 Camera Raw 对话框，在对话框中单击"镜头校正"按钮，在"手动"选项卡中设置"镜头晕影"选项组参数，如下左图所示。

**26** 设置完成后单击"确定"按钮，为图像添加晕影效果，如下右图所示。

**27** 创建"渐变映射 1"调整图层，选择"紫、橙渐变"，然后单击"属性"面板中的渐变条，打开"渐变编辑器"对话框，在对话框中调整色标位置，为图像填充渐变效果，如下图所示。

**28** 选中"渐变映射 1"图层，设置图层的混合模式为"叠加"、"不透明度"为 60%，增强色彩，如下图所示。至此，已完成本实例的制作。

## 实例演练 8:
## 老照片效果

原始文件: 随书资源 \ 素材 \12\19.jpg
最终文件: 随书资源 \ 源文件 \12\ 老照片效果 .psd

解析: 有时具有一定年代感的老照片更容易让人产生强烈的怀旧感，让人回到特定的场景和氛围中。但现在多是用数码相机拍摄的照片，老照片已逐渐退出了历史舞台。本实例将介绍如何应用 Photoshop 将照片制作为老照片效果。下图所示为制作前后的效果对比图，具体操作步骤如下。

**1** 执行"文件 > 新建"菜单命令，打开"新建"对话框，在对话框中输入名称为"边框纹理"，调整新建文档大小，如下左图所示。

**2** 设置完成后单击"确定"按钮，新建文档，如下右图所示。

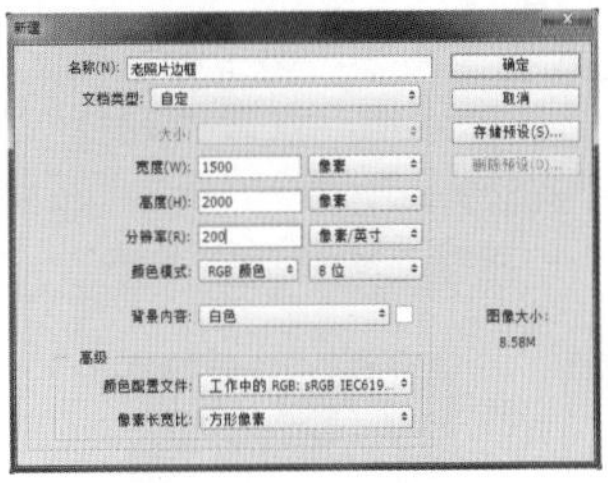

3 切换至“通道”面板，单击“创建新通道”按钮，新建“Alpha1”通道，并将通道填充为黑色，如下图所示。

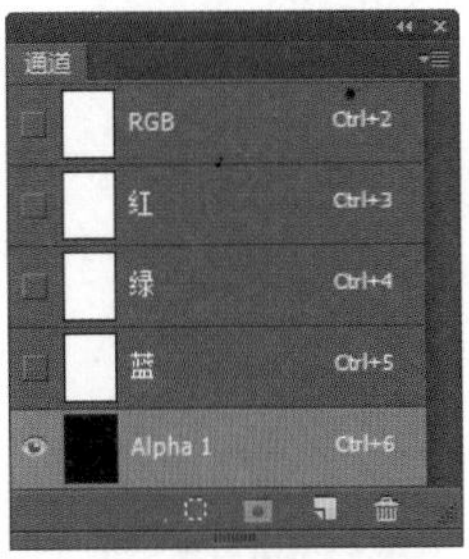

4 确保 Alpha1 通道为选中状态，执行“滤镜 > 渲染 > 云彩”菜单命令，对 Alpha1 通道中的图像应用滤镜，渲染上云彩效果，如下左图所示。

5 执行“滤镜 > 滤镜库”菜单命令，打开“滤镜库”对话框，单击“艺术效果”滤镜组下的“调色刀”滤镜，如下右图所示。

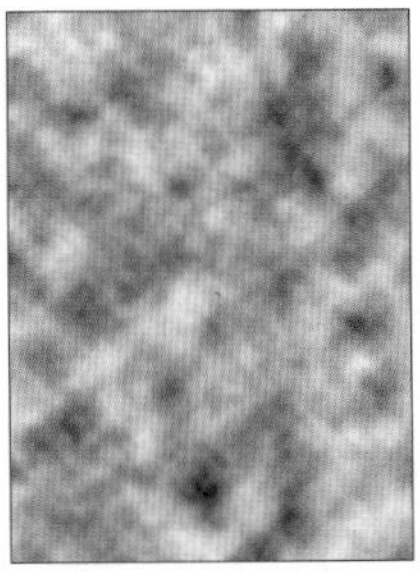

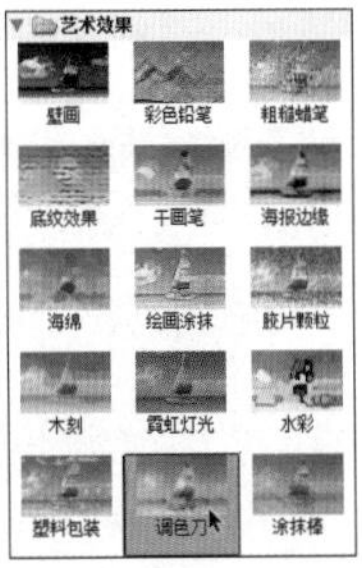


6 选择“调色刀”滤镜后，设置滤镜选项，如下左图所示。

7 单击“滤镜库”对话框右下角的“新建效果图层”按钮，新建效果图层，然后单击“艺术效果”滤镜组下的“海报边缘”滤镜，如下右图所示。

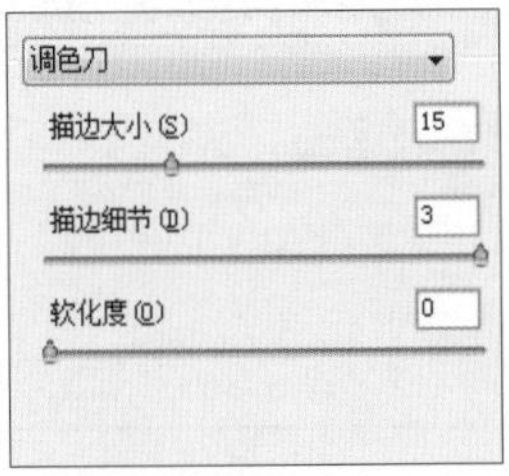


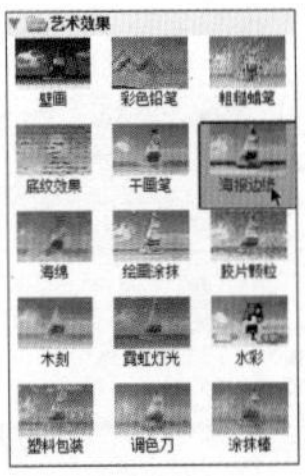


8 采用默认的“海报边缘”值，然后直接单击“确定”按钮，应用滤镜效果，如下左图所示。

9 执行“滤镜 > 滤镜库”菜单命令，打开“滤镜库”对话框，单击“扭曲”滤镜组下的“玻璃”滤镜，单击“确定”按钮，为图像添加玻璃滤镜效果，如下右图所示。

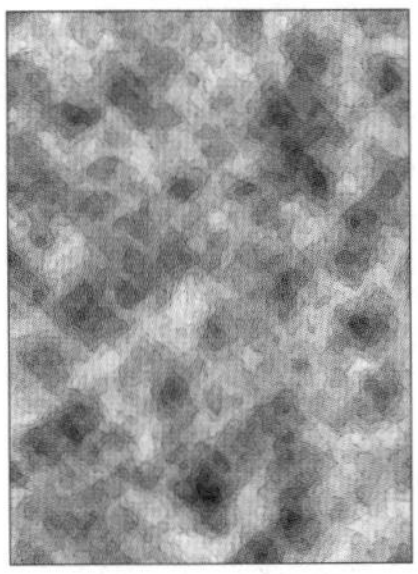

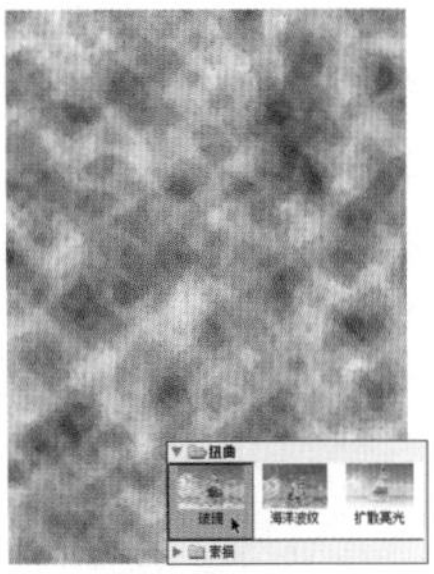

10 执行“编辑 > 渐隐滤镜库”菜单命令，打开“渐隐”对话框，设置“不透明度”为 90%、模式为“叠加”，单击“确定”按钮，渐隐滤镜，如下图所示。

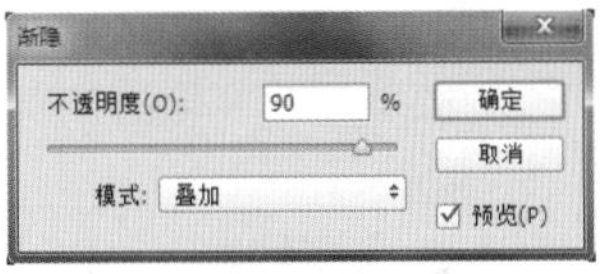


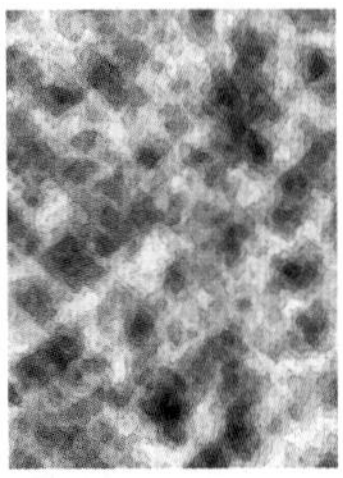

11 按快捷键 Ctrl+A，全选通道中的图像，如下左图所示，按快捷键 Ctrl+C，复制图像。

12 打开“图层”面板，创建“图层 1”，按快捷键 Ctrl+V，粘贴图像，如下右图所示。

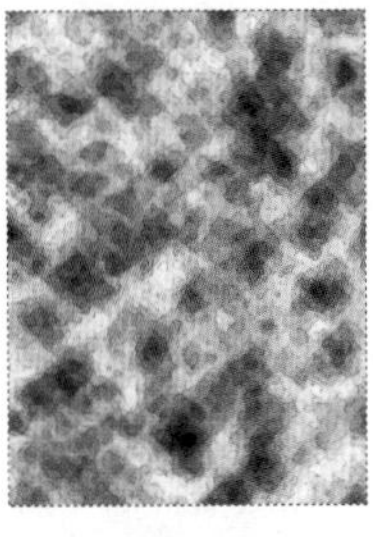

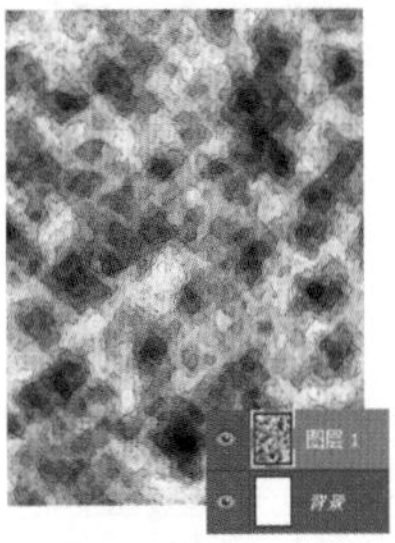

13 执行“文件 > 保存”菜单命令，打开“另存为”对话框，在对话框中将图像以 PSD 格式存储，如下左图所示。

14 打开“19.jpg”文件，复制“背景”图层，得到“背景 拷贝”图层，将此图层转换为智能图层，如下右图所示。

**15** 执行"滤镜 > 滤镜库"菜单命令，打开"滤镜库"对话框，单击"艺术效果"滤镜组下的"胶片颗粒"滤镜，在对话框右侧设置"颗粒"为3、"强度"为1，单击"确定"按钮，应用滤镜效果，如下图所示。

**16** 双击"混合选项"图标，打开"混合选项（滤镜库）"对话框，在对话框中设置"不透明度"为50%、模式为"叠加"，如下左图所示。

**17** 单击"确定"按钮，对滤镜执行渐隐效果，如下右图所示。

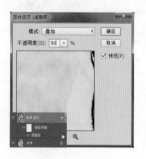

**18** 执行"滤镜 > 滤镜库"菜单命令，打开"滤镜库"对话框，单击"纹理"滤镜组中的"纹理化"滤镜，然后设置滤镜选项，为照片添加纹理，如下图所示。

**19** 执行"滤镜 > 杂色 > 添加杂色"菜单命令，打开"添加杂色"对话框，设置"数量"为28%，选中"平均分布"单选按钮，单击"确定"按钮，为图像添加上杂色，表现画面质感，如下图所示。

**20** 选择"矩形选框工具"，单击选项栏中的"从选区减去"按钮，在画面中单击并拖动鼠标，绘制选区，如下图所示。

**21** 新建"图层 1"，设置前景色为白色，按快捷键 Alt+Delete，将选区填充为白色，得到边框效果，如下图所示。

**22** 执行"滤镜 > 扭曲 > 置换"菜单命令，打开"置换"对话框，在对话框中设置选项，单击"确定"按钮，打开"选取一个置换图"对话框，选择存储的边框纹理，单击"打开"按钮，如下图所示。

23 应用"置换"滤镜扭曲图像，为图像添加边框，如下左图所示。

24 复制"图层 1"，得到"图层 1 拷贝"图层，将此图层转换为智能图层，如下右图所示。

25 执行"滤镜 > 模糊 > 动感模糊"菜单命令，打开"动感模糊"对话框，设置选项，模糊图像，如下图所示。

26 创建"色相 / 饱和度 1"调整图层，打开"属性"面板，在面板中设置选项，调整照片颜色，如下图所示。

27 新建"色阶 1"调整图层，在打开的"属性"面板中选择"增加对比度 1"选项，增强对比效果，如下图所示。至此，已完成本实例的制作。

### ⭐ 技巧>>更改智能滤镜选项

对智能图层应用滤镜以后，在图层中已应用的滤镜会显示在图层下方，如图❶所示。如果要更改滤镜选项，可双击图层下方的滤镜名称，如图❷所示，会打开对应的滤镜对话框。图❸所示为双击"添加杂色"滤镜后打开的"添加杂色"对话框。在对话框中重新设置参数后，单击"确定"按钮，就可以完成滤镜选项的更改。如果要更改智能滤镜的混合选项，可双击滤镜名右侧的"混合选项"图标≡，或右击该图标，在弹出的菜单中选择"编辑智能滤镜混合选项"命令，如图❹所示。执行命令后，打开"混合选项"对话框，在对话框中更改设置即可。

# 第13章
# 数码照片的完美合成技法

数码照片的合成已经被广泛应用于视觉传达设计的各个领域，在数码照片后期处理中起到了不可估量的作用，已是设计师必须掌握的一种技能。本章将详细讲解如何在现有的图像中化平淡为神奇，包括调整图像位置的必备工具——移动工具的介绍，使图像间自然融合——羽化选区的介绍，变换与变形的应用，相同大小的照片间的快速合成等技法，使创作者的梦幻与联想完美融合，帮助希望掌握图像合成真谛的读者实现自己的愿望。希望读者通过本章的学习，掌握数码照片完美合成的各项技法，从而激发创作灵感，发掘更多、更好的图像处理新方法。

## 13.1 调整图像位置的必备工具——移动工具

使用 Photoshop CC 2015 中的移动工具可快速移动选区、图层和参考线，是调整图像位置的必备工具之一。本节将详细介绍如何使用移动工具来调整图像位置，具体操作方法和相关技巧如下。

### 1. 使用移动工具移动选区

使用椭圆选框工具在图像适当位置单击并拖动鼠标，创建椭圆选区，如下左图所示。按 V 键切换至"移动工具"，单击并拖动选区至新的位置即可移动选区，如下右图所示。

### 2. 移动图层中的内容

按住 Shift 键单击并选择多个图层，如下左图所示。使用移动工具在图像窗口中单击并拖动图像至新位置，即可移动多个图层中的图像，如下中图和右图所示。

### 3. "移动工具"选项栏

单击工具箱中的"移动工具"按钮或按 V 键，在其选项栏中可进一步设置移动工具的各项参数，使移动的位置更加准确，如下图所示。

❶**自动选择**：勾选该复选框，可在其后的下拉列表框中选择"组"或"图层"选项。

❷**显示变换控件**：勾选该复选框，窗口中图像的四周将显示控制手柄。

❸**对齐不同图层上的图形**：单击"顶对齐"按钮，将选中图层中的图像顶对齐；单击"垂直居中对齐"按钮，将选中图层中的图像垂直居中对齐；单击"底对齐"按钮，将选中图层中的图像底对齐；单击"左对齐"按钮，将选中图层中的图像左对齐；单击"水平居中对齐"按钮，将选中图层中的图像水平居中对齐；单击"右对齐"按钮，将选中图层中的图像右对齐。

❹均匀分布图层和组：单击"按顶分布"按钮，从每个图层的顶端像素开始，间隔均匀地分布图层；单击"垂直居中分布"按钮，从每个图层的垂直中心像素开始，间隔均匀地分布图层；单击"按底分布"按钮，从每个图层的底端像素开始，间隔均匀地分布图层；单击"按左分布"按钮、"水平居中分布"按钮或"按右分布"按钮，分别从每个图层的左端、水平中心或右端像素开始，间隔均匀地分布图层。

❺自动对齐图层：单击该按钮，打开"自动对齐图层"对话框，可根据不同图层中的相似内容自动对齐图层。在该对话框中可设置一个图层作为参考图层，也可以让软件自动选择参考图层。

❻3D 模式：用于调整 3D 图像，只有在照片中添加 3D 对象后，这些按钮才能显示为可用状态。单击"旋转 3D 对象"按钮，在 3D 模型中上、下拖动，可将模型绕其 X 轴旋转；单击"滚动 3D 对象"按钮，在 3D 模型的两侧拖动，可使模型绕 Z 轴旋转；单击"拖动 3D 对象"按钮，在 3D 模型的两侧拖动，可沿水平方向移动模型，上下拖动则

可沿垂直方向移动模式；单击"滑动 3D 对象"按钮，在 3D 模型的两侧拖动，可沿水平方向移动模型，若在图像中上下拖动，则可将模型移近或移远；单击"缩放 3D 对象"按钮，在 3D 模型上拖动时，可以将模型放大或缩小。

> **应用>>使用移动工具复制图像**
>
> 在"图层"面板中选中需要复制的图像所在的图层，如图❶所示。按 V 键切换至"移动工具"，按住 Alt 键单击并将图形拖动到适当位置后释放鼠标，即可复制该图像，如图❷所示。
>
>

## 13.2　使图像间自然融合——羽化选区

Photoshop CC 2015 中的"羽化"命令通过建立选区和选区周围像素之间的转换边界来模糊边缘，在转换过程中模糊边缘将丢失选区边缘的一些细节。通过羽化选区可使图像间的过渡更加自然，将多个图像融为一体。本节将介绍如何使用"羽化"命令让图像间自然融合，具体操作方法和相关技巧如下。

打开需要设置的素材图像，使用套索工具在花朵部分单击并拖动鼠标，创建选区，如下左图所示。执行"选择 > 修改 > 羽化"菜单命令或按 Shift+F6 键，打开"羽化选区"对话框，在"羽化半径"数值框中输入数值"10"，设置完成后单击"确定"按钮，按快捷键 Ctrl+J，复制图层，然后隐藏"背景"图层，即可创建自然柔和的边界效果，如下右图所示。

> **应用>>试试其他的羽化效果**
>
> 打开"羽化选区"对话框，在"羽化半径"数值框中输入数值"2"，如图❶所示。设置完成后单击"确定"按钮。此设置下的图像边界更加清晰，如图❷所示。
>
>

## 13.3　调整图像的外形——变换与变形的应用

在调整图像的外形时，若想对所选图像进行缩放、斜切、扭曲、透视、变形或翻转等操作，

则可应用 Photoshop CC 2015 中的"自由变换"命令。在应用"自由变换"命令时，若单击其选项栏中的按钮，则选项栏显示变形模式的相关设置。用户可在"变形"下拉列表框中设置变形效果。本节将介绍如何应用变换与变形自由调整图像的外形，具体操作方法如下。

Photoshop CC 2015 中的"变换"命令适用于调整基于像素和矢量的图层和蒙版，其操作原理与文字变形功能相似。选中需要设置的图像，执行"编辑 > 变换"菜单命令，在弹出的级联菜单中选择需要的变换命令，如下左图所示。此时，图像四周出现控制手柄，如下右图所示。

执行变换命令后，用户可在"变换"选项栏中对位置、缩放、斜切比例、旋转角度等进行精确的控制。设置完成后单击其中的"应用变换"按钮，即可应用变换；单击"取消"按钮，则恢复图像的原始状态。

下图所示为其选项栏的一部分。

❶**参考点位置**：用于指定参考点所在位置。

❷X：用于设置参考点的水平位置。

❸**"定位"按钮**：单击此按钮，使用参考点相关定位。

❹Y：用于设置参考点的垂直位置。

❺W：设置水平缩放比例。

❻**"链接"按钮**：单击此按钮，将在变换图像时保持长宽比。

❼H：设置垂直缩放比例。

下图所示为其选项栏的另一部分。

❶**旋转**：在其后的数值框中输入数值，设置放置角度。

❷H：设置水平斜切。

❸V：设置垂直斜切。

❹**"变形"按钮**：单击该按钮，在自由变换和变形模式之间切换。

### 1. 缩放

当图像四周出现变换框时，只需单击并拖动任意控制手柄，即可对图层中的图像进行大小调整，如下左图所示；若按住 Shift 键单击并拖动角控制手柄，则可在调整大小时维持对象的比例不变，如下中图所示；若按住 Shift+Alt 键单击并拖动鼠标，则可从中心点开始缩放，如下右图所示。

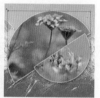

### 2. 旋转

若将鼠标指针从变换框的内部移出，鼠标指针将变成一个弯曲的双箭头形状，拖动该鼠标指针即可旋转图像，如下左图所示。在旋转前，用户可以将中心点图标拖动至新位置再旋转，如下右图所示。

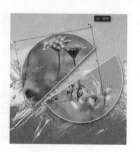

### 3. 斜切

右击鼠标，在弹出的快捷菜单中选择"斜切"命令，如下左图所示。单击并拖动四周任意一个角控制手柄，如下右图所示，即可自由变换图像外形。

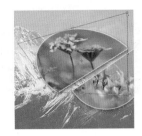

### 4．扭曲

右击鼠标，在弹出的快捷菜单中选择"扭曲"命令，如下左图所示。单击并拖动图像四周任意一个控制手柄，即可对图像进行扭曲，如下右图所示。

### 5．透视

右击鼠标，在弹出的快捷菜单中选择"透视"命令，如下左图所示。单击并拖动图像四周任意一个角控制手柄的同时，与其相对的另一个角控制手柄也发生对称的变换，为图像应用透视变形，如下右图所示。按住Shift+Ctrl+Alt键拖动角控制手柄即可对图像进行透视变换。

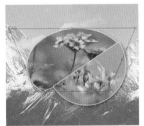

> 🖱️ **应用>>变形命令的应用**
>
> 在应用"自由变换"命令时，若单击其选项栏中的"在自由变换和变形模式之间切换"按钮，则选项栏显示变形模式的相关选项，如图❶所示。用户可在"变形"下拉列表框中设置变形效果。执行"编辑 > 变换 > 变形"菜单

命令，图像四周将出现变形网格。通过变形网格，用户可以自由设置变形效果，如图❷所示。在"变形"下拉列表框中选择"扇形"选项，单击"更改变换方向"按钮，然后在"弯曲"后的数值框中输入数值，定义变形的效果，如图❸所示。

若用户需要对变形网格进行更多的控制，则在"变形"下拉列表框中选择"自定"选项，然后通过拖动网格中的方向线对变形网格进行更多控制，如图❹所示。

用户还可以应用"变形"下拉列表框中的预设选项，对图像进行变换。图❺～⓳所示的图像分别展示了选择不同变形样式后得到的图像变形效果。

## 13.4　相同大小的图像合成——"应用图像"命令

Photoshop CC 2015 中的"应用图像"命令可将源图像的图层和通道与目标图像的图层和通道进行混合，但两个图像文件的像素尺寸必须相同。本节将介绍如何使用"应用图像"功能合成图像，具体操作方法如下。

在 Photoshop 中先将用于合成的两张素材图像打开，如下图所示，打开后执行"图像 > 应用图像"菜单命令。

打开"应用图像"对话框，如下左图所示。在对话框中设置"应用图像"的各项参数，设置完成后单击"确定"按钮，得到如下右图所示的图像效果。

"应用图像"对话框如下图所示，通过设置该对话框中的各项参数可控制合成图像的整体影调，具体参数介绍如下。

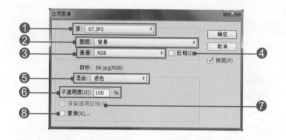

❶源：在该下拉列表框中可选择取样的图像文件。

❷图层：在该下拉列表框中可选择进行混合的图层。

❸通道：在该下拉列表框中可选择进行混合的通道。

❹反相：勾选该复选框，则可在计算中使用通道内容的负片。

❺混合：在该下拉列表框中可设置图像的混合模式。

❻不透明度：用于设置效果的强度。

❼保留透明区域：勾选该复选框，则只将结果应用到结果图层的不透明区域。

❽蒙版：勾选该复选框，则可在"蒙版"选项组中选择图层并将其设置为蒙版，用于隐藏其所在图层中的图像区域。

> ★技巧>>修改图层视图
>
> 如果两个图像的颜色模式不同（例如，一个图像是 RGB 颜色模式，而另一个图像是 CMYK 颜色模式），就可以对目标图层的复合通道应用单一通道（但不是源图像的复合通道）。

## 13.5　结合工具的蒙版合成——图层蒙版

图层蒙版是一个 256 级色阶的灰度图像，蒙在图层上面，起到遮盖图层的作用，然而其本身并不可见。图层蒙版主要用于合成图像。在合成图像时，将它与工具箱中的工具相结合，可以得到更为自然的图像合成效果。

在图层蒙版中，纯白色对应的图像是可见的，纯黑色会遮盖图像，灰色区域会使图像呈现出一定程度的透明效果，如下图所示。基于以上原理，当想要隐藏图像的某个区域时，为它添加一个蒙版，再将相应的区域涂黑即可；如果想让图像呈现半透明效果，则可以将蒙版涂灰。

图层蒙版是位图图像，几乎能使用所有的绘画工具来编辑它。例如，使用柔角画笔修改蒙版可以使图像边缘产生逐渐淡出的过渡效果，如下左图所示；用渐变工具编辑蒙版，则可以将当前图像逐渐融入到另一个图像中，图像之间的融合效果非常平滑、自然，如下右图所示。

### 应用>>图层蒙版的应用

打开需要用于合并的两张素材图像，如图❶和图❷所示。使用移动工具把打开的素材图像拖动至文件中，得到"图层1"，单击"图层"面板中的"添加图层蒙版"按钮 ▣，添加图层蒙版，如图❸所示。添加蒙版后，选择"画笔工具"，把前景色设置为黑色，将鼠标移至图像上并涂抹，如图❹所示。经过反复涂抹操作，把多余的图像隐藏起来，完成图像的合成操作，如图❺所示。

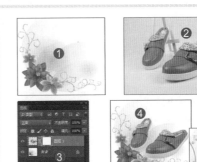

### 技巧一>>多种方法创建图层蒙版

Photoshop 中要创建图层蒙版，除了单击"图层"面板中的"添加图层蒙版"按钮 ▣，创建图层蒙版外，也可以通过执行菜单命令创建。执行"图层 > 图层蒙版 > 显示全部"命令，可以创建一个显示图层内容的白色蒙版；执行"图层 > 图层蒙版 > 隐藏全部"菜单命令，则可以创建一个隐藏图层内容的黑色蒙版；如果图层中包含透明区域，那么执行"图层 > 图层蒙版 > 从透明区域"菜单命令可以创建蒙版，并将透明区域隐藏。

### 技巧二>>删除已有图层蒙版

创建图层蒙版后，在"图层"面板中选中创建图层蒙版的图层，执行"图层 > 图层蒙版 > 删除"命令，或者单击蒙版缩览图，将其拖动至"删除图层"按钮 🗑，如图❶所示。此时会弹出提示对话框，如图❷所示。若单击"删除"按钮，则会删除蒙版，如图❸所示。若单击"应用"按钮，则会对图像应用图层蒙版，如图❹所示。

# 13.6 在形状内显示 / 隐藏图像——矢量蒙版

矢量蒙版是由钢笔、自定形状等矢量工具创建的蒙版，它与图像的分辨率无关，无论怎样缩放都能保持光滑的轮廓，因此它常用于图像的合成。矢量蒙版将矢量图形引入到蒙版中，既丰富了蒙版的多样性，也为人们提供了一种可以在矢量状态下编辑蒙版的特殊方式。下面介绍如何应用矢量蒙版合成图像。

打开几张用于合成的素材图像，并将其中的人像素材拖动到背景图像上，得到"图层 1"和"图层 2"，如下图所示。

在"图层"面板中选择"图层 1"，然后选择工具箱中的"矩形工具"，在选项栏中选择"路径"选项，在画面中单击并拖动鼠标，就可以绘制一个矩形路径。绘制路径后，执行"图层 > 矢量蒙版 > 当前路径"菜单命令，或者按住 Ctrl 键单击"图层"面板中的"添加图层蒙版"按钮，即可基于当前路径创建矢量蒙版，此时位于路径区域外的图像会被蒙版所遮盖，如下图所示。

如果需要为"图层 2"也添加矢量蒙版，就需要先在"图层"面板中选中图层，然后进行路径的绘制，并设置为矢量蒙版，如下图所示。

**应用>>向矢量蒙版中添加形状**

在图像中添加蒙版后，用户也可以根据需要向矢量蒙版添加更多的形状。具体方法如下。

单击"图层"面板中的矢量蒙版缩览图，如图❶所示，进入蒙版编辑状态。此时在缩览图外面会显示一个白色的外框，图像中也会显示矢量图形，如图❷所示。

选择工具箱中的图形绘制工具，在选项栏中单击"路径操作"按钮，在弹出的菜单中选择"合并形状"选项，如图❸所示，然后在图像中单击并拖动鼠标，就可以进行图形的绘制，绘制后会将它们添加到矢量蒙版中，如图❹所示。

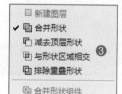

**技巧一>>编辑矢量图形**

对于矢量蒙版中的矢量路径，可以使用工具箱中的路径编辑工具对它进行调整。在调整前先单击"图层"面板中的矢量蒙版缩览图，使画面中显示出矢量图形，然后选择"路径选择工具"，单击画面中的矢量图形，将其选中，如图❶所示。此时若按住 Alt 键拖动鼠标，则可以复制图形，如图❷所示。若按快捷键

Ctrl+T，则会显示自由变换编辑框，拖动编辑框上的控制点，就可以对图形进行旋转或缩放操作，如图❸所示。

★ 技巧二>>蒙版与图像的链接

在添加矢量蒙版后，矢量蒙版缩览图与图形缩览图之间有一个链接图标，它表示蒙版与图像处于已链接状态，此时进行任何变换与调整操作，蒙版都会与图像一同变换。如果执行"图层 > 矢量蒙版 > 取消链接"菜单命令，或单击蒙版与图层间的链接图标，则可以取消链接，此时就可以单独调整图像或者蒙版。

## 13.7 根据图层合成图像——剪贴蒙版

剪贴蒙版也称剪贴蒙版组，通过使用处于下方图层的形状来限制上方图层的显示状态，实现图像之间的快速合成。其最大优点是可以通过一个图层来控制多个图层的可见内容，它常被用于数码照片的创意合成。

剪贴蒙版组由内容层和基层组合而成，在最下面的图层被称为"基底图层"，它的名称下带有下画线；位于它上面的图层则被称为"内容图层"，它们以缩览图的方式缩进显示，并带有▼状图标，如下图所示。在一个剪贴蒙版组中，基层只能有一个，而内容层可以有若干个。基层可以影响任何属性的所有内容层，而每个内容层只受基层影响，不具有影响其他图层的能力，所以，基层图层中的透明区域充当了整个剪贴蒙版组的蒙版。

★ 应用>>应用剪贴蒙版合成图像

打开一张素材照片，选择工具箱中的"椭圆选框工具"，在照片中绘制选区，如图❶所示。按快捷键 Ctrl+J，复制选区内的图像，得到"图层 1"，如图❷所示。再打开一张人像照片，将打开的这些照片复制到 CD 光盘图像上，如图❸所示。执行"图层 > 创建剪贴蒙版"菜单命令，创建剪贴蒙版，如图❹所示。创建剪贴蒙版后，可以对图像的颜色做调整，使画面的色彩更统一，如图❺所示。

★ 技巧>>释放剪贴蒙版

在 Photoshop 中，如果需要释放剪贴蒙版，可以执行"图层 > 释放剪贴蒙版"菜单命令进行释放，如图❶所示；也可以选中内容图层后，单击"图层"面板右上角的扩展按钮，在弹出的面板菜单中选择"释放剪贴蒙版"命令进行剪贴蒙版的释放操作，如图❷所示；还可以按住 Alt 键，在两个图层中间出现释放剪贴蒙版图标后单击，释放剪贴蒙版。

## 实例演练 1：
# 制作文身效果

原始文件：随书资源\素材\13\20.jpg、21.jpg
最终文件：随书资源\源文件\13\制作文身效果.psd

**解析：** 文身作为一种彰显个性的行为受到了很多年轻人的热爱和追捧，但是文身时的疼痛让很多人左右为难。现在不用担心了，应用 Photoshop CC 2015 可快速制作出自己想要的文身。在合成文身效果时，只需要将"变换"命令和图层样式相结合，就可以让合成的文身效果看起来非常自然逼真。下图所示为制作前后的效果对比图，具体操作步骤如下。

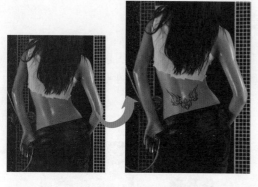

1 打开 "21.jpg" 文件，图像效果如下左图所示。

2 按 Ctrl+J 键，复制图层，得到 "图层 1"，如下右图所示。

3 确保 "图层 1" 为选中状态，执行 "选择 > 色彩范围" 菜单命令，打开 "色彩范围" 对话框，如下左图所示。

4 单击图像背景部分，如下右图所示，设置完成后单击 "确定" 按钮。

5 执行 "选择 > 反选" 菜单命令，或按快捷键 Shift+Ctrl+I，将选区进行反向选择，得到如下图所示的选区。

6 按 Ctrl+J 键，复制图层，得到 "图层 2"，如下图所示。

7 打开 "20.jpg" 文件，打开的人像素材如下左图所示。

8 使用移动工具将 "21.jpg" 拖动至打开的素材图像中，如下右图所示。

9 按 Ctrl+T 键，自由变换图腾图案的大小和外形，然后按住 Shift 键单击并拖动右下角的控制手柄，将图像调整至合适位置，如下图所示。

**10** 将鼠标指针定位于控制手柄的右上角位置，当指针变为折线箭头时，单击并拖动鼠标，对图像进行旋转，旋转图案并将文身图像调整至图像适当位置，如下图所示。

**11** 右击鼠标，在弹出的快捷菜单中选择"变形"命令，如下左图所示。

**12** 参照下右图单击并拖动图像上的控制手柄和曲线，调整图像外形，设置完成后按 Enter 键，应用变形效果。

**13** 确保"图层 1"为选中状态，双击该图层的图层缩览图，如下左图所示。

**14** 打开"图层样式"对话框，在"混合选项"下将"混合模式"更改为"正片叠底"，如下右图所示。

**15** 按住 Alt 键，单击"混合颜色带"下方的本图层和下一图层下方的滑块，调整混合效果，如下左图所示。

**16** 单击"混合颜色带"右侧的下三角按钮，在展开的列表中选择"绿"选项，如下右图所示。

 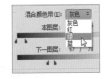

**17** 按住 Alt 键不放，单击并拖动"本图层"左侧的滑块，如下左图所示。

**18** 单击"混合颜色带"右侧的下三角按钮，在展开的列表中选择"蓝"选项，如下右图所示。

**19** 按住 Alt 键，单击并拖动"本图层"左侧的滑块，如下左图所示。

**20** 设置完成后，单击"图层样式"对话框中的"确定"按钮，如下右图所示。

**21** 按住 Ctrl 键不放，单击"图层 1"图层的缩览图，载入选区。执行"选择 > 修改 > 收缩"菜单命令，打开"收缩选区"对话框，在对话框中输入"收缩量"为 1，收缩选区，如下左图所示。

**22** 单击"图层"面板底部的"添加图层蒙版"按钮，添加图层蒙版，如下右图所示，

 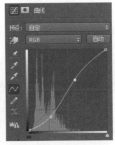

**23** 按住 Ctrl 键，单击"图层 1"，载入选区。新建"曲线 1"调整图层，打开"属性"面板，设置曲线，调整图像的亮度，如下图所示。

**24** 单击"曲线 1"图层蒙版，设置前景色为黑色，选择"柔边圆"画笔，在文身高光部分涂抹，增强层次，如右图所示。至此，已完成本实例的制作。

## 实例演练 2:
# 合成街头涂鸦效果

原始文件：随书资源 \ 素材 \13\ 22.jpg、23.jpg
最终文件：随书资源 \ 源文件 \13\ 合成街头涂鸦效果 .psd

**解析**：随着中国与世界的接轨，街头涂鸦艺术渐渐受到了人们的追捧。本实例将学习使用 Photoshop 中的剪贴蒙版为照片中的墙面添加绚丽的街头涂鸦图案。下图所示为制作前后的效果对比图，具体操作步骤如下。

**1** 打开"22.jpg"文件，图像效果如下左图所示。

**2** 选择"快速选择工具"，在选项栏中设置各项参数，然后在照片中的墙面位置单击，创建选区，如下右图所示。

**3** 继续使用快速选择工具单击，添加选区，扩大选择范围，如下左图所示。

**4** 单击"快速选择工具"选项栏中的"从选区减去"按钮，在选择的树枝位置单击，减去选区，如下右图所示。

**5** 继续使用快速选择工具单击图像，调整选择范围，选择整个墙面部分，如下左图所示。

**6** 按快捷键 Ctrl+J，复制选区内的图像，得到"图层 1"，如下右图所示。

**7** 打开"23.jpg"文件，选择"移动工具"，把打开的素材图像拖动至抠出的墙面背景上，得到"图层 2"，如下图所示。

8 按快捷键 Ctrl+T，打开自由变换编辑框，单击并拖动编辑框，调整图像大小，使其填满整个墙面，如下图所示。

9 确保"图层 2"为选中状态，执行"图层 > 创建剪贴蒙版"菜单命令，创建剪贴蒙版，拼合图像，如下图所示。

10 选中"图层 2"，设置该图层的混合模式为"正片叠底"、"不透明度"为 90%，如下左图所示。

11 经过上一步的操作，混合图像，使图案融合到墙面，效果如下右图所示。

12 单击"图层"面板底部的"添加图层蒙版"按钮，为"图层 2"添加蒙版，如下左图所示。

13 单击"图层 2"的蒙版缩览图，如下右图所示。

14 选择"画笔工具"，在"画笔预设"选取器中选择"硬边圆"画笔，调整画笔大小后，在画面中的合适位置涂抹，如下图所示。

15 继续使用画笔工具在图像左下角的架子位置涂抹，显示被遮挡的图像，如下左图所示。

16 单击"调整"面板中的"色阶"按钮，如下右图所示。

17 打开"属性"面板，在面板中参照下左图设置各项参数，调整图像的明亮度，效果如下右图所示。至此，已完成本实例的制作。

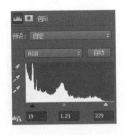

## 实例演练 3：
# 合成图像为人物替换背景

原始文件：随书资源 \ 素材 \13\24.jpg、25.jpg
最终文件：随书资源 \ 源文件 \13\ 合成图像为人物替换背景 .psd

解析：在拍摄照片后，如果对拍摄的环境不满意，也可以通过后期处理选择新的背景图像进行替换，使画面更符合自己的需要。下图所示为制作前后的效果对比图，具体操作步骤如下。

**1** 打开"24.jpg"文件，图像效果如下左图所示。

**2** 打开"25.jpg"文件，将"25.jpg"复制到"24.jpg"中，得到"图层 1"，如下右图所示。

**3** 按快捷键 Ctrl+T，打开自由变换编辑框，将鼠标移至编辑框右上角位置，单击并拖动鼠标，对人物进行缩放操作，如下图所示。

**4** 单击"图层"面板底部的"添加图层蒙版"按钮 ，为"图层 1"添加蒙版，如下左图所示。

**5** 单击"图层 1"的蒙版缩览图，如下右图所示。

**6** 选择"画笔工具"，在"画笔预设"选取器中选择"柔边圆"画笔，调整画笔大小后，在人物旁边的背景处涂抹，如下图所示。

**7** 调整画笔笔触大小，继续使用画笔涂抹人物旁边的背景，将其隐藏，如下图所示。

**8** 单击"背景"图层，新建"曲线 1"调整图层，选择"红"选项，设置曲线，如下左图所示。

**9** 再选择"蓝"选项，单击并拖动曲线，如下右图所示。

**10** 根据设置的曲线，调整背景图像的颜色，如下左图所示。

**11** 按住 Ctrl 键，单击"图层 1"蒙版缩览图，载入选区，如下右图所示。

**12** 新建"色阶 1"调整图层,打开"属性"面板,在面板中单击"预设"下三角按钮,在展开的列表中选择"加亮阴影"选项,提高阴影部分的亮度,如下图所示。

**13** 按住 Ctrl 键,单击"色阶 1"蒙版缩览图,载入选区,如下左图所示。

**14** 新建"曲线 2"调整图层,打开"属性"面板,在面板中单击并向上拖动曲线,如下右图所示。

 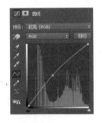

**15** 根据设置的曲线调整图像的亮度,得到如下左图所示的效果。

**16** 按快捷键 Shift+Ctrl+Alt+E,盖印图层,得到"图层 2",如下右图所示。

**17** 执行"滤镜 >Camera Raw 滤镜"菜单命令,打开 Camera Raw 对话框,在对话框中单击"镜头校正"按钮,在展开的选项卡中单击"手动"标签,然后在下方设置"镜头晕影"选项组,如下左图所示。

**18** 设置完成后单击"确定"按钮,为图像添加晕影,如下右图所示。至此,已完成本实例的制作。

---

## 实例演练 4:
# 合成唯美化妆品广告

原始文件:随书资源 \ 素材 \13\26.jpg、27.jpg、28.jpg
最终文件:随书资源 \ 源文件 \13\ 合成唯美化妆品广告 .psd

**解析**:本实例将介绍如何利用多个素材合成出唯美的化妆品广告。在处理的时候,把拍摄的商品照片素材复制到画面的左下角,使其与背景人物相融合,同时运用调整命令对商品的颜色进行修饰,使其与画面的整体色调更一致。下图所示为制作前后的效果对比图,具体操作步骤如下。

**1** 打开"26.jpg"文件,图像效果如下左图所示。

**2** 新建"曲线 1"调整图层,打开"属性"面板,设置曲线的形状,如下右图所示。

3 根据上一步设置的曲线，调整图像的亮度，得到如下左图所示的效果。

4 选择"矩形工具"，在画面底部单击并拖动鼠标，绘制矩形（填充色 R203、G92、B73），如下右图所示。

5 执行"图层 > 图层样式 > 斜面和浮雕"菜单命令，打开"图层样式"对话框，在对话框中设置各项参数，如下左图所示。

6 勾选"纹理"复选框，设置纹理的各项参数，如下右图所示。

7 设置完成后单击"确定"按钮，为图像添加样式，得到如下左图所示的效果。

8 选中"矩形 1"图层，设置图层的混合模式为"变暗"、"不透明度"为 27%，如下右图所示。

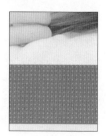

9 根据上一步设置的混合模式调整图像混合效果，如下左图所示。

10 按快捷键Ctrl+J，复制图层，得到"矩形 1 拷贝"图层，如下右图所示。

11 按快捷键 Ctrl+T，打开自由变换编辑框，单击并拖动鼠标，调整矩形的宽度，得到如下图所示的效果。

12 打开"27.jpg"文件，选择"移动工具"，把打开的图像拖动至矩形图像上，得到"图层 1"，如下左图所示。

13 按快捷键 Ctrl+T，调整图像的大小和位置，得到如下右图所示的效果。

14 单击"图层"面板底部的"添加图层蒙版"按钮，为"图层 1"添加蒙版，如下左图所示。

15 单击"图层 1"的蒙版缩览图，如下右图所示。

16 选择"画笔工具"，在"画笔预设"选取器中选择"硬边圆"画笔，调整画笔大小后，在画面中的合适位置涂抹，如下图所示。

17 继续使用画笔工具涂抹图像，把化妆品旁边的灰色背景隐藏，只保留右侧的商品部分，如下图所示。

18 按住 Ctrl 键，单击"图层 1"图层蒙版，载入选区，如下图所示。

19 新建"曲线 2"调整图层，打开"属性"面板，在面板中设置曲线的形状，如下左图所示。

20 设置曲线后，可以看到画面中的化妆品变得亮起来，如下右图所示。

21 按住 Ctrl 键不放，单击"曲线 2"图层蒙版，载入选区。新建"曲线 3"调整图层，打开"属性"面板，在面板中选择"红"选项，单击并拖动曲线，如下左图所示。

22 选择"蓝"选项，然后运用鼠标单击并拖动曲线，如下右图所示。

 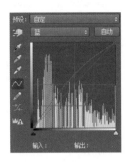

23 根据设置的曲线调整选区中商品的颜色，如下左图所示。

24 再次载入化妆品选区，新建"选取颜色 1"调整图层，打开"属性"面板，设置颜色百分比，如下右图所示。

25 单击"颜色"下三角按钮，选择"黄色"选项，然后设置颜色百分比，如下左图所示。

26 单击"颜色"下三角按钮，选择"中性色"选项，然后设置颜色百分比，如下右图所示。

27 再选中"图层 1"及其上方的所有调整图层，按快捷键 Ctrl+Alt+E，盖印所选图层，得到"选取颜色 1（合并）"图层，如下图所示。

28 选择"移动工具"，确保"选取颜色1（合并）"
图层为选中状态，单击并向左拖动，调整图
像位置，得到如下左图所示的效果。

29 按快捷键 Ctrl+J，复制图层，创建"选取颜
色1（合并）拷贝"图层，执行"编辑 > 变
换 > 逆时针旋转 90 度"菜单命令，旋转图像，如
下右图所示。

30 选中"选取颜色1（合并）拷贝"图层，将
此图层移至"图层1"下方，如下图所示。

31 选中"选取颜色1（合并）拷贝"图层以及
上方的所有图层，按快捷键 Ctrl+Alt+E，
盖印选中图层，得到"选取颜色1（合并）（合并）"
图层，如下图所示。

32 执行"编辑 > 变换 > 垂直翻转"菜单命令，
翻转图像，然后使用"移动工具"向下拖动
图像，调整位置，得到如下左图所示的效果。

33 选中"选取颜色1（合并）（合并）"图层，
将此图层移至"选取颜色1（合并）拷贝"
图层下方，单击"添加图层蒙版"按钮，添加图层蒙版，
如下右图所示。

34 选择"渐变工具"，在选项栏中设置渐变类型，
如下图所示。

35 从图像下方往上拖动渐变，释放鼠标，得到
渐隐的图像效果，如下图所示。

36 打开"28.jpg"文件，执行"图像 > 调整 >
去色"菜单命令，去除颜色，如下图所示。

37 选择"移动工具"，把去除颜色后的图像拖
动至化妆品图像文件中，得到"图层2"图
层，将此图层移至"曲线1"图层上，如下左图所示。

38 按快捷键 Ctrl+T，打开自由变换编辑框，右
击编辑框中的图像，在弹出的快捷菜单中选
择"逆时针旋转 90 度"菜单命令，如下右图所示。

39 根据上一步的操作把图像按逆时针方向旋转 90°，如下左图所示。

40 将鼠标移至编辑框右上角，单击并拖动鼠标，放大图像，如下右图所示。

41 选择"图层 2"，将此图层的混合模式设置为"滤色"，如下图所示。

42 单击"图层"面板中的"添加图层蒙版"按钮，添加图层蒙版，选择"画笔工具"，设置前景色为黑色，使用画笔在人物面部位置涂抹，将叠加于人物面部皮肤上的光晕隐藏，如下左图所示。

43 编辑图层蒙版后，结合横排文字工具和自定形状工具在画面中添加文字和简单的图形，如下右图所示。至此，已完成本实例的制作。

## 实例演练 5：
## 为衣服添加图案

原始文件：随书资源 \ 素材 \13\29.jpg、30.jpg
最终文件：随书资源 \ 源文件 \13\ 为衣服添加图案 .psd

解析：在选购衣服时，经常会根据个人的喜好选择带有不同图案的服饰，服饰上不同的图案会使人物呈现不同的气质。本实例将介绍如何应用 Photoshop CC 2015 中的移动工具、"变形"命令和蒙版等为衣服添加自己喜爱的图案。下图所示为制作前后的效果对比图，具体操作步骤如下。

1 分别打开"29.jpg""30.jpg"文件，使用移动工具将"30.jpg"拖动至"29.jpg"文件中，如下左图所示。

2 通过上一步的操作得到"图层 1"，将该图层重命名为"图案"，设置图层的"不透明度"为 50%，如下右图所示。

**3** 按 Ctrl+T 键，自由调整图像的大小和外形，如下左图所示。

**4** 右击鼠标，在弹出的快捷菜单中选择"变形"命令，如下右图所示。

**5** 单击并拖动变形框中的角控制手柄，调整图像外形，使之与衣服外形相匹配，如下图所示。

**6** 按 Enter 键，应用变换，将"图案"图层的"不透明度"设置为 0，然后选中"背景"图层，如下图所示。

**7** 单击工具箱中的"磁性套索工具"按钮，在显示的工具选项栏中设置各项参数，如下图所示。

**宽度： 10 像素　对比度： 10%　频率： 100**

**8** 沿着人物衣服部分单击并拖动鼠标，创建选区，如下左图所示。

**9** 单击选项栏中的"从选区减去"按钮，沿着人物的手部单击并拖动鼠标，如下右图所示，调整选区范围。

**10** 按快捷键 Shift+F6，打开"羽化选区"对话框，设置"羽化半径"为 1，单击"确定"按钮，羽化选区，如下图所示。

**11** 选中"图案"图层，单击"图层"面板底部的"添加图层蒙版"按钮，为该图层添加图层蒙版，设置"图案"图层的混合模式为"变暗"、不透明度为 100%，如下图所示。

**12** 复制"图案"图层，得到"图案拷贝"图层，设置该图层的混合模式为"颜色"，如下图所示。

**13** 按住 Ctrl 键，单击"图案拷贝"图层蒙版，载入选区。新建"色阶 1"调整图层，打开"属性"面板，在面板中设置各项参数，如下左图所示。

**14** 根据上一步设置的色阶调整图像的亮度，得到如下右图所示的效果。

**17** 选择"红"选项，单击并向上拖动曲线，如下左图所示，提亮"红"通道中的图像亮度。

**18** 经过设置得到如下右图所示的效果，此时可看到图案更加自然地与衣服相融合。至此，已完成本实例的制作。

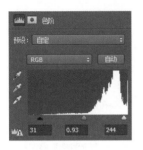  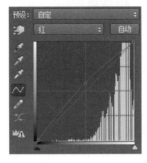 

**15** 按住 Ctrl 键，单击"图案拷贝"图层蒙版，载入选区，载入的选区效果如下左图所示。

**16** 新建"曲线 1"调整图层，打开"属性"面板，在面板中选择"蓝"选项，单击并向上拖动曲线，如下右图所示，提亮"蓝"通道中的图像亮度。

> **技巧>>设置羽化值的相关技巧**
>
> 如果选区小而羽化半径大，则小选区可能会变得非常模糊，以至于看不到，因此不可选。如果弹出"选中的像素不超过 50%"提示对话框，就需要减少羽化半径或增大选区的大小。

## 实例演练 6：
# 添加彩绘效果

原始文件：随书资源 \ 素材 \13\31.jpg、32.jpg
最终文件：随书资源 \ 源文件 \13\ 添加彩绘效果 .psd

**解析：**前面的实例中介绍了为模特添加文身，本实例将介绍如何为人物添加彩绘效果，为人物添加彩绘效果的方法与添加文身的方法相似。下图所示为制作前后的效果对比图，具体操作步骤如下。

**1** 分别打开"31.jpg""32.jpg"文件，使用移动工具将"32.jpg"拖动至"31.jpg"文件中，如下左图所示。

**2** 通过上一步的操作，得到"图层 1"，将该图层重命名为"彩绘"，如下右图所示。

**3** 按 Ctrl+T 键，自由变换图像的外形和位置，如下图所示。设置完成后按 Enter 键，应用变换。

**4** 单击工具箱中的"魔棒工具"按钮 ，单击其选项栏中的"添加到选区"按钮，设置容差值为 25，如下图所示。

容差： 25  ☑ 消除锯齿  □ 连续  □ 对所有图层取样

**5** 单击"背景"图层前的"指示图层可见性"图标 ，隐藏"背景"图层，将鼠标移至白色的背景位置单击，创建选区，如下图所示。

**6** 选择"快速选择工具"，单击"从选区减去"按钮 ，在蝴蝶中间位置涂抹，减小选择区域，如下左图所示。

**7** 经过连续的单击操作，选择除蝴蝶图案外的所有白色背景部分，如下右图所示。

**8** 按 Delete 键，删除选区中的图像，得到如下左图所示的图像效果。

**9** 单击"背景"图层前的"指示图层可见性"图标 ，显示隐藏的"背景"图层，查看图像效果，如下右图所示。

**10** 执行"滤镜 > 扭曲 > 置换"菜单命令，打开"置换"对话框，设置参数，如下左图所示，设置完成后单击"确定"按钮。

**11** 通过上一步的操作打开"选取一个置换图"对话框，选中需要置换的文件，设置完成后单击"打开"按钮，如下右图所示。

**12** 返回图像窗口，置换图像，得到如下左图所示的效果。

**13** 将"彩绘"图层的混合模式设置为"正片叠底"，如下右图所示。

**14** 通过上一步的操作得到如下左图所示的图像效果，彩绘效果更加自然。

**15** 按住 Ctrl 键，单击"彩绘"图层缩览图，如下右图所示。

16 经过上一步的操作，将彩绘图案载入到选区，如下左图所示。

17 新建"曲线 1"调整图层，打开"属性"面板，在面板中设置曲线，如下右图所示。

18 选择"渐变工具"，在选项栏中选择"黑，白渐变"，单击"对称渐变"按钮■，如下图所示。

19 单击"曲线 1"图层蒙版，将鼠标移至蝴蝶图案的中间位置，单击并向外侧拖动鼠标，填充渐变，增强彩绘图案的层次，如下图所示。

20 双击"彩绘"图层，打开"图层样式"对话框，在对话框的"混合选项"下按住 Alt 键拖动滑块，如下图所示，调整混合效果。

21 勾选"投影"复选框，设置投影的各项参数，如下左图所示。

22 设置完成后单击"确定"按钮，混合图像并添加投影，如下右图所示。

23 按住 Ctrl 键，单击"彩绘"图层缩览图，载入选区。新建"色彩平衡 1"调整图层，在"属性"面板中设置各项参数，调整图像颜色，如下图所示。至此，已完成本实例的制作。

✿技巧>>保留明度

　　使用"色彩平衡"调整图像颜色时，默认会勾选"保留明度"复选框，以使调整后的图像明度不发生改变。若取消勾选该复选框，则会因为明度的变化导致调整后的图像效果不理想。

# 第14章
# 人像照片的基本修饰

爱美之心人皆有之，人人都希望照片上的自己是完美无瑕的。本章将介绍应用 Photoshop CC 2015 中的各种功能完成人像照片的基本修饰，不论是脸上的痘痘、皱纹、斑点等皮肤问题，还是身材问题。有了 Photoshop CC 2015 软件，这一切都变得很轻松。让 Photoshop 这位最厉害的美容大师来成就你完美无瑕的美照吧！

## 14.1　修复红眼问题——红眼工具

使用数码相机在光线暗淡的房间中拍摄人像，若闪光灯的位置与相机镜头的距离很近，则会出现人物眼球变红的情况，该现象称为红眼。当照片中出现红眼时，会使人物看起来非常吓人。使用 Photoshop CC 2015 中的红眼工具可快速移去使用闪光灯拍摄的人像或动物照片中的红眼。除此之外，通过它还可以移去用闪光灯拍摄的动物照片中的白色或绿色反光。

单击工具箱中的"红眼工具"按钮，可在其选项栏中设置"瞳孔大小"和"变暗量"等参数，如下图所示。通过设置可使人物红眼状态更加快捷、准确地修复。

❶瞳孔大小：用于设置增大或减小受红眼工具影响的区域。

❷变暗量：用于修复人物红眼时的颜色深度，设置的数值越大，颜色越深。

> ⭐技巧>>为什么会产生红眼
>
> 红眼是由相机闪光灯在主体视网膜上反光引起的。在光线暗淡的房间中照相时，由于主体的虹膜张开得很宽，因此会更加频繁地看到红眼。为了避免红眼，虽然可使用相机的红眼消除功能，但是最好使用可安装在相机上、远离相机镜头位置的独立闪光装置。

Photoshop CC 2015 中的红眼工具是专为快速修复红眼问题而设计的，该工具使用起来很便捷，也很容易还原。下面将介绍该工具的使用方法。

打开需要设置的素材图像，按 Ctrl++ 键，将图像放大至合适大小。单击工具箱中的"红眼工具"按钮，按住 Shift 键沿对角线拖出一个包括红眼和外部少许边缘的方框，然后释放鼠标，以这种方式而非"击"的方式来定义选框。若第一次设置后不能得到理想的效果，则可按 Ctrl+Z 键还原，然后重新设置选项栏中的"瞳孔大小"和"变暗量"等参数，并再次修复红眼。下图所示为不同参数下修复红眼后的效果对比图。

**使用两个视图编辑同一张图像**

修复红眼是一个需要缩放以查看进程的任务。不论何时在放大的视图中操作，打开另一个窗口以查看图像改善效果的全图都不失为一个好方法。具体操作方法如下。

执行"窗口>排列>为'01.JPG'新建窗口"菜单命令，如图❶所示。设置后可以在一个新窗口中编辑图像，如图❷所示。此时可以按快捷键 Ctrl++ 或 Ctrl+-，调整图像的缩放级别，以便对图像进行操作。这样就可以在一个窗口中操作，在另一个窗口中查看更改的效果。

## 14.2　修复皮肤的瑕疵——修复画笔工具

Photoshop CC 2015 中的修复画笔工具可控制取样的具体位置，快速修饰人物面部的各种瑕疵，使它们消失在周围的图像中。使用该工具可利用图像或图案中的样本像素来绘画，从而使修复后的像素不留痕迹地融入图像的其余部分。下面将介绍修复画笔工具的使用方法和相关技巧。

修复画笔工具采用画笔涂抹的工作方式，适用于小范围的修补。单击工具箱中的"修复画笔工具"按钮 ，在其选项栏中可进一步设置修复画笔工具的各项参数，如下图所示。通过设置参数，可更精确地进行图像的修复。

❶**画笔**：单击"画笔"下三角按钮，在弹出的下拉列表中可设置画笔的大小、硬度、间距和角度等参数，如下图所示。

**画笔大小的设置**

在"画笔预设"选取器的"大小"列表中提供了"关""钢笔压力"和"光笔轮"3个选项。若选择"关"选项，则不改变画笔大小；若选择"钢笔压力"选项，则画笔大小根据钢笔压力而变化；若选择"光笔轮"选项，则画笔大小根据钢笔拇指轮的位置而变化。

❷**模式**：用于设置画笔的混合模式。单击"模式"下三角按钮，在弹出的下拉列表中提供了"正常""替换""正片叠底""滤色""变暗""变亮""颜色"和"明度"8个选项，如下图所示。若选择"替换"选项，则可以在使用柔边画笔时，保留画笔描边边缘处的杂色、胶片颗粒和纹理。

❸**源**：提供了"取样"和"图案"两个选项。若选择"取样"选项，则使用当前图像的像素进行修复；若选择"图案"选项，则在"图案"下拉列表框中选择一个图案，这样在图像中就可以使用选择的图案进行修复。

❹**对齐**：勾选"对齐"复选框，则连续对像素进行取样，即使释放鼠标，也不会丢失当前取样点。若取消勾选"对齐"复选框，则会在每次停止并重新开始绘制时使用初始取样点中的样本像素。

❺**样本**：用于设置从指定的图层中进行数据取样。单击"样本"下三角按钮，在弹出的下拉列表中提供了"当前图层""当前和下方图层"和"所有图层" 3 个选项。若选择"当前图层"选项，则仅从现用图层中取样；若选择"当前和下方图层"选项，则从现用图层及其下方的可见图层中取样；若选择"所有图层"选项，则从所有可见图层中取样。

**📖应用>>使用修复画笔工具修饰人物照片**

修复画笔工具可以在单独的图层上进行操作。使用修复画笔工具时，用户可以设置一个用于修复的源，并单击瑕疵处对其进行清除。下面将介绍如何使用该工具修饰人物照片。

打开需要设置的素材图像，将其放大至合适比例。单击工具箱中的"修复画笔工具"按

钮，在其选项栏中设置画笔大小和模式，如图❶所示；然后将鼠标置于人物面部较好的皮肤上，按住 Alt 键单击鼠标，进行图像取样（见图❷），再在面部具有瑕疵的皮肤上单击，对人物皮肤进行修复，如图❸所示。

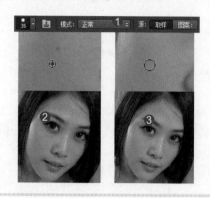

## 14.3 去除人像照片中的污点和瑕疵——污点修复画笔工具

利用修复画笔工具和污点修复画笔工具，通过简单的单击即可去除照片中的污点和其他不理想的部分。与修复画笔工具不同的是，污点修复画笔工具将自动从所修饰区域的周围取样，来修复有污点的像素，并将样本像素的纹理、光照、透明度和阴影与所修复的像素相匹配，所以何处着笔非常重要。

单击工具箱中的"污点修复画笔工具"按钮，在其选项栏中可进一步设置污点修复画笔工具的各项参数，如下图所示。

❶**类型**：提供了"内容识别""创建纹理"和"近似匹配" 3 个选项。若选择"内容识别"选项，则会比较附近的图像内容，不留痕迹地填充选区，同时保留让图像栩栩如生的关键细节，如阴影和对象边缘；若选择"创建纹理"选项，则使用选区中的所有像素创建一个用于修复该区域的纹理，如果纹理不起作用，则尝试再次拖过该区域；若选择"近似匹配"选项，则可使用选区边缘周围的像素来查找要用作选定区域修补的图像区域。

❷**对所有图层取样**：勾选"对所有图层取样"复选框，则可从所有可见图层中对数据进行取样。

若取消勾选"对所有图层取样"复选框，则只从当前图层中取样。

**⭐技巧>>污点修复画笔工具的使用技巧**

打开要设置的素材，单击工具箱中的"污点修复画笔工具"按钮，根据需要设置其选项栏中的各项参数，然后将鼠标指针拖至需修复的污点上，按 [ 或 ] 键进一步调整画笔的大小，再将鼠标指针移至与污点修复后效果接近的区域。

## 14.4 快速调整画面中的大片瑕疵——仿制图章工具

Photoshop CC 2015 中的仿制图章工具可将图像的一部分绘制到同一图像的另一部分或绘制到

具有相同颜色模式的任何打开图像的另一部分。除此之外，通过它还可以将一个图层的局部图像绘制到另一个图层。该工具对于复制图像或移去图像中的缺陷非常有用。本节将简单介绍新的仿制图章工具的使用方法和相关技巧。

单击工具箱中的"仿制图章工具"按钮![按钮]，可进一步在其选项栏中设置仿制图章工具的各项参数，如下图所示。

**①切换画笔面板：** 单击"切换画笔面板"按钮，打开"画笔"面板，在该面板中可设置画笔的外形、大小、角度和样式等属性。

**②切换仿制源面板：** 单击"切换仿制源面板"按钮，打开"仿制源"面板，如下图所示。在其中可设置5个不同的样本源并快速选择所需的样本源，具体设置如下。

**③不透明度：** 用于控制仿制的不透明度，设置的参数越小，仿制的图像越接近透明。

**④流量：** 用于控制仿制的流动速率，设置的参数越大，仿制的效果就越明显。

**⑤启用喷枪样式的建立效果：** 单击"启用喷枪样式的建立效果"按钮，则会启用喷枪功能。

**⑥对齐：** 勾选"对齐"复选框，则在每次停止并重新开始绘画时使用最新的取样点进行绘制。若取消勾选"对齐"复选框，则从初始取样点开始绘制，与停止并重新开始绘制的次数无关。

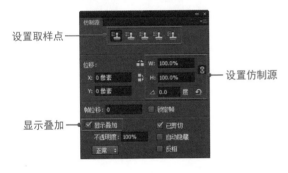

设置取样点

设置仿制源

显示叠加

▶ **设置取样点：** 可设置5个不同的样本源。面板将存储样本源，直到用户关闭图像文件。

▶ **设置仿制源：** 缩放或旋转所仿制的源。在W（宽度）或H（高度）数值框中输入数值可缩放仿制源，在△后的数值框中输入数值，可设置旋转角度。负的宽度值和高度值会翻转仿制源。

▶ **显示叠加：** 勾选该复选框，则显示仿制源的叠加。

**应用>>设置用于仿制和修复的样本源**

使用仿制图章工具或修复画笔工具可对当前文档或 Photoshop 中任何打开文档中的源进行取样，设置方法如下。

若要设置取样点，则可先单击工具箱中的"仿制图章工具"按钮![按钮]，再单击"切换仿制源面板"按钮，打开"仿制源"面板。在其中单击如图❶所示的仿制源按钮![按钮]，按住 Alt 键在需要取样的位置单击鼠标；若要设置另一个取样点，则单击"仿制源"面板中的其他仿制源按钮![按钮]，如图❷所示。通过设置不同的取样点，可以更改仿制源按钮的样本源。

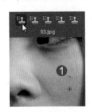

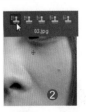

---

## 14.5 人像照片的快速磨皮——"表面模糊"命令

"表面模糊"滤镜可将图像表面设置出模糊效果，在保留边缘的同时模糊图像，此滤镜常被用于人像照片的磨皮。下面将简单介绍该滤镜，具体如下。

执行"滤镜＞模糊＞表面模糊"菜单命令，打开"表面模糊"对话框，如下图所示。在该对话框中可设置各项参数，具体设置如下。

**❶半径**：用来指定模糊取样区域的大小，设置图像像素的模糊程度。该参数越高，图像越模糊。

**❷阈值**：设置图像模糊效果的阶调，控制相邻像素色调值与中心像素色调值相差多大时才能成为模糊的一部分。色调差值大于阈值的像素被排除在模糊之外。该参数越大，图像越模糊。

**应用>>使用"表面模糊"滤镜创建光滑肌肤**

打开需要设置的素材图像，按快捷键 Ctrl+J，复制图像，如图❶所示；执行"滤镜 > 模糊 > 表面模糊"菜单命令，打开"表面模糊"对话框，在对话框中设置模糊选项，如图❷所示。设置完成后单击"确定"按钮，模糊图像，如图❸所示。最后添加图层蒙版，用黑色的画笔在皮肤外的其他区域涂抹，如图❹所示；经过反复涂抹，还原除皮肤外的其他部分图像的清晰度，完成人物皮肤的修饰，得到光滑的肌肤效果，如图❺所示。

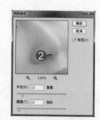

# 14.6 柔和的磨皮技术——"蒙尘与划痕"命令

应用"蒙尘与划痕"滤镜可快速删除图像上的灰尘、瑕疵、草图、痕迹等，还可以删除图像轮廓以外其他部分的杂点，使画面更加柔和。下面将介绍如何使用"蒙尘与划痕"滤镜快速删除数码照片中的杂点，具体操作方法如下。

打开需要设置的素材图像，按快捷键 Ctrl+J，复制图层，得到"图层 1"，如下左图所示。选中"图层 1"，执行"滤镜 > 杂色 > 蒙尘与划痕"菜单命令，打开"蒙尘与划痕"对话框，在对话框中根据图像设置模糊选项，如下右图所示。设置过程中在图像预览框中可以即时查看模糊效果。

缩览图，如下左图所示，再选用黑色的画笔在皮肤以外的区域涂抹，还原其清晰度，得到如下右图所示的图像效果。此时可以看到照片中人物的皮肤变得更加光滑、细腻。

设置完成后单击"确定"按钮，即可应用滤镜模糊图像，因为这里只需要模糊人物皮肤部分，所以为"图层 1"添加蒙版，单击蒙版

**技巧>>设置"蒙尘与划痕"滤镜的相关技巧**

通过设置"半径"值可以控制和遮掩斑点；增加半径将使图像模糊，所以最好使用半径的最小值。通过设置"阈值"可以保留感光乳剂的颗粒感；将"阈值"滑块向左拖动到 0 以关闭此值，可以检查选区或图像中的所有像素。如果需要，可以调整预览缩放比例，直到包含杂色的区域可见。

## 14.7 保留肌肤细腻质感的磨皮技术——"计算"命令

近距离拍摄人物时，容易将人物皮肤上的小瑕疵暴露出来，会影响人物的形象，同时也降低了画面的美观性。在对人物皮肤进行处理的时候，选择高反差保留方式对人像进行磨皮，可以对暗部的斑点瑕疵进行细致调整，让人物皮肤变得更加柔和。

"计算"命令可以用来混合两个来自一个或多个源图像的单个通道，并且将混合出来的图像以黑、白、灰显示，还能将其存储为通道、文档或选区。下面将简单介绍"计算"命令，具体如下。

执行"图像>计算"菜单命令，打开"计算"对话框，如下图所示。在该对话框中可设置各项参数，具体设置如下。

❶源 1：用于选择第一个源图像、图层和通道。

❷源 2：用来选择与"源 1"混合的第二个源图像、图层和通道。此文件必须是打开的。如果是在两个图像中应用计算，则"源 2"的图像需要与"源 1"的图像具有相同的尺寸和分辨率。

❸混合：用于设置图像的混合选项。其中，"混合"下拉列表框可设置图像的混合模式；"不透明度"选项可调整图像混合的强度；勾选"蒙版"选项，可以启用蒙版设置。

❹结果：用于选择一种计算结果的生成方式。选择"新建通道"选项，可以将计算结果应用到新的通道中，如下左图所示；选择"新建文档"选项，可以将计算结果保存到一个新的文件中，如下中图所示；选择"选区"选项，可得到一个新的选区，如下右图所示。

⭐ 技巧一>>**复制通道**

使用"计算"命令对人物进行磨皮时，需要先对要处理图像中颜色反差较明显的通道进行复制操作。在 Photoshop 中复制通道的方法非常简单，只需要单击"通道"面板中要复制的通道，然后将选中的通道拖动至"创建新通道"按钮，如图❶所示；释放鼠标后，就可以复制通道，得到一个通道的副本，如图❷所示。

⭐ 技巧二>>**将通道作为选区载入的方法**

完成计算后，如果要对人物照片做进一步处理，则需要将通道中的图像以选区的方式载入。Photoshop 中载入选区的方法有很多，下面分别简单介绍。

◆ 按住 Ctrl 键，单击"通道"面板中的通道缩览图，可载入选区，如图❶所示。

◆ 选择要载入的通道后，单击"通道"面板底部的"将通道作为选区载入"按钮，可载入选区，如图❷所示。

◆ 执行"选择 > 载入选区"命令，如图❸所示，打开"载入选区"对话框，在对话框中选择要载入的通道并将其载入，如图❹所示。

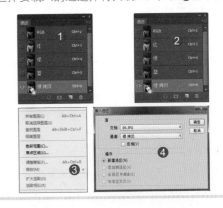

## 14.8　修饰人物脸形和体形——"液化"滤镜

利用 Photoshop CC 2015 中的"液化"滤镜可对图像的任意部分进行扭曲、收缩、膨胀等变形处理。下面将简单介绍"液化"滤镜的使用方法和相关技巧。

打开需要设置的素材图像，执行"滤镜 > 液化"菜单命令，打开"液化"对话框，如下图所示。可通过设置该对话框中的各项参数对图像进行液化修改处理，具体设置方法如下。

❶工具栏：罗列出了相应的液化变形工具，包括"向前变形工具""重建工具""冻结蒙版工具""解冻蒙版工具"等。

❷画笔工具选项：用于设置所选工具的参数，包括画笔的大小、浓度、压力和速率等选项。其中，"大小"用于设置扭曲图像的画笔的宽度；"浓度"用于控制画笔如何在边缘羽化；"压力"用于设置在预览图像中拖动工具时的扭曲速度；"速率"用于设置使工具在预览图像中保持静止时扭曲所应用的速度。

❸重建选项：用于设置重建的方式，并可以撤销在图像上所做的调整。单击其下的"重建"按钮，可对图像应用重建效果一次；单击"恢复全部"按钮，可以去除画面中的所有扭曲效果，包括冻结区域中的扭曲效果。

❹蒙版选项：用于设置图像中的蒙版区域。单击"替换选区"按钮，则显示原图像中的选区、蒙版或透明度；单击"添加到选区"按钮，则将通道中的选定像素添加到当前的冻结区域中；单击"从选区中减去"按钮，则从当前的冻结区域中减去通道中的像素；单击"与选区交叉"按钮，则只使用当前处于冻结状态的选定像素；单击"反相选区"按钮，则使用选定像素让当前的冻结区域反相；单击"无"按钮，可解冻所有被冻结的区域；单击"全部蒙版"按钮，将对全图应用蒙版冻结效果；单击"全部反相"按钮，可使冻结和解冻的区域对调。

❺视图选项：用于设置图像中所要显示的内容，包括蒙版、背景、图像和网格等。勾选"视图选项"下方的"显示图像"复选框，可以在图像预览区域中显示图像；若不勾选"显示图像"复选框，则只会在图像预览区域显示蒙版形状；如果要显示网格效果，则应勾选"显示网格"复选框，如下左图所示；如果对图像应用了变形设置，需要查看原图像效果，则可以勾选"显示背景"复选框，如下右图所示。

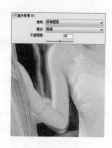

❻缩小、放大和视图显示：单击▬图标，将图像等比例缩小；单击➕图标，将图像等比例放大；单击"视图"下三角按钮，可在弹出的下拉列表中选择需要的视图选项。

下面将简单介绍"液化"对话框左侧的工具。默认情况下，"液化"对话框会以普通模式显示，此时工具箱中只包括"向前变形工具""重建工具""褶皱工具""膨胀工具""左推工具""抓手工具"和"缩放工具"，如下左图所示。这时如果要想显示并应用更多的工具，则需要勾选"液化"对话框右侧的"高级模式"复选框，勾选后会显示如下右图所示的工具栏效果。

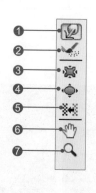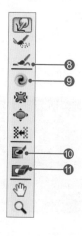

❶**向前变形工具**：该工具在拖动时向前推像素。单击并拖动鼠标，可通过向前推像素对图像进行变形。

❷**重建工具**：该工具通过拖动变形图像的方式将图像恢复为原始状态。按住鼠标并拖动可反转已添加的扭曲。

❸**褶皱工具**：该工具可像凹透镜一样缩小图像进行变形。单击并拖动鼠标，可使像素朝着画笔区域的中心移动。

❹**膨胀工具**：该工具可像凸透镜一样放大图像进行变形。单击并拖动鼠标，可使像素朝着离开画笔区域中心的方向移动。

❺**左推工具**：若垂直向上拖动鼠标，则像素向左移动；若垂直向下拖动鼠标，则像素向右移动。用户也可以围绕对象顺时针拖动以增加其大小；若逆时针拖动，则可减小其大小。

❻**抓手工具**：该工具用于移动图像位置，以查看特定区域的图像。

❼**缩放工具**：该工具用于放大或缩小图像，单击鼠标即可等比例放大图像；按住 Alt 键单击鼠标，即可将图像等比例缩小。

❽**平滑工具**：将图像扭曲为类似风或气流流动的形态。它可平滑地混杂像素，用于创建火焰、云彩、波浪以及与此相似的效果。

❾**顺时针旋转扭曲工具**：该工具按照顺时针或逆时针方向旋转图像。单击并拖动鼠标可顺时针旋转像素；若按住 Alt 键拖动鼠标，则可逆时针旋转像素。

❿**冻结蒙版工具**：用于设置蒙版，被蒙区域会被变形。

⓫**解冻蒙版工具**：用于解除蒙版区域。按住 Shift 键单击可在当前点和前一次单击点之间的直线中解冻。

---

**应用>>应用"液化"滤镜将圆脸变成瓜子脸**

打开要设置的素材图像，如图❶所示。执行"滤镜 > 液化"菜单命令，单击"向前变形工具"按钮，在人物右脸颊边向左拖动进行变形，如图❷所示，减少人物脸上多余的赘肉；再按 S 键切换至"褶皱工具"，在人物下巴部分单击鼠标，进一步调整人物脸形。设置完成后单击"确定"按钮，根据设置调整照片中人物的脸形，如图❸所示。

---

## 实例演练 1:
# 去除人物皮肤上的痘痘

原始文件：随书资源 \ 素材 \14\09.jpg
最终文件：随书资源 \ 源文件 \14\ 去除人物皮肤上的痘痘 .psd

**解析**：由于内分泌和皮肤清洁等因素，痘痘可能会"光临"您的脸，虽然痘痘的危害不大，但是影响美观。Photoshop CC 2015 中的污点修复画笔工具是十分简单又有效的战"痘"武器。本实例将介绍如何应用该工具快速去除人物面部的痘痘。下图所示为制作前后的效果对比图，具体操作步骤如下。

1 打开"09.jpg"文件，使用缩放工具在人物的面部皮肤位置单击并拖动鼠标，放大该区域的图像，查看到人物皮肤上有明显的痘痘，如下图所示。

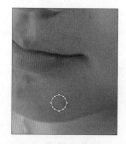 

**2** 单击"图层"面板底部的"创建新图层"按钮 ，创建"图层1"，如下图所示。

**3** 右击工具箱中的"污点修复画笔工具"按钮 ，在弹出的隐藏工具条中选择"修复画笔工具"，如下左图所示。

**4** 在"修复画笔工具"选项栏中设置画笔大小和模式等参数，然后按住 Alt 键在如下右图所示的位置单击鼠标，进行较好皮肤的取样。

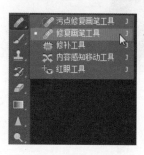 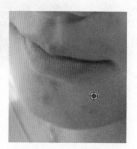

**5** 在人物面部有痘痘的位置单击并涂抹，快速去除人物面部的痘痘，如下左图所示。

**6** 继续使用修复画笔工具修复人物皮肤上的痘痘，如下右图所示。

**7** 继续使用修复画笔工具修饰人物面部的皮肤，修复后的效果如下左图所示。

**8** 单击"调整"面板中的"色阶"按钮 ，创建"色阶1"调整图层，如下右图所示。

**9** 打开"属性"面板，在面板中向右拖动黑色滑块，降低阴影部分的亮度，再向左拖动灰色滑块，提高中间调部分的亮度，如下左图所示。最终的调整效果如下右图所示。至此，已完成本实例的制作。

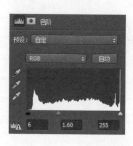 

> ★ **技巧>>修复画笔工具的使用秘诀**
>
> 修复画笔工具通过取样人物面部瑕疵周围的纹理来修补瑕疵，在修理图像前需要事先设置取样点，比较适用于修补细小瑕疵，如人物面部的痘痘和照片的脏点或划痕。若瑕疵区域的范围较大或需要控制取样的区域，则使用修补工具或其他工具进行修复比较合适。

## 实例演练 2：
# 去除人物脸部的雀斑和瑕疵

 原始文件：随书资源\素材\14\10.jpg
最终文件：随书资源\源文件\14\去除人物脸部的雀斑和瑕疵.psd

解析：雀斑是影响人物面部美观最为常见的原因之一，如果拍摄照片中的人物皮肤上有明显的雀斑，则需要通过后期处理去除。本实例将介绍如何应用 Photoshop CC 2015 中的修复画笔工具和模糊滤镜等快速去除人物面部的雀斑和瑕疵，呈现更干净的肌肤。下图所示为制作前后的效果对比图，具体操作步骤如下。

**1** 打开"10.jpg"文件，按 Ctrl+J 键，复制图层，得到"图层 1"，如下图所示。

**2** 单击工具箱中的"修复画笔工具"按钮 ✎，然后在其选项栏中设置参数，如下图所示。

**3** 按住 Alt 键，在人物面部光滑的部分单击取样，如下左图所示。

**4** 将鼠标移至人物面部的雀斑位置，单击并涂抹，清除雀斑，如下右图所示。

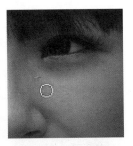

**5** 继续使用修复画笔工具在人物面部进行取样并清除人物面部的雀斑，修饰效果如下左图所示。

**6** 接着使用修复画笔工具清除人物额头、鼻子和下巴部分的雀斑，得到如下右图所示的图像效果。

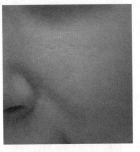

**7** 按 Ctrl+J 键，复制图层，得到"图层 1 拷贝"图层，如下左图所示。

**8** 执行"滤镜 > 模糊 > 高斯模糊"菜单命令，打开"高斯模糊"对话框，在"半径"数值框中输入数值 3，如下右图所示。设置完成后单击"确定"按钮。

**9** 为"图层 1 拷贝"图层添加图层蒙版，单击该图层的蒙版缩览图，为蒙版填充黑色，如下左图所示。

**10** 将前景色设置为白色，按 B 键切换至"画笔工具"，在其选项栏中设置画笔的大小，并设置"不透明度"为 40%，然后在如下右图所示的位置单击并涂抹。

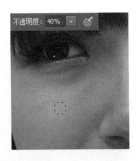

**11** 继续使用画笔工具在人物面部合适位置单击并涂抹，使人物皮肤变细腻，如下图所示。

**12** 确保"图层1拷贝"图层为选中状态，设置该图层的混合模式为"变亮"，如下图所示。

**13** 按 Shift+Ctrl+Alt+E 键，盖印可见图层，得到"图层2"，如下左图所示。

**14** 根据画面整体效果和个人审美，继续使用修复画笔工具修复人物面部的细节，修复后的效果如下右图所示。

**15** 单击"调整"面板中的"色阶"按钮，新建"色阶1"调整图层，打开"属性"面板，在面板中调整色阶滑块的位置，如下左图所示。

**16** 设置好"属性"面板中的色阶参数后，得到如下右图所示的图像效果，人物皮肤变得更加白净细嫩。至此，已完成本实例的制作。

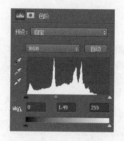

⭐ 技巧>>设置图层蒙版的技巧

　　在使用画笔工具设置图层蒙版时，若不小心涂抹到不该恢复的图像部分，则可以按 E 键切换至"橡皮擦工具"，再在涂抹错误的位置涂抹即可。

## 实例演练 3：
# 去除人物面部油光

原始文件：随书资源\素材\14\11.jpg
最终文件：随书资源\源文件\14\去除人物面部油光.psd

　　解析：荷尔蒙、空调环境、气候变化等因素可导致人的皮肤分泌过量油脂，使拍摄的照片呈现出油汪汪、黏乎乎的感觉，整张脸好像变成了一片"大油田"。本实例将针对这一问题，介绍如何应用 Photoshop CC 2015 中的相关工具和命令快速去除人物面部的油光。下图所示为制作前后的效果对比图，具体操作步骤如下。

**1** 打开"11.jpg"文件，按 Ctrl+J 键，复制图层，得到"图层1"，如下图所示。

2 单击工具箱中的"套索工具"按钮 ⌀，然后在人物左脸的油光部分单击并拖动鼠标，创建选区，如下图所示。

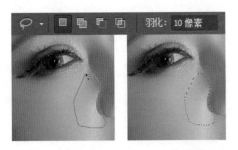

3 单击工具箱中的"吸管工具"按钮 ，在选区内单击鼠标，进行皮肤颜色取样，如下左图所示。

4 新建"左脸"图层，如下右图所示，按 Alt+Delete 键为选区填充前景色。

5 选中"左脸"图层，设置图层的混合模式为"变暗"、"不透明度"为 55%，如下左图所示。

6 通过上一步的操作，得到如下右图所示的图像效果，初步修饰人物左脸的油光皮肤，如下右图所示。

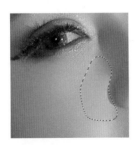

7 使用套索工具在右脸油光部分创建选区，如下左图所示，再使用吸管工具在如下右图所示的位置单击，进行皮肤颜色取样。

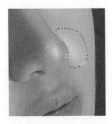
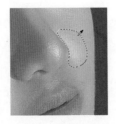

8 创建"右脸"图层，按快捷键 Alt+Delete 为选区填充前景色，然后设置该图层的混合模式为"变暗"、"不透明度"为 55%，如下图所示。

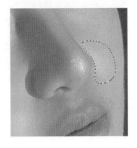

9 新建"鼻子"图层，在鼻子油光部分创建选区，根据前面的设置经验和脸部皮肤色调，取样并为选区填充颜色，如下左图所示。

10 将"鼻子"图层的混合模式设置为"变暗"、"不透明度"设置为 60%，如下右图所示。

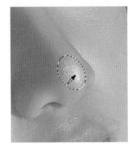

11 新建"额头"图层，在额头油光部分创建选区，使用吸管工具在皮肤上单击取样，如下左图所示，然后用取样的颜色填充选区。

12 设置"额头"图层的混合模式为"变暗"、"不透明度"为 50%，如下右图所示。

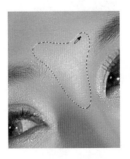

13 新建"下巴"图层，在下巴上的油光部分创建选区，使用吸管工具在皮肤上单击取样，如下左图所示，然后用取样的颜色填充选区。

14 设置该图层的混合模式设置为"变暗"、"不透明度"为 50%，如下右图所示。

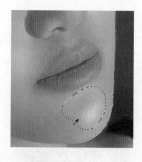 

**19** 创建"色彩平衡 1"调整图层，打开"属性"面板，在面板中对"中间调"色阶进行设置，如下左图所示。

**15** 按快捷键 Shift+Ctrl+Alt+E，盖印可见图层，得到"图层 2"，如下左图所示。

**20** 单击"色调"下三角按钮，选择"阴影"色阶，然后设置颜色值，如下右图所示。

**16** 单击"修复画笔工具"按钮，调整不透明度，按住 Alt 键在人物鼻子旁边的皮肤位置单击，取样图像，如下右图所示。

**21** 单击"色调"下三角按钮，选择"高光"色阶，然后设置高光的颜色，如下左图所示。

 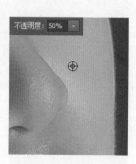

**22** 设置完成后应用输入的数值调整照片颜色，得到如下右图所示的图像效果。至此，已完成本实例的制作。

**17** 将鼠标移至鼻子旁边不自然的皮肤部分，单击并涂抹图像，如下左图所示。

**18** 继续使用修复画笔工具修饰人物面部的高光瑕疵，最终修饰效果如下右图所示。

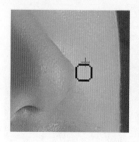 

> ★ **技巧>>删除调整图层**
> 　　使用修复工具修复了照片的瑕疵后，通常会接着创建调整图层来调整图像的色彩。对于不再需要的调整图层，可以在"图层"面板中将其选中，然后拖曳至"删除图层"按钮上，松开鼠标即可将其删除。

## 实例演练 4：
## 清除人物黑眼圈

原始文件：随书资源 \ 素材 \14\12.jpg
最终文件：随书资源 \ 源文件 \14\ 清除人物黑眼圈 .psd

　　**解析：** 因为气候、体质和忙碌的工作等原因，黑眼圈几乎成了都市女性的基本"配备"，也是女性最讨厌的公敌。本实例将介绍如何应用 Photoshop CC 2015 中的工具快速清除人物的黑眼圈，使人物更加精神。下图所示为制作前后的效果对比图，具体操作步骤如下。

**1** 打开"12.jpg"文件，复制"背景"图层，得到"背景 拷贝"图层，如下图所示。

**2** 单击工具箱中的"修复画笔工具"按钮，按住 Alt 键，在眼部平滑白净的位置单击取样，如下左图所示。

**3** 将图像放大至合适比例，使用鼠标在人物黑眼圈部分单击并涂抹，如下右图所示。

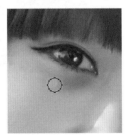

**4** 继续使用修复画笔工具在人物右眼下方的黑眼圈位置单击并涂抹，清除右眼的黑眼圈，如下左图所示。

**5** 按空格键将图像调整至合适位置，按住 Alt 键，在左眼下方单击鼠标，再次进行图像的取样，如下右图所示。

**6** 使用修复画笔工具在左眼下方的黑眼圈位置单击并涂抹图像，如下左图所示。

**7** 继续使用修复画笔工具修复图像，去掉左眼下方的黑眼圈，效果如下右图所示。

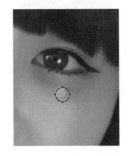

**8** 单击"图层"面板底部的"创建新的填充或调整图层"按钮，在弹出的菜单中选择"色阶"命令，打开"属性"面板，在不改变色阶参数的情况下关闭该面板，创建"色阶 1"调整图层，如下左图所示。

**9** 单击"色阶 1"调整图层的蒙版缩览图，按快捷键 Alt+Delete，将蒙版填充为黑色，然后把该调整图层的混合模式设置为"滤色"，如下右图所示。

**10** 单击工具箱中的"海绵工具"按钮，在其选项栏中设置参数，如下图所示。

**11** 在人物右眼眼白部分涂抹，如下左图所示。

**12** 继续使用海绵工具在人物左眼眼白部分涂抹，如下右图所示，使人物眼神更加明亮。

**13** 确保"色阶 1"调整图层为选中状态，将该调整图层的"不透明度"设置为 80%，如下图所示。

**14** 按快捷键 Shift+Ctrl+Alt+E，盖印可见图层，得到"图层 1"，如下左图所示。

**15** 执行"滤镜 > 锐化 >USM 锐化"菜单命令，打开"USM 锐化"对话框，在对话框中设置参数，如下右图所示，设置完成后单击"确定"按钮。

**16** 执行"编辑 > 渐隐 USM 锐化"菜单命令，打开"渐隐"对话框，设置其模式为"明度"，如下左图所示，效果如下右图所示。

**17** 按快捷键 Ctrl+F，再次应用"USM 锐化"滤镜，得到如下左图所示的图像效果。

**18** 单击"调整"面板中的"色彩平衡"按钮，创建"色彩平衡 1"调整图层，如下右图所示。

**19** 在打开的"属性"面板中设置"色彩平衡"选项，如下左图所示。调整颜色，效果如下右图所示。至此，已完成本实例的制作。

---

## 实例演练 5：
# 去除人物红眼

原始文件：随书资源 \ 素材 \14\13.jpg
最终文件：随书资源 \ 源文件 \14\ 去除人物红眼 .psd

**解析**：在 Photoshop CC 2015 中修复红眼最快的方法莫过于使用红眼工具了。下图所示为制作前后的效果对比图，具体操作步骤如下。

**1** 打开"13.jpg"文件，图像效果如下左图所示。

**2** 按快捷键 Ctrl+J，复制"背景"图层，得到"图层 1"，如下右图所示。

**3** 单击工具箱中的"缩放工具"按钮 🔍，在人物眼睛位置单击并拖动鼠标，设置缩放范围，如下左图所示，放大图像后的效果如下右图所示。

**4** 右击工具箱中的"修补工具"按钮 🩹，在弹出的隐藏工具条中选择"红眼工具"，如下左图所示。

**5** 在"红眼工具"选项栏中设置"瞳孔大小"为50%、"变暗量"为50%，然后在一只眼睛的瞳孔部分单击并拖动鼠标，如下右图所示。

**6** 继续使用红眼工具在眼睛较红的部分单击，去除红眼，如下图所示。

 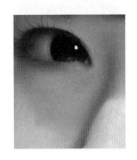

**7** 将图像调整至合适比例，使用红眼工具在另一只眼睛上单击并拖动鼠标，如下左图所示。

**8** 通过上一步的操作，得到如下右图所示的图像效果，消除了人物的红眼。至此，已完成本实例的制作。

**技巧>>在弱光下如何不使用闪光灯拍摄人像照片**

对于无法使用闪光灯拍摄的场合，可以将ISO 感光度设置为最高值，并将光圈开到最大，将快门速度设置为 1/8s 或者 1/15s，确保拿稳数码相机，然后按下快门即可。这样拍摄的数码照片也许仍然会曝光严重不足，但是经过Photoshop 软件的后期处理可以得到不错的效果。

---

**实例演练 6：**
## 清除人物眼袋及眼纹

 原始文件：随书资源 \ 素材 \14\14.jpg
最终文件：随书资源 \ 源文件 \14\ 清除人物眼袋及眼纹 .psd

解析：由于年龄增大、睡眠不规律或长时间面对计算机和电视等原因，很容易产生眼袋和眼纹。若照片中的人物有眼袋和眼纹，则会给人一种精神萎靡的感觉。本实例将针对这一问题，介绍如何使用Photoshop CC 2015 中的相关工具和命令快速清除人物的眼袋和眼纹。下图所示为制作前后的效果对比图，具体操作步骤如下。

1 打开 "14.jpg" 文件，如下左图所示，按 Ctrl+J
键，复制图层，得到 "图层 1"，如下右图所示。

2 单击工具箱中的 "缩放工具" 按钮 🔍，在如下
左图所示的位置单击并拖动鼠标，放大显示眼
睛部分，如下右图所示。

3 单击工具箱中的 "套索工具" 按钮 ♀，在选项
栏中把 "羽化" 值设置为 8 像素，然后在人物
眼袋部分单击并拖动鼠标，创建选区，如下图所示。

4 执行 "选择 > 变换选区" 菜单命令，打开自由
变换编辑框，然后运用移动工具向下移动选区，
如下左图所示。

5 移动选区后，按 Enter 键，确认选区位置，再按
Ctrl+C 键，复制选区中的图像，如下右图所示。

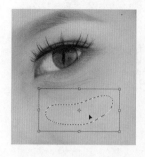

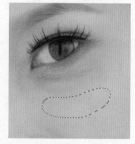

6 执行 "选择 > 变换选区" 菜单命令，打开自由
变换编辑框，再次运用移动工具把选区拖动至原
创建选区的位置，如下左图所示。

7 按 Enter 键，确认选区，然后执行 "编辑 > 粘贴"
菜单命令或按 Ctrl+V 键，粘贴已复制的图像，
并取消选区，得到如下右图所示的图像效果。

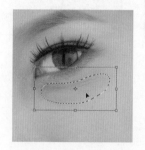

8 通过上一步的操作，得到 "图层 2"，将该图层
的 "不透明度" 设置为 75%，如下左图所示。

9 执行 "图层 > 向下合并" 菜单命令或按 Ctrl+E 键，
向下合并图层，得到 "图层 1"，如下右图所示。

10 单击工具箱中的 "修补工具" 按钮 🎬，在人
物眼部过渡不自然的位置创建选区，并将其
拖至较好的皮肤上，如下左图所示。

11 继续使用修补工具修饰人物左眼眼袋及眼纹，
修复效果如下右图所示。

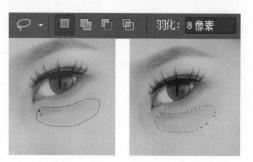

12 使用修补工具在右眼眼袋及眼纹部分单击并拖动鼠标，创建选区，并向下拖动选区内的图像，修去右眼的眼袋及眼纹，如下图所示。

13 确保"图层 1"为选中状态，将此图层的"不透明度"设置为 80%，如下图所示。

14 按快捷键 Shift+Ctrl+Alt+E，盖印可见图层，得到"图层 2"，如下左图所示。

15 选择工具箱中的"污点修复画笔工具"，将鼠标移至人物皮肤上的瑕疵位置，如下右图所示。

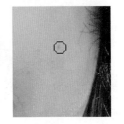

16 单击鼠标，去除鼠标所在位置的瑕疵，如下左图所示。

17 继续使用污点修复画笔工具修复面部皮肤瑕疵，最终的修复效果如下右图所示。至此，已完成本实例的制作。

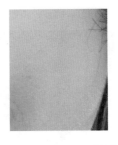

⭐ 技巧>>为什么拍摄到的数码照片的色彩不鲜艳？sRGB 和 Adobe RGB 分别代表什么？

对于卡片数码相机而言，色彩不鲜艳主要是由于拍摄参数中对饱和度的设置过低。对于单反数码相机而言，则是因为它为了保存更多影像细节，有意降低了色彩的鲜艳度。

sRGB 是一种适用于计算机屏幕的颜色模式，Adobe RGB 则是一种适用于印刷的颜色模式。当颜色模式设置为 sRGB 模式时，拍摄到的数码照片在计算机屏幕上的观看效果会比 Adobe RGB 要鲜艳明丽，但是由于 sRGB 模式在拍摄时会损失部分色彩，因此印刷时不如 Adobe RGB 模式拍摄的数码照片那样具有丰富的色彩细节。如果摄影师拍摄的照片最终会被印刷，则最好选择 Adobe RGB 颜色模式进行拍摄。

## 实例演练 7：
# 修补齿缝打造瓷白美牙

 原始文件：随书资源 \ 素材 \14\15.jpg
最终文件：随书资源 \ 源文件 \14\ 修补齿缝打造瓷白美牙 .psd

解析：由于常年喝咖啡、茶、可乐等原因，容易使人物的牙齿变黑变黄。明眸善睐的您，是否同时拥有闪亮的皓齿呢？本实例将针对这一问题，应用 Photoshop CC 2015 中的"色相 / 饱和度"命令快速亮白黑黄的牙齿，使人物在拍照时能够笑得更加自然。下图所示为制作前后的效果对比图，具体操作步骤如下。

1 打开"15.jpg"文件，图像效果如下左图所示。

2 按快捷键 Ctrl+J，复制图层，得到"图层 1"，如下右图所示。

3 单击工具箱中的"修复画笔工具"按钮✎，按住 Alt 键，在牙齿位置单击取样，如下左图所示。

4 将鼠标移至牙齿缝隙位置连续单击，修补图像，如下右图所示。

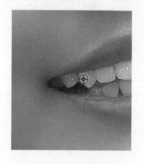
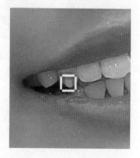

5 继续使用修复画笔工具修复牙齿缝隙部分，使照片中人物的牙齿变得更为整齐，如下图所示。

6 选择工具箱中的"套索工具"，在下牙位置单击并拖动鼠标，创建选区，如下左图所示。

7 按快捷键 Ctrl+J，复制选区内的图像，得到"图层 2"，并将此图层的"不透明度"设置为70%，如下右图所示。

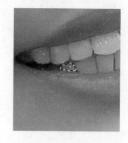

8 选择"移动工具"，把复制的牙齿图像向左拖动至旁边的缝隙位置，如下左图所示，然后适当调整其大小。

9 按快捷键 Ctrl+J，复制"图层 2"，得到"图层 3 拷贝"图层，并将此图层的"不透明度"设置为 40%，然后将其向左拖动，修补旁边的牙齿缝隙，适当调整大小，如下右图所示。

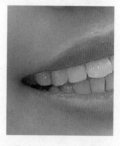
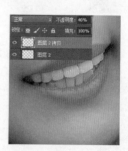

10 按快捷键 Shift+Ctrl+Alt+E，盖印可见图层，得到"图层 3"，如下左图所示。

11 单击工具箱中的"以快速蒙版模式编辑"按钮◻，按 B 键切换至"画笔工具"，在如下右图所示的位置单击并涂抹。

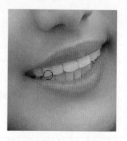

12 继续使用画笔工具在人物牙齿部分单击并涂抹，如下左图所示。

13 设置完成后单击"以标准模式编辑"按钮◻，以标准模式状态编辑，创建选区，执行"选择 > 反选"菜单命令或按 Shift+Ctrl+I 键，将选区反选，如下右图所示。

14 按 Shift+F6 键，打开"羽化选区"对话框，设置"羽化半径"为 2，如下左图所示。设置完成后单击"确定"按钮，羽化选区，如下右图所示。

16 按住 Ctrl 键，单击"色相／饱和度 1"图层蒙版，载入牙齿选区，创建"色彩平衡 1"调整图层，在打开的"属性"面板中设置选项，如下左图所示。

17 根据设置选项调整牙齿颜色，得到如下右图所示的图像效果。至此，已完成本实例的制作。

15 创建"色相／饱和度 1"调整图层，在打开的"属性"面板中选择"黄色"选项，设置"饱和度"为 -60，如下左图所示。然后在"编辑"下拉列表框中选择"全图"选项，设置"明度"为 +20，如下右图所示。

---

## 实例演练 8：
# 去除照片中多余的肩带

原始文件：随书资源 \ 素材 \14\16.jpg
最终文件：随书资源 \ 源文件 \14\ 去除照片中多余的肩带 .psd

解析：由于造型或者着装的原因，有时候拍摄出来的人像照片会留下本来应该隐藏的部分，如内衣的肩带和内衣边缘等，这些细节都会影响画面整体的美感。在后期处理时，可以利用 Photoshop 提供的仿制图章工具对这些瑕疵进行修复，塑造干净画面。下图所示为制作前后的效果对比图，具体操作步骤如下。

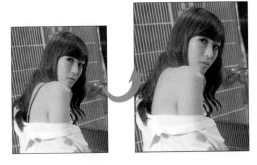

1 打开"16.jpg"文件，图像效果如下左图所示。

2 将"背景"图层拖动至"图层"面板底部的"创建新图层"按钮，复制图层，创建"背景 拷贝"图层，如下右图所示。

3 单击工具箱中的"仿制图章工具"按钮，在其选项栏中设置参数，如下图所示。

4 将图像放大至合适比例，按住 Alt 键，在如下左图所示的位置单击，进行图像取样。

5 使用仿制图章工具在人物背部的肩带位置单击并涂抹，修复图像，如下右图所示。

6 继续使用仿制图章工具在人物背景单击取样，如下左图所示。然后用取样的图像替换明显的肩带，如下右图所示。

7 使用同样的方法，反复仿制修复图像，去掉整个肩带图像，效果如下左图所示。

8 单击"图层"面板中的"创建新图层"按钮，新建"图层 1"，如下右图所示。

9 单击工具箱中的"吸管工具"按钮，将鼠标移至如下左图所示位置，单击鼠标，吸取颜色。

10 选择"画笔工具"，选择"柔边圆"画笔，设置"不透明度"为 10%，在过渡不自然的皮肤位置涂抹，绘制并修复皮肤颜色，如下右图所示。

11 继续结合吸管工具和画笔工具涂抹修复图像，如下左图所示，使人物背部的皮肤颜色过渡更自然，效果如下右图所示。至此，已完成本实例的制作。

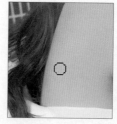 

### 技巧>>仿制图章工具的使用技巧

仿制图章工具可快速将取样的图像区域复制到指定的区域。使用仿制图章工具，首先需要指定要复制的基准点（取样点），按住 Alt 键单击需要复制的位置即可取样。注意，在修复过程中，若要在每次停止并重新开始绘画时使用最新的取样点进行绘制，则需勾选其选项栏中的"对齐"复选框；在取样过程中，可按 [ 或 ] 键调整取样点的大小。设置好取样点后，直接在图像的污点部分单击并涂抹即可。

## 实例演练 9：
# 数码塑身技术

原始文件：随书资源 \ 素材 \14\17.jpg
最终文件：随书资源 \ 源文件 \14\ 数码塑身技术 .psd

**解析**：肥胖会影响美观，使人看上去十分臃肿。减肥是一件需要毅力的事，不管您选择什么方式来减肥，重要的是由始至终地坚持，有没有一种方法可以马上减去身上的赘肉？使用 Photoshop CC 2015 中的"液化"滤镜可快速对人物进行"减肥"，轻松获得 S 曲线身材。下图所示为制作前后的效果对比图，具体操作步骤如下。

**1** 打开"17.jpg"文件,如下左图所示,按Ctrl+J键,复制图层,得到"图层1",如下右图所示。

**2** 执行"滤镜 > 液化"菜单命令,打开"液化"对话框,勾选对话框右侧的"高级模式"复选框,显示更多的液化工具和选项,如下图所示。

**3** 单击"液化"对话框左侧的"向前变形工具"按钮,然后在右侧的"画笔工具选项"中设置各选项的值,设置"大小"为400、"浓度"为50、"压力"为100,如下左图所示。

**4** 将鼠标移至人物的手臂位置,单击并拖动鼠标,调整手臂曲线,如下右图所示。

**5** 向下移动鼠标,然后单击并向右侧拖动鼠标,收缩手臂效果,如下左图所示。

**6** 将鼠标移至人物肩膀位置,单击并向下拖动鼠标,调整肩部曲线,如下右图所示。

 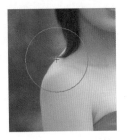

**7** 继续使用向前变形工具对人物的身材进行修复,得到如下左图所示的效果。

**8** 单击工具栏中的"褶皱工具"按钮,选择工具,如下右图所示。

**9** 在右侧的"画笔工具选项"中设置画笔的大小、浓度和压力等参数,如下左图所示。

**10** 将鼠标移至照片中的人物腰部位置,单击鼠标,收缩图像,得到更纤细的腰部线条,如下右图所示。

**11** 继续使用褶皱工具在如下左图所示的腰部位置单击,调整人物腰部曲线。

**12** 单击"向前变形工具"按钮,按键盘中的 [ 或 ] 键,将画笔调整至合适大小,然后在腰部单击并拖动鼠标,调整图像,如下右图所示。

**13** 单击工具栏中的"膨胀工具"按钮 ⊙，在右侧的"画笔工具选项"中设置画笔的大小、浓度和压力等参数，如下左图所示。

**14** 将鼠标移至人物胸部位置，单击鼠标，调整图像，制作丰满的胸部效果，如下右图所示。

**15** 继续使用膨胀工具处理图像，得到如下左图所示的图像效果。

**16** 结合更多的液化工具对图像做细节的调整，使人物的身材更加苗条，如下右图所示。

**17** 单击"向前变形工具"按钮 ⊘，按键盘中的【或】键，将画笔调整至合适大小，将鼠标移至脸部位置，单击鼠标，变形图像，如下左图所示。效果如下右图所示。

**18** 继续使用向前变形工具对人物的脸部进行变形，如下左图所示，使人物的脸形变得更加精致。设置完成后单击"确定"按钮，应用"液化"滤镜，如下右图所示。至此，已完成本实例的制作。

---

**实例演练 10：**

# 轻松磨皮打造细腻的肌肤

原始文件：随书资源 \ 素材 \14\18.jpg
最终文件：随书资源 \ 源文件 \14\ 轻松磨皮打造细腻的肌肤 .psd

　　解析：近距离拍摄人像照片，很容易将皮肤上的瑕疵显示在画面上，此时可以通过磨皮的方式，快速去除这些影响图像美观的瑕疵。本实例将介绍使用 Photoshop CC 2015 中的"高反差保留"滤镜和"计算"命令对照片中的人物进行磨皮，并结合相关的调整功能调整人物皮肤的亮度，使人物皮肤粉嫩，有光泽。下图所示为制作前后的效果对比图，具体操作步骤如下。

**1** 打开"18.jpg"文件，在"图层"面板中将"背景"图层选中，将其拖动至"创建新图层"按钮，复制图层，得到"背景 拷贝"图层，如下图所示。

2 展开"通道"面板，观察通道中的图像，发现
对比反差最强的为"绿"通道，如下左图所示，
因此单击"绿"通道，显示"绿"通道中的图像，
如下右图所示。

3 将选择的"绿"通道拖动至"创建新通道"按
钮，如下左图所示，释放鼠标，复制"绿"通道，
得到"绿 拷贝"通道，如下右图所示。

4 确保"绿 拷贝"通道为选中状态，执行"滤
镜 > 其他 > 高反差保留"菜单命令，打开"高
反差保留"对话框，如下左图所示。在对话框中根
据图像调整参数，设置完成后单击"确定"按钮，
应用滤镜，如下右图所示。

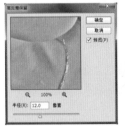 

5 选择"绿 拷贝"通道，执行"图像 > 计算"菜
单命令，打开"计算"对话框，在对话框中设
置参数，如下左图所示。

6 设置完成后单击"确定"按钮，计算图像，得
到如下右图所示的效果。

7 打开"通道"面板，在面板中可以看到计算后
所得到的 Alpha1 通道，如下左图所示。

8 执行"图像 > 计算"菜单命令，打开"计算"
对话框，在对话框中设置参数，如下右图所示。

9 设置完成后单击"确定"按钮，计算图像，如
下左图所示。

10 打开"通道"面板，在面板中可以看到计算
后所得到的 Alpha2 通道，如下右图所示。

11 执行"图像 > 计算"菜单命令，打开"计算"
对话框，在对话框中设置参数，如下左图所示。

12 设置完成后单击"确定"按钮，计算图像，如
下右图所示。

13 打开"通道"面板，在面板中可以看到计算
后所得到的 Alpha3 通道，如下左图所示。选
中该通道，单击"将通道作为选区载入"按钮，将
此通道中的图像作为选区载入，如下右图所示。

**14** 执行"选择 > 反选"菜单命令，如下左图所示，反选选区，如下右图所示。

**15** 单击"通道"面板中的 RGB 通道，如下左图所示。

**16** 返回"图层"面板，查看设置的选区效果，如下右图所示。

**17** 新建"曲线 1"调整图层，在打开的"属性"面板中单击并向上拖动曲线，如下左图所示。

**18** 根据设置的曲线，调整选区内的图像亮度，得到如下右图所示的图像效果。

**19** 单击"曲线 1"图层蒙版，如下左图所示，选择"画笔工具"，设置前景色为黑色，在皮肤以外的区域涂抹，还原涂抹区域图像的亮度，如下右图所示。

**20** 按住 Ctrl 键，单击"曲线 1"图层蒙版，载入选区。新建"色阶 1"调整图层，打开"属性"面板，在面板中设置参数，如下左图所示。

**21** 设置完成后根据设置的参数调整选区内的图像，使皮肤显得更光滑，如下右图所示。

**22** 按快捷键 Shift+Ctrl+Alt+E，盖印可见图层，得到"图层 1"。选择工具箱中的"仿制图章工具"，按住 Alt 键，在干净的皮肤位置单击，取样图像，如下左图所示。

**23** 将鼠标移至皮肤上的黑痣位置，单击鼠标，去除黑痣，如下右图所示。继续使用相同的方法，修复皮肤上面的明显瑕疵。

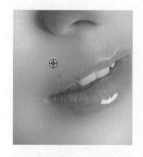 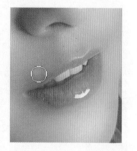

**24** 单击"调整"面板中的"可选颜色"按钮，创建"选取颜色 1"调整图层，打开"属性"面板，在面板中单击"颜色"下三角按钮，在展开的列表中选择"白色"选项，设置颜色百分比，如下左图所示。

**25** 根据设置的参数调整照片中高光部分的白色，得到如下右图所示的图像效果。

26 创建"曲线 1"调整图层，在"属性"面板中分别对 RGB 和"蓝"通道的曲线进行设置，如右侧左图所示。

27 根据设置的曲线，调整图像的亮度，使照片中人物的皮肤显得更加白皙，如右侧右图所示。至此，已完成本实例的制作。

**实例演练 11：**
# 使粗糙黯淡的皮肤变得干净有光泽

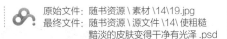
原始文件：随书资源 \ 素材 \14\19.jpg
最终文件：随书资源 \ 源文件 \14\ 使粗糙黯淡的皮肤变得干净有光泽 .psd

解析：在光照不足的情况下拍摄人物，很容易使拍摄出来的肌肤看起来粗糙且黯淡。本实例将介绍一种快速修复人物皮肤的方法，仅需要简单几步，即可让粗糙黯淡的皮肤变得干净有光泽。下图所示为制作前后的效果对比图，具体操作步骤如下。

1 打开"19.jpg"文件，单击工具箱中的"以快速蒙版模式编辑"按钮，进入快速蒙版编辑状态，如下图所示。

2 单击工具箱中的"画笔工具"按钮，使用较软的画笔在人物面部单击并涂抹，如下左图所示。

3 按 E 键切换至"橡皮擦工具"，设置画笔不透明度为 100%，在人物五官部分单击并涂抹，如下右图所示。

4 单击工具箱中的"以标准模式编辑"按钮，在画面未被画笔绘制的区域创建选区，如下左图所示。

5 执行"选择 > 反选"菜单命令或按 Shift+Ctrl+I 键，将选区反向，得到如下右图所示的选区。

6 按快捷键 Ctrl+J，复制选区内的图像，得到"图层 1"，如下左图所示。

7 执行"滤镜 > 杂色 > 蒙尘与划痕"菜单命令，打开"蒙尘与划痕"对话框，设置参数，如下右图所示。

8 设置好"蒙尘与划痕"对话框中的参数后，单击"确定"按钮，得到如下左图所示的图像效果。

9 执行"窗口 > 通道"菜单命令，打开"通道"面板，选中"红"通道，单击"将通道作为选区载入"按钮，如下右图所示。

**10** 单击"通道"面板中的 RGB 通道，如下左图所示，返回"图层"面板，查看载入的选区效果，如下右图所示。

**13** 创建"曲线 1"调整图层，打开"属性"面板，在面板中单击并向上拖动曲线，如下左图所示。

**14** 单击"曲线 1"图层蒙版，选择"画笔工具"，设置前景色为黑色，用画笔在背景部分涂抹，还原其亮度，如下右图所示。至此，已完成本实例的制作。

**11** 按快捷键 Ctrl+J，复制选区内的图像，得到"图层 2"，设置该图层的混合模式和"不透明度"，如下左图所示。

**12** 设置完成后可以看到皮肤部分变得更亮了，如下右图所示。

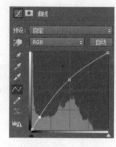 

---

## 实例演练 12：
# 校正人物肤色

原始文件：随书资源 \ 素材 \14\20.jpg
最终文件：随书资源 \ 源文件 \14\ 校正人物肤色 .psd

　　**解析**：小朋友的皮肤总是粉嘟嘟的，非常娇嫩，但是在拍摄的时候难免会因为受到拍摄技术和拍摄环境的影响，使拍摄照片中的小朋友皮肤看起来不是那么满意。本实例将介绍如何运用 Photoshop 校正小朋友的肤色，使皮肤变得更加白皙、水嫩。下图所示为制作前后的效果对比图，具体操作步骤如下。

**1** 打开"20.jpg"文件，图像效果如下左图所示。

**2** 按快捷键 Ctrl+J，复制图层，得到"图层 1"，如下右图所示。

3 执行"滤镜 > 模糊 > 表面模糊"菜单命令，打开"表面模糊"对话框，在对话框中设置选项，如下左图所示。

4 设置完成后单击"确定"按钮，应用滤镜模糊图像，如下右图所示。

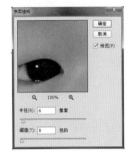 

5 单击"图层"面板中的"添加图层蒙版"按钮，为"图层 1"添加蒙版，设置前景色为黑色，单击蒙版缩览图，按快捷键 Alt+Delete，将蒙版填充为黑色，如下左图所示。

6 选择"画笔工具"，设置前景色为白色，在小朋友皮肤位置涂抹，如下右图所示。

 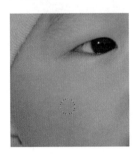

7 继续涂抹，得到干净的皮肤效果，然后运用快速选择工具在皮肤位置单击，创建选区，执行"选择 > 修改 > 羽化"菜单命令，打开"羽化选区"对话框，在对话框中设置参数，如下左图所示。

8 设置完成后单击"确定"按钮，羽化选区，然后选中皮肤部分，如下右图所示。

9 创建"曲线 1"调整图层，打开"属性"面板，在面板中单击"通道"下三角按钮，选择"蓝"选项，如下左图所示。

10 单击并向上拖动通道曲线，提亮通道中的图像，如下右图所示。

11 在"属性"面板中单击"通道"下三角按钮，选择 RGB 选项，如下左图所示。

12 单击并向上拖动通道曲线，如下右图所示。

13 按住 Ctrl 键，单击"曲线 1"图层蒙版，如下左图所示，载入选区，如下右图所示。

14 创建"选取颜色 1"调整图层，在打开的"属性"面板中设置"红色"的颜色百分比，如下左图所示。

15 单击"颜色"下三角按钮，在展开的下拉列表中选择"黄色"选项，如下右图所示。

16 选择"黄色"选项后，在下方调整各颜色的
百分比，如右侧左图所示。

17 根据设置的"可选颜色"选项，调整照片中
皮肤部分的红色和黄色，使皮肤变得更加白
皙、水嫩，如右侧右图所示。至此，已完成本实例
的制作。

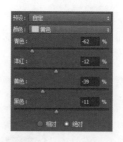

---

**实例演练 13：**
## 去除人像照片中的多余人物

原始文件：随书资源 \ 素材 \14\21.jpg
最终文件：随书资源 \ 源文件 \14\ 去除人像照片中的
多余人物 .psd

**解析**：在室外拍照人像照片时，不管等待多久，周围的人总是络绎不绝，难免在拍摄的背景中出现
其他多余的人物，从而影响照片的美观性。本实例将介绍如何使用 Photoshop CC 2015 中的相关工具
和命令去除人像照片中的多余人物，使画面更加干净唯美。下图所示为制作前后的效果对比图，具体操
作步骤如下。

1 打开"21.jpg"文件，如下左图所示，按 Ctrl+J
键，复制图层，得到"图层 1"，如下右图所示。

5 按住 Alt 键，继续在图像中单击，取样图像，如
下左图所示。

6 单击选项栏中的"切换仿制源面板"按钮，
打开"仿制源"面板，在"仿制源"面板中记
录上一步所设置的样本源，如下右图所示。

2 单击工具箱中的"仿制图章工具"按钮，设
置其选项栏中的各项参数，如下图所示。

7 使用仿制图章工具在如下左图所示的位置单击
鼠标，沿水平方向消除照片中多余的人影。

3 按住 Alt 键，在图像合适位置单击鼠标，进行图
像取样，如下左图所示。

4 按快捷键 Ctrl++，将图像放大至合适比例，在
如下右图所示的位置单击鼠标，仿制图像。

8 单击"仿制源"面板中新的样本源，如下右图
所示。

9 按住 Alt 键，在如下左图所示的位置单击鼠标，进行图像取样。

10 取样图像后，沿着垂直方向单击并拖动鼠标，进一步修饰多余人像部分，如下右图所示。

11 按住 Alt 键，在如下左图所示的位置单击鼠标，进行图像取样。

12 将鼠标移至右侧多余的人物位置，单击并拖动鼠标，如下右图所示。

13 选择工具箱中的"磁性套索工具"，在选项栏中设置各项参数，如下图所示。

羽化：1 像素　✓消除锯齿　宽度：25 像素　对比度：100%　频率：80

14 将鼠标移至主体人物旁边的多余人物位置，单击并拖动鼠标，创建选区，如下左图所示。

15 选择"仿制图章工具"，按住 Alt 键，在干净的背景位置单击，取样图像，然后将鼠标移至多余人物图像上单击并涂抹，修复图像，如下右图所示。

16 完成仿制修复后，执行"选择 > 取消选择"菜单命令，如下左图所示，或按快捷键 Ctrl+D，取消选区，如下右图所示。

17 选择工具箱中的"磁性套索工具"，沿人物手臂单击并拖动鼠标，创建选区，选中手臂下方的多余人物，如下图所示。

18 选择工具箱中的"仿制图章工具"，按住 Alt 键，在干净的地面位置单击，取样图像，如下左图所示。

19 将鼠标移至多余的人物位置，单击并涂抹，仿制修复图像，如下右图所示。

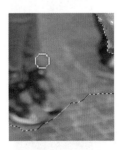

20 继续使用同样的方法，对图像进行仿制修复操作，得到如下左图所示的图像效果。

21 按快捷键 Shift+Ctrl+Alt+E，盖印可见图层，得到"图层 2"，如下右图所示。

22 执行"滤镜 > 模糊画廊 > 光圈模糊"菜单命令，进入模糊画廊编辑状态，在右侧的"模糊工具"面板中设置"模糊"为 18 像素，如下左图所示。

23 运用鼠标单击并拖动左侧的椭圆形，调整模糊的范围，如下右图所示。

24 设置完成后单击"确定"按钮，应用滤镜模糊图像，此时会发现一些主体对象也变模糊了。因此为"图层 2"添加图层蒙版，选择"画笔工具"，在选项栏中调整"不透明度"，然后在不需要模糊的位置涂抹，如下左图所示。

25 继续使用画笔工具涂抹人物及下方的椅子图像，还原清晰的图像效果，如下右图所示。

26 创建"曲线 1"调整图层，打开"属性"面板，在面板中选择"蓝"选项，运用鼠标向下拖动曲线，降低"蓝"通道图像的亮度，如下左图所示。

27 选择 RGB 选项，单击并向上拖动曲线，提亮图像，如下右图所示。

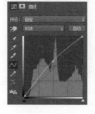

28 返回图像窗口，根据设置的曲线调整图像，得到更加明亮的图像，效果如下左图所示。

29 单击"图层"面板中的"创建新的填充或调整图层"按钮，在弹出的菜单中选择"纯色"命令，如下右图所示。

30 打开"拾色器（纯色）"对话框，在对话框中设置填充颜色，如下左图所示。

31 设置完成后单击"确定"按钮，创建"颜色填充 1"调整图层，设置图层的混合模式为"滤色"，如下右图所示。

32 单击"颜色填充 1"图层蒙版，选择"渐变工具"，在选项栏中设置渐变颜色和渐变类型，如下图所示。

33 将鼠标移至照片左侧，单击并向右上角拖动鼠标，如下左图所示。

34 当拖至一定位置后释放鼠标，填充渐变，得到如下右图所示的图像效果。至此，已完成本实例的制作。

# 第15章
# 人像照片的美化和增色

　　人像照片的拍摄虽然简单，但是想要获得好的效果却不是一件容易的事情。爱美是人的天性，人人都希望照片上的自己是完美无瑕的。本章将介绍如何应用 Photoshop CC 2015 中的相关功能对人像照片进行美化和增色，使人像照片看起来更美，效果直逼"艺术照"。无论您原来对照片处理是多么恐惧和一无所知，通过本章的学习，都能使您瞬间实现普通人的华丽变身。

## 15.1　为人物添加妆容——画笔工具的应用

　　Photoshop CC 2015 中的画笔工具能够极为逼真地模仿各种绘画媒质和技巧，不仅可创造出一些新的、不同的组合图像，还可为人物添加逼真的妆容效果。单击工具箱中的"画笔工具"按钮，可在其选项栏中设置画笔笔触的形态、模式和不透明度等参数，如下图所示。

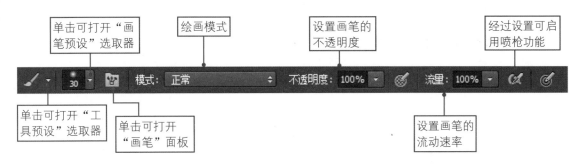

1．"工具预设"选取器

　　单击"点按可打开'工具预设'选取器"按钮，将弹出"工具预设"选取器，它提供了系统自带的预设画笔，如下图所示。

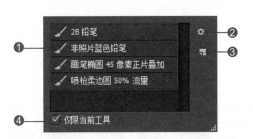

❶**工具预设列表**：显示画笔工具预设选项。
❷**扩展按钮**：单击该按钮，在弹出的菜单中可设置预设画笔的显示方式，也可载入、存储预设画笔。
❸**从此画笔创建新的预设**：单击该按钮，可创建新的工具预设。

❹**仅限当前工具**：勾选该复选框，则只显示选中工具的工具预设选项。

> ⭐ 技巧>>**画笔工具在何时无法绘制**
>
> 　　在形状图层、文字图层或在一个关闭了可见性的图层上绘画时，画面中将出现图标，表示画笔工具不可用。此时，Photoshop CC 2015 将弹出一个警告对话框，告诉用户为什么不能进行绘制，如下图所示。若单击"确定"按钮，将栅格化图层，从而使用画笔工具；若单击"取消"按钮，则不对文字进行栅格化。
>
>

2. “画笔预设”选取器

单击“点按可打开‘画笔预设’选取器”按钮，在弹出的选取器中可设置画笔的大小、硬度和外形等，具体设置如下。

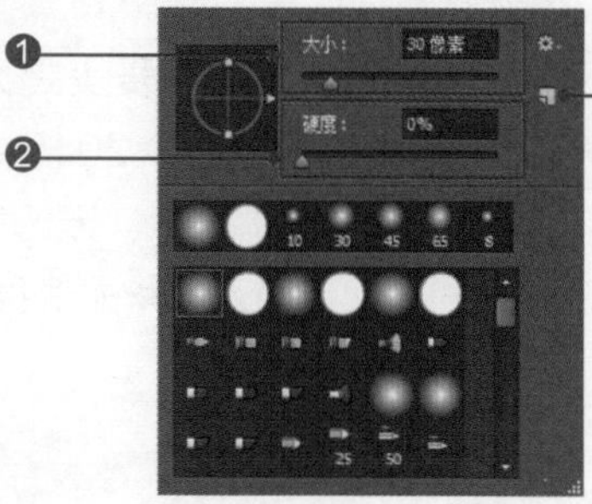


❶**大小**：用于设置画笔的大小。

❷**硬度**：用于设置画笔的柔软度。

❸**从此画笔创建新的预设**：单击该按钮，弹出“画笔名称”对话框，在该对话框中可设置要创建的画笔的名称。

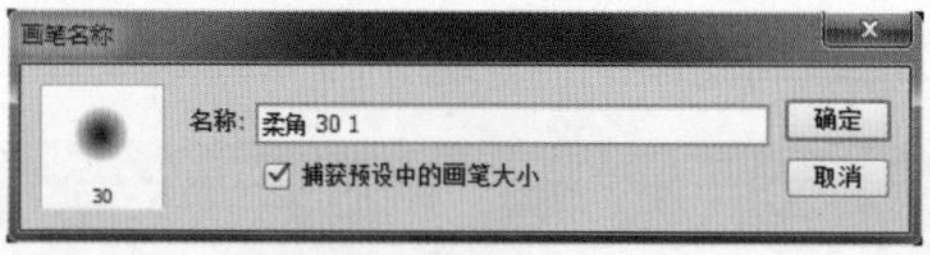


### 应用—>>载入预设画笔

单击“点按可打开‘画笔预设’选取器”按钮，弹出“画笔预设”选取器；单击右上角的扩展按钮，在弹出的菜单中选择“载入画笔”命令，如图❶所示，弹出“载入”对话框；在该对话框中选中需要载入的画笔，然后单击“载入”按钮，如图❷所示。

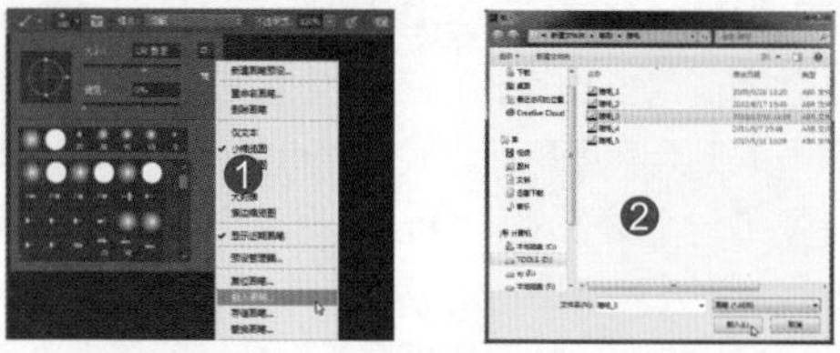

此时拖动“画笔预设”选取器中的滑块，在其最下方将显示载入的画笔选项，如图❸所示。打开需要设置的素材图像，按F5键，打开“画笔”面板，选择并设置画笔的各项参数，如图❹所示，然后在人物睫毛部分单击鼠标，如图❺所示，快速为人物绘制个性化的睫毛。继续使用画笔工具绘制睫毛，最终的绘制效果如图❻所示。

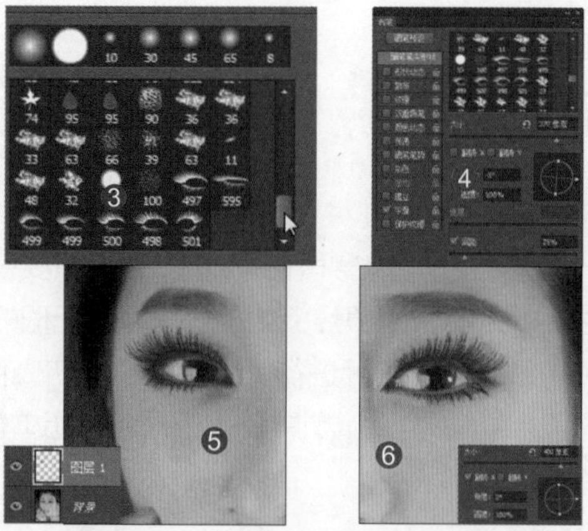

单击其右上方的扩展按钮，在弹出的菜单中可对画笔的名称、显示模式和画笔种类等参数进行进一步的设置，具体设置如下。

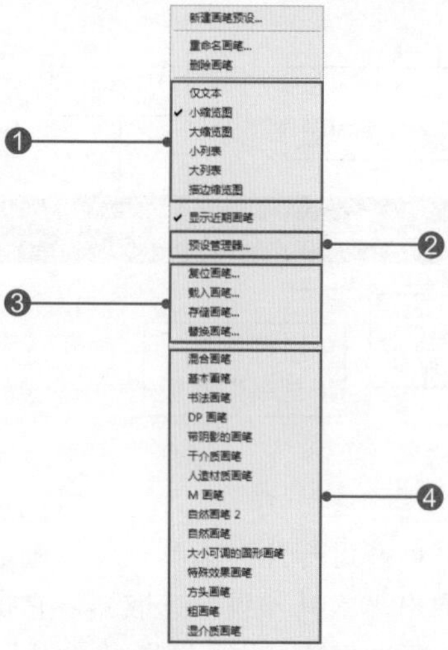


❶**画笔显示模式**：用于选择画笔显示模式，默认显示模式为“小缩览图”。软件提供了“仅文本”“小缩览图”“大缩览图”“小列表”“大列表”和“描边缩览图”6种显示模式。下图所示分别为不同画笔显示模式下显示出的画笔效果。

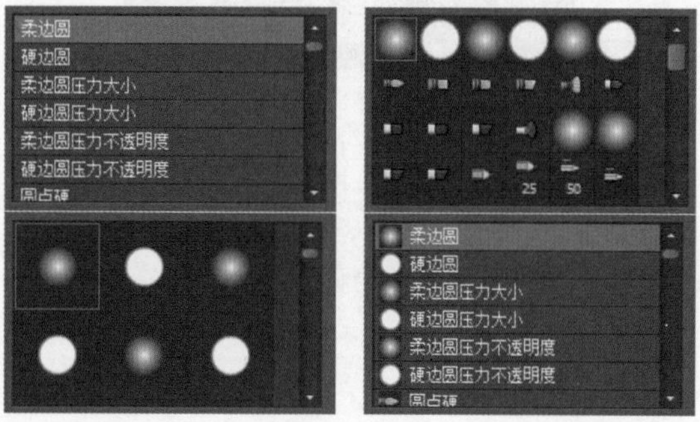

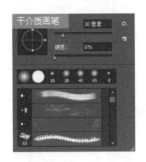

❷预设管理器：选择"预设管理器"命令，将打开"预设管理器"对话框，如下图所示。在该对话框中可选择并设置 Photoshop 的多种画笔。在"预设类型"下拉列表框中可选择"画笔""色板""渐变""样式""图案"和"等高线"等选项。

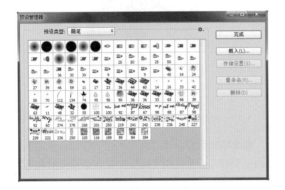

❸复位、载入、存储和替换画笔：用于复位画笔、载入画笔、存储画笔和替换画笔。

❹画笔种类：显示 Photoshop 提供的画笔种类。选择任意画笔，即弹出如下图所示的提示对话框，询问是否用选择的画笔替换当前画笔。单击"确定"按钮即可替换，单击"追加"按钮可将当前选择的画笔追加到画笔预览框中。

下图所示分别为"基本画笔""书法画笔""干介质画笔"和"特殊效果画笔"的显示效果。

### 应用二>>应用画笔工具为人像照片添加梦幻星光

打开需要设置的素材图像，按 B 键切换至"画笔工具"。在"画笔预设"选取器中单击扩展按钮，在弹出的菜单中选择"混合画笔"命令，在弹出的对话框中单击"追加"按钮，如图❶所示。再在"画笔预设"选取器中选择"交叉排线 4"选项，然后在"大小"文本框中输入数值"200"，如图❷所示。在"画笔"面板中进一步调整画笔的角度，如图❸所示。

新建"图层 1"，将前景色设置为白色，在画面合适位置单击鼠标，绘制图形，如图❹所示。继续使用画笔工具绘制其他图形，最终的设置效果如图❺所示。

### 3. 绘画模式

"模式"下拉列表框用于设置绘画颜色与下方现有像素混合的方法。Photoshop CC 2015

提供了 27 种混合模式，下图分别为原图、设置模式为正常和溶解后的图像效果。

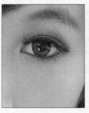  

### 4. 设置画笔的不透明度

"不透明度"选项用于设置应用颜色的透明度。若"不透明度"设置为 100%，则表示不透明。设置的数值越小，笔触越透明。下图所示分别为原图、设置"不透明度"为 100% 和 40% 后的图像效果。

### 5. 设置画笔的流动速率

"流量"选项用于设置画笔的笔触密度。下图所示分别为原图、设置"流量"为 100% 和 40% 后的图像效果。

### 6. 经过设置可以启用喷枪功能

单击"启用喷枪样式的建立效果"按钮，则可使用喷枪模拟绘画。此时，若将鼠标指针移动至某一区域的上方，按住鼠标，则颜料量会增加。再次单击该按钮，可关闭此功能。

### 7. 切换画笔面板

单击"切换画笔面板"按钮，可打开"画笔"面板，该面板包含可用于确定如何向画面应用颜料的画笔笔尖选项。在该面板中可选择预设

画笔和自定义画笔形态。下面将简单介绍"画笔"面板中各项参数的设置方法和相关技巧。

单击"画笔工具"选项栏中的"切换画笔面板"按钮或执行"窗口 > 画笔"菜单命令，可打开"画笔"面板，具体设置如下。

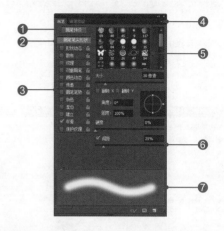

❶画笔预设：单击"画笔预设"按钮，可切换至"画笔预设"面板，在该面板中可选择预设的画笔。

❷画笔笔尖形状：单击"画笔笔尖形状"选项，可在右侧的列表框中设置画笔笔尖的大小、外形和倾斜度等参数。

❸画笔设置：单击选项后，在面板右侧会显示相应的画笔选项设置。

❹扩展按钮：单击该按钮，在弹出的菜单中可设置画笔的更多参数。

❺"画笔笔尖形状"列表框：显示画笔笔尖形状，通过单击可快速选择其中一种笔尖形状。

❻间距：勾选该复选框，设置数值较低，则将在拖动鼠标时产生连续的笔触效果；设置数值较高，则笔触的外形较为粗糙。下面是设置间距为 20 和 200 后的画笔笔尖效果。

❼预览框：显示画笔预览效果。

打开需要设置的素材图像，如图❶所示。结合使用钢笔工具与直接选择工具绘制路径，然后新建"图层 1"，如图❷所示。按 B 键切换至"画笔工具"，在"画笔"面板中选择"柔角 25"选项，再设置直径为 15，如图❸所示。单击"形状动态"选项，参照图❹所示设置各项参数。接着将前景色设置为 R251、G115、B240，在"路径"面板中将路径重命名并单击该面板底部的"用画笔描边路径"按钮 🔘，应用画笔描边效果，如图❺所示。复制描边图案并调整位置，添加个性花纹，如图❻所示。

下面对画笔属性进行简单介绍，具体如下。

（1）形状动态和散布：设置"形状动态"选项卡中的各项参数可调整画笔笔迹的形状动态变化。"散布"选项卡中的参数可确定描边中笔迹的数目和位置。

 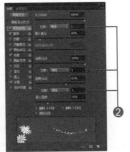

❶两轴：勾选"两轴"复选框，则画笔笔迹按径向分布；取消勾选该复选框，则画笔笔迹垂直于描边路径分布。

❷控制：在"控制"下拉列表框中可根据压感笔的压力或笔触的倾斜度、方向或其他选项，设置画笔笔尖的特性。"关"选项将指定不控制画笔笔迹的大小变化；"渐隐"选项按指定数量的步长在初始直径和最小直径之间渐隐画笔笔迹的大小；"钢笔压力""钢笔斜度"或"光笔轮"选项可依据钢笔压力、钢笔斜度或钢笔拇指轮位置在初始直径和最小直径之间改变画笔笔迹的大小。

（2）纹理：纹理画笔可利用图案使描边看起来像是在带纹理的画布上绘制的一样。单击"纹理"选项，即可在右侧的选项卡中设置纹理的各项参数，具体设置如下。

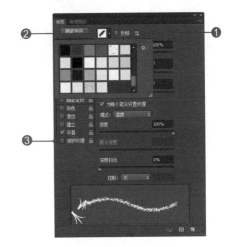

❶反相：勾选该复选框，图案中的最亮区域是纹理中的暗点；图案中的最暗区域是纹理中的亮点。

❷图案：单击"图案"下三角按钮，在弹出的下拉列表中可选择需要的图案。

❸保护纹理：勾选该复选框，当前的纹理选项将应用于选定的所有画笔笔尖，覆盖笔尖原有的内置纹理设置。

如下图所示分别为无纹理画笔和有纹理画笔的绘制效果。

### 应用四>>应用渐隐画笔效果

利用 Photoshop CC 2015 的绘图工具，通过"画笔"面板中多个控制设置中的"渐隐"选项，可以得到一些非常有趣的图像效果。例如，通过"形状动态""颜色动态"选项卡将多个控制设置为"渐隐"，再将各个渐隐设置为不同的步长即可实现。下面以设置"传递"选项卡为例，介绍如何应用渐隐画笔效果。打开素材图像，在画面绘制位置绘制路径，如图❶所示。参照图❷设置"画笔"面板，设置完成后创建新图层，如图❸所示。在"路径"面板中选中路径，单击"用画笔描边路径"按钮 ◯，应用渐隐画笔效果，如图❹所示。

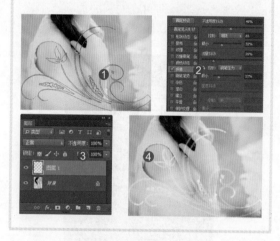

（3）双重画笔：它组合两个笔尖来创建画笔笔迹。勾选该复选框将在主画笔的画笔描边内应用另一种画笔纹理。应用方法如下。

首先在"画笔"面板的"画笔笔尖形状"选项卡中设置主要笔尖的选项，再勾选"双重画笔"复选框，在右侧的选项卡中选择另一个画笔笔尖，具体设置如下。

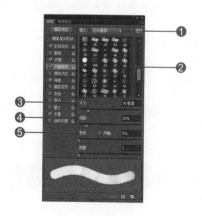

❶模式：选择双重笔尖组合画笔笔迹时要使用的混合模式。

❷画笔列表：选择第二个画笔纹理。无双重画笔效果如下左图所示，双重画笔描边效果如下右图所示。

❸大小：设置双笔笔尖的笔触大小。

❹间距：设置描边中两个笔尖画笔笔迹之间的距离。

❺散布：描边中双重画笔笔迹的分布方式。

（4）颜色动态和传递：颜色动态决定描边路线中油彩颜色的变化方式；传递确定油彩在描边路线中的改变方式。下图所示分别为"颜色动态"和"传递"选项卡。

（5）其他画笔选项——画笔笔势、杂色、湿边、建立和平滑：勾选不同的复选框，将为画笔添加不同的图像效果。下面将简单介绍这些选项。

❶画笔笔势：勾选"画笔笔势"复选框，可获得类似光笔的效果，并可控制画笔的角度和位置。

❷杂色：勾选该复选框，可为画笔笔尖增加额外的随机性，使画笔笔迹或笔触变得粗糙。当应用于柔画笔笔尖时，该选项最有效。

❸湿边：勾选该复选框，可沿画笔描边的边缘增大油彩量，从而创建水彩效果。

❹建立：勾选该复选框，可将渐变色调应用于图像，同时模拟传统的喷枪技术。

❺平滑：勾选该复选框，将在画笔描边中生成更平滑的曲线。当使用光笔进行快速绘画时，该选项最有效。

下图所示为五个选项都不勾选，以及分别只勾选"画笔笔势""杂色""湿边""建立"和"平滑"复选框后应用画笔工具的效果。

## 15.2　调整妆容必备工具——颜色替换工具

颜色替换工具能够简化图像中特定颜色的替换，是调整人物妆容必备的工具之一。利用该工具可快速调整和重设人物妆容，使人物妆容与画面整体更加协调统一。该工具不适用于位图、索引颜色和多通道模式的图像。

单击工具箱中的"颜色替换工具"按钮🖌️，在其选项栏中可进一步设置画笔的大小、模式、取样和限制等参数，如下图所示。

❶画笔：单击"画笔"下三角按钮，在弹出的下拉列表中可设置画笔的大小、硬度、间距、角度和圆度等参数，如下左图所示。另外，还可以单击并拖动正圆，快速调整画笔的角度和圆度，如下右图所示。

 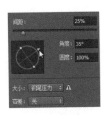

❷模式：单击"模式"下三角按钮，在弹出的下拉列表中包含"色相""饱和度""颜色"和"明度"4 个选项，选择不同的选项，将得到不同的效果。下图所示展示了前景色为"fe2cd4"时，选择不同的模式进行替换颜色的效果。

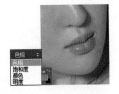 

  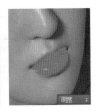

❸取样：该选项用于设置取样的方式。单击"取样：连续"按钮🖌️，则可通过拖动鼠标对颜色进行连续取样；单击"取样：一次"按钮🖌️，则只替换第一次单击的颜色区域中的目标颜色；单击"取样：背景色板"按钮🖌️，则只替换包含当前背景色的区域。

❹限制：该选项用于设置颜色替换的范围。单击"限制"下三角按钮，在弹出的下拉列表中包括"不连续""连续"和"查找边缘"3 个选项，如下图所示。

❺**容差**：该选项用于设置替换颜色应用的范围，设置的数值越小，则选择相似的颜色区域越小。下图所示分别展示了原图、"容差"为 75% 和 5% 替换图像颜色的效果。

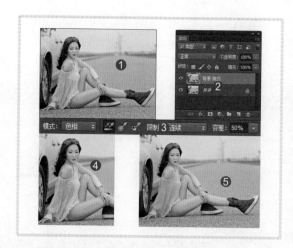

**📖 应用>>应用颜色替换工具快速更改服饰颜色**

　　使用颜色替换工具可以方便、快速地替换图像中的颜色，具体操作步骤如下。

　　打开需要设置的素材图像，如图❶所示，复制"背景"图层，如图❷所示。将前景色设置为 R255、G0、B210，单击工具箱中的"颜色替换工具"按钮▓，参照图❸在选项栏中设置各项参数；然后在人物衣服部分单击并涂抹，如图❹所示，继续沿人物衣服边缘单击并涂抹，为人物衣服换色，设置效果如图❺所示。

**⭐ 技巧>>对于"颜色替换工具"选项栏中"限制"的理解**

　　在颜色替换过程中，若要替换出现在鼠标指针下任何位置的样本颜色，则选择"不连续"选项；若要替换与紧挨在鼠标指针下的颜色邻近的颜色，则选择"连续"选项；若要替换包含样本颜色的连接区域，且更好地保留形状边缘的锐化程度，则选择"查找边缘"选项。

## 15.3　改变人像照片的氛围——渐变工具

　　在 Photoshop CC 2015 中，渐变是一组颜色间的过渡效果，某些渐变甚至还包括类似颜色的透明度变换。用户不仅可以将渐变作为预设进行选择和应用，还可以通过"渐变编辑器"对话框修改已有的渐变。通过应用渐变工具可快速对人像照片进行美化和增色。本节将详细介绍渐变工具在人像照片后期处理中的应用，具体操作方法和相关技巧如下。

### 1．渐变工具

　　渐变工具是一个直接应用渐变的工具。单击工具箱中的"渐变工具"按钮，然后在要应用颜色混合的区域单击并拖动鼠标，即可应用渐变效果。选择"渐变工具"后，用户可在其选项栏（见下图）中进一步设置渐变工具的选项，使应用的渐变颜色和效果更加理想。

❶**渐变类型**：包括"线性""径向""角度""对称"和"菱形"5 种渐变类型。其中，线性渐变始于鼠标指针拖动的起始点，止于鼠标指针拖动的结束点；径向渐变以起始点为中心进行渐变；角度渐变围绕起始点以逆时针方向进行渐变；对称渐变使用均衡的线性渐变在起始点的任意一侧进行渐变；菱形渐变以菱形方式从起始点向外渐变。下图所示分别是为原图填充线性、径向、角度、对称和菱形渐变的效果。

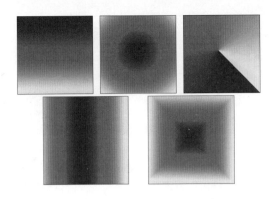

**②模式**: 用于设置填充区域的模式。单击"模式"下三角按钮, 在弹出的下拉列表中可选择不同的模式, 以得到不同的渐变填充效果。

**③不透明度**: 用于设置填充区域的不透明度。用户可在"不透明度"数值框中输入数值, 输入的数值越大, 图像效果就越清晰; 反之, 图像就越透明。下图所示分别为原图、设置"不透明度"为 30% 和 80% 后的图像效果。

**④反向**: 勾选该复选框, 则对设置的渐变颜色的顺序进行颠倒。

**⑤仿色**: 勾选该复选框, 则应用仿色技术。仿色技术是混合可用颜色的像素, 模拟 256 色以外的颜色的技术。

## 2. 渐变编辑器

单击"渐变工具"选项栏中的"点按可编辑渐变"色块, 打开"渐变编辑器"对话框, 如下图所示。在该对话框中可对渐变颜色做进一步的设置。

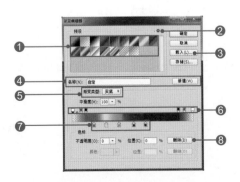

**①预设**: 用于选择需要的渐变颜色。

**②扩展按钮**: 单击该按钮, 可在弹出的菜单中选择其他渐变或设置渐变显示方式等。

**③载入**: 单击该按钮, 在打开的"载入"对话框中可查找需要的渐变。

**④名称和新建**: 在"名称"文本框中可设置渐变的名称; 单击"新建"按钮, 可将设置的渐变添加到"预设"选项组中。下图所示为添加渐变的效果。

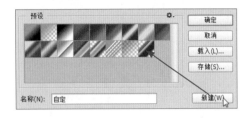

**⑤渐变类型**: 该下拉列表框用于设置渐变的类型。选择"实底"选项, 可设置颜色及不透明度的混合位置; 选择"杂色"选项, 则由 Photoshop 在用户指定的范围内随机生成渐变效果。

**⑥渐变条上方的色标**: 用于控制渐变的不透明度, 单击可以添加新的不透明度色标。

**⑦渐变条下方的色标**: 用于控制渐变颜色, 单击可以添加新的颜色色标。

**⑧删除**: 单击该按钮, 可删除当前选择的色标。用户还可以通过直接将色标拖至对话框外的方式来删除。

---

**应用一>>从渐变中采样**

在"渐变编辑器"对话框中双击色标, 如图❶所示, 在打开的"拾色器(色标颜色)"对话框中可设置渐变颜色, 如图❷所示。除此之外, 用户还可以通过单击"色板"面板或单击任何 Photoshop 窗口中的图像颜色来取色。

## 3. 定向渐变填充

在所有与渐变相关的对话框中, 都可更改

渐变的几何结构、方向和大小。下面将介绍定向渐变填充的操作步骤。

打开需要设置的素材图像，创建"渐变填充1"调整图层，打开"渐变填充"对话框。在"渐变"下拉列表框中选择"橙，黄渐变"选项，然后继续设置其"样式""角度"和"缩放"等参数，设置完成后单击"确定"按钮。最后将"渐变填充1"调整图层的混合模式设置为"颜色"，并适当降低不透明度，如下图所示。

### 4. 带蒙版的渐变

渐变填充调整图层可以包含一个能帮助用户塑造形状的渐变。打开需要设置的素材图像，使用椭圆选框工具在图像适当位置单击并拖动鼠标，创建椭圆选框。单击"图层"底部的"创建新的填充或调整图层"按钮，在弹出的菜单中选择"渐变"选项，打开"渐变填充"对话框，设置渐变填充的各项参数，设置完成后单击"确定"按钮，如下图所示。

### 5. 设置渐变不透明度

可以通过"渐变编辑器"对话框中的不透明度色标设置渐变中的透明区域，如下图所示。

**应用二>>应用"渐变映射"命令更改图像颜色渐变**

"渐变映射"命令是一个由暗到亮的颜色渐变，可以在为照片添加颜色的同时保留该照片的一些原始色调。下面将介绍如何应用该命令来改变照片的季节效果，具体操作步骤如下。

首先打开需要设置的素材图像，如图❶所示。单击"图层"面板底部的"创建新的填充或调整图层"按钮，在弹出的菜单中选择"渐变映射"选项，打开"属性"面板。在"渐变映射"列表框中选择渐变颜色，如图❷所示，再单击渐变颜色条，打开"渐变编辑器"对话框，向左拖动红色色标，调整渐变颜色，如图❸所示。设置完成后单击"确定"按钮，为图像添加渐变映射效果。最后将"渐变映射1"调整图层的混合模式设置为"滤色"，将其"不透明度"设置为77%，如图❹所示，效果如图❺所示。

# 15.4 快速为人像照片添加特殊效果——图层混合模式

Photoshop CC 2015 的"图层"面板提供了丰富的混合模式选项，如下图所示。用这些混合模式选项结合不透明度和填充不透明度的设置，可快速为数码照片添加各种特殊效果。下面就来对这些混合模式逐一进行讲解。

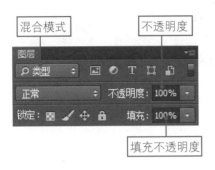

图层的混合模式确定了其像素如何与图像中的下层像素混合。使用混合模式可以创建各种特殊效果。打开需要设置的两张素材图像，将其中一张素材拖至另一个素材文件中，则"图层"面板中将显示"背景"和"图层 1"两个图层，如下图所示。确保"图层 1"为选中状态，单击"图层混合模式"下三角按钮，在弹出的下拉列表中可设置图层的混合模式。

各混合模式的效果如下。

（1）正常：该模式为默认模式，将编辑或绘制每个像素，使其成为结果色，如下左图所示。

（2）溶解：该模式将编辑或绘制每个像素，使其成为结果色；但结果色将由基色或混合色的像素随机替换，如下右图所示。

（3）变暗：该模式选择基色或混合色中较暗的颜色作为结果色，将替换比混合色亮的像素，而比混合色暗的像素保持不变，如下左图所示。

（4）正片叠底：该模式会查看各个通道中的颜色信息，并将基色与混合色进行正片叠底，如下右图所示。

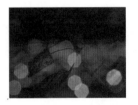

> ⭐ **技巧一 >> 图层混合模式的应用范围**
>
> 图层混合模式中的"正常""溶解""变暗""正片叠底""线性减淡（添加）""颜色减淡""变亮""颜色加深""差值""色相""饱和度""颜色"和"明度"混合模式适用于 32 位文件，但是"颜色减淡""颜色加深""变暗""变亮""差值""排除""减去"和"划分"模式不可用于 Lab 图像。

（5）颜色加深：该模式将查看各个通道中的颜色信息，然后通过增加对比度使基色变暗，以反映混合色，如下左图所示。若与白色进行混合，则图像不产生任何变化。

（6）线性加深：该模式将查看各个通道中的颜色信息，通过减小亮度使基色变暗，以反映混合色，如下右图所示。若与白色进行混合，则图像不产生任何变化。

（7）深色：该模式将通过比较混合色和基色的所有通道值的总和，最后显示值较小的颜色，如下左图所示。

（8）变亮：该模式查看各个通道中的颜色信息，并选择基色或混合色中较亮的颜色作为结果色，如下右图所示。该模式下，比混合色亮的像素保持不变，比混合色暗的像素被替换。

（9）滤色：该模式查看各个通道中的颜色信息，然后将混合色的互补色与基色进行正片叠底，如下左图所示。结果色总是较亮的颜色。

（10）颜色减淡：该模式查看各个通道中的颜色信息，通过减小对比度使基色变亮，以反映混合色，如下右图所示。若与黑色进行混合，则图像不发生变化。

（11）线性减淡（添加）：该模式查看各个通道中的颜色信息，通过增加亮度使基色变亮，以反映混合色，如下左图所示。与黑色进行混合时，图像不发生变化。

（12）浅色：该模式比较混合色和基色所有通道值的总和，并显示值较大的颜色，如下右图所示。

（13）叠加：该模式使图像或颜色在现有像素上进行叠加，同时保留基色的明暗对比，

如下左图所示。它不替换基色，通过基色与混合色相混，以反映原色的亮度或暗度。

（14）柔光：该模式使图像颜色变暗或变亮，具体取决于混合色，如下右图所示。

（15）强光：该模式对图像颜色进行正片叠底或过滤，具体取决于混合色，如下左图所示。此模式效果与耀眼的聚光灯照在图像上相似。

（16）亮光：该模式通过增加或减小对比度来加深或减淡颜色，具体取决于混合色，如下右图所示。

（17）线性光：该模式通过减小或增加亮度来加深或减淡颜色，具体取决于混合色，如下左图所示。

（18）点光：该模式将根据混合色来替换图像颜色，如下右图所示。

> ★ 技巧二>>设置图层混合模式的其他方法
>
> 除了可在"图层混合模式"下拉列表框中设置混合模式外，用户还可以通过"图层样式"对话框来设置图层混合模式。执行"图层 > 图层样式 > 混合选项"菜单命令，打开"图层样式"对话框，在"常规混合"选项组的"混合模式"下拉列表框中可设置图层的混合模式。

（19）**实色混合**：该模式将混合颜色的红色、绿色和蓝色通道值添加到基色的 RGB 值，使所有像素更改为原色，如红色、绿色、蓝色、青色、黄色、洋红、白色或黑色，如下左图所示。

（20）**差值**：该模式可从基色中减去混合色或从混合色中减去基色，具体取决于哪个颜色的亮度值更大，如下右图所示。该模式下，与白色混合将反转基色值；与黑色混合将不产生变化。

---

⭐ **技巧三>>更改图层组混合模式**

默认情况下，图层组的混合模式为"穿透"，表示该组没有自己的混合模式。为图层组选取其他混合模式时，可以有效地更改图像中各个组成部分的合成顺序。

---

（21）**排除**：该模式与"差值"混合模式的效果相似，但得到的图像对比度更低，如下左图所示。

（22）**减去**：该模式查看每个通道中的颜色信息，并从基色中减去混合色，如下右图所示。

（23）**划分**：该模式查看每个通道中的颜色信息，并从基色中划分混合色，如下左图所示。

（24）**色相**：该模式用基色的亮度、饱和度以及混合色的色相创建结果色，如下右图所示。

---

⭐ **技巧四>>设置用于混合图层的色调范围**

设置"图层样式"对话框中"混合颜色带"选项组的参数，可更加精确地控制用于混合图层的色调范围，如下图所示。

---

（25）**饱和度**：该模式用基色的亮度和色相以及混合色的饱和度创建结果色，如下左图所示。

（26）**颜色**：该模式用基色的明度以及混合色的色相与饱和度创建结果色，保留图像中的灰阶，如下右图所示。它对为单色图像上色和为彩色图像着色都非常有用。

（27）**明度**：该模式使用基色的色相、饱和度以及混合色的明度创建结果色，如下图所示。该模式创建与"颜色"模式相反的效果。

## 实例演练 1：
# 打造明星般白嫩亮丽的肤色

原始文件：随书资源\素材\15\18.jpg
最终文件：随书资源\源文件\15\打造明星般
白嫩亮丽的肤色.psd

　　解析：在前面的章节中学习了对皮肤进行修饰的相关方法和技巧，但是如果只是对皮肤上的一些瑕疵进行修复，并不能让肌肤变得水润白皙，所以在处理人像照片时，除了修复肌肤瑕疵外，还可以对肌肤的颜色进行美化。本实例将介绍如何应用 Photoshop CC 2015 中的相关工具和命令打造明星般白嫩亮丽的肤色。下图所示为制作前后的效果对比图，具体操作步骤如下。

**3** 执行"滤镜 > 模糊 > 表面模糊"菜单命令，打开"表面模糊"对话框，在"半径"数值框中输入数值 10，在"阈值"数值框中输入数值 12，设置完成后单击"确定"按钮，快速将人物皮肤光洁化，如下图所示。

**1** 打开"18.jpg"文件，按下 Ctrl+J 键，复制图层，得到"图层 1"，如下图所示。

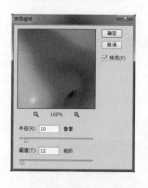

**4** 为"图层 1"添加图层蒙版，使用较软画笔在人物五官及手臂部分涂抹，恢复清晰的图像，如下图所示。

**2** 使用修复画笔工具修复人物面部皮肤上的瑕疵，修饰效果如下图所示。

**5** 按快捷键 Shift+Ctrl+Alt+E，盖印图层。执行"图像 > 调整 > 阴影 / 高光"菜单命令，打开"阴影 / 高光"对话框，在对话框中设置参数，如下左图所示。

6 设置完成后单击"确定"按钮，得到如下右图所示的效果。

7 单击"图层"面板中的"添加图层蒙版"按钮，为"图层 2"添加图层蒙版，如下左图所示。

8 设置前景色为黑色，单击"图层 2"图层蒙版，按快捷键 Alt+Delete，将蒙版填充为黑色，如下右图所示。

9 设置前景色为白色，选择"画笔工具"，在选项栏中设置各项参数，如下图所示。

10 将鼠标移至人物脸部皮肤位置，单击并涂抹图像，如下图所示。反复涂抹，还原其明亮度。

11 按住 Ctrl 键，单击"图层 2"图层蒙版，载入选区，选择皮肤区域，如下图所示。

12 新建"选取颜色 1"调整图层，打开"属性"面板，在面板中设置各项参数，如下左图所示。

13 根据上一步设置的参数，调整图像的颜色，得到更白皙的皮肤，如下右图所示。

14 按快捷键 Shift+Ctrl+Alt+E，盖印图层，得到"图层 3"，如下左图所示。

15 选择"吸管工具"，将鼠标移至白皙的皮肤位置单击，取样颜色，如下右图所示。

16 选择"画笔工具"，在选项栏中设置画笔大小、不透明度等，如下图所示。

17 创建新图层，将鼠标移至人物皮肤暗影位置，单击并涂抹图像，如下左图所示。

18 继续使用画笔涂抹，修复皮肤较暗的部分，得到如下右图所示的效果。至此，已完成本实例的制作。

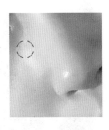

应用>>应用减淡工具使人物五官立体化

选择工具箱中的"减淡工具"，参照图❶在其选项栏中设置参数，然后在人物鼻子、眉骨和下巴部分单击鼠标，如图❷所示，即可使人物五官立体化，如图❸所示。

## 实例演练 2：
# 制作明亮有神的眼睛

原始文件：随书资源 \ 素材 \15\20.jpg
最终文件：随书资源 \ 源文件 \15\ 制作明亮有神的眼睛 .psd

解析：对于人像照片的修饰而言，光把人物皮肤修饰得光洁白嫩是远远不够的，眼睛部分的修饰也很重要。黯淡无光的双眼会让整个人显得无精打采。若能够让眼睛变得水汪汪，人像照片则会更加生动迷人。本实例将介绍如何应用 Photoshop 快速制作明亮有神的眼睛。下图所示为制作前后的效果对比图，具体操作步骤如下。

**1** 打开"20.jpg"文件，图像效果如下左图所示。

**2** 单击工具箱中的"套索工具"按钮 ，在人物眼睛部分单击并拖动鼠标，创建选区，如下右图所示。

**3** 按快捷键 Shift+F6，打开"羽化选区"对话框，设置"羽化半径"为 2，如下左图所示。

**4** 设置完成后单击"确定"按钮，羽化选区，如下右图所示。

**5** 按快捷键 Ctrl+J，复制图层，得到"图层 1"，将该图层的混合模式设置为"颜色减淡"、"不透明度"设置为 50%，如下左图所示。

**6** 设置完成后，该图层中的图像将明亮化，如下右图所示。

**7** 选中"图层 1"，单击"图层"面板底部的"添加图层蒙版"按钮 ，为该图层添加图层蒙版，单击图层蒙版缩览图，如下左图所示。

**8** 将前景色设置为黑色，使用较软的画笔在眼睛周围单击并涂抹，隐藏多余部分的图像，设置效果如下右图所示。

**9** 执行"图层 > 新建调整图层 > 色相／饱和度"菜单命令，在打开的"新建图层"对话框中单击"确定"按钮，创建"色相／饱和度 1"调整图层，打开"属性"面板，在"明度"数值框中输入数值 20，然后在"编辑"下拉列表框中选择"红色"选项，在"饱和度"数值框中输入数值 -50，如下图所示。

10 单击"色相/饱和度1"图层蒙版缩览图，为蒙版填充黑色，设置图层"不透明度"为64%，如下左图所示。

11 将前景色设置为白色，按 B 键切换至"画笔工具"，在其选项栏中设置画笔大小和不透明度，在人物眼白部分涂抹，如下右图所示。

12 继续使用画笔工具在人物眼白部分单击并涂抹，使人物眼神更加清澈明亮，设置效果如下图所示。

13 执行"图层 > 新建调整图层 > 色阶"菜单命令，打开"新建图层"对话框，单击"确定"按钮，创建"色阶1"调整图层，然后将该调整图层的混合模式设置为"滤色"，如下左图所示，得到如下右图所示的图像效果。

14 将"色阶1"调整图层的不透明度设置为75%，单击"色阶1"调整图层的蒙版缩览图，选中蒙版，为其填充黑色，如下左图所示。

15 将前景色设置为白色，设置画笔"不透明度"为30%，使用较软的画笔在人物眼睛部分涂抹，如下右图所示。

16 选中"背景"图层，将其拖至"图层"面板底部的"创建新图层"按钮，复制"背景"图层，得到"背景 拷贝"图层，如下左图所示。

17 执行"滤镜 > 锐化 >USM 锐化"菜单命令，打开"USM 锐化"对话框，设置参数，如下右图所示，将照片整体清晰化。

18 为"背景 拷贝"图层添加图层蒙版，选中该蒙版，为蒙版填充黑色，如下左图所示。

19 将前景色设置为白色，使用较软的画笔在人物眼睛的位置涂抹，恢复眼部的原始影调，调整效果如下右图所示。至此，已完成本实例的制作。

> ★技巧>>让调整效果更自然
>
> 　　为了使人物眼神更自然逼真，在设置"背景 拷贝"图层的蒙版时，应注意调整画笔的不透明度。在涂抹人物眼线部分时，最好将画笔的不透明度设置为 50% 左右，这样可使调整效果更自然逼真。

## 实例演练 3:
# 将单眼皮变成双眼皮

原始文件: 随书资源 \ 素材 \15\21.jpg
最终文件: 随书资源 \ 源文件 \15\ 将单眼皮变成双眼皮 .psd

解析: 您也许会羡慕那些天生双眼皮的人, 或抵制不住双眼皮整形的诱惑, 想去做整形却又怕痛。现在不用烦恼了, 本实例将介绍如何应用 Photoshop CC 2015 中的钢笔工具、"曲线"命令和加深工具等将人物单眼皮变成双眼皮。下图所示为制作前后的效果对比图, 具体操作步骤如下。

**1** 打开 "21.jpg" 文件, 按 Ctrl+J 键, 复制图层, 得到 "图层 1", 如下图所示。

**2** 单击工具箱中的 "缩放工具" 按钮 🔍, 在画面合适位置单击并拖动鼠标, 如下图所示。

**3** 按 P 键切换至 "钢笔工具", 在人物上眼皮部分单击并拖动鼠标, 沿着人物上眼皮外形绘制路径, 绘制效果如下图所示。

**4** 在另一只眼睛上绘制路径, 绘制效果如下左图所示。

**5** 执行 "窗口 > 路径" 菜单命令, 打开 "路径" 面板, 双击工作路径, 打开 "存储路径" 对话框, 在 "名称" 文本框中输入 "双眼皮", 如下右图所示。

**6** 设置好 "存储路径" 对话框中的参数后, 单击 "确定" 按钮, 存储绘制的路径。单击该面板底部的 "将路径作为选区载入" 按钮, 将路径作为选区载入, 如下图所示。

**7** 按 Shift+F6 键, 打开 "羽化选区" 对话框, 在 "羽化半径" 数值框中输入数值 2, 设置完成后单击 "确定" 按钮, 羽化选区, 如下图所示。

8 新建"曲线 1"调整图层，打开"属性"面板，在面板中单击并向下拖动曲线，如下左图所示。

9 设置完成后单击"确定"按钮，再按 Ctrl+D 键，取消选区的选中状态，得到如下右图所示的图像效果，选区内图像的颜色变暗了。

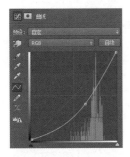

10 按快捷键 Shift+Ctrl+Alt+E，盖印图层，得到"图层 2"，如下左图所示。

11 选择工具箱中的"加深工具"，在选项栏中设置"曝光度"为 20%，在眼角部分单击并涂抹，如下右图所示。

12 继续使用加深工具在人物眼角部分涂抹，使双眼皮更加自然，设置效果如下左图所示。

13 继续使用钢笔工具和直接选择工具绘制路径，如下右图所示。

14 按 Ctrl+Enter 键，将路径作为选区载入，然后将选区羽化 2 像素，如下图所示。

15 显示"图层 1"，按 O 键切换至"加深工具"，将其"不透明度"设置为 8%，沿着选区上面单击并涂抹，进一步设置双眼皮，如下图所示。

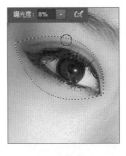

16 用步骤 14、15 的方法，在人物左眼部分绘制路径，将路径作为选区载入，使用加深工具在选区上半部分涂抹，设置完成后按 Ctrl+D 键，取消选区的选中状态。最后创建"选取颜色 1"调整图层，调整图像颜色，如下图所示。至此，已完成本实例的制作。

技巧>>**选择合适的路径绘制工具**

Photoshop CC 2015 提供了多种钢笔工具，如下图所示。标准钢笔工具可用于绘制具有最高精度的图像；自由钢笔工具可像使用铅笔在纸上绘图一样来绘制路径。用户可根据需要选择绘制工具。

实例演练 4：
## 添加卷翘的睫毛

原始文件：随书资源 \ 素材 \15\22.jpg
最终文件：随书资源 \ 源文件 \15\ 添加卷翘的睫毛 .psd

解析：卷翘的睫毛不仅可以令你的双眸顾盼生辉，还可以让你显得温情脉脉。在 Photoshop 中可以使用画笔工具快速为人物添加自然卷翘的睫毛效果。本实例将会把下载的睫毛画笔载入到"画笔预设"选取器中，然后选择载入的画笔在人物的眼睛旁边绘制卷翘的睫毛效果。下图所示为制作前后的效果对比图，具体操作步骤如下。

**1** 打开 "22.jpg" 文件，选择 "缩放工具"，使用鼠标在人物黑眼圈部分单击并涂抹，如下图所示。

**2** 选择 "画笔工具"，单击画笔右侧的下三角按钮，在展开的 "画笔预设" 选取器中单击右侧的扩展按钮，如下左图所示。

**3** 打开扩展菜单，在菜单中选择 "载入画笔" 命令，如下右图所示。

**4** 打开 "载入" 对话框，在对话框中选择要载入的 "睫毛" 画笔，单击 "载入" 按钮，如下左图所示。

**5** 载入画笔，然后在 "画笔预设" 选取器中会显示载入的画笔，如下右图所示。

**6** 单击 "图层" 面板中的 "创建新图层" 按钮，新建 "图层 1"，如下左图所示。

**7** 在 "画笔预设" 选取器中选择其中一种画笔，如下右图所示。

**8** 执行 "窗口 > 画笔" 菜单命令，打开 "画笔" 面板，在面板中设置各项参数，如下左图所示。

**9** 设置前景色为 R30、G38、B23，画笔 "不透明度" 为 90%，在人物的右眼上单击，绘制睫毛，如下右图所示。

10 打开"画笔"面板，在面板中设置各项参数，更改画笔属性，如下左图所示。

11 在人物的左眼上单击，绘制睫毛，如下右图所示。

12 在"画笔预设"选取器中显示并选择下眼睫毛画笔，如下左图所示。

13 打开"画笔"面板，在面板中设置各项参数，更改画笔属性，如下右图所示。

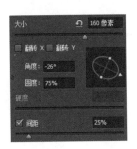

14 单击"图层"面板中的"创建新图层"按钮 🔲，新建"图层 2"，如下左图所示。

15 设置画笔"不透明度"为 70%，在人物左眼下方单击，绘制睫毛，如下右图所示。

16 打开"画笔"面板，在面板中设置各项参数，更改画笔属性，如下左图所示。

17 在人物的右眼下方单击，绘制下眼睫毛，如下右图所示。至此，已完成本实例的制作。

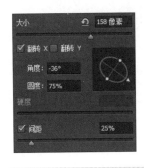

✦ 技巧>>用键盘中的数字键快速更改图层的不透明度

　　选中需要设置的图层，并确保当前工具为无数字参数的工具（如移动工具），然后直接按键盘上的数字键即可。例如，按键盘数字键 5，会将图层的不透明度设置为 50%；按数字键 7，会将图层的不透明度设置为 70%。

## 实例演练 5：
# 打造美瞳效果

🔗 原始文件：随书资源 \ 素材 \15\23.jpg
🔗 最终文件：随书资源 \ 源文件 \15\ 打造美瞳效果 .psd

　　解析：现实生活中，很多人佩戴可以让瞳孔变色的彩色隐形眼镜，让自己的眼睛更加漂亮。本实例将介绍如何应用 Photoshop CC 2015 中的图层混合模式和画笔工具等为人物添加佩戴彩色隐形眼镜的效果，使人物整体增添一股魔幻的魅力。下图所示为制作前后的效果对比图，具体操作步骤如下。

1 打开"23.jpg"文件，图像效果如下左图所示。

2 单击"图层"面板中的"创建新图层"按钮 🔲，新建"图层 1"，如下右图所示。

**3** 单击工具箱中的"前景色"色块，打开"拾色器（前景色）"对话框，设置颜色为 R3、G44、B83，如下图所示。

**4** 选择"画笔工具"，单击画笔右侧的下三角按钮，在展开的"画笔预设"选取器中选择"柔边圆"画笔，调整画笔大小，如下左图所示。

**5** 在人物瞳孔部分单击，绘制图像，效果如下右图所示。

**6** 继续使用画笔在人物另一只眼睛上面单击，绘制图案，如下左图所示。

**7** 将"图层 1"的混合模式设置为"颜色"，如下右图所示。设置完成后，瞳孔的蓝色影调将更加自然。

**8** 为"图层 1"添加图层蒙版，单击该图层的蒙版缩览图，如下左图所示。

**9** 将前景色设置为黑色，按 B 键切换至"画笔工具"，使用较软的画笔在人物瞳孔的边缘单击并涂抹，擦除多余部分的图像，调整效果如下右图所示。至此，已完成本实例的制作。

## 实例演练 6：
# 改变人物妆容色调

原始文件: 随书资源 \ 素材 \15\24.jpg
最终文件: 随书资源 \ 源文件 \15\改变人物妆容色调 .psd

**解析：** 每个女人都梦想拥有明星般闪亮的妆容，但是又担心反复使用彩妆产品会对皮肤造成危害。现在不用烦恼了，通过 Photoshop CC 2015 中的颜色替换工具和"色相 / 饱和度"命令等可瞬间改变人物妆容。下图所示为制作前后的效果对比图，具体操作步骤如下。

**1** 打开"24.jpg"文件，按 Ctrl+J 键，复制图层，得到"图层 1"，如下图所示。

2 将前景色设置为 R163、G55、B33，选择"颜色替换工具"，在"颜色替换工具"选项栏中设置画笔大小、模式、限制和容差等参数，如下图所示。

3 在人物嘴唇部分单击并涂抹，更改颜色，如下左图所示。

4 继续使用颜色替换工具在人物嘴唇部分单击并涂抹，更改人物嘴唇的颜色，如下右图所示。

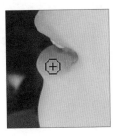 

5 选择"套索工具"，在显示的工具选项栏中设置"羽化"值为 18 像素，如下图所示。

6 在人物的眼睛上方单击并拖动鼠标，创建选区，选择眼影部分，如下图所示。

7 单击"图层"面板中的"创建新图层"按钮，新建"图层 2"，如下左图所示。

8 选择"渐变工具"，单击选项栏中的渐变色块，打开"渐变编辑器"对话框，在对话框中单击扩展按钮，在弹出的菜单中选择"协调色 2"命令，如下右图所示。

9 弹出提示对话框，单击对话框中的"追加"按钮，追加预设渐变颜色，如下图所示。

10 单击"预设"列表框中的"橙色、紫色、红色"渐变，如下左图所示。

11 在人物的眼影位置单击并拖动鼠标，如下右图所示。

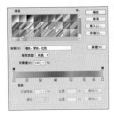 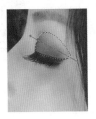

12 释放鼠标后，应用设置的渐变填充选区，效果如下左图所示。

13 选择"图层 2"，设置图层的混合模式为"颜色"、"不透明度"为 75%，如下右图所示。至此，已完成本实例的制作。

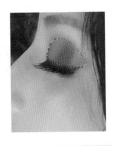 

> **应用>>快速上唇彩**
>
> 用户可以使用图层混合模式快速为人物添加唇彩效果。具体操作步骤如下。
>
> 打开素材图像，使用套索工具在人物嘴唇部分创建选区，如图❶所示。按 Ctrl+J 键，复制图层，得到"图层 1"，将其混合模式设置为"颜色加深"，如图❷所示。设置后的效果如图❸所示。

## 实例演练 7:
# 制作闪亮唇彩

原始文件: 随书资源 \ 素材 \15\26.jpg
最终文件: 随书资源 \ 源文件 \15\ 制作闪亮唇彩 .psd

解析: 对于人像照片而言, 嘴唇可以说是仅次于眼睛的重要特征。干涩的嘴唇总是让人觉得不够鲜活, 缺乏吸引力。本实例将介绍如何应用 Photoshop CC 2015 中的图层混合模式和其他命令制作闪亮的唇彩。下图所示为制作前后的效果对比图, 具体操作步骤如下。

**1** 打开 "26.jpg" 文件, 使用钢笔工具沿人物嘴唇创建路径, 如下左图所示。

**2** 按 Ctrl+Enter 键, 将上一步绘制的路径作为选区载入, 如下右图所示。

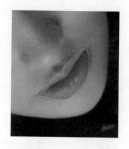

**3** 按 Shift+F6 键, 打开 "羽化选区" 对话框, 设置参数, 如下左图所示。

**4** 设置完成后单击 "确定" 按钮, 羽化选区, 如下右图所示。

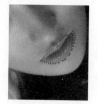

**5** 执行 "选择 > 修改 > 收缩" 菜单命令, 打开 "收缩选区" 对话框, 在对话框中设置 "收缩量" 为 2, 如下左图所示。

**6** 设置完成后单击 "确定" 按钮, 收缩选区, 如下右图所示。

**7** 按 Ctrl+J 键, 复制图层, 得到 "图层 1", 再创建 "图层 2", 如下左图所示。

**8** 确保 "图层 2" 为选中状态, 按住 Ctrl 键, 单击 "图层 1" 的图层缩览图, 将该图层中的图像作为选区载入, 如下右图所示。

**9** 将前景色设置为 R50、G50、B50, 按 Alt+Delete 键, 为选区填充前景色, 效果如下左图所示。

**10** 执行 "滤镜 > 杂色 > 添加杂色" 菜单命令, 打开 "添加杂色" 对话框, 在 "数量" 数值框中输入数值 15, 选择 "平均分布" 单选按钮, 再勾选 "单色" 复选框, 设置完成后单击 "确定" 按钮, 为选区添加杂色效果, 如下右图所示。

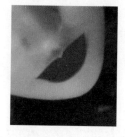

**11** 确保 "图层 2" 为选中状态, 将其图层混合模式设置为 "颜色减淡", 使人物嘴唇变亮, 如下图所示。

**12** 复制"图层 1",创建"图层 1 拷贝"图层,将"图层 1 拷贝"图层拖至"图层"面板最顶层,如下图所示。

**13** 执行"图像 > 调整 > 渐变映射"菜单命令,打开"渐变映射"对话框,单击"点按可编辑渐变"色块,打开"渐变编辑器"对话框,设置渐变填充参数,如下左图所示。

**14** 设置好"渐变编辑器"对话框中的参数后,单击"确定"按钮,返回"渐变映射"对话框,单击"确定"按钮,得到如下右图所示的图像效果。

**15** 确保"图层 1 拷贝"图层为选中状态,将其图层混合模式设置为"滤色",如下左图所示,得到如下右图所示的图像效果,人物嘴唇将更加闪亮。

 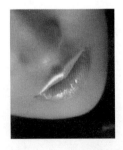

**16** 确保"图层 2"为选中状态,设置图层混合模式为"颜色减淡"、"不透明度"为50%,如下左图所示。

**17** 选择"图层 1 拷贝"图层,设置"不透明度"为 70%,如下右图所示。

**18** 经过上一步的设置,可以看到人物嘴唇的层次更加突出,如下左图所示。

**19** 按住 Ctrl 键,单击"图层 1",载入选区,单击"调整"面板中的"色相 / 饱和度"按钮,如下右图所示。

**20** 新建"色相 / 饱和度 1"调整图层,打开"属性"面板,设置各项参数,如下左图所示,调整颜色饱和度,效果如下右图所示。到此,已完成本实例的制作。

> **技巧>> "渐变映射"命令的作用**
>
> "渐变映射"命令将相等的图像灰度范围映射到指定的渐变填充色。若指定双色渐变填充,即图像中的阴影映射到渐变填充的一个端点颜色,高光映射到另一个端点颜色,则中间调映射到两个端点颜色之间的渐变颜色。默认情况下,图像的阴影、中间调和高光分别映射到渐变填充的起始(左端)颜色、中点和结束(右端)颜色。

## 实例演练 8：
# 打造时尚美下巴

原始文件：随书资源 \ 素材 \15\27.jpg
最终文件：随书资源 \ 源文件 \15\ 打造时尚美下巴 .psd

解析：对于大多数东方人来说，下巴过于后缩的情形比较普遍，这样的下巴将严重弱化人物面部的轮廓，使面部看起来较圆或较短。本实例将针对这一问题，介绍如何应用 Photoshop CC 2015 中的"自由变换"命令和仿制图章工具等打造时尚美下巴，使下巴能够更好地凸显脸部轮廓，使人物看起来更加漂亮生动。下图所示为制作前后的效果对比图，具体操作步骤如下。

**1** 打开 "27.jpg" 文件，按 Ctrl+J 键，复制图层，得到 "图层 1"，如下图所示。

**5** 确保 "图层 1" 为选中状态，单击 "图层" 面板底部的 "添加图层蒙版" 按钮，为该图层添加蒙版，如下图所示。

**2** 单击工具箱中的 "矩形选框工具" 按钮 ▣，在其选项栏中设置矩形选框工具的各项参数，然后在人物下巴位置单击并拖动鼠标，创建选区，如下左图所示。

**3** 将图像放大至合适比例，按 Ctrl+T 键，单击并向下拖动下方的控制手柄，自由变换选区的外形，如下右图所示。

**6** 单击 "图层 1" 的蒙版缩览图，将前景色设置为黑色，按 B 键切换至 "画笔工具"，使用较软的画笔在如下左图所示的位置单击并涂抹。

**7** 继续使用画笔工具在人物下巴部分单击并涂抹，隐藏多余部分的图像，调整效果如下右图所示。

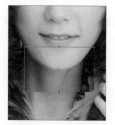

**4** 继续调整选区的外形和位置，如下左图所示。调整完成后按 Enter 键，应用变换，得到如下右图所示的图像效果。

**8** 按快捷键 Shift+Ctrl+Alt+E，盖印图层，得到"图层 2"，如下左图所示。

9 使用钢笔工具在人物脸部右侧部分绘制路径，绘制效果如下右图所示。

10 按 Ctrl+Enter 键，将上一步绘制的路径作为选区载入，如下左图所示。

11 按 S 键切换至"仿制图章工具"，在其选项栏中设置仿制图章工具的参数，然后按住 Alt 键，在如下右图所示的位置单击并涂抹。

12 使用仿制图章工具在选区内侧继续单击并涂抹，修饰人物下巴部分的外形，如下左图所示。

13 根据画面整体效果，继续使用仿制图章工具修饰人物下巴部分，最终的修饰效果如下右图所示。至此，已完成本实例的制作。

应用>>用"液化"滤镜制作俏下巴

　　执行"滤镜 > 液化"菜单命令，打开"液化"对话框，使用向前变形工具在人物下巴部分单击并向下涂抹，即可修饰人物下巴外形，如下图所示。

---

实例演练 9：
# 制作甜美酒窝

原始文件：随书资源 \ 素材 \15\28.jpg
最终文件：随书资源 \ 源文件 \15\ 制作甜美酒窝 .psd

　　解析：酒窝是指面部皮肤上的小凹陷，多在笑时出现。酒窝的存在会使人物面部表情更加生动，使人物看上去更加可爱动人。很多女孩都希望自己能有迷人的小酒窝，遗憾的是，天生就有酒窝的人很少。本实例将针对这一问题，使用椭圆选框工具和图层样式等实现您想要酒窝的梦想。下图所示为制作前后的效果对比图，具体操作步骤如下。

1 打开"28.jpg"文件，单击工具箱中的"椭圆选框工具"按钮，再单击其选项栏中的"添加到选区"按钮，如下左图所示。

2 将图像放大至合适比例，在画面合适位置单击并拖动鼠标，创建椭圆选区，如下右图所示。

3 按Shift+F6键，打开"羽化选区"对话框，在"羽化半径"数值框中输入数值12，设置完成后单击"确定"按钮，羽化选区，如下图所示。

4 执行"图层 > 新建 > 通过拷贝的图层"菜单命令或按Ctrl+J键，复制图层，得到"图层1"，如下左图所示。

5 双击"图层1"，打开"图层样式"对话框，勾选左侧的"斜面和浮雕"复选框，然后在右侧的选项卡中设置斜面和浮雕的参数，如下右图所示。

6 设置好"图层样式"对话框中的各项参数后，单击"确定"按钮，得到如下左图所示的图像效果。

7 按快捷键Ctrl+J，复制图层，得到"图层1拷贝"图层，如下右图所示。

8 确保"图层1拷贝"图层为选中状态，执行"编辑 > 变换 > 水平翻转"菜单命令，翻转图像，选择"移动工具"，把复制的图像移至脸部另一侧，如下图所示。

9 按快捷键Shift+Ctrl+Alt+E，盖印可见图层，得到"图层2"。执行"滤镜 > 液化"菜单命令，打开"液化"对话框，使用褶皱工具在人物酒窝部分单击，如下图所示。

10 按Ctrl++键，将图像放大至合适比例，继续使用褶皱工具在人物酒窝部分单击，进一步设置酒窝外形，如下左图所示。

11 设置好"液化"对话框中的各项参数后，单击"确定"按钮，得到如下右图所示的图像效果。至此，已完成本实例的制作。

★ 技巧>>缩放图层效果

图层样式可针对目标分辨率和指定大小的特写进行微调。执行"图层 > 图层样式 > 缩放效果"菜单命令，打开"缩放图层效果"对话框，在"缩放"数值框中输入数值，然后单击"确定"按钮即可，如下图所示。

## 实例演练 10：
# 为头发染色

原始文件：随书资源\素材\15\29.jpg
最终文件：随书资源\源文件\15\为头发染色.psd

解析：出彩的发色可提升个人魅力，但对于大多数人而言，染发只能以既期待又怕受伤害的心态来形容。现在不用担心了，本实例将介绍如何应用 Photoshop CC 2015 中的"色相/饱和度"命令和画笔工具等快速为人物头发染色。下图所示为制作前后的效果对比图，具体操作步骤如下。

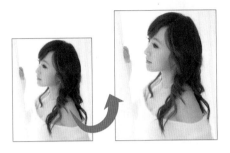

1 打开"29.jpg"文件，素材效果如下左图所示。

2 单击"调整"面板中的"色相/饱和度"按钮，新建"色相/饱和度 1"调整图层，如下右图所示。

3 通过上一步的操作，打开"属性"面板，勾选"着色"复选框，然后设置色相、饱和度以及明度等参数，如下左图所示。

4 设置好后，图像的整体色调将发生变化，如下右图所示。

5 将前景色设置为黑色，单击"色相/饱和度 1"调整图层的蒙版缩览图，如下左图所示。

6 按 B 键切换至"画笔工具"，将画笔的"不透明度"设置为 100%，在人物皮肤部分单击并拖动鼠标，如下右图所示。

7 继续使用画笔工具在除人物头发之外的位置单击并涂抹，恢复画面局部图像的原始色调和影调，如下左图所示。

8 将"色相/饱和度 1"调整图层的混合模式设置为"颜色"，头发的颜色将更加自然，如下右图所示。

9 复制"色相/饱和度 1"调整图层，得到"色相/饱和度 1 拷贝"图层，设置复制图层的混合模式为"滤色"、"不透明度"为 15%，如下左图所示。

10 通过上一步的操作，得到如下右图所示的图像效果，人物头发的颜色更加艳丽自然。至此，已完成本实例的制作。

★ **技巧>>事后调整**

　　如果事后觉得头发的颜色不够亮或颜色不对，则可双击创建的"色相／饱和度1拷贝"调整图层的图层缩览图，重新打开"调整"面板进行修改。

## 实例演练 11：
# 修出精细眉形

原始文件：随书资源＼素材＼15＼30.jpg
最终文件：随书资源＼源文件＼15＼修出精细眉形.psd

　　解析：众所周知，只要对眉毛稍做修整，整个面孔就变得完全不一样了。修整眉毛可使您的整个面部看上去更有型。本实例将介绍如何应用钢笔工具和仿制图章工具修出精细的眉形。下图所示为制作前后的效果对比图，具体操作步骤如下。

**1** 打开"30.jpg"文件，按 Ctrl+J 键，复制图层，得到"图层1"，如下左图所示。

**2** 按 Z 键切换至"缩放工具"，在人物左眼部分单击并拖动鼠标，如下右图所示。

**3** 将图像放大至合适比例，使用钢笔工具在人物眉毛部分单击并拖动鼠标，绘制路径，绘制效果如下左图所示。

**4** 按 Ctrl+Enter 键，将上一步绘制的路径转换为选区，并为该选区羽化2像素，如下右图所示。

**5** 单击工具箱中的"仿制图章工具"按钮 ，按住 Alt 键，在如下左图所示的位置单击鼠标，进行图像取样。

**6** 使用仿制图章工具在选区上方靠近眉毛的部分单击并拖动鼠标，修掉多余的眉毛，如下右图所示。

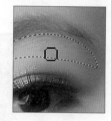

**7** 使用钢笔工具在画面合适位置绘制路径，如下左图所示。

**8** 按 Ctrl+Enter 键，将上一步绘制的路径作为选区载入，使用仿制图章工具修饰选区中的多余毛发，如下右图所示。

**9** 继续使用仿制图章工具修饰人物眉毛部分，修饰完成后按快捷键 Ctrl+D，取消选区的选中状态，得到如下左图所示的图像效果。

**10** 使用钢笔工具在人物右眼上方单击并拖动鼠标，创建路径，如下右图所示。

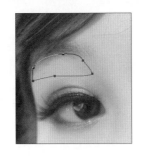

**11** 按快捷键 Ctrl+Enter，将绘制的路径作为选区载入，如下左图所示。

**12** 使用仿制图章工具修饰选区中的多余毛发，如下右图所示。

**13** 根据人物眉毛外形继续使用钢笔工具绘制路径，如下左图所示。

**14** 按快捷键 Ctrl+Enter，将绘制的路径作为选区载入，如下右图所示。

**15** 按住 Alt 键，在人物眉毛部分单击鼠标，进行图像取样，如下左图所示。

**16** 将鼠标移至人眼的眉毛位置，涂抹修饰眉毛外形，如下右图所示。

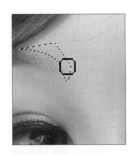

**17** 使用仿制图章工具在人物眉毛部分单击并涂抹，进一步修饰缺失的眉毛，如下左图所示。

**18** 单击"调整"面板中的"色阶"按钮，新建"色阶 1"调整图层，如下右图所示。

**19** 打开"属性"面板，在面板中设置色阶的各项参数，如下左图所示。

**20** 根据上一步设置的各项参数调整图像的明暗，得到如下右图所示的图像效果。至此，已完成本实例的制作。

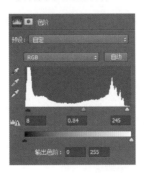

**应用>>让眉毛更浓密**

打开素材图像，如图❶所示，在如图❷所示的位置创建选区，按 Ctrl+J 键，复制图层，得到"图层 1"，参照图❸设置图层属性，设置后的效果如图❹所示。

## 实例演练 12：
# 添加梦幻彩妆效果

原始文件：随书资源 \ 素材 \15\32.jpg
最终文件：随书资源 \ 源文件 \15\ 添加梦幻彩妆效果 .psd

解析：彩妆是一种视觉语言，可以打造出赏心悦目的脸庞，展现专属于自己的魅力。本实例将介绍如何使用 Photoshop CC 2015 中的画笔工具和图层混合模式添加梦幻彩妆效果，使您快速体验彩妆所带来的喜悦和自信。下图所示为制作前后的效果对比图，具体操作步骤如下。

**1** 打开 "32.jpg" 文件，单击 "图层" 面板底部的 "创建新图层" 按钮，新建 "图层 1"，如下左图所示。

**2** 单击工具箱中的 "前景色" 色块，打开 "拾色器（前景色）" 对话框，设置颜色值为 R244、G39、B144，如下右图所示。设置完成后单击 "确定" 按钮。

**3** 按 B 键切换至 "画笔工具"，单击其选项栏中的 "画笔" 下三角按钮，在弹出的 "画笔预设" 选取器中设置画笔大小、硬度和样式等参数，如下左图所示。

**4** 按快捷键 Ctrl++，将图像放大至合适比例，使用画笔工具在人物眼睛部分单击并涂抹，绘制人物眼影，如下右图所示。

**5** 继续在另一只眼睛上单击并涂抹，完成绘制，效果如下左图所示。

**6** 确保 "图层 1" 为选中状态，执行 "滤镜 > 模糊 > 高斯模糊" 菜单命令，打开 "高斯模糊" 对话框，在 "半径" 数值框中输入数值 3.0，如下右图所示。

**7** 设置完成后单击 "确定" 按钮，得到如下左图所示的图像效果。

**8** 设置 "图层 1" 的混合模式为 "叠加"、"不透明度" 为 50%，使人物眼影更加自然，得到如下右图所示的效果。

**9** 新建 "图层 2"，将该图层的混合模式设置为 "叠加"，如下左图所示。

**10** 将前景色设置为 "93124b"，按 B 键切换至 "画笔工具"，在其选项栏中设置画笔 "不透明度" 为 12%，然后在人物睫毛根部单击并涂抹，如下右图所示。

 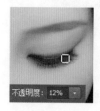

11 继续使用画笔工具在眼影根部位置涂抹，增强眼影色彩，如下左图所示。

12 选中"图层 2"，将其"不透明度"设为 50%，如下右图所示。

13 新建"图层 3"，将前景色设置为 R84、G27、B189，如下左图所示。

14 使用画笔工具在人物眼角部分涂抹，绘制紫色图像，如下右图所示。

15 将"图层 3"的混合模式设置为"叠加"，如下左图所示，得到如下右图所示的图像效果，使紫色影调自然融入眼影。

16 将前景色设置为 R255、G246、B2，如下左图所示。

17 单击"创建新图层"按钮，新建"图层 4"，选择"画笔工具"，在人物的内眼角位置继续涂抹，丰富眼影颜色，如下右图所示。

18 绘制完成后，确保"图层 4"为选中状态，然后将该图层的混合模式设置为"柔光"，如下图所示。

19 将前景色设置为 R237、G22、B229，如下左图所示。

20 单击"创建新图层"按钮 ，新建"图层 5"，选择"画笔工具"，在人物的嘴唇上方涂抹，更改嘴唇颜色，如下右图所示。

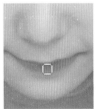

21 绘制完成后，确保"图层 5"为选中状态，然后将该图层的混合模式设置为"柔光"，如下图所示。至此，已完成本实例的制作。

🎓 应用>>使用颜色替换工具更改人物嘴唇的颜色

单击工具箱中的"颜色替换工具"按钮 ，参照图❶在其选项栏中设置画笔的大小、限制和容差等参数，然后沿着人物嘴唇部分单击并涂抹，如图❷所示，即可快速更改人物的唇色，效果如图❸所示。

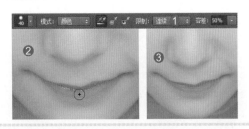

# 第16章
# 风景照片的美化和增色

在查看自己拍摄的风光照片时，你往往会感叹，漂亮的景点被拍摄得平淡无奇，甚至存在缺憾。这不是你的技术不够好、设备性能不够高，而是因为你不知道风景照片的后期处理技法。应用 Photoshop 中的相关功能和命令可快速让风景照片更加出彩，重新展现景点的绝代风华。风景照片的后期处理主要是对色彩、对比度等进行调整，当然也可以利用风景照片制作一些特殊的效果，使照片更有意境。本章将简单介绍风景照片后期修饰的常用方法和相关技巧，并通过简单明了的实例将这些方法应用到具体的照片中。

## 16.1　去除全景照片的晕影与色差——Photomerge 命令

Photomerge 命令可快速对多张照片进行不同形式的拼接，设置具有整体效果的全景图。执行"文件 > 自动 >Photomerge"菜单命令，打开 Photomerge 对话框，如下图所示。在该对话框中可设置拼接的各项参数，具体设置如下。

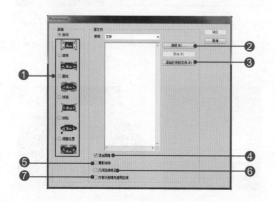

**❶版面**：该选项组中提供了多种照片拼合版面效果，用户可以根据需要选择"自动""透视""圆柱""球面""拼贴""调整位置"等单选按钮。

**❷浏览**：单击该按钮，将弹出"打开"对话框，在该对话框中可选择需要拼接的多张数码照片。

**❸添加打开的文件**：单击该按钮，将打开的文件载入。

**❹混合图像**：勾选该复选框，对拼接的照片边缘的最佳边界创建接缝，使图像的颜色相匹配。

**❺晕影去除**：勾选该复选框，可去除由于镜头瑕疵或镜头遮光处理不当而导致边缘较暗的图像中的晕影并执行曝光度补偿。

**❻几何扭曲校正**：勾选该复选框，可去除由于镜头原因造成的补偿桶形、枕形或鱼眼失真等。

**❼内容识别填充透明区域**：勾选该复选框，可替换图像边框周围的空白区域。

> 📖 **应用>>快速拼接全景图**
>
> 执行"文件 > 自动 >Photomerge"菜单命令，单击"浏览"按钮，如图❶所示，将弹出"打开"对话框，选中多张需要拼接的数码照片，如图❷所示。设置完成后单击"打开"按钮，返回 Photomerge 对话框，单击"确定"按钮，如图❸所示，软件将自动拼合全景图，得到如图❹所示的图像效果。使用裁剪工具在图❺所示的位置创建裁剪框，确定其外形和大小后按 Enter 键，应用裁剪，得到如图❻所示的图像。

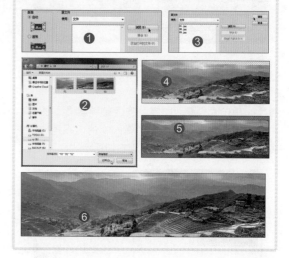

源照片的质量对于 Photomerge 命令合成的全景图效果有很大的影响。为了避免出现问题，在拍摄时需要注意以下要点。

◆充分重叠图像：图像间的重叠区域应约为 40%。如果重叠区域较小，则 Photomerge 可能无法自动汇集全景图。但是图像重叠区域也不能过多，如果图像的重合度达到 70% 或更高，则 Photomerge 可能无法混合这些图像。

◆使用同一焦距：如果使用的是缩放镜头，则不要在拍摄照片时改变焦距（放大或缩小）。

◆使相机保持水平：尽管 Photomerge 可以处理图片之间的轻微旋转，但如果有好几度的倾斜，则在合成全景图时可能产生错误。

◆保持相同的位置：在拍摄系列照片时，不要改变自己的位置，这样才能让拍摄出来的照片处于同一个视点。可以通过将相机举到靠近眼睛的位置，使用光学取景器，这样有助于保持一致的视点，也可以尝试使用三脚架，使相机保持在同一位置。

◆避免使用扭曲镜头：扭曲镜头可能会影响 Photomerge。但是"自动"选项会对使用鱼眼镜头拍摄的照片进行调整。

◆保持同样的曝光度：避免在一部分照片中使用闪光灯，而在另一部分照片中不使用。Photomerge 中的混合功能虽然有助于消除不同的曝光度，但很难使差别极大的曝光度达到一致。一些数码相机会在拍照时自动改变曝光设置，因此，在拍摄之前需要先检查相机设置，以确保所有的图像都具有相同的曝光度。

## 16.2 对齐图像拼合全景照片——"自动对齐图层"命令

"自动对齐图层"命令可根据不同图层中的相似内容自动对齐图层。用户可指定一个图层作为参考图层，也可以让Photoshop自动选择参考图层。选中参考图层后，其他图层将与参考图层对齐，以便匹配的内容能够自动叠加。

选中需要自动对齐的多个图层，执行"编辑 > 自动对齐图层"菜单命令，打开"自动对齐图层"对话框，如下图所示。其中，各选项的含义如下。

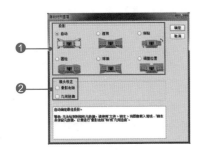

❶投影：用于设置图像的对齐方式。

▶自动：选择"自动"单选按钮，软件将分析源图像并应用"透视"或"圆柱"版面效果。

▶透视：选择"透视"单选按钮，通过将源图像中的一个图像设置为参考图像来创建一致的复合图像，再变换其他图像，以便匹配图层的重叠内容。

▶拼贴：选择"拼贴"单选按钮，不更改图像中对象的形状的情况下对齐图层并匹配重叠内容。

▶圆柱：选择"圆柱"单选按钮，通过在展开的圆柱上显示各个图像来减少在"透视"版面中会出现的"领结"扭曲。

▶球面：选择"球面"单选按钮，将图像与宽视角对齐。设置某个源图像作为参考图像，并对其他图像执行球面变换，以便匹配重叠的内容。

▶调整位置：选择"调整位置"单选按钮，对齐图层并匹配重叠内容，但不会变换任何源图层。

❷镜像校正：勾选"晕影去除"复选框，则对导致图像边缘（尤其是角落）比图像中心暗的镜头缺陷进行补偿。勾选"几何扭曲"复选框，则补偿桶形、枕形及鱼眼失真。

图❶～❻是不同对齐方式下的图像拼接效果。

自动　　　　　透视

| 拼贴 | 圆柱 | 球面 | 调整位置 |

## 16.3 混合图像全景照片效果——"自动混合图层"命令

"自动混合图层"命令将根据需要对每个图层应用图层蒙版，以遮盖过度曝光或曝光不足的区域或内容差异，从而在最终混合的图像中获得平滑的过渡效果。该命令仅适用于 RGB 图像或灰度图像；不适用于智能对象、视频图层、3D 图层和"背景"图层。

选择需要设置的图层，执行"图层 > 自动混合图层"菜单命令，打开"自动混合图层"对话框，如下图所示。在该对话框中可设置混合方法和其他选项，具体设置如下。

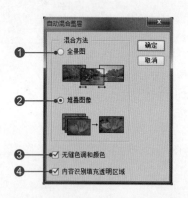

❶**全景图**：选中该单选按钮，将重叠的图层混合成全景图。

❷**堆叠图像**：选中该单选按钮，将混合每个相应区域图像中的最佳细节。该选项最适合已对齐的图层。

❸**无缝色调和颜色**：勾选该复选框，将自动调整颜色和色调，以便进行混合。

❹**内容识别填充透明区域**：勾选该复选框，将替换图像边框周围的空白区域。

## 16.4 单照片的 HDR 特效——"HDR 色调"命令

在 Photoshop CC 2015 中可以使用"HDR 色调"命令快速将拍摄的风景照片转换为 HDR 色调效果。执行"图像 > 调整 >HDR 色调"菜单命令，即可打开如下图所示的"HDR 色调"对话框，在对话框中既可选择预设的 HDR 色调效果，也可以拖曳选项滑块，设置更有意境的 HDR 色调。

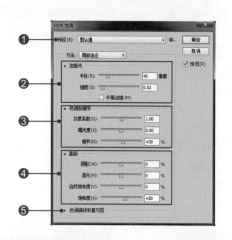

❶**预设**：包括 Photoshop 预设的调整选项。如果要将当前的调整设置存储，以便以后使用，则可

以单击该选项右侧的按钮，在打开的菜单中选择"存储预设"命令。

❷**边缘光**：用来控制调整范围和调整的应用强度。其中，"半径"选项用来指定局部亮度区域的大小；"强度"选项用来指定两个像素的色调值相差多大时，它们属于不同的亮度区域。

❸**色调和细节**：用来调整 HDR 照片的曝光度，以及阴影、高光中的细节的显示程度。其中，"灰度系数"为 1.0 时动态范围最大，较低的设置会加重中间调，而较高的设置会加重高光和阴影；"曝光度"选项用于反映光圈的大小；"细节"选项用于调整图像的锐化程度，数值越大，图像越清晰。

❹**高级**：用于调整阴影和高光部分的亮度，以及增加或降低色彩的饱和度。其中，"阴影"用于

调整阴影区域的明暗程度，拖动滑块可使阴影部分变亮或变暗；"高光"选项用于调整高光区域的明暗程度，拖动滑块可使高光部分变亮或变暗；"自然饱和度"选项用于细微地调整图像颜色强度，同时尽量不剪切高饱和度的颜色，避免溢色；"饱和度"选项用于调整图像颜色的浓度，其调整效果比"自然饱和度"强。

❺色调曲线和直方图：显示了照片的直方图，并提供曲线用于调整图像的色调。单击左侧的三角形按钮，即可展开"色调曲线和直方图"选项组，如下图所示。

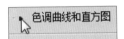

**应用一>>使用预设的HDR色调效果**

打开需要设置的素材照片，如图❶所示，执行"图像 > 调整 >HDR 色调"菜单命令，打开"HDR 色调"对话框，如图❷所示。在对话框中单击"预设"下三角形按钮，在展开的下拉列表中选择"更加饱和"选项，如图❸所示。选择后可以看到照片被转换为高饱和度的 HDR 效果，如图❹所示。

**应用二>>手动调整HDR效果**

在 Photoshop 中，除了可以用预设的 HDR 进行风景照片的调整外，也可以通过自定义"HDR 色调"对话框中的选项来创建更符合照片特色的 HDR 效果，具体操作方法如下。

打开需要设置的素材照片，如图❶所示，执行"图像 > 调整 >HDR 色调"菜单命令，打开"HDR 色调"对话框。在对话框中会默认调整参数，为了得到更漂亮的 HDR 效果，接下来调整选项，设置"半径"为 58、"强度"为 2.31、"灰度系数"为 0.82、"曝光度"为 -1.13，"细节"为 +57，其他参数不变，如图❷所示；再单击"色调曲线和直方图"选项组前的三角形按钮，展开"色调曲线和直方图"选项组，然后运用鼠标连续单击，添加几个曲线控制点，拖动这些控制点，调整曲线形状，如图❸所示。设置完成后单击"确定"按钮，应用设置的参数调整图像，得到如图❹所示的 HDR 图像效果。

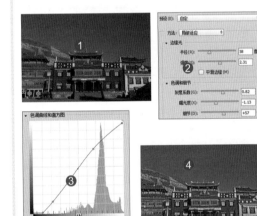

# 16.5 多张照片合成 HDR 影像——"合并到 HDR Pro"命令

前面介绍使用"HDR 色调"命令将单张照片调整为 HDR 效果，下面介绍使用"合并到 HDR Pro"命令将拍摄的多张照片拼合 HDR 效果。

"合并到 HDR Pro"命令可以将同一场景具有不同曝光度的多个图像合并起来，从而捕获单个 HDR 图像中的全部动态范围。使用"合并到 HDR Pro"命令合成的图像可以输出为 32 位 / 通道、16 位 / 通道或 8 位 / 通道的文件，但是只有 32 位 / 通道的文件可以存储全部 HDR 图像数据。在合成 HDR 图像前，先准备几张用于合成的素材图像，如下图所示。

确定图像后，执行"文件 > 自动 > 合并到 HDR Pro"菜单命令，即可打开"合并到 HDR Pro"对话框，如下图所示。

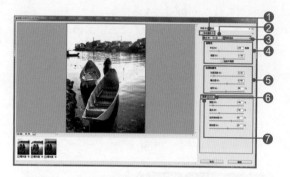

❶移去重影：如果画面中因为移动的对象而具有不同的内容，可勾选此复选框，Photoshop 会在具有最佳色调平衡的缩览图周围显示一个绿色轮廓，以标识基本图像。其他图像中找到的移动对象将被移去。

❷模式：为合并后的图像选择一个位深度。

❸色调映射方法：选择"局部适应"，可通过调整图像中的局部亮度区域来调整 HDR 色调；选择"色调均化直方图"，可在压缩 HDR 图像动态范围的同时，尝试保留一部分对比度；选择"曝光度和灰度系数"，可手动调整 HDR 图像的亮度和对比度；选择"高光压缩"，可压缩 HDR 图像中的高光值，使其位于 8 位／通道或 16 位／通道的图像文件的亮度值范围内。

❹边缘光：用来控制调整范围和调整的应用强度。

❺色调和细节：用来调整照片的曝光度，以及阴影、高光中的细节的显示程度。其中，"灰度系数"可使用简单的乘方函数调整图像的灰度系数。

❻曲线：可通过曲线调整 HDR 图像。如果要对曲线进行更大幅度的调整，可勾选"边角"复选框，然后拖动控制点时，曲线会变为尖角。

❼高级：用来增加或降低色彩的饱和度。其中，拖动"自然饱和度"滑块编辑饱和度时，不会出现溢色。

### ✿ 技巧>>拍摄用于合成的HDR照片的技巧

一张高动态范围的图像往往是由 3~7 张同样场景、不同曝光的照片合成的。每一个亮度级别对应一张完美曝光的照片。虽然使用 Photoshop 中的"HDR 色调"和"合并到 HDR Pro"命令可以创建 HDR 色调效果，但还是应当在拍摄的时候掌握一些技巧，以便能快速地进行 HDR 照片的合成。拍摄要使用"合并到 HDR Pro"命令合并的照片时，请牢记下列几点：

◆ 将相机固定在三脚架上。

◆ 拍摄足够多的照片以覆盖场景的整个动态范围。用户可以尝试拍摄 5~7 张照片，视场景的动态范围不同，可能需要进行更多次的曝光，但是最少应拍摄 3 张照片。

◆ 改变快门速度，以获得不同曝光度的照片效果。

◆ 一般来说，不要使用相机的自动包围曝光功能，因为其曝光度的变化通常非常小。

◆ 照片的曝光度差异应在一两个 EV（曝光度值）级（相当于差一两级光圈左右）。

◆ 不要改变光照条件。例如，在这次曝光时不使用闪光灯，而在下次曝光时使用闪光灯。

◆ 确保场景中没有移动的物体。曝光合并功能只能用于处理场景相同但曝光度不同的图像。

### 📋 应用>>用色调曲线控制HDR影调

使用"合并到 HDR Pro"命令合成 HDR 照片时，如果要对照片的影调进行更精细的调整，则可以使用"合并到 HDR Pro"对话框中的"曲线"功能来调整，具体操作方法如下。

打开 3 张用于合并 HDR 效果的素材图像，如图❶所示。执行"文件 > 自动 > 合并到 HDR Pro"菜单命令，打开"合并到 HDR Pro"对话框。在该对话框中可以选择用于拼合的素材照片，如图❷所示。选择好素材照片后，单击右上角的"确定"按钮，将会再弹出一个"合并到 HDR Pro"对话框，在此对话框中进行色调参数的调整，如图❸所示。设置好后，为了进一步控制照片影调，单击"曲线"标签，切换到"曲线"选项卡，在其中单击添加多个曲线控制点，然后拖动曲线，如图❹所示。拖动后可看到照片的明暗对比更加突出，画面的层次感得到了提高，如图❺所示。

## 16.6 快速设置多张数码照片——批处理功能

应用 Photoshop CC 2015 中的批处理功能可快速调整和设置大量的数码照片。"批处理"命令可快速对一个文件夹中的文件执行动作，为它们统一快速地添加某种特殊效果。本节将简单介绍如何使用批处理功能设置多张数码照片，具体如下。

执行"文件 > 自动 > 批处理"菜单命令，打开"批处理"对话框，如下图所示。在该对话框中可设置批量文件的位置、为其应用的动作、处理后文件的存放位置和文件命名等选项，具体设置方法如下。

❷**包含所有子文件夹**：勾选该复选框，可同时处理指定文件夹中子文件夹的文件。

❸**禁止颜色配置文件警告**：勾选该复选框，将显示警告关闭颜色方案的相关信息。

❹**选择**：用于设置处理后文件存放的位置。

❺**起始序列号**：用于设置自定义文件命名的序列号起始数值。

❻**文件命名**：用于设置文件名称的形式，可设置名称的大小写或以日期的方式进行命名。

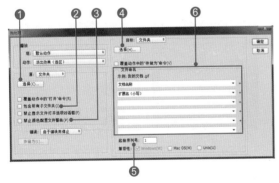

❶**选择**：单击该按钮，打开"浏览文件夹"对话框，在该对话框中可设置需要处理文件的位置，如下图所示。

## 实例演练 1:
# 快速拼接全景照片

原始文件：随书资源 \ 素材 \16\15.jpg、16.jpg、17.jpg
最终文件：随书资源 \ 源文件 \16\ 快速拼接全景照片 .psd

**解析**：本实例将介绍如何应用"自动对齐图层"命令快速拼接全景照片，应用该命令的前提条件是要将用于拼合全景照片的图像添加到同一个文件中。下图所示为制作前后的效果对比图，具体操作步骤如下。

**1** 打开"15.jpg""16.jpg""17.jpg"文件，如下图所示。

**2** 单击"16.jpg"文件，在预览区域中可查看打开的文件效果，如下左图所示。

**3** 按 V 键切换至"移动工具"，将"15.jpg"文件拖至"16.jpg"文件中，如下右图所示。拖动后关闭拖动的文件。

**4** 将"17.jpg"文件拖至图像预览区域，然后使用移动工具将其拖至"16.jpg"文件中，如下图所示。

**5** 使用移动工具分别将拖动的图层调整至图像合适位置，如下图所示。

**6** 选中"背景"图层，双击该图层的图层缩览图，打开"新建图层"对话框，对话框中的各项参数使用默认值，然后单击"确定"按钮，将"背景"图层转换为"图层 0"，如下图所示。

**7** 按住 Shift 键，单击"图层 0""图层 1"和"图层 2"，选中多个图层，如下左图所示。

**8** 执行"编辑 > 自动对齐图层"菜单命令，打开"自动对齐图层"对话框，设置参数，如下右图所示。

**9** 设置好"自动对齐图层"对话框中的各项参数后，单击"确定"按钮，得到如下图所示的图像效果，快速拼接全景照片。

**10** 执行"编辑 > 自动混合图层"菜单命令，打开"自动混合图层"对话框，在对话框中设置选项，如下图所示。

**11** 设置好"自动混合图层"对话框中的各项参数后，单击"确定"按钮，自动调整拼接照片的色调和影调，调整效果如下图所示，并在"图层"面板中得到"图层 2（合并）"图层。

**12** 按 Ctrl+D 键取消选区，选中"图层 2（合并）"图层，执行"图像 > 自动色调"菜单命令或按 Shift+Ctrl+L 键，自动调整图像影调，如下图所示。

**13** 新建"色相／饱和度 1"调整图层，打开"属性"面板，在面板中设置"饱和度"为 +22，如下左图所示。

**14** 在"编辑"下拉列表框中选择"黄色"选项，设置"色相"为 -7、"饱和度"为 +26，如下右图所示。

**15** 通过上一步的设置，调整了图像的颜色饱和度，得到如下图所示的图像效果。至此，已完成本实例的制作。

---

## 实例演练 2：
# 自动拼合全景图

 原始文件：随书资源 \ 素材 \16\18.jpg、19.jpg、20.jpg
最终文件：随书资源 \ 源文件 \16\ 自动拼合全景图 .psd

**解析：**现在有许多人喜欢在外出旅游时拍摄同一场景不同角度的照片，若使用一般的消费类数码相机，则因镜头的原因，不能拍摄出具有一定气势的全景照片。Photoshop 中的 Photomerge 命令可帮助您快速创建一张满意的全景照片。下图所示为制作前后的效果对比图，具体操作步骤如下。

**1** 打开"18.jpg""19.jpg""20.jpg"文件，如下图所示。

**2** 执行"文件 > 自动 >Photomerge"菜单命令，如下左图所示。

**3** 通过上一步的操作，将打开 Photomerge 对话框，单击对话框中的"添加打开的文件"按钮，如下右图所示。

4 通过上一步的操作，将打开的图像载入"源文件"中，如下左图所示。

5 勾选"晕影去除""几何扭曲校正"复选框，如下右图所示。

6 设置好 Photomerge 对话框中的各项参数后，单击"确定"按钮，则 Photoshop 将自动对选择的素材照片进行拼合，拼合的全景照片的边缘部分会使用透明图像进行填充，效果如下图所示。

7 单击工具箱中的"裁剪工具"按钮，在图像适当位置单击并拖动鼠标，创建矩形裁剪框，如下图所示。

8 设置完成后单击其选项栏中的"提交当前裁剪操作"按钮✓或按 Enter 键，裁剪照片，如下图所示。

9 按 Shift+Ctrl+Alt+E 键，盖印可见图层，得到"图层 1"，如下左图所示。

10 创建"色阶 1"调整图层，打开"属性"面板，在面板中输入色阶为 0、0.85、235，如下右图所示。

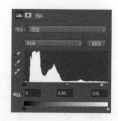

11 通过上一步的操作，调整图像色阶，效果如下图所示。至此，已完成本实例的制作。

---

## 实例演练 3：
# 手动拼接全景照片

原始文件：随书资源 \ 素材 \16\21.jpg、22.jpg、23.jpg
最终文件：随书资源 \ 源文件 \16\ 手动拼接全景照片 .psd

解析：制作全景图功能的用途很多，用户可以用它拼合制作出风景照，也可以制作出自己家中360° 全景照。有了 Photoshop，拼接照片成为很方便的事情，拼接出来的全景照片有助于表现宽阔的场景。本章前面两个实例都是针对拍摄角度和效果都较好的照片进行拼接的，本实例将介绍如何手动拼接全景图，以完成照片影调、色调都有差异的照片的拼接。下图所示为制作前后的效果对比图，具体操作步骤如下。

1 打开"21.jpg""22.jpg""23.jpg"文件，如下左图所示。

2 确保"21.jpg"为选中状态，如下右图所示。

3 按快捷键 Ctrl+J，复制图像，得到"图层 1"，如下左图所示。

4 执行"图像 > 画布大小"菜单命令，打开"画布大小"对话框，在该对话框的"宽度"数值框中输入数值 45，在"高度"数值框中输入数值 15，然后单击"定位"选项中左侧的方块，如下右图所示。

5 设置好"画布大小"对话框中的各项参数后，单击"确定"按钮，得到如下图所示的图像效果。

6 使用移动工具将"22.jpg"文件拖至"21.jpg"文件中，得到"图层 2"，如下图所示。

7 使用移动工具将"23.jpg"文件拖至"21.jpg"文件中，得到"图层 3"图层，然后使用移动工具分别将图像调整至合适位置，调整效果如下图所示。

8 双击"图层 1"的名称文字，在弹出的文本框中输入"全景左"，重命名"图层 1"，如下图所示。

9 双击"图层 2"的名称文字，在弹出的文本框中输入"全景中"，重命名"图层 2"，如下左图所示。

10 使用相同的方法，将"图层 3"重命名为"全景右"，如下右图所示。

11 隐藏"背景"图层，同时选中"全景左""全景中"和"全景右"图层，按下快捷键 Ctrl+T，打开自由变换编辑框，将鼠标移至编辑框右上角位置，当指针变为双向箭头时单击并拖动鼠标，同时缩放图像，如下图所示。

12 选择"全景中"图层，将此图层的"不透明度"设置为 50%，然后使用移动工具将该图层中的图像调整至合适位置，如下图所示。

13 设置完成后将"全景中"图层的"不透明度"设置为 100%，如下图所示。

14 执行"图像 > 调整 > 色彩平衡"菜单命令，如下左图所示。

15 打开"色彩平衡"对话框，设置"中间调"部分的图像颜色参数，如下右图所示。

16 设置好"色彩平衡"对话框中的各项参数后，单击"确定"按钮，得到如下图所示的图像效果，使照片的颜色影调统一。

17 选中"全景右"图层，将该图层的"不透明度"设置为 50%，如下图所示。

18 选择"移动工具"，移动"全景右"图层中图像的位置，如下图所示。

19 设置完成后将"全景右"图层的"不透明度"设置为 100%，如下图所示。

20 执行"图像 > 调整 > 色彩平衡"菜单命令，如下左图所示。

21 打开"色彩平衡"对话框，设置"中间调"部分的图像颜色参数，如下右图所示。

 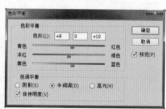

22 设置好"色彩平衡"对话框中的各项参数后，单击"确定"按钮，得到如下图所示的图像效果，使照片的颜色影调统一。

23 按快捷键 Shift+Ctrl+Alt+E，盖印图层，得到"图层 1"，同时选中该图层和"全景左""全景中""全景右"图层，再通过应用自由变换将图像调整至合适大小。

24 选择"裁剪工具",在图像中单击并拖动,创建裁剪框,如下图所示。

27 继续使用仿制图章工具修补图像,得到更完整的画面效果,如下图所示。

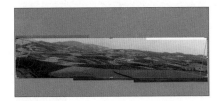

25 按 Enter 键,裁剪图像,裁剪后发现图像右上角部分还有透明的背景,因此选择"仿制图章工具",按住 Alt 键,在天空处单击并取样,如下左图所示。

28 新建"色阶 1"调整图层,打开"属性"面板,在面板中设置色阶值,调整图像的明暗层次,如下图所示。至此,已完成本实例的制作。

26 将鼠标移至透明的背景位置,单击并涂抹,修补图像,如下右图所示。

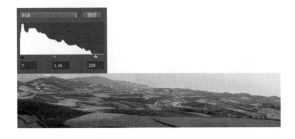

## 实例演练 4:
# 为一组风景照片添加边框

原始文件:随书资源\素材\16\添加边框前\24.jpg~27.jpg
最终文件:随书资源\源文件\16\为一组风景照片添加边框.psd

**解析:** 近年来,随着网络相册和博客的盛行,很多人希望将拍摄的照片与人分享。在上传之前,用户可能希望为照片添加各种特殊效果,使照片具有系列感和个性化。若一张一张地更改,可能会花费不少时间。本实例将针对这一问题,介绍如何应用 Photoshop 中的动作、滤镜和批处理功能快速为一组风景照片添加特效边框。下图所示为制作前后的效果对比图,具体操作步骤如下。

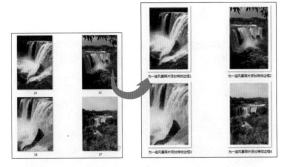

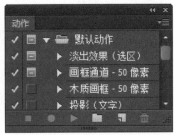

1 打开"24.jpg"文件,图像效果如下左图所示。

2 执行"窗口 > 动作"或按 Alt+F9 键,打开"动作"面板,如下右图所示。

3 单击"动作"面板底部的"创建新动作"按钮 ,打开"新建动作"对话框。设置动作名称等参数,设置完成后单击"确定"按钮,创建"特效边框"动作,如下图所示。

4 使用矩形选框工具在图像适当位置单击并拖动鼠标，创建矩形选框，如下左图所示。

5 按 Shift+Ctrl+I 键，将选区反选，再单击工具箱中的"以快速蒙版模式编辑"按钮，如下右图所示。

6 进入快速蒙版编辑状态，如下左图所示。

7 执行"滤镜 > 滤镜库"菜单命令，打开"滤镜库"对话框，单击"扭曲"滤镜组中的"玻璃"滤镜，设置玻璃滤镜的各项参数，如下右图所示。

8 设置完成后单击"确定"按钮，得到如下左图所示的图像效果。

9 执行"滤镜 > 像素化 > 碎片"菜单命令，为图像应用碎片滤镜，得到如下右图所示的图像效果。

10 执行"滤镜 > 滤镜库"菜单命令，在打开的"滤镜库"对话框中单击"画笔描边"滤镜组中的"成角的线条"滤镜，并设置滤镜的各项参数，如下左图所示。

11 设置完成后单击"确定"按钮，得到如下右图所示的图像效果。

12 单击工具箱中的"以标准模式编辑"按钮，如下左图所示。

13 新建"图层1"，设置前景色为白色，按快捷键 Alt+Delete，将选区填充为白色，如下右图所示。

14 执行"选择 > 取消选择"菜单命令，取消选区，如下左图所示。

15 单击"动作"面板底部的"停止播放／记录"按钮，如下右图所示。

16 执行"文件 > 自动 > 批处理"菜单命令，打开"批处理"对话框，在"动作"下拉列表框中选择"特效边框"选项，如下左图所示。

17 在"源"下拉列表框中选择打开的方式为"文件夹",单击"源"选项组中的"选择"按钮,在"浏览文件夹"对话框中打开相应的文件夹,如下右图所示。

 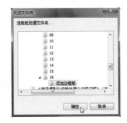

18 经过上一步的操作,在对话框中显示文件存储路径,如下左图所示。

19 单击"目标"下三角按钮,在下拉列表中选择"文件夹"选项,如下右图所示。

 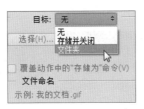

20 单击"选择"按钮,打开"浏览文件夹"对话框,为目标文件指定存储位置,然后在"文件命名"选项组中选择文件名称并修改为"为一组风景照片添加特效边框",选择"1 位数序号"和"扩展名(小写)"组成的文件名称,设置完成后单击"确定"按钮,如下图所示。

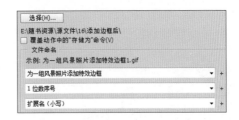

21 通过上一步的操作,可快速为一组数码照片添加特效边框效果。执行运作时,弹出"另存为"对话框,在对话框中指定存储格式后,单击"保存"按钮,设置存储选项对话框,单击"确定"按钮,存储图像,进行照片的批处理操作,如下图所示。

22 通过前面的操作,为一组数码照片添加了特效边框效果,完成边框添加后可在目标文件夹中查看设置效果,如下图所示。至此,已完成本实例的制作。

## 实例演练 5:
## 在风景照片中应用 HDR 效果

原始文件:随书资源 \ 素材 \16\28.jpg
最终文件:随书资源 \ 源文件 \16\ 在风景照片中应用 HDR 效果 .psd

解析:在处理风景照片时,为了得到更加细腻的画面效果,可以应用 Photoshop 中的"HDR 色调"命令把照片创建为 HDR 色调效果。在使用"HDR 色调"命令调整 HDR 照片时,可以选用系统预设的 HDR 色调调整图像,也可以手动设置参数,获得更满意的 HDR 色调效果。本实例将介绍 HDR 特效在风光照片中的应用。下图所示为制作前后的效果对比图,具体操作步骤如下。

1 打开"28.jpg"文件,图像效果如下左图所示。

2 执行"图像 > 调整 >HDR 色调"菜单命令,打开"HDR 色调"对话框,如下右图所示。

**3** 单击"预设"下三角按钮，在展开的下拉列表中选择Scott5选项，调整图像颜色，如下图所示。

**8** 按快捷键 Ctrl+J，复制图层，得到"图层 1"，如下左图所示。

**9** 执行"滤镜 > 锐化 >USM 锐化"菜单命令，打开"USM 锐化"对话框，在对话框中设置参数，如下右图所示。

**4** 继续在对话框中对各项参数进行设置，设置"半径"为166、"强度"为1.72、"灰度系数"为0.45、"曝光度"为 +0.23、"细节"为 +118、"阴影"为 -20、"高光"为 -100、"自然饱和度"为 +22、"饱和度"为 +26，如下左图所示。

**5** 经过上一步的设置，得到如下右图所示的效果。

**10** 设置完成后单击"确定"按钮，选择"快速选择工具"，在天空部分单击，创建选区，如下左图所示。

**11** 执行"选择 > 反选"菜单命令，或按快捷键 Ctrl+Shift+I，反选选区，如下右图所示。

**6** 单击"色调曲线和直方图"选项组左侧的三角形按钮，展开"色调曲线和直方图"选项组，运用鼠标拖动曲线，如下左图所示。

**7** 设置完成后，执行"HDR 色调"菜单命令，调整图像，得到如下右图所示的效果。

12 选择"图层 1",单击"图层"面板中的"添加图层蒙版"按钮,添加图层蒙版,如下左图所示。

13 按住 Ctrl 键,单击"图层 1"蒙版缩览图,载入选区,如下右图所示。

14 新建"色彩平衡 1"调整图层,在打开的"属性"面板中设置颜色值为 -15、0、+27,如下左图所示。

15 在"色调"下拉列表框中选择"阴影"选项,并设置参数,如下右图所示。

16 在"色调"下拉列表框中选择"高光"选项,并设置参数,如下左图所示。

17 经过上一步的设置,得到如下右图所示的效果。

18 按住 Ctrl 键,单击"色彩平衡 1"蒙版缩览图,载入选区,如下左图所示。

19 新建"色阶 1"调整图层,打开"属性"面板,在面板中设置色阶为 57、1.20、222,如下右图所示。

20 单击"色阶 1"图层蒙版缩览图,选择画笔工具,设置其"不透明度"为 23%,使用较软的画笔在天空与山峰之间较亮的位置涂抹,如下左图所示。

21 继续使用画笔工具涂抹,还原涂抹区域的亮度,调整效果如下右图所示。至此,已完成本实例的制作。

# 第17章
# 商品照片的后期修饰

随着电子商务的不断发展，商品照片的处理已经成为照片处理中一个全新的题材，通过对拍摄的商品照片进行修复与美化，能够让商品获得更多顾客的关注。本章将详细讲解如何使用Photoshop中的工具修饰和美化商品照片，包括向照片中添加基础图形、重新定义图形的绘制、横排／直排文字的添加、文字属性的更改、特殊字形和字符的添加等。通过对本章的学习，读者可以掌握商品照片后期处理的技巧，并且能够将所学知识应用到实际的商品照片处理中，快速完成商品照片的完美修饰。

## 17.1 向照片中添加基础图形——规则图形绘制工具

在处理商品照片时，为了使画面看起来更为丰富、美观，经常会在画面中添加一些简单的图形加以修饰。Photoshop CC 2015中可以应用规则图形绘制工具在图像中绘制诸如方形、圆形、线条等规则的几何图像，具体的操作与设置如下。

单击工具箱中的"矩形工具"按钮，在显示的选项栏中可进一步设置工具的各项参数，如下图所示。通过这些参数设置，可以绘制出更满意的图形，选项栏中各参数的设置具体如下。

❶**选择工具模式**：选择图形的绘制模式，包括"形状""路径"和"像素"3个选项。

❷**填充**：用于设置绘制图像的填充颜色，单击右侧的下三角按钮，会展开"填充"面板，在面板中可选择以纯色、渐变等方式填充图形，如下图所示。

❹**设置形状描边宽度**：用于指定描边的宽度，可输入数值或单击下三角按钮并拖动滑块进行宽度的调节。

❺**设置形状描边类型**：用于指定描边的类型。单击下三角按钮，在展开的面板中进行选择，如果要重新设置描边类型，则单击右上角的扩展按钮，选择"更多选项"，打开"描边"对话框，设置描边类型，如下图所示。

❸**描边**：用于设置图形的描边效果。单击右侧的下三角按钮，在展开的面板中设置描边颜色，如果需要使用新颜色对图形描边，则单击右上角的"拾色器"图标，在打开的对话框中重新进行颜色的选择，如下图所示。

❻**路径操作**：用于设置图形的组合方式，包括"新建图层""合并形状""减去顶层形状""与形状区域相交""排除重叠形状"5 种图形组合方式，如下左图所示。

❼**路径对齐方式**：用于设置多个图形的对齐方式。单击"路径对齐方式"按钮，在弹出的列表中即可查看并选择对齐方式，如下右图所示。

❽**路径排列方式**：用于设置路径的排列方式。

❾**几何体形态**：单击此按钮，打开"几何体选项"面板，在面板中可对工具选项进行更精细的调整。当选择不同的工具时，单击此按钮所显示的工具选项会有一定的区别。

Photoshop 中有"矩形工具""圆角矩形工具""椭圆工具""多边形工具"和"直线工具"5 个基础图形绘制工具，如下图所示。下面简单介绍这些工具的使用方法。

### 1. 矩形工具

矩形工具用来创建各种比例的矩形，也可以绘制各种比例的正方形。单击工具箱中的"矩形工具"按钮，在图像中单击并拖动鼠标，将其拖动至合适大小后，释放鼠标，即可绘制出一个矩形图形。下图所示为运用矩形工具在照片中绘制的黑色矩形效果。

为了绘制更为准确的矩形图形，可以单击"矩形工具"选项栏中的"几何体选项"按钮，展开如下图所示的面板，在面板中可选择绘制方形、固定大小、比例的矩形绘制方式。

❶**不受约束**：默认选择此选项，使用矩形工具在图像中单击并拖动可绘制任意大小的矩形。

❷**方形**：选中"方形"单选按钮，可以绘制出正方形效果。

❸**固定大小**：选中"固定大小"单选按钮，将激活右侧的 W 和 H 数值框，可以通过输入参数，绘制固定大小的矩形。

❹**比例**：单击"比例"单选按钮，激活右侧的 W 和 H 数值框，可以通过输入参数，绘制固定比例的矩形。

❺**从中心**：勾选此复选框，可以从图像中心开始绘制矩形。

### 2. 椭圆工具

椭圆工具用于在图像中创建椭圆图形。单击"椭圆工具"按钮，然后在图像中单击并拖动鼠标，即可绘制椭圆图形。使用椭圆工具绘制圆形时，可通过按住 Shift 键拖动，绘制正圆形效果，具体方法如下。

打开素材图像后，选择工具箱中的"椭圆工具"，设置前景色为红色，在文字"饰"下方单击并拖动鼠标，释放鼠标，绘制红色小圆，如下图所示。

### 3. 圆角矩形工具

圆角矩形工具用于在图像中绘制圆角的矩形。圆角矩形工具的使用方法与矩形工具的使用方法相同。不同的是，圆角矩形工具在绘制前可以通过指定"半径"来控制绘制的矩形的边角圆度。当"半径"为0时，则可绘制矩形效果。具体绘制方法如下。

打开素材图像，单击"圆角矩形工具"按钮，在展开的选项栏中设置绘制模式以及"半径"选项，将鼠标移至画面左侧，单击并拖动鼠标，即可绘制指定半径的圆角矩形，如下图所示。

### 应用>>为图形添加描边效果

使用图形绘制工具绘制好图形后，可以为绘制的图像添加新的描边效果，具体方法如下。

在"图层"面板中选中形状图层，如图❶所示，单击工具箱中的"直接选择工具"按钮，在图像中的形状上单击，如图❷所示。此时会显示路径及路径上的所有锚点，并展开工具选项栏，在选项栏中即会出现描边颜色、宽度和类型等选项，参照图❸、图❹所示设置各选项，设置后得到如图❺所示的描边效果。

### 4. 多边形工具

Photoshop 中使用多边形工具可以绘制任意边数的多边形图形，如下图所示。运用此工具绘制图形前，可以在选项栏中对绘制的多边形图形的边数进行设置，还可以单击"几何体选项"按钮，在展开的面板中指定星形和内陷星形效果，从而让绘制出的多边形图形更加丰富。

使用多边形工具可以在照片中绘制出尖锐或平滑的星形效果，具体的操作方法是单击"几何体选项"按钮，在展开的面板中勾选"星形"或"平滑拐角"复选框，如下图所示。

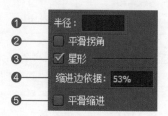

❶半径：用于设置多边形图形中心到外部点之间的距离，数值越大，中心到外部点间的路径越远。

❷平滑拐角：勾选该复选框，可以创建具有平滑拐角效果的多边形或星形。

❸星形：勾选该复选框，可以创建星形。

❹缩进边依据：用于设置星形边缘向中心缩进的百分比，数值越高，缩进量越大。

❺平滑缩进：勾选该复选框，可以使用星形的每条边向中心平滑缩进。

### 5. 直线工具

要在图像中绘制直线，可以使用直线工具来完成。Photoshop 中应用直线工具可以创建直线或带有箭头的直线，如下图所示。选择"直线工具"，在选项栏中设置选项，然后在画面中单击并拖动就可以绘制直线或带箭头的直线效果。在绘制直线时，还可以结合"直线工具"选项栏中的选项来控制绘制的直线效果。如果在绘制时按住 Shift 键单击并拖动，则可以创建水平、垂直或者以45°角为增量的直线。

 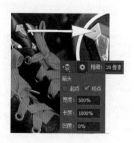

直线工具不但可以绘制简单的直线，还可以绘制带箭头的直线。如果要绘制箭头效果，则需要单击"几何体选项"按钮，在展开的面板中进行设置，如下图所示。

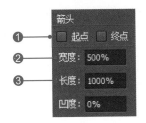

❶**起点 / 终点**：勾选"起点"复选框，可在直线的起点处添加箭头；勾选"终点"复选框，可在直线的终点处添加箭头；如果同时勾选，则会在直线两头添加箭头。

❷**宽度**：用来设置箭头宽度与线段宽度的百分比，范围为 10% ～ 1000%。

❸**长度**：用来设置箭头长度与线段长度的百分比，范围为 10% ～ 5000%。

---

⭐ **技巧一>>设置图形组合方式**

在绘制图形前，可以在工具选项中选择图形的组合方式。Photoshop 中提供了"新建图层""合并形状""减去顶层形状""与形状区域相交"和"排除重叠形状"等图形组合方式，如图❶所示。默认选择"新建图层"，单击并拖动鼠标时可创建新的形状图层；选择"合并形状"选项时，会将新的形状区域添加到现有形状中；选择"减去顶层形状"选项时，会将重叠区域从现有形状或路径中移去；选择"与

---

形状区域相交"选项时，会将区域限制为新区域与现有形状或路径的交叉区域；选择"排除重叠形状"选项时，从新区域和现有区域的合并区域中排除重叠区域。图❷～❻展示了不同形状组合方式下绘制的图形效果。

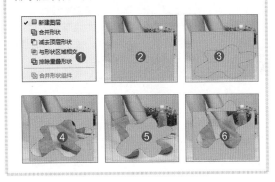

---

⭐ **技巧二>>栅格化形状**

使用图形工具在图像中绘制形状后，可以将创建的形状图层通过栅格化的方式转换为普通图层，具体方法如下。

选中要栅格化处理的图层，如图❶所示，执行"图层 > 栅格化 > 形状"菜单命令，如图❷所示，栅格化图层，得到如图❸所示的图层显示效果。

---

## 17.2 重新定义图形的绘制——自定形状工具

自定形状工具可以使用系统预设的图形进行图案的绘制，也可以将绘制图形重新定义为图案后完成更多相同图案的创建，还可以将网上下载的形状载入并进行图案的绘制，具体绘制方法如下。

打开需要设置的素材图像，选择工具箱中的"自定形状工具"，然后在显示的工具选项栏中单击"形状"右侧的下三角按钮，在展开的面板中单击并选择形状，如右图所示。

选择好要绘制的图形后，将鼠标移至照片中单击并拖动，就可以完成图形的绘制，如下图所示。

Photoshop 中除了默认显示的形状外，还预设了"动物""音乐""自然""物体"等多个种类的图形，用户只需要单击"形状"面板右上角的扩展按钮，在弹出的菜单中即可查看并选择这些形状，如下左图所示。选择其中一个形状选项后，会弹出提示对话框，如下右图所示。

在对话框中选择以添加或替换的方式处理"形状"选取器中的形状。若单击"确定"按钮，则会用新的形状替换"形状"选取器中的形状，如下左图所示。

如果单击"追加"按钮，则在"形状"选取器中增加新选择的预设形状，如下右图所示。

⭐ **技巧一>>自定义形状**

在 Photoshop 中，不仅可以载入软件系统预设的形状，还可以将绘制的图形定义为新的

形状。用钢笔工具绘制一个花纹图形，如图❶所示，执行"编辑 > 定义自定形状"菜单命令，如图❷所示，打开"形状名称"对话框，在对话框中输入要定义的形状的名称，如图❸所示，输入后单击"确定"按钮，自定义形状。此时在"形状"选取器中拖动滑块，在最下方可以看到新定义的形状，如图❹所示。

⭐ **技巧二>>复位默认形状**

当在"形状"选取器中添加了较多新的形状后，如果不再需要绘制了，就可以将"形状"选取器中的形状还原至默认状态，操作方法如下。

单击"形状"选取器右上角的扩展按钮，如图❶所示，在展开的菜单中选择"复位形状"命令，如图❷所示。弹出提示对话框，在对话框中单击"确定"按钮，如图❸所示。单击按钮后即可复位形状，复位后的"形状"选取器如图❹所示。

# 17.3 横排文字的添加——横排文字工具

文字能够更为直观、便捷地传达更多的信息，在处理商品照片时，为了使观者了解更多的产品信息，可用横排文字工具在照片中完成文字的添加。

横排文字工具主要用于在图像中添加水平方向的文字效果。它的操作方法是单击工具箱中的"横排文字工具"按钮，然后将鼠标移至要添加文字的位置，单击并输入文字即可。运用横排文字工具输入文字前，可以在工具选项栏中对要输入文字的字体、颜色、大小等进行选择，如下图所示。

**❶字体样式**：选择并更改文字的字体。单击"字体样式"下三角按钮，即可展开"字样样式"下拉列表，单击列表中的一种字体样式，就可以将该样式应用至选择的文字上，如下左图所示。

**❷字体大小**：用于设置文字的大小，可直接输入数值，也可以单击右侧的下三角按钮，在展开的列表中选择预设的字体大小，如下右图所示。输入的数值越大，文字显示也就越大。

**❸消除锯齿**：用于设置消除文字锯齿的方式。单击"消除锯齿"旁的下三角按钮，在打开的下拉列表中可选择消除锯齿的方式，包括"锐化""犀利""浑厚""平滑"和"无"5种方式。

**❹对齐方式**：主要用于设置文字的对齐方式，包括"左对齐文本""居中对齐文本"和"右对齐文本"3种方式。单击其中一个按钮后，会以创建文本时鼠标单击处为基准按指定对齐方式对齐文本。

**❺颜色**：用于设置文字的颜色。单击颜色块，即可打开"拾色器（文字颜色）"对话框，如下左图所示，在对话框中即可重新设置文字颜色。

**❻创建文字变形**：单击"创建文字变形"按钮，即可打开"变形文字"对话框，在对话框中单击"样式"下三角按钮，可选择文字变形样式，如下右图所示。

**❼切换字符和段落面板**：单击"切换字符和段落面板"按钮，会弹出"字符""段落"面板组，单击面板组中的标签，可以在"字符"面板和"段落"面板之间切换，如下图所示。

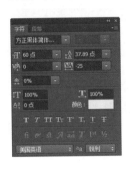 

**应用>>在商品照片中添加横排文字**

打开需要添加文字的素材照片，如图❶所示，选择"横排文字工具"，在图像中单击并输入文字，如图❷所示。选中文字图层，在选项栏中对文字的字体、字号进行设置，如图❸所示，设置后得到如图❹所示的效果。确保"横排文字工具"为选中状态，选中部分文字，更改文字颜色，如图❺所示。

## 17.4　直排文字的添加——直排文字工具

与横排文字工具的作用相似，直排文字工具用于向图像中添加垂直方向排列的文字效果。它的使用方法与横排文字工具的相同，都是通过在图像中单击输入文字。本节将介绍如何使用直排文字工具在商品照片中添加直排的文字效果，具体操作方法如下。

打开需要设置的素材图像，按住"横排文字工具"按钮不放，在弹出的工具条中选择"直排文字工具"，显示文字工具选项栏，在选项栏中设置文字选项，然后在图像中单击并输入文字，如下图所示。

**应用>>更改文字的对齐效果**

输入直排文字以后，可以通过单击工具选项栏中的文本对齐按钮，重新调整文字的对齐效果。如右上图所示，选择"直排文字工具"，在文字中单击并拖动，选中文字，单击"居中对齐文本"按钮，把文字从默认的顶对齐方式更改为居中对齐效果。

**技巧>>直排文字与横排文字的转换**

在文字工具选项栏中设置了一个"切换文本取向"按钮，单击该按钮，可以在直排文字和横排文字之间进行快速切换。如图❶所示，使用直排文字工具在商品照片中输入垂直方向排列的文字，单击"切换文本取向"按钮，如图❷所示。单击按钮后，可看到原输入的垂直方向排列的文字被更改为水平方向排列的文字效果，如图❸所示。

## 17.5　文字与选区转换——横排/直排文字蒙版工具

在 Photoshop 中，如果要为文字添加渐变或图案叠加效果，可以将文字转换为选区，通过编辑选区对输入的文字进行创意性设计。使用横排文字蒙版工具和直排文字蒙版工具可以在照片中创建横排或直排文字选区。本节将介绍直排文字蒙版工具和横排文字蒙版工具的使用，具体操作方法如下。

打开需要添加文字选区的素材图像，按住"横排文字工具"按钮不放，在弹出的隐藏工具条中选择"横排文字蒙版工具"，将鼠标移至要添加文字的起点位置，单击鼠标进入快速蒙版编辑状态，同时会在画面中显示光标闪烁点，在光标闪烁点后输入文字，如右图所示。

输入完成后单击工作窗口中的空白区域，退出快速蒙版编辑状态，获得文字选区，如下

图所示。创建文字选区后，可以对选区做进一步编辑，如填充渐变颜色、设置文字样式等。

如果要创建直排的文字选区，则选择"直排文字蒙版工具"，然后在图像中单击并输入文字，如下图所示。输入完成后单击工作窗口

中的空白区域，退出快速蒙版编辑状态，创建直排文字选区，接着可以为选区填充颜色或叠加图案。

## 17.6 文字属性的更改——"字符"面板

在商品照片中输入文字后，如果要对已输入的文字做更改，除了可以使用文字工具选项栏以外，还可以通过"字符"面板来实现。相对于文字工具选项栏来说，"字符"面板中添加了更多属性选项，如水平缩放、垂直缩放、调整文本基线等，通过这些选项的设置，可以创建更丰富的文字效果。本节将介绍如何使用"字符"面板调整并设置文字属性。

如果当前工作界面中没有显示"字符"面板，则可以执行"窗口 > 字符"菜单命令，显示"字符"面板；如果选择了"横排文字工具"或"直排文字工具"，则可以单击选项栏中的"切换字符和段落面板"按钮，调用"字符""段落"面板，"字符"面板的具体设置如下图所示。

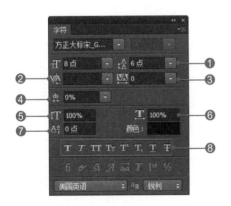

❶设置行距：行距是指文本中各个文字行之间的垂直间距。在"设置行距"下拉列表框中选择选项或输入数值可调整行距。

❷字距微调：用于调整两个字符之间的间距。在操作时先要在调整的两个字符间单击，设置插入点。

❸字距调整：选择部分字符时，此选项可调整所选字符的间距。

❹比例间距：用于设置所选字符的比例间距。

❺垂直缩放：用于调整字符的高度。

❻水平缩放：用于调整字符的宽度。

❼基线偏移：用来控制文字与基线的距离，它可以升高或降低所选文字。

❽特殊字体：预设的一组特殊的字体样式按钮，包括仿粗体、仿斜体、全部大写字母、小型大写字母、上标、下标、下划线、删除线等。单击对应的按钮，就可以将该属性应用于文字，创建特殊的字体效果。

**应用一>>更改照片中已有文字的效果**

打开已经添加了文字的素材图像，如图❶所示，选择"横排文字工具"，在文字上单击并拖动鼠标，选择其中需要更改的文字，如图❷所示。执行"窗口 > 字符"菜单命令，打开"字符"面板，在面板中重新设置文字的字体和颜色，如图❸所示。设置完成后单击工具箱中的任意文字，退出文字编辑状态，得到如图❹所示的文字效果。

如图❷所示。此时在"图层"面板中可看到文字图层被转换为形状图层，选择"直接选择工具"，在文字上单击，选中文字形状，如图❸所示，然后结合路径编辑工具对文字进行变形，如图❹所示。

**应用二>>将文字转换为形状**

在商品照片中添加了文字后，为了增强文字的表现力，通常会对文字进行变形。Photoshop中可以执行"转换为形状"命令把画面中的文字转换为形状，并结合图形编辑工具对文字图形做艺术化的变形设置，具体操作如下。

打开一张素材照片，在"图层"面板中选中对应的文字图层，如图❶所示。执行"文字 > 转换为形状"菜单命令，把文字转换为形状，

## 17.7　特殊字形、字符的插入——"字形"面板

如果要在照片中添加标点、货币符号、数字或特殊字符等，就不用再借助网络去查找特殊符号了。Photoshop CC 2015 中添加了全新的"字形"面板，可以利用"字形"面板添加各种特殊字形。在"字形"面板中，会提供正在使用的字体的各种特殊字形，用户通过双击即可插入到照片中。本节将介绍"字形"面板中字形的插入方法。

打开要添加特殊字形的照片，在照片的文字中间位置单击，确定要添加字形的位置，如右侧左图所示。执行"文字 > 面板 > 字形面板"菜单命令或执行"窗口 > 字形"菜单命令，打开"字形"面板，单击面板中的"$"字形，单击后可以看到在光标插入点后显示了添加的字形效果，如右侧右图所示。

**技巧>>在"字形"面板中更改字体**

使用"字形"面板不但可以在图像中插入特殊字形，还可以单击面板上方的"设置字体系列"下拉按钮，在展开的列表中重新选择字体。不同系列的字体在"字形"面板中显示的字形会有一定的差异。

## 实例演练 1：
## 商品照片中的文字添加

原始文件：随书资源 \ 素材 \17\14.jpg
最终文件：随书资源 \ 源文件 \17\ 商品照片中的文字添加 .psd

解析：在商品照片的后期处理过程中，为了让照片中的商品信息传递得更加准确，可以在照片中添加一些文字加以补充说明。本实例将介绍如何使用"横排文字工具"在拍摄的商品照片中添加文字，并结合"字符"面板中的设置，调整文字的字体、色彩、大小等，创建更有层次感的文字效果。下图所示为制作前后的效果对比图，具体操作步骤如下。

**1** 打开"14.jpg"文件，选择"裁剪工具"，取消选项栏中"删除裁剪的像素"复选框的勾选状态，然后单击并拖动鼠标，绘制裁剪框，裁剪照片，扩展画布，如下图所示。

**2** 设置前景色为 R222、G220、B210，新建"图层 1"，按快捷键 Alt+Delete，将图层填充为灰色，如下图所示。

**3** 复制"图层 0"，得到"图层 0 拷贝"图层，如下左图所示，将该图层移至最上层。

**4** 确保"图层 0 拷贝"图层为选中状态，单击"图层"面板底部的"添加图层蒙版"按钮 ◼️，为此图层添加蒙版，如下右图所示。

**5** 选择"画笔工具"，在选项栏中调整画笔大小、不透明度等选项，如下图所示。

模式：正常　　不透明度：38%

**6** 将鼠标移至手链顶部的黄色背景位置，单击并涂抹，隐藏图像，如下左图所示。

**7** 继续使用画笔工具在商品多余的背景处涂抹，将其隐藏，使它与填充的背景颜色融合起来，如下右图所示。

**8** 选择"图层 0 拷贝"，按快捷键 Ctrl+J，复制图层，得到"图层 0 拷贝 2"图层，将此图层移至最上层，并设置混合模式为"柔光"、"不透明度"为 57%，如下左图所示。

**9** 按 Ctrl+T 键，打开自由变换编辑框，将鼠标移至编辑框右下角位置，对图像进行缩放操作，设置完成后按 Enter 键，得到如下右图所示的效果。

**10** 确保"图层 0 拷贝 2"图层为选中状态，单击"添加图层蒙版"按钮 ◼️，为该图层添加图层蒙版，如下左图所示。

**11** 选择"渐变工具"，在选项栏中设置渐变选项，然后从图像右侧向左侧拖动鼠标，如下右图所示。

**12** 释放鼠标后，完成渐变的填充，得到渐隐的图像，如下图所示。

**13** 创建"色阶 1"调整图层，打开"属性"面板，在面板中设置色阶值为 0、1.00、231，如下左图所示。

**14** 根据设置的色阶，调整图像，使画面中的高光部分变得更亮，如下右图所示。

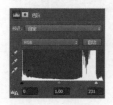

**15** 选择"横排文字工具"，在画面中输入文字 2015，打开"字符"面板，在面板中调整文字字体、大小等选项，如下左图所示。

**16** 根据设置的选项，更改文字效果，得到如下右图所示的文字。

**17** 打开"字符"面板，在面板中更改文字属性，如下左图所示，继续在"2015"后输入文字"Summer"，如下右图所示。

**18** 执行"图层 > 图层样式 > 投影"菜单命令，打开"图层样式"对话框，在对话框中设置"投影"选项，如下左图所示。

**19** 设置完成后，单击"图层样式"对话框中的"确定"按钮，应用样式，得到如下右图所示的效果。

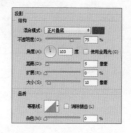

**20** 打开"字符"面板，在面板中更改文字属性，如下左图所示。

**21** 在数字"2015"下方输入文字"NEW"，如下右图所示。

**22** 执行"图层 > 图层样式 > 斜面和浮雕"菜单命令，打开"图层样式"对话框，在对话框中单击"纹理"样式，设置纹理选项，如下左图所示。

**23** 单击"图层样式"对话框中的"投影"样式，然后在右侧设置投影选项，如下右图所示。

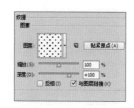

24 设置完成后，单击"图层样式"对话框中的"确定"按钮，应用样式，得到如下左图所示的效果。

25 选择"图层 0"，按快捷键 Ctrl+J，复制图层，得到"图层 0 拷贝 3"图层。执行"编辑 > 变换 > 水平翻转"菜单命令，翻转图像，如下右图所示。

26 确保"图层 0 拷贝 3"图层为选中状态，如下左图所示，执行"图层 > 创建剪贴蒙版"菜单命令，创建剪贴蒙版，效果如下右图所示。

27 继续使用横排文字工具在画面中添加更多的文字，如下图所示。

28 选择"横排文字工具"，在画面中单击并拖动鼠标，绘制一个文本框，如下左图所示。

29 打开"字符"面板，在面板中设置文字选项，如下右图所示。

30 在文本框中单击，将光标插入点置于文本框内，然后根据设置的文字字体、大小等，在文本框中输入文字，如下左图所示。

31 打开"段落"面板，单击面板中的"右对齐文本"按钮，如下右图所示。

32 经过上一步的操作，将右对齐文本框中的段落文本，如下图所示。至此，已完成本实例的制作。

★ 技巧>>指定段落文本的对齐方式

　　段落文本的对齐方式有很多，包括"左对齐文本""居中对齐文本""右对齐文本""最后一行左对齐文本""最后一行居中对齐""最后一行右对齐"和"全部对齐"等，如果需要指定段落文本的对齐方式，可以执行"窗口 > 段落"菜单命令，打开"段落"面板，再通过单击"段落"面板中的段落对齐按钮为照片中创建的段落文本指定适合于画面整体效果的文字对齐方式。

原始文件：随书资源\素材\17\15.jpg

最终文件：随书资源\源文件\17\照片中的文字与图形的组合设计 .psd

## 实例演练 2：
# 照片中的文字与图形的组合设计

**解析：** 在处理商品照片时，不但可以在照片中添加文字，还可以绘制简单的图形，让图像中的文字变得更加醒目、突出。本实例将结合横排文字工具和基础图形绘制工具，在拍摄的家居产品照片中绘制几何图形，并添加大量的优惠券信息，制作成收藏区效果。下图所示为制作前后的效果对比图，具体操作步骤如下。

**1** 打开"15.jpg"文件，图像效果如下左图所示。

**2** 创建"色阶 1"调整图层，打开"属性"面板，在面板中设置色阶为 32、1.22、222，如下右图所示，调整图像，增强对比效果。

**3** 新建"自然饱和度"调整图层，打开"属性"面板，在面板中设置各项参数，如下左图所示。

**4** 根据上一步设置的选项，调整图像颜色，得到如下右图所示的画面效果。

**5** 单击"图层"面板底部的"创建新组"按钮，新建图层组，并将其命名为"优惠券"，如下左图所示。

**6** 单击"创建新组"按钮，在"优惠券"图层组中新建"优惠券 1""优惠券 2""优惠券 3"图层组，如下右图所示。

**7** 选中"优惠券 1"图层组，选择工具箱中的"矩形工具"，在选项栏中设置绘制模式、填充颜色等选项，如下图所示。

**8** 将鼠标移至照片下半部分，单击并拖动鼠标，绘制暗红色的矩形，如下图所示。

**9** 再次选择"矩形工具"，然后在选项栏中设置绘制模式为"形状"，调整填充颜色为黄色，如下图所示。

**10** 在前面已经绘制的矩形下方单击并拖动鼠标，绘制一个黄色的矩形，如下图所示。

11 选择"直线工具"，在显示的工具选项栏中设置绘制模式、填充颜色等选项，如下图所示。

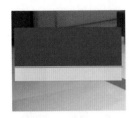

12 将鼠标移至黄色矩形顶端，然后单击并拖动鼠标，绘制一条粉红色的直线，如下左图所示。

13 在"图层"面板中选中"形状 1"图层，执行"图层 > 创建剪贴蒙版"菜单命令，创建剪贴蒙版，将直线置于黄色矩形中，如下右图所示。

14 选择"横排文字工具"，将鼠标移至矩形上方，单击鼠标，设置光标插入点位置，如下左图所示。

15 执行"窗口 > 字形"菜单命令，打开"字形"面板，在面板中单击货币字形，如下右图所示，在画面中插入特殊的字形。

16 选择"横排文字工具"，在插入的字形上单击并拖动鼠标，选中字形，打开"字符"面板，在面板中调整文字属性，如下左图所示。

17 根据上一步的设置，调整字形大小和颜色等，得到如下右图所示的效果。

18 继续结合横排文字工具在画面中输入更多文字，如下左图所示。

19 分别选中"优惠券 2""优惠券 3"图层组，使用同步骤 7~18 相同的操作方法，在图层组中绘制图形并添加文字，完成后的效果如下右图所示。

20 单击"创建新组"按钮，新建"折扣"图层组，如下左图所示。

21 选择"矩形工具"，在选项栏中设置绘制模式和填充颜色后，在图像底部单击并拖动鼠标，绘制暗红色的矩形，如下右图所示。

22 选择"多边形工具"，在选项栏中设置工具选项，如下图所示。

23 将鼠标移至照片中，单击并拖动鼠标，绘制三角形图形，如下左图所示。

24 执行"编辑 > 变换 > 水平翻转"菜单命令，水平翻转三角形，再按快捷键 Ctrl+T，打开自由变换编辑框，调整三角形的大小和位置，得到如下右图所示的效果。

25 选择"矩形工具"，继续在已经绘制的矩形上绘制一个暗红色矩形，如下左图所示。

26 选择"钢笔工具"，设置绘制模式为"形状"，单击工具选项栏中的"路径操作"按钮，在展开的列表中单击"合并形状"选项，如下右图所示。

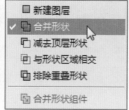

27 运用"钢笔工具"在矩形两边绘制不同形状的三角形，如下左图所示。

28 双击绘制的图形，打开"图层样式"对话框，单击"投影"样式，然后设置投影选项，如下右图所示。

29 设置完成后单击"确定"按钮，得到如下左图所示的效果。

30 选择"矩形工具"，在选项栏中把填充颜色更改为R143、G4、B9，然后绘制矩形图形，如下右图所示。

31 选择"添加锚点工具"，将鼠标移至矩形形状上方，如下左图所示。

32 单击鼠标，在形状上添加一个路径锚点，如下右图所示。

33 选择"删除锚点工具"，将鼠标移至矩形右上角的锚点位置，如下左图所示。

34 单击鼠标，删除该位置的锚点，如下右图所示。

35 选择"转换点工具"，将鼠标移至矩形右上角的锚点位置，如下左图所示。

36 单击鼠标，将路径锚点转换为直线锚边，如下右图所示。

37 使用横排文字工具在矩形上输入文字，选中文字，执行"图层 > 图层样式 > 投影"菜单命令，打开"图层样式"对话框，在对话框中选中"投影"样式，然后设置样式选项，如下左图所示。

38 设置完成后单击"确定"按钮，为文字添加投影效果，如下右图所示。至此，已完成本实例的制作。

## 实例演练 3：
# 制作商品分类导航图

原始文件：随书资源 \ 素材 \17\16~23.jpg
最终文件：随书资源 \ 源文件 \17\ 制作商品分类导航图 .psd

**解析：** 导航图是网店页面中不可缺少的一部分，它通过一定的技术手段，使顾客可以快速、方便地访问并找到所需要的商品。本实例将不同的商品照片组合起来，并通过在商品下方添加对应的文字和图形，对商品的分类加以补充说明，制作出精美的分类导航图。下图所示为制作前后的效果对比图，具体操作步骤如下。

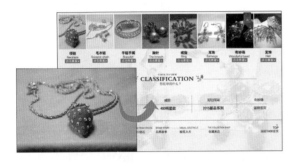

**1** 执行"文件 > 新建"菜单命令，打开"新建"对话框，在对话框中输入名称"制作商品分类导航图"，调整新建文件的宽度和高度，如下左图所示。

**2** 设置完成后单击"确定"按钮，新建文件。设置前景色为 R246、G247、B251，新建"图层 1"，按快捷键 Alt+Delete，为图层填充颜色，如下右图所示。

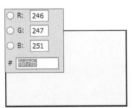

**3** 打开"16.jpg"文件，将打开的图像复制到新建的文件中，得到"图层 2"，设置图层的"不透明度"为 14%，如下图所示。

**4** 单击"图层"面板中的"创建新组"按钮，新建"商品列表"图层组，如下左图所示。

**5** 选择"矩形工具"，设置绘制模式为"形状"，填充颜色为黑色，然后在文件左上角单击并拖动鼠标，绘制黑色矩形，如下右图所示。

**6** 连续按快捷键 Ctrl+J，复制多个黑色矩形，然后用移动工具拖动图形，调整矩形位置，得到如下图所示的效果。

**7** 打开"17.jpg"文件，图像效果如下左图所示。

**8** 选择"移动工具"，把打开的项链图像拖至新建的文件中，如下右图所示。

**9** 经过上一步的操作，得到"图层 3"。执行"图层 > 创建剪贴蒙版"菜单命令，创建剪贴蒙版，将项链设置到矩形中间，如下图所示。

10 继续使用同样的方法，把其他的饰品图像也复制到新建文件中，创建剪贴蒙版，合并图像，如下图所示。

11 新建"分类 1"图层组，设置前景色为 R207、G41、B41，选择"矩形工具"，在画面中单击并拖动鼠标，绘制红色矩形，如下左图所示。

12 选择"横排文字工具"，打开"字符"面板，在面板中设置文字字体、大小、颜色等选项，如下右图所示。

13 将鼠标移至矩形中间位置，单击鼠标，输入文字"点击查看"，如下左图所示。

14 选择"自定形状工具"，单击选项栏中"形状"右侧的下三角按钮，打开"形状"选取器，单击"箭头 2"形状，如下右图所示。

 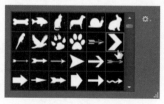

15 将鼠标移至文字"点击查看"右侧，单击并拖动鼠标，绘制白色的箭头效果，如下左图所示。

16 选中"横排文字工具"，继续在图形上方输入文字，输入后的效果如下右图所示。

17 使用相同的方法，在每个商品下面绘制图形并添加对应的文字，设置后的效果如下图所示。

18 单击"创建新组"按钮，新建"信息列表"图层组，如下左图所示。

19 设置前景色为 R68、G142、B73，选择"直线工具"，在选项栏中设置"粗细"为 3 像素，按住 Shift 键，单击并拖动鼠标，绘制直线，如下右图所示。

20 按快捷键 Ctrl+J，复制直线，然后选用移动工具把复制直线移到右侧，如下图所示。

21 选择"横排文字工具"，打开"字符"面板，在面板中设置文字字体、大小、颜色等选项，如下左图所示。

22 将鼠标移至两条直线的中间位置，单击并输入文字，如下右图所示。

23 使用相同的方法，在画面中绘制更多的线条并输入文字，如下图所示。

**24** 选择"自定形状工具",单击选项栏中"形状"右侧的下三角按钮,打开"形状"选取器,单击"花 3"形状,如下左图所示。

**25** 设置前景色为红色,然后在直线旁边单击并拖动鼠标,绘制花朵图形,如下右图所示。

**26** 按快捷键 Ctrl+J,复制花朵图案,执行"编辑 > 变换 > 水平翻转"菜单命令,水平翻转图形,然后用移动工具将复制的花朵移至另一直线旁边,如下左图所示。

**27** 选择"多边形工具",在选项栏中设置"边"为 3,然后在图像右下角绘制灰色的三角形,如下右图所示。至此,已完成本实例的制作。

---

## 实例演练 4:
# 打造商品主图

原始文件:随书资源 \ 素材 \17\24.jpg、25.jpg
最终文件:随书资源 \ 源文件 \17\ 打造商品主图 .psd

解析:主图是观者对于商品的第一印象,因此商品主图好坏会直接影响商品点击率和购买率。本实例将使用矩形工具、直线工具等绘制一个简洁的背景图,然后把拍摄到的手机图复制到绘制的背景中,最后根据手机特点输入文字信息,完成手机主图的设计。下图所示为制作前后的效果对比图,具体操作步骤如下。

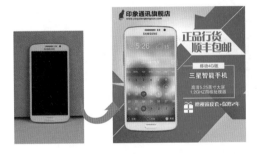

**1** 执行"文件 > 新建"菜单命令,打开"新建"对话框,在对话框中输入名称"打造商品主图",并调整文件大小,如下左图所示。

**2** 设置完成后单击"确定"按钮,新建文件。选择"矩形工具",在选项栏中单击"填充"右侧的下三角按钮,在展开的面板中单击"渐变"按钮,然后设置渐变选项,如下右图所示。

**3** 沿图像边缘单击并拖动鼠标,绘制一个灰、白色渐变矩形,如下左图所示。

**4** 选择"矩形工具",在选项栏中单击"填充"右侧的下三角按钮,在展开的面板中单击"渐变"按钮,然后设置渐变选项,如下右图所示。

**5** 在画面中单击并拖动鼠标,绘制一个红色渐变矩形,如下左图所示。

**6** 按快捷键 Ctrl+T,打开自由变换编辑框,在显示的选项栏的"角度"数值框中输入数值 -46,旋转矩形,如下右图所示。

**7** 选择"矩形工具"，在选项栏中单击"填充"右侧的下三角按钮，在展开的面板中单击"渐变"按钮，然后设置渐变选项，如下左图所示。

**8** 在画面中单击并拖动鼠标，绘制矩形图形，如下右图所示。

**9** 选择工具箱中的"直接选择工具"，单击路径上的锚点，将其选中，如下左图所示。

**10** 按键盘中的右方向键，向右移动锚点，更改矩形形状，如下右图所示。

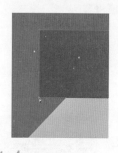 

**11** 选择"直线工具"，在选项栏中设置绘制模式为"形状"、"粗细"为5像素，在画面中单击并拖动鼠标，绘制白色直线，如下左图所示。

**12** 按快捷键Ctrl+T，打开自由变换编辑框，将鼠标移至直线右侧，当指针变为折线箭头时，单击并拖动鼠标，旋转直线，如下右图所示。

**13** 继续使用图形绘制工具在画面中绘制更多的矩形和线条图形，如下左图所示。

**14** 选择"多边形工具"，在选项栏中单击"填充"右侧的下三角按钮，在展开的面板中单击"渐变"按钮，然后设置渐变选项，如下右图所示。

**15** 在选项栏中设置"边"为3，如下左图所示，在图像上单击并拖动鼠标，绘制一个三角形图形。

**16** 按快捷键Ctrl+J，复制两个三角形图形，然后按快捷键Ctrl+T，打开自由变换编辑框，分别调整复制的三角形的大小和位置，得到如下右图所示的效果。

**17** 打开"24.jpg"文件，选择"移动工具"，把打开的手机照片复制到新建的文件中，生成"图层1"，如下左图所示。

**18** 选择"钢笔工具"，设置绘制模式为"路径"，然后沿手机外沿绘制路径，如下右图所示。

**19** 按快捷键Ctrl+Enter，将绘制的路径转换为选区，如下左图所示。

20 选中"图层 1",单击"添加图层蒙版"按钮 ▣,添加图层蒙版,隐藏多余背景图像,如下右图所示。

21 按住 Ctrl 键,单击"图层 1"图层蒙版,载入选区。新建"黑白 1"调整图层,打开"属性"面板,单击面板中的"自动"按钮,调整颜色选项,如下左图所示。

22 根据设置的选项,调整颜色,将手机转换为黑白效果,如下右图所示。

23 按住 Ctrl 键,单击"黑白 1"图层蒙版,载入选区。新建"色阶 1"调整图层,打开"属性"面板,在面板中设置参数,如下左图所示。

24 根据设置的色阶,调整手机图像的亮度,增强对比效果,如下右图所示。

25 选择"圆角矩形工具",设置绘制模式为"形状"、"半径"为 2 像素,在手机中间位置单击并拖动鼠标,绘制黄色圆角矩形,如下左图所示。

26 打开"25.jpg"文件,将打开的图像复制到手机图像上,如下右图所示。

27 经过上一步的设置,得到"图层 3",执行"图层 > 创建剪贴蒙版"菜单命令,新建剪贴蒙版,如下图所示。

28 选择"横排文字工具",打开"字符"面板,在面板中设置字体、大小、颜色等选项,如下左图所示。

29 将鼠标移至白色的四边形上方,单击鼠标输入文字,如下右图所示。

30 继续使用横排文字工具在画面中输入更多的文字,然后选中"三星智能手机"文字图层。执行"图层 > 图层样式 > 投影"菜单命令,打开"图层样式"对话框,在对话框中设置样式选项,如下左图所示。

31 设置完成后单击"确定"按钮,应用图层样式,如下右图所示。

**32** 选择"圆角矩形工具"，在选项栏中设置"半径"为10像素，在手机右侧单击并拖动鼠标，绘制白色的圆角矩形，如下左图所示。

**33** 选择"直线工具"，单击"路径操作"按钮，在展开的列表中单击"排除重叠形状"选项，如下右图所示。

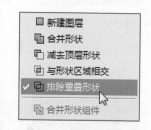

**34** 设置"粗细"为10像素，在白色的矩形中间位置单击并拖动鼠标，绘制直线，创建复合图形，如下左图所示，效果如下右图所示。

**35** 继续在白色圆角矩形中绘制直线，得到如下左图所示的效果。

**36** 选择"钢笔工具"，设置绘制模式为"形状"，在画面中绘制蝴蝶结图案，如下右图所示。

**37** 选择"自定形状工具"，单击选项栏中"形状"右侧的下三角按钮，打开"形状"选取器，单击"猫"形状，如下左图所示。

**38** 在画面左上角单击并拖动鼠标，绘制猫猫图案，然后在图形旁边输入文字，如下右图所示。至此，已完成本实例的制作。

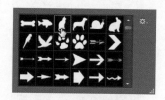

## 实例演练5：
# 制作商品细节展示图

原始文件：随书资源\素材\17\26.jpg
最终文件：随书资源\源文件\17\制作商品细节展示图.psd

**解析：** 为了让观者从照片中了解商品的使用方法、材质、细节等各个方向的内容，在宝贝详情页面中会利用图形与文字相搭配的方式，对照片中的商品做详细介绍。本实例将介绍如何应用Photoshop中的文字工具、图形工具与商品照片组合起来，制作商品细节展示图像。下图所示为制作前后的效果对比图，具体操作步骤如下。

**1** 执行"文件 > 新建"菜单命令，打开"新建"对话框，在对话框中输入名称"制作商品细节展示图"，调整新建文件的宽度和高度，如下左图所示。

**2** 设置完成后单击"确定"按钮，新建文件，如下右图所示。

**3** 单击"图层"面板中的"创建新组"按钮，新建"细节展示"图层组，如下左图所示。

4 选择"矩形工具",在选项栏中设置绘制模式为"形状",填充颜色为黑色,在文件左上角单击并拖动鼠标,绘制黑色矩形,如下右图所示。

5 选择"多边形工具",在选项栏中设置绘制模式为"形状",填充颜色为黑色,"边"为3,如下图所示。

6 将鼠标移至黑色矩形右侧,单击并拖动鼠标,绘制三角形图形,如下左图所示。

7 选择"矩形工具",在选项栏中设置绘制模式为"形状",填充颜色为R46、G44、B45,在文件右上角单击并拖动鼠标,绘制黑色矩形,如下右图所示。

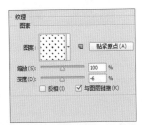

8 执行"图层 > 图层样式 > 斜面和浮雕"菜单命令,打开"图层样式"对话框,在对话框中设置投影样式,如下左图所示。

9 单击"纹理"样式,然后在右侧选择纹理图案,设置"缩放"和"深度"选项,如下右图所示。

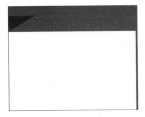

10 设置完成后,单击"图层样式"对话框中的"确定"按钮,应用样式,为图形添加纹理和投影效果,如下图所示。

11 选择前面添加样式的"矩形 2"图层,将此图层移至"矩形 1"图层上方,如下图所示,调整图形排列顺序。

12 选择"横排文字工具",打开"字符"面板,在面板中设置文字属性,如下左图所示。

13 将鼠标移至左上角的黑色矩形上,单击并输入文字"细节展示",如下右图所示。

14 打开"字符"面板,在面板中调整文字的字体、大小等选项,如下左图所示。

15 将鼠标移至右上角的添加纹理的矩形上,单击并输入文字,如下右图所示。

16 设置前景色为R240、G240、B240,然后在画面下方单击并拖动鼠标,绘制一个浅灰色的矩形,如下图所示。

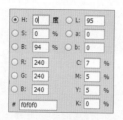

**17** 单击"图层"面板中的"创建新组"按钮，新建"商品细节图"图层组，如下左图所示。

**18** 在"商品细节图"图层组下方单击"创建新图层"按钮，新建"细节 01"图层组，如下右图所示。

**19** 打开"26.jpg"文件，新建"色相／饱和度 1"调整图层，在打开的"属性"面板中将全图"饱和度"设置为 +12，如下左图所示。

**20** 在"编辑"下拉列表框中选择"黄色"选项，然后设置"色相"为 -6，"饱和度"为 +18，如下右图所示。

**21** 根据上一步设置的"色相／饱和度"选项，调整图像颜色，增强颜色饱和度，得到如下左图所示的效果。

**22** 新建"亮度／对比度 1"调整图层，打开"属性"面板，在面板中设置"亮度"为 30，"对比度"为 31，如下右图所示。

**23** 根据上一步设置的参数，调整图像的明暗，得到如下左图所示的效果。

**24** 按快捷键 Shift+Ctrl+Alt+E，盖印图层，得到"图层 1"，如下右图所示。

**25** 选择"移动工具"，把调整后的包包素材图像复制到新建文件中，得到"图层 1"，如下左图所示。

**26** 隐藏"图层 1"，选择"矩形工具"，在画面中单击并拖动鼠标，绘制白色矩形，得到"矩形 4"图层，如下右图所示。

**27** 显示并选中"图层 1"，执行"图层 > 创建剪贴蒙版"菜单命令，创建剪贴蒙版，如下图所示。

**28** 选择"钢笔工具"，在选项栏中设置绘制模式为"形状"，填充颜色为无，描边颜色为R52、G31、B33，粗细为 4 点，类型为虚线，如下图所示。

**29** 将鼠标移至包包图像上，单击并拖动鼠标，绘制路径，并添加描边效果，如下图所示。

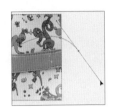

30 选择工具箱中的"自定形状工具"，在选项栏中单击"形状"下三角按钮，在展开的"形状"选取器中单击"箭头6"形状，如下左图所示。

31 在画面中单击并拖动鼠标，绘制箭头图形，如下右图所示。

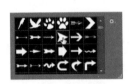

32 选择"椭圆工具"，设置绘制模式为"形状"，填充颜色跟描边颜色均为R52、G31、B33，在箭头下方单击并拖动鼠标，绘制圆形，如下左图所示。

33 执行"图层 > 图层样式 > 投影"菜单命令，打开"图层样式"对话框，在对话框中设置投影选项，如下右图所示。

34 设置完成后单击"确定"按钮，为圆形添加投影，得到如下左图所示的效果。

35 复制"图层 1"，得到"图层 1 拷贝"图层，将复制的"图层 1 拷贝"图层移至"椭圆 1"图层上，执行"图层 > 创建剪贴蒙版"菜单命令，创建剪贴蒙版，如下右图所示。

36 根据上一步的设置，创建剪贴蒙版，将圆形外的包包图像隐藏，得到如下左图所示的效果。

37 设置前景色为 R234、G0、B16，选择"圆角矩形工具"，在选项栏中设置"半径"为4 像素，在画面中单击并拖动鼠标，绘制红色圆角矩形，如下右图所示。

38 选择"椭圆工具"，在红色圆角矩形左侧单击并拖动鼠标，绘制白色小圆，如下左图所示。

39 选择"横排文字工具"，打开"字符"面板，在面板中设置文字的字体、大小、颜色等选项，如下右图所示。

40 在白色小圆的右侧单击并输入文字"高品质真皮"，如下左图所示。

41 继续使用横排文字工具在画面中输入更多文字，得到如下右图所示的效果。

42 复制"细节 01"图层组，创建"细节 01 拷贝"和"细节 01 拷贝 2"图层组，然后用"移动工具"调整这两个图层组中的包包图像位置，然后使用横排文字工具更改包包对应的文字，如下图所示。至此，已完成本实例的制作。

## 实例演练 6：
# 将照片设置为电商广告效果

原始文件：随书资源\素材\17\27.jpg、28.jpg
最终文件：随书资源\源文件\17\将照片设置为
电商广告效果.psd

解析：对于拍摄的商品照片，可以将其抠取出来，再通过合成的方式在画面中添加贴切的文字和其他素材图像，制作出商品促销广告。本实例首先使用图形绘制工具绘制出颇具创意的矢量背景图像，然后将模特与商品图像添加到画面中，结合文字的应用，打造出电商广告图片。下图所示为制作前后的效果对比图，具体操作步骤如下。

**1** 执行"文件 > 新建"菜单命令，打开"新建"对话框，在对话框中输入名称"将照片设置为电商广告效果"，调整新建文件的宽度和高度，如下左图所示。

**2** 设置完成后单击"确定"按钮，新建文件。选择"矩形工具"，单击选项栏中"填充"右侧的下三角按钮，在展开的面板中单击"渐变"按钮，然后设置渐变选项，如下右图所示。

**3** 沿文件边缘单击并拖动鼠标，绘制一个渐变色矩形，如下图所示。

**4** 单击"图层"面板中的"创建新组"按钮，新建"背景图形"图层组。选择"矩形工具"，设置前景色为 R0、G177、B175，在画面中单击并拖动鼠标，绘制蓝色矩形，如下左图所示。

**5** 按快捷键 Ctrl+T，打开自由变换编辑框，将鼠标移至矩形右上角，单击并拖动鼠标，旋转图像，然后用移动工具把旋转后的图形移至画面左侧，如下右图所示。

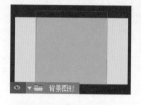

**6** 按快捷键 Ctrl+J，复制"矩形 2"图层，得到"矩形 2 拷贝"图层，如下左图所示。

**7** 按快捷键 Ctrl+T，打开自由变换编辑框，将鼠标移至编辑框右上角位置，单击并拖动鼠标，旋转图形，旋转后按 Enter 键，应用变换效果，如下右图所示。

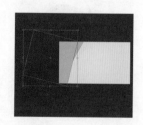

**8** 双击"矩形 2 拷贝"图层缩览图，打开"拾色器（填充色）"对话框，在对话框中设置填充颜色为 R34、G229、B213，如下左图所示。

**9** 设置完成后单击"确定"按钮，根据设置颜色，更改矩形颜色，得到如下右图所示的效果。

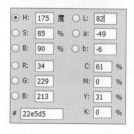

10 连续按快捷键 Ctrl+J，复制"矩形 2"图层，创建"矩形 2 拷贝 2"和"矩形 2 拷贝 3"图层，然后调整矩形的位置和颜色，如下图所示。

11 设置前景色为 R181、G249、B255，选择"椭圆工具"，按住 Shift 键，单击并拖动鼠标，绘制圆形，如下左图所示，创建"椭圆 1"图层。

12 确保"椭圆 1"图层为选中状态，将此图层的"不透明度"设为 20%，如下右图所示。

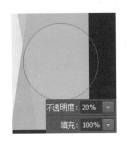

13 单击"图层"面板中的"创建新组"按钮，新建"组 1"图层组，然后把绘制的"椭圆 1"图层添加至图层组中，连续按快捷键 Ctrl+J，复制多个椭圆图层。

14 分别选中复制的圆形图形，然后分别调整圆的大小和位置，得到如下图所示的效果。

15 继续使用相同的方法，应用图形绘制工具在画面中绘制更多的图形，得到如下图所示的效果。

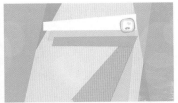

16 执行"文件 > 置入"菜单命令，把"27.jpg"文件置入到新建文件中，将图层命名为"图层 1"，如下左图所示。

17 按快捷键 Ctrl+T，打开自由变换编辑框，然后拖动编辑框，对图像进行等比例缩放，缩放完成后按 Enter 键，应用变换效果，如下右图所示。

18 单击"添加图层蒙版"按钮，为"图层 1"添加图层蒙版。选择"画笔工具"，设置前景色为黑色，在鞋子旁边的白色背景处涂抹，如下左图所示。

19 继续使用黑色画笔涂抹鞋子旁边的背景图像，得到如下右图所示的效果。

20 执行"滤镜 > 锐化 >USM 锐化"菜单命令，打开"USM 锐化"对话框，在对话框中设置各选项，如下左图所示。

21 设置完成后单击"确定"按钮，应用滤镜锐化图像，如下右图所示。

22 执行"图层 > 图层样式 > 投影"菜单命令，打开"图层样式"对话框，在对话框中设置投影选项，如下左图所示。

23 设置完成后，单击"图层样式"对话框中的"确定"按钮，应用样式，为鞋子添加投影效果，如下右图所示。

24 打开"28.jpg"文件，选择"移动工具"，把打开的人物图像拖动至新建文件中，得到"图层 2"，添加图层蒙版，如下左图所示，用黑色画笔涂抹人物旁边的背景，将多余的背景隐藏，如下右图所示。

25 选择"横排文字工具"，打开"字符"面板，在面板中设置要输入文字的字体、大小和颜色，如下左图所示。

26 将鼠标移至画面中间的图形上，单击并输入文字"新品单鞋"，如下右图所示。

27 确保"横排文字工具"为选中状态，在文字"单鞋"上单击并拖动鼠标，选中文字，如下左图所示。

28 打开"字符"面板，在面板中更改文字的大小和颜色，如下右图所示。

29 设置后单击工具箱中的任意工具，退出文字编辑状态，得到如下左图所示的文字效果。

30 执行"图层 > 图层样式 > 投影"菜单命令，打开"图层样式"对话框，在对话框中设置投影选项，如下右图所示。

31 设置完成后，单击"图层样式"对话框中的"确定"按钮，应用样式，为鞋子添加投影效果，如下左图所示。

32 继续结合横排文字工具和"字符"面板在画面中输入更多文字，如下右图所示。至此，已完成本实例的制作。

★ 技巧>>图层样式的复制

　　为图层中的对象添加图层样式后，如果要在其他的图层中应用相同的样式效果，则可以右击图层下方的图层样式，在弹出的快捷菜单中执行"拷贝图层样式"命令，然后右击需要添加相同图层样式的图层，在弹出的快捷菜单中执行"粘贴图层样式"命令即可。

# 第18章
# 轻松编辑 RAW 格式照片

RAW 格式可以让人们在拍摄照片后，通过 Photoshop 软件快速对照片做一些校正，如曝光、白平衡以及其他设置的调整。本章将全面讲解与 RAW 格式数码摄影相关的知识，为采用 RAW 格式拍摄的摄影师提供从拍摄到存档的完整工作流程指导。

## 18.1 RAW 格式概述

随着数码摄影的快速发展，"RAW 格式拍摄"已经成为全世界数码摄影师们最新的热门话题。越来越多的中高档单反相机和袖珍相机提供了从传统的 JPEG 和 TIFF 格式到 RAW 格式的转换功能。这种转换可以将由相机执行的一系列处理步骤交给摄影师本人处理，从而使摄影师可以对所拍摄的数码照片进行更多的控制调整。使用 RAW 格式可以使摄影师在后期处理的早期便接触图像数据，这样将获得更多的具有创造性的选择机会，能更好地控制图像的质量。

### 1. 什么是RAW格式

要理解 RAW 格式，以及该格式如何帮助用户获得更好的照片，则必须先了解数字拍摄流程的拍摄部分。数码单反相机都包含一个由光敏点光栅或矩阵组成的传感器，每个格点的响应值与照射在其表面的光量存在比例关系。通过记录并分析每个响应值，给光栅上的每个传感器位置分配一个色调，这样就可以依据穿过镜头聚焦在传感器表面的画面亮度范围来生成一张数码照片。由于 CCD 和 CMOS 传感器本身并不能记录光线的颜色，仅可以记录照射在传感器格点上的光量，因此该过程只能生成一张单色照片。

那么相机是如何使用单传感器产生彩色照片的呢？要生成一张数字彩色照片，需要在每个传感器格点上加装一个小滤镜。大部分相机中的滤镜为红、绿、蓝三原色混合滤镜，它按照特殊设计的拜尔模式排列。这种滤镜包含 25% 的红色滤镜、25% 的蓝色滤镜和 50% 的绿色滤镜。其中，绿色比例最高，以模仿人眼对该部分可见光谱的敏感性。在每个传感器格点上加装彩色滤镜意味着，这些格点对景点的颜色和亮度均产生响应。在 RAW 格式数码相机和软件出现之前，由于摄影师从相机得到的图像已经从 RAW 格式转换为他们更加熟悉且可用的 JPEG 或 TIFF 格式，所以摄影师并没有意识到 RAW 格式文件的存在。格式转换是拍摄过程的一部分，在此过程中相机使用来自传感器的 RAW 数据生成全色彩图像，它采用特殊的运算法则将拜尔格式数据转换为标准的 RGB 格式。因此，若用户选择以 JPEG 或 TIFF 格式保存拍摄的照片，则在每次按下快门后，相机内部都会进行拍摄和插补。若选择以 RAW 格式保存拍摄的照片，则相机不会处理来自传感器的色彩分离的传感器数据，仅将这些数据保存在存储卡上。这就意味着相机将所"看到"的全部信息都保存在图像文件中，用户可以使用这些文件制作高质量的数码照片。

在 JPEG 或 TIFF 格式文件的处理过程中，某些选项是固定不变的。而在 RAW 格式文件的处理过程中，可以对这些选项进行调整和控制，且没有任何损失。因此，RAW 格式文件可以理解为由以下 3 个明显的组成部分构成。

（1）**相机数据**：通常称为元数据和 EXIF 信息，包括数码相机的型号、光圈设置和快门速度等数据，大部分数据不能改动。

（2）**图像数据**：由相机记录，但可以使用 RAW 格式文件编辑软件修改的数据。修改时所选择的设置会直接影响图像的处理方式。可控制的选项包括白平衡、色彩饱和度、色调分布和锐化等。

（3）图像：这是直接从相机传感器格点上以非插补格式（拜尔格式）提取的数据。对于大部分 RAW 格式相机来说，这些数据为16 位的色彩深度，因而可提供比标准的 8 位 JPEG 或 TIFF 相机文件更多的色彩和色调，以进行图像的编辑或修改。

## 2. 为什么要选用RAW格式

基于 RAW 格式照片的优势，不论是职业摄影师还是业余摄影爱好者，都可以尝试使用 RAW 格式进行拍摄。下面将简单介绍 RAW 格式拍摄的优点。

（1）用户可以利用相机拍摄完整的色调和色彩范围。

（2）用户可以新建并保存最全面的数码图像文件，这是随时可用的数字底片。

（3）用户可以对白平衡设置等图像数据进行无损改变。对于非 RAW 格式文件，由于在数码相机中已经应用了白平衡设置，因此这种无损改变是不可能的。

（4）用户可以使用直接来自传感器的最原始的图像数据，而不是经过处理的信息。

（5）用户可以将数码相机中的许多文件处理过程转移到计算机上进行，从而可以从容不迫地进行更细致的处理，包括白平衡的控制调整、高光阴影和低光区的控制调整、清晰度及饱和度的控制、颜色模式的转换等。

（6）数字底片存档，即用户可以将原始的 RAW 格式文件存档，这样可随时调出未处理的文件，并重新审视你的转换和处理方式；也可以根据需要重新调整图像，将照片的色调变暖或变冷等，可进行无数次的重复操作。

（7）用户可利用 16 位图像文件进行高位编辑。更高的位深意味着更多的色调，可以使最终的照片达到更平滑的色调过渡效果。在 16 位模式下操作时，通过使用更多的数据，用户可快速编辑并纠正诸如色差和虚光等基于镜头产生的问题。

## 18.2  在 Camera Raw 中打开图像

使用相机拍摄了 RAW 格式的照片后，下一步就是将这些照片下载到自己的计算机上，下载到计算机后就需要浏览和查看拍摄的照片了。利用 Camera Raw 8.0 可以查看和编辑 RAW 格式、JPEG 格式等格式的图像文件。下面将简单介绍如何在 Camera Raw 8.0 中打开下载的数码照片，具体操作方法如下。

### 1. 打开RAW格式图像

若需要打开 DNG 等 RAW 格式文件，则先选中需要打开的图像，右击鼠标，在弹出的快捷菜单中选择"打开"命令，如右侧左图所示。此外，用户还可以在启动 Photoshop CC 2015 程序后执行"文件 > 打开"菜单命令或按快捷键 Ctrl+O，打开"打开"对话框，如右侧右图所示。在该对话框中选择需要打开的 RAW 格式照片，单击"打开"按钮，即可打开图像。

### 2. 打开JPEG或TIFF格式图像

要在 Camera Raw 中处理 JPEG 或 TIFF 图像，则先在 Adobe Bridge 窗口中选择一个或多个 JPEG 或 TIFF 文件，执行"文件 > 在 Camera Raw 中打开"菜单命令或按 Ctrl+R 键，即可打开

Camera Raw 对话框，如右侧左图所示。
如果已在 Photoshop 中将 JPEG 或 TIFF 格
式的图像打开，则可执行"滤镜 >Camera
Raw 滤镜"命令，在 Camera Raw 对话框
中打开照片，如右侧右图所示。

## 18.3 Camera Raw 的界面构成

在 Camera Raw 中打开照片后，即可看到全新的 Adobe Camera Raw 8.0 工作界面，如下图所示。
Adobe Camera Raw 8.0 改良了图像处理算法并增强了控制，可以通过不同的视图方式即时查看照
片处理后的效果，让 RAW 格式照片处理变得更加灵活。下面简单介绍 Adobe Camera Raw 8.0 的
界面构成。

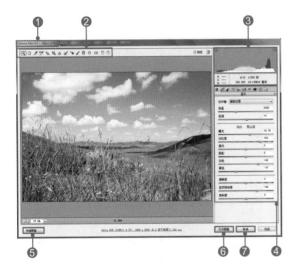

❶标题栏：显示增效模组的版本、拍摄这张照
片所使用的相机名称。

❷工具栏：列出了用于图像调整的常用工具。
单击这些按钮，可以选中工具并进行 RAW 格式图
像的处理操作。

❸色阶分布图：根据调整参数的不同，反映调
整的结果。

❹图像调整区：提供了 10 个标签选项，用户可
根据需要单击不同的标签，展开选项卡，对照片进
行设置。

❺存储图像：单击该按钮，将打开"存储选项"
对话框，在对话框中可将 RAW 格式文件转换为
JPEG、TIFF 或 PSD 等格式。

❻打开图像：单击该按钮，将编辑后的 RAW 格
式图像转换为在 Photoshop 中进行编辑。

❼取消：单击该按钮，将关闭对话框，不接受
任何修改。按住 Alt 键，单击该按钮，将切换为"复位"
按钮。单击"复位"按钮，可将设置选项恢复到默认值。

## 18.4 旋转、裁剪和纠正倾斜的照片

在 Adobe Camera Raw 8.0 中打开数码照片后，可以通过单击对话框顶部的各按钮来旋转或拉
直照片，如下图所示。这些功能可以节省后期的处理时间。下面将简单介绍这些工具的应用方法
和相关技巧。

❶裁剪工具：该工具用于在 Camera Raw 中裁
剪选中的图像。单击"裁剪工具"按钮，在需要
保留的位置单击并拖动鼠标，创建裁剪框，可自由
裁剪图像。若要限制裁剪比例，则按住"裁剪工具"
按钮，在弹出的下拉列表中可应用预设的裁剪比例

或设置自定义的裁剪比例，如下左图所示。若选择
"自定"选项，则打开"自定裁剪"对话框，如下
右图所示。

**②拉直工具**：该工具是 Camera Raw 8.0 新增的功能之一，应用该工具可快速校正偏移的照片。单击对话框顶部的"拉直工具"按钮✍或按 A 键，在倾斜对象任意一端单击鼠标，然后沿着水平方向拖动鼠标，释放鼠标后将在预览区域中显示拉直图像范围，如下图所示。此时按 Enter 键即可应用变换。

**③旋转工具**：该工具用于将照片逆时针或顺时针旋转 90°。单击"逆时针旋转图像 90 度"按钮或按 L 键，可将数码照片逆时针旋转 90°；单击"顺时针旋转图像 90 度"按钮或按 R 键，可将数码照片顺时针旋转 90°。下图所示分别为原图和旋转图像效果。

> **应用>>移动、缩放或旋转裁剪区域**
>
> 打开需要设置的素材图像，如图❶所示。单击对话框顶部的"裁剪工具"按钮🔲，在需

要保留的位置单击并拖动鼠标，创建裁剪框，如图❷所示。用户可进一步设置裁剪范围，单击并拖动裁剪区域或其手柄，即可对裁剪框进行旋转，如图❸所示。确定裁剪范围后按 Enter 键，即可应用裁剪，如图❹所示。

# 18.5 调整白平衡、明暗与对比度

不同于 TIFF 或 JPEG 格式拍摄的数码照片，RAW 格式文件中的白平衡设置并不是固定的。Adobe Camera Raw 中提供了预设、手动设置和白平衡工具 3 种调节白平衡的方式。除此之外，用户还可以通过设置"基本"选项卡中的曝光、高光、黑色、白色、阴影和对比度等选项，快速调整数码照片的色调和影调。下面将介绍如何在 Camera Raw 中调整数码照片的白平衡、明暗与对比度。

## 1. 设置白平衡

数码相机在曝光时将白平衡记录为元数据条目。在 Adobe Camera Raw 中打开 RAW 格式文件时，Camera Raw 增效工具会读取该值并将其设置为初始设置。该设置通常可以得到正确或者近似正确的色温。如果白平衡不正确，用户还可以对其进行调整。调整白平衡是指确定图像中应具有中性色（白色或灰色）的对象，然后调整图像中的颜色，使这些对象变为中性色。场景中的白色或灰色对象具有拍摄照片时所使用的周围光线或闪光灯的色调。单击 Camera Raw 顶部的"白平衡工具"按钮（如下左图所示）或按 I 键，指定应该为白色或灰色的对象时，Camera Raw 可以确定拍摄场景的光线颜色，然后自动调整场景光照。除此之外，用户还可以单击"基本"选项卡中的"白平衡"下三角按钮，在弹出的下拉列表中选择需要的选项，或直接在"色温"和"色调"数值框中输入数值来设置数码照片的白平衡，如下右图所示。

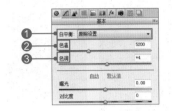

**应用一>>使用白平衡工具校正白平衡**

若用户要快速调整数码照片的白平衡，则可以使用白平衡工具。具体使用方法如下。

打开需要设置的素材图像，单击"白平衡工具"按钮，单击预览图像中应为灰色或白色的区域，如图❶所示。这样 Adobe Camera Raw 将自动设置图像的色温和色调，使这部分图像变为中灰，且在此过程中平衡图像的其余部分，如图❷所示。

❶**白平衡**：单击"白平衡"下三角按钮，在弹出的下拉列表中提供了多个设置白平衡的选项。为获得较好的效果，应使设置的照明类型与拍摄时的光照情况相匹配。

▶**原照设置**：使用数码相机默认的白平衡设置，效果如下左图所示。

▶**自动**：该模式下的白平衡可根据照明环境进行自动调整。在大多数情况下，它是最佳选择，如下中图所示。

▶**日光**：模拟在直射阳光下拍摄的图像效果，如下右图所示。

▶**阴天**：模拟在阴天的条件下拍摄的图像效果，如下左图所示。

▶**阴影**：模拟夜景或怀旧的图像效果，如下中图所示。

▶**白炽灯**：模拟在白炽灯下拍摄的图像效果，如下右图所示。

▶**荧光灯**：模拟在荧光灯下拍摄的图像效果，如下左图所示。

▶**闪光灯**：模拟在闪光灯下拍摄的图像效果，如下中图所示。

▶**自定**：通过拖动"色温""色调"滑块来设置图像的整体影调，如下右图所示。

❷**色温**：可用作场景光照的测量单位，因为自然光和白炽灯光源发出的光具有可预测的分布形式，具体取决于其温度。如果拍摄照片时光线的色温较低，降低色温可校正该照片。如果拍摄照片时光线的色温较高，提高色温可校正该照片，此时图像颜色会变得更暖，以补偿周围光线的高色温。下图所示为原图及不同色温下的图像效果。

**技巧一>>Camera Raw中的色温应用**

在调整非相机原始图像（如 TIFF 或 JPEG

图像）时，色温和色调的范围和单位是不同的。Adobe Camera Raw 为原始数据文件提供了一个色温调整滑块，调整范围为 2 000 ～ 50 000 度。对于 JPEG 或 TIFF 文件，Adobe Camera Raw 尝试模拟不同的色温或白平衡，但由于已使用原始值改变了文件中的像素数据，因此 Camera Raw 不提供真实的开氏温标。在这种情况下，会用范围为 -100 ～ 100 的近似刻度来代替温标。

❸色调：设置白平衡以补偿绿色或洋红色色调。减少色调可在图像中添加绿色；增加色调可在图像中添加洋红色，如下图所示。

**技巧二>>快速恢复照片的默认设置**

双击"白平衡工具"按钮，即可将数码照片恢复为"原照设置"。

2. 设置照片的明暗和对比度

用户可通过拖动"基本"选项卡中的各滑块，快速调整数码照片的明暗和对比度，如下图所示。

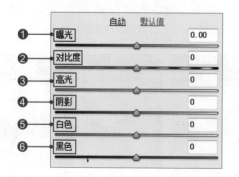

❶曝光：该选项用于调整图像的亮度。将滑块向右拖动，则图像整体变亮；将滑块向左拖动，则图像整体变暗，如下图所示。"曝光"滑块使用的度量单位和相机的光圈值是相同的。需要注意的是，

若设置的参数值高于图像中可以表示的最高值或低于图像中可以表示的最低值，将发生修剪，系统将修剪过亮的值以输出白色，修剪过暗的值以输出黑色。这将导致图像的细节丢失。该值每单位的增量等同于光圈大小。

❷对比度：用于增加或减少图像对比度，主要影响中色调。增加对比度时，中到暗图像区域会变得更暗，中到亮图像区域会变得更亮；降低对比度时，对于图像色调的影响相反，如下图所示。

❸高光：用于调整图像的明亮区域。向左拖动滑块可使高光变暗；向右拖动滑块可在最小化修剪的同时使高光变亮，如下图所示。

❹阴影：用于调整图像的阴影区域。向左拖动可在最小化修剪的同时使阴影变暗；向右拖动可使阴影变亮并恢复阴影细节，如下图所示。

## 应用二>>在Camera Raw中使用直方图和RGB 级别

直方图是图像中每个明亮度值的像素数量的表示形式。若直方图中的每个明亮度值都不为 0，则表示图像利用了完整的色调范围。若使用完整色调范围的直方图对应于缺少对比度的昏暗图像，则左侧出现峰值的直方图表示阴影修剪，右侧出现峰值的直方图表示高光修剪。直方图由 3 层颜色组成，分别表示红、绿和蓝颜色通道，如下图所示。当 3 个通道重叠时，则显示白色；当 2 个 RGB 通道重叠时，将显示黄色、洋红色或青色。在 Camera Raw 对话框中调整设置时，直方图会自动更改。

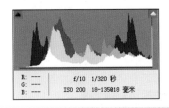

❺白色：用于设置哪些输入色阶将在最终图像中映射为白色，如下图所示。单击并拖动该滑块或在其后的数值框中输入数值，可设置图像中的最亮点。设置的数值越高，则映射为白色的区域越多，图像看起来越亮。

❻黑色：该选项用于设置哪些输入色阶将在最终图像中映射为黑色，如下图所示。单击并拖动该滑块或在其后的数值框中输入数值，可设置图像中的最暗点。设置的数值越高，则扩展映射为黑色的区域，使图像的对比看起来更强，但阴影区域丧失的细节也越多，所以黑色数值不宜调得太高。

## 应用三>>调整数码照片的影调

在 Camera Raw 8.0 对话框中打开照片，如图❶所示，单击对话框右侧的"自动"选项，如图❷所示。此时"曝光"值自动设置为 2.95，图像整体变亮，如图❸所示。

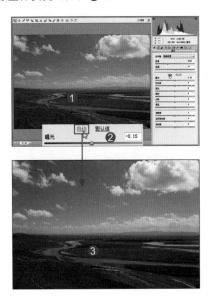

调整后图像的阴影部分仍然较暗，单击并向右拖动"白色"滑块，如图❹所示；单击并向右拖动"黑色"滑块，如图❺所示，效果如图❻所示。设置后进一步设置对比度，单击并向右拖动"对比度"滑块，设置后图像对比度增强，如图❼所示。设置完成后单击对话框右下角的"打开图像"按钮，即可在 Photoshop CC 2015 中打开设置后的图像，用户可在 Photoshop 中进一步设置照片的影调和色调，如图❽所示。

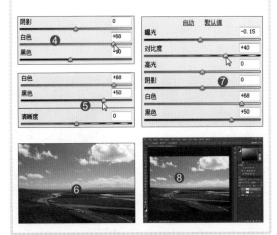

# 18.6　在 Camera Raw 中进行颜色和色调调整

本节将详细介绍如何在 Camera Raw 中对数码照片进行颜色和色调调整，内容包括调整图像自然饱和度及饱和度、"色调曲线"选项卡的应用、采用校准功能微调色彩和在 Camera Raw 中补偿色差和镜头晕影等。

## 1. 调整图像自然饱和度及饱和度

用户可通过设置"基本"选项卡中的"自然饱和度"及"饱和度"参数来调整数码照片的颜色，如下图所示。具体设置如下。

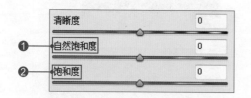

❶自然饱和度：该选项用于轻微地调整所有图像颜色的饱和度。单击并向左拖动滑块或输入负值，可降低照片的饱和度，使照片产生类似单色照片的效果；单击并向右拖动滑块或输入正值，可均匀地加强图像的颜色饱和度，如下图所示。

❷饱和度：该选项可均匀地调整所有图像颜色的饱和度。用户可单击并拖动"饱和度"滑块或在其后的数值框中输入 -100 ～ 100 之间的数值。输入的数值越高，则照片的颜色越饱和，如下图所示。

---

### 应用一>>制作高质量的黑白照片

用户可以使用"饱和度"滑块调节照片中的色彩浓度。向右拖动滑块可提高图像饱和度，当"饱和度"为 100 时，其色彩浓度是其值为 0 时的两倍。向左拖动滑块可降低图像饱和度，"饱和度"为 -100 时，图像将变成单色。打开需要设置的素材图像，将"饱和度"设置为 -100，如图❶所示。然后参照图❷进一步设置图像影调，即可快速将彩色照片制作为高质量的黑白照片。

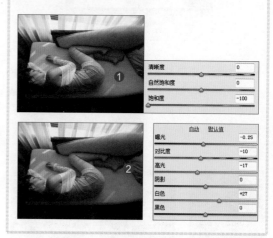

## 2. "色调曲线"选项卡

通过设置"色调曲线"选项卡中的各项参数，可对数码照片的色彩进行微调。色调曲线表示对图像色调范围所做的更改。水平轴（输入值）表示图像的原始色调值，左侧为黑色，并向右逐渐变亮。垂直轴（输出值）表示更改的色调值，底部为黑色，并向上逐渐变为白色。单击"色调曲线"按钮 ，切换至"色调曲线"选项卡，如下左图所示。单击"点"标签，切换至"点"选项卡，在其中的"曲线"下拉列表框中可选择预设的曲线选项，如下右图所示。用户还可以直接单击并拖动曲线，设置曲线外形。

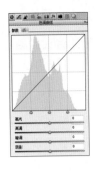 

下面将简单介绍"色调曲线"选项卡（见下图）中的各项参数。

❶**高光**：用于设置图像的高光亮度。

❷**亮调**：用于设置图像较亮部分的影调。

❸**暗调**：用于设置图像较暗部分的影调。

❹**阴影**：用于设置图像阴影部分的影调。

随着鼠标指针在曲线上的移动，鼠标指针位于曲线上不同的区域时，鼠标指针会变成十字形，并在"输入"和"输出"数值框中显示当前位置的数值，曲线的外形决定照片上色调的分布。下面将简单介绍不同曲线形状对图像的影响。

▶ **默认曲线或线性曲线**：指不改变默认的曲线外形或在"点"选项卡的"曲线"下拉列表框中选择"线性"选项，如下左图所示。该选项对图像影调没有影响。

▶ **使中色区变亮**：单击并向上拖动曲线控制点，将使图像中间区域的影调变亮，且不改变高光区域和阴影区域的影调，如下中图所示。

▶ **使中色区变暗**：单击并向下拖动曲线控制点，将使图像中间区域的影调变暗，且不改变图像高光区域和阴影区域的影调，如下右图所示。

  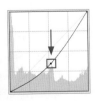

▶ **使高光区变亮**：单击并向左拖动曲线右上角

的滑块，使图像高光区域的影调变亮，且不改变中间区域和阴影区域的影调，如下左图所示。

▶ **使高光区变暗**：单击并向下拖动曲线右上角的滑块，使图像高光区域的影调变暗，且不改变中间区域和阴影区域的影调，如下中图所示。

▶ **使阴影区变亮**：单击并向上拖动曲线左下角的滑块，使图像阴影区域的影调变亮，且不改变中间区域和高光区域的影调，如下右图所示。

▶ **使阴影区变暗**：单击并向下拖动曲线左下角的滑块，使图像阴影区域的影调变暗，且不改变中间区域和高光区域的影调，如下左图所示。

▶ **降低图像的对比度**：在曲线中心单击增加控制点，然后在曲线右侧单击并向下拖动鼠标设置一个阴影控制点，在左侧单击并向上拖动鼠标设置一个高光控制点，如下中图所示。

▶ **增大图像的对比度**：在曲线中心单击增加控制点，然后在右上方单击并向上拖动鼠标创建一个阴影控制点，在左下方单击并向下拖动鼠标创建一个高光控制点，如下右图所示。

  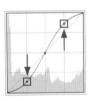

**应用二>>用色调曲线快速调整照片影调**

用户可以使用"色调曲线"选项卡快速对照片的明暗和对比度进行调整，使画面层次更加突出。

打开需要处理的素材图像，如图❶所示。单击"色调曲线"按钮，展开"色调曲线"选项卡，在其"参数"选项卡下设置选项，如图❷所示。设置完成后单击"点"标签，切换至"点"选项卡，在其中运用鼠标单击曲线，添加曲线控制点，然后拖动曲线控制点，更改曲线形状，如图❸所示。设置完成后可以看到照片的亮部区域变得更亮，而暗部区域变得更暗，如图❹所示。

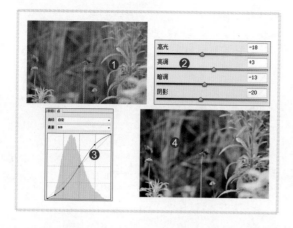

## 3. 采用校准功能微调色彩

除了白平衡预设以及色温和曲线外，Adobe Camera Raw 还包含一套色彩专业控制工具。通过设置这些控制选项可纠正多种人工混合光源下拍摄的图像中的色偏。在创建中和这些色偏的色彩特性文件时，该功能极为有效。

单击"相机校准"按钮，切换至"相机校准"选项卡，如下左图所示。设置完成后单击右侧的扩展按钮，在弹出的菜单中选择"存储设置"选项，打开"存储设置"对话框，如下右图所示。在其中可以保存设置的参数，以便应用于在相同光照下拍摄的其他图像。

### ⭐ 技巧一 >> 色差的表现形式

色差的边缘可能表现为某个对象靠近图像中心的一侧显示红边，而远离图像中心的一侧显示青边。另一种色彩不自然感影响镜面高光的边缘，如光在波纹水面或光洁的金属边缘反射时产生的镜面高光。这种情况通常会在每个镜面高光的周围产生紫边。类似色彩的散射现象可能出现在暗色对象和高亮对象之间的边缘处。

## 4. 在Camera Raw中修复紫边和镜头晕影

晕影是数码照片中常见的镜头问题，它是由于镜头无法将不同频率（颜色）的光线聚焦到同一点而造成的，其结果是导致图像的边缘（尤其是角落）比图像中心暗。紫边则是指在高反差边缘出现的色差，当被拍摄物体反差较大时，在高光与低光部分交界处出现的色斑现象。Camera Raw 中可以使用"镜头校正"选项卡中的"去边"和"镜头晕影"选项来修复紫边并补偿晕影。单击"镜头校正"按钮，可切换至"镜头校正"选项卡，在选项卡中单击"颜色"标签，在展开的选项卡中会显示"去边"选项组，如下左图所示；若单击"手动"标签，则在展开的选项卡下方会显示"镜头晕影"选项组，如下右图所示。

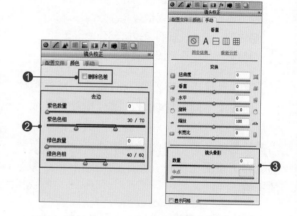

❶**删除色差**：勾选"删除色差"复选框，可删除红色／绿色和蓝色／黄色色偏。

❷**去边**：用于去除彩色杂边。其中，"紫色数量"选项用于控制去除紫色的强度，设置的参数值越大，去除紫边效果越干净；"紫色色相"选项用于调整紫色边缘的颜色，向边缘区域补偿青色或红色；"绿色数量"选项用于控制去除绿色的强度，设置的参数值越大，去除后的效果越干净；"绿色色相"选项调整绿色边缘的颜色，向边缘区域补偿黄色或蓝色。

❸**镜头晕影**：用于调整边缘晕影。单击并向右拖动"数量"滑块，可使图像角落变亮；单击并向左拖动"数量"滑块，可使图像角落变暗。增加"中点"数值，可将调整限制在离角落较近的区域；减少"中点"数值，可将调整应用于远离角落的较大区域。下图所示为不同设置下的图像效果。

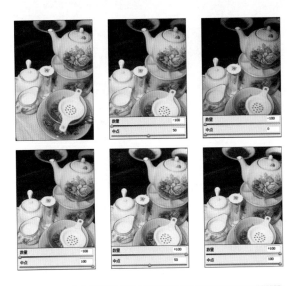

虚光是镜头缺陷产生的另一种视觉效果，这是由于镜头无法在整个传感器上维持均匀的曝光，导致图像角落边变暗（有时发亮）。有时出于照片艺术效果的需要，很多摄影师会在照片中导入一点虚光作为修饰操作的一部分。但当虚光出现在不希望的地方（如暗角落）时就是问题了。

🎞 应用三>>**清除照片的虚光效果**

在 Camera Raw 对话框中打开素材图像，如图❶所示。单击其中的"镜头校正"按钮，切换至"镜头校正"选项卡，单击"手动"标签，切换至"手动"选项卡，在下方参照图❷设置参数。设置完成后单击"基本"按钮🔘，切换至"基本"选项卡，在"白平衡"下拉列表框中选择"原照设置"选项，再单击"自动"按钮，如图❸所示。设置完成后，图像的影调和色调将恢复正常，如图❹所示。

# 18.7 在 Camera Raw 中修饰、锐化和降噪

本节将介绍如何在 Camera Raw 中对数码照片进行修饰、锐化和降噪处理，内容包括为人物去除红眼状态、"污点去除"工具的应用、锐化和减少数码照片杂色等。具体操作方法如下。

## 1. "红眼去除"工具

单击"红眼去除"按钮👁，在右侧的"红眼去除"选项卡中可设置"瞳孔大小"和"变暗"等参数，如下图所示。

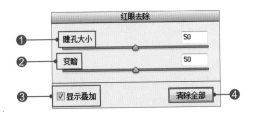

❶**瞳孔大小**：向右拖动该滑块可增加校正区域的大小。

❷**变暗**：向右拖动该滑块可以使选区中的瞳孔区域和选区外的光圈区域变暗。

❸**显示叠加**：勾选该复选框，则关闭选区并检查校正。

❹**清除全部**：单击该按钮，可清除全部设置。

🎞 应用一>>**快速去除人物红眼**

打开素材，将图像的比例设置为100%，单击"红眼去除"按钮👁，在"瞳孔大小"数值框中输入100，如图❶所示。在瞳孔部分单击并拖动鼠标，如图❷所示，清除红眼状态。继续设置另一只眼睛，效果如图❸所示。

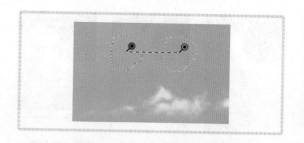

## 2. "污点去除"工具

"污点去除"工具可使用另一区域中的样本来修复图像中的选定区域。单击"污点去除"按钮 或按 B 键，在右侧的选项卡中可进一步设置工具选项，如下图所示。

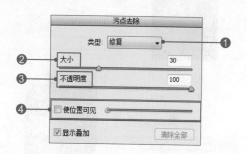

❶类型：提供了"修复"和"仿制"两个选项，用于设置修复的类型。若选择"修复"选项，则使样本区域的纹理、光照和阴影与所选区域相匹配；若选择"仿制"选项，则将图像的样本区域应用于所选区域。

❷大小：单击并拖动"大小"滑块或在其后的数值框中输入数值，可设置"污点去除"工具影响的区域大小。

❸不透明度：单击并拖动"不透明度"滑块或在其后的数值框中输入数值，可设置应用区域的不透明度。设置的数值越大，则图像越不透明。

❹使位置可见：勾选该复选框，可以更清楚地查看照片修复后的图像效果。

---

### 技巧一>>使用"污点去除"工具

要指定样本区域，则先定位到红色圆区域，即使用鼠标在图像中单击并涂抹，此时被单击涂抹的区域就是需要进行仿制或修复的区域；释放鼠标后，会在其附近显示一个绿色虚线框选的区域，即使用此部分的图像来修复红色虚线框以内的图像，如下图所示。用户在修复图像时，可以单击虚线内部的红色手柄和绿色手柄，调整修复源和目标图像。

---

## 3. 锐化和减少杂色

调整完照片的色调和影调后，将注意力转向锐化和降噪。虽然可以使用相机内置的功能进行锐化和降噪，但是对于追求完美画质的人来说，最好等到在计算机处理文件时再进行这些调节。单击"细节"按钮 ，切换至"细节"选项卡，如下图所示。"细节"选项卡的"减少杂色"选项组包含一些用于减少图像杂色（杂色是图像中多余的不自然的内容，它们会降低图像品质）的选项，具体设置如下。

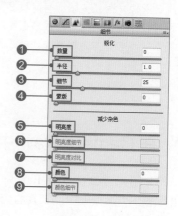

❶数量：用于调整图像边缘的清晰度。单击并向右拖动"数量"滑块，即可增加锐化。若设置"数量"为 0，则关闭锐化。为了使图像看起来更清晰，应将"数量"设置得较高。

❷半径：用于调整应用锐化的细节的大小。具有微小细节的照片可能需要较低的"半径"值，具有较粗略细节的照片可以使用较大的"半径"值。需要注意的是，若设置的"半径"值太大，则会使图像产生不自然的效果。

❸细节：用于调整在图像中锐化多少高频信息和锐化过程强调边缘的程度。设置的数值较低，则主要锐化边缘以消除模糊。设置的数值较高，则会使图像中的纹理更显著。

❹蒙版：用于控制边缘蒙版。若在其后的数值框中输入 0，则图像中的所有部分均接受等量的锐化。

若在其后的数值框中输入 100，则锐化主要限制在饱和度最高的边缘附近的区域。

❺明亮度：减少明亮度杂色。

❻明亮度细节：控制明亮度杂色阈值。值越高，保留的细节就越多；值越低，产生的结果就越干净。

❼明亮度对比：控制明亮度对比。设置的值越高，保留的对比度就越高，但可能会产生杂色的花纹或色斑；值越低，产生的结果就越平滑，但也可能使对比度较低。

❽颜色：减少彩色杂色。

❾颜色细节：控制彩色杂色阈值。值越高，边缘就能保持得更细，色彩细节更多，但可能会产生彩色颗粒；值越低，越能消除色斑，但可能会产生颜色溢出。

> ⭐ 技巧二>>杂色的产生原因和处理技巧
>
> 图像杂色包括亮度（灰度）杂色和单色（颜色）杂色。亮度杂色使图像呈现粒状，不够平滑；单色杂色通常使图像颜色看起来不自然。如果拍摄时使用的 ISO 感光度高，或者数码相机不够

> 精密，照片中可能会出现明显的杂色。进行亮度或杂色深度减低调整时，先在预览区域至少将图像放大到 100%，以查看减少杂色的预览效果。

> 🎓 应用二>>在"基本"选项卡中快速锐化模糊的照片
>
> 用户可以通过设置 Camera Raw 对话框中"基本"选项卡的各项参数来调整数码照片的锐化和降噪程度。单击"自动"按钮，再在"清晰度"后的数值框中输入 95 即可，如图❶所示。图❷和图❸所示分别为处理前与处理后的效果。

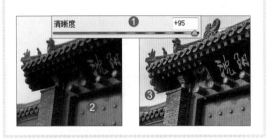

## 18.8 在 Camera Raw 对话框中进行局部调整

若用户要对数码照片的特定区域进行颜色调整，则可以使用 Adobe Camera Raw 中的"调整画笔""渐变滤镜"和"径向滤镜"工具，如下图所示。本节将简单介绍如何使用"调整画笔""渐变滤镜"和"径向滤镜"工具对图像局部进行调整。与 Camera Raw 中应用的其他调整一样，局部调整是非破坏性调整，这些调整并非永久地应用到照片中。单击"调整画笔"按钮 📷、"渐变滤镜"按钮 📷 或"径向滤镜"按钮 📷，即可对图像局部进行调整，具体的操作方法和相关技巧如下。

### 1. 调整画笔的应用

使用"调整画笔"工具可以有选择地应用曝光度、亮度、对比度和其他色调调整，并将这些调整"绘制"到照片上。单击工具栏中的"调整画笔"按钮 📷 或按 K 键，可切换到"调整画笔"选项卡，如右图所示。具体设置如下。

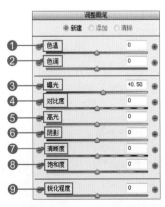

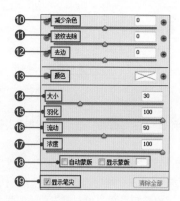

❶色温：调整图像某个区域的色温。向左拖动滑块，提高色温使其变暖；向右拖动滑块，降低色温使其变冷。

❷色调：对指定区域补偿绿色或洋红色色调。向左拖动滑块可在图像中添加绿色，向右拖动滑块可在图像中添加洋红色。

❸曝光：用于调整指定区域的亮度。向左拖动滑块降低曝光度，使图像变暗；向右拖动滑块提高曝光度，使图像变亮。

❹对比度：用于增加或减少特定区域的对比度，对图像中间调的影响较大。单击并向右拖动滑块或在其后的数值框中输入正值，可增强图像的对比度；单击并向左拖动滑块或在其后的数值框中输入负值，可减小图像对比度。

❺高光：用于调整高光区域的亮度。向左拖动滑块可使高光变暗，向右拖动滑块可使高光变亮。

❻阴影：用于调整阴影部分的亮度。向左拖动滑块可使阴影变暗，向右拖动滑块可使阴影变亮。

❼清晰度：通过增加局部对比来增加图像深度。数值越大，图像越清晰。

❽饱和度：用于更改局部颜色的鲜艳度。输入正值，提高图像饱和度；输入负值，降低图像饱和度。

❾锐化程度：增强边缘清晰度以显示照片中的细节。设置为正值时，图像细节变得清晰；设置为负值时，图像细节变得模糊。

❿减少杂色：减少明亮度杂色。向左拖动减少杂色，向右拖动增加杂色。

⓫波纹去除：用于去除波纹或者校正颜色失真。

⓬去边：去除图像边缘的色边。

⓭颜色：用于将色调应用到选中的区域。单击"颜色"后的颜色框，将打开"拾色器"对话框，如下图所示。在该对话框中可设置"颜色""色相"和"饱和度"，也可以运用鼠标单击以调整颜色，设置完成后单击"确定"按钮，即可将设置的颜色应用于选定区域。

⓮大小：用于指定画笔笔尖的直径，直接输入数值或用鼠标左右拖动可以调整其大小。

⓯羽化：控制画笔描边的硬度，即调整区域边沿的羽化范围。

⓰流动：控制应用调整的速率，即笔刷涂抹作用的强度。

⓱浓度：控制描边中的透明度程度，即笔刷涂抹所能达到的密度。

⓲自动蒙版 / 显示蒙版：勾选"自动蒙版"复选框，可将画笔描边限制到颜色相似的区域。勾选"显示蒙版"复选框时，当前调整区域始终显示蒙版；取消勾选时，只有鼠标悬停在笔刷标记点上时才显示蒙版。

⓳显示笔尖：勾选"显示笔尖"复选框，会显示当前图像中的所有笔刷标记点。

**应用一>> 应用"调整画笔"工具调整图像局部影调**

单击工具栏中的"调整画笔"按钮▨或按K键，选择"调整画笔"工具，并展开"调整画笔"选项卡。在选项卡中蒙版模式将默认为"新建"，如图❶所示。此时，运用画笔在图像上涂抹，可以确定要应用调整的图像范围，如图❷所示。如果要添加调整范围，则需要选中选项卡中的"添加"单选按钮，然后在图像上涂抹；如果要减去调整范围，则可选中"清除"单选按钮，然后在图像上涂抹，如图❸所示。确定调整范围后，再通过拖动"调整画笔"选项卡中的选项滑块以定义图像调整效果，设置完成后选中"新建"单选按钮，以调整图像，如图❹所示。

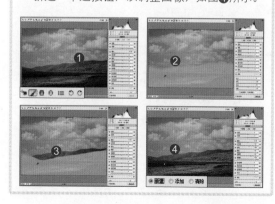

## 2. 渐变滤镜的应用

使用"渐变滤镜"工具可以跨照片区域渐变地应用同一类型的调整。用户可以随意调整区域的宽窄。另外，还可以将局部调整的两种类型应用到任何图片，根据用户的喜好对其进行自定义和调整。单击工具栏中的"渐变滤镜"按钮⬚或按 G 键，在直方图下会出现"渐变滤镜"选项卡，如下图所示。具体设置如下。

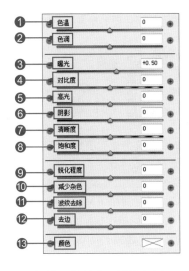

**❶色温**：调整图像某个区域的色温。

**❷色调**：对指定区域补偿绿色或洋红色色调。

**❸曝光**：用于调整指定区域的亮度。向左拖动滑块降低曝光度，使图像变暗；向右拖动滑块提高曝光度，使图像变亮。

**❹对比度**：用于增加或减少特定区域的对比度。

**❺高光**：用于调整高光区域的亮度。向左拖动滑块可使高光变暗，向右拖动滑块可使高光变亮。

**❻阴影**：用于调整阴影部分的亮度。向左拖动滑块可使阴影变暗，向右拖动滑块可使阴影变亮。

**❼清晰度**：通过增加局部对比来增加图像深度。数值越大，图像越清晰。

**❽饱和度**：调整渐变区域内图像的色彩鲜艳度。

**❾锐化程度**：调整蒙版区域图像的清晰度。数值越大，图像越清晰。

**❿减少杂色**：减少明亮度杂色。向左拖动减少杂色，向右拖动增加杂色。

**⓫波纹去除**：设置选项以去除波纹或者校正颜色失真。

**⓬去边**：去除图像边缘的色边。

**⓭颜色**：用于将色调应用到选中的区域。

**应用二>> 使用"渐变滤镜"工具调整图像局部**

打开需要设置的图像，如图❶所示。单击工具栏中的"渐变滤镜"按钮，然后在图像上需要设置的位置单击并拖动鼠标，再在右侧的选项卡中设置参数，如图❷所示。

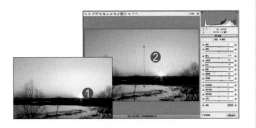

绿点表示滤镜开头边缘的起点，红点表示滤镜结尾边缘的终点，连接这些点的黑白相间的虚线表示中线。绿白相间的虚线和红白相间的虚线分别表示效果范围的开头和结尾。

## 3. 径向滤镜的应用

应用"径向滤镜"工具可以为主体位于画面中心的图像创建特殊的渐晕效果。选择"径向滤镜"工具，在 Camera Raw 预览区域单击并拖动鼠标，能够在主体对象周围绘制出椭圆形状，然后通过增强该椭圆区域的曝光度和清晰度等选项，凸显画面中的主体。单击工具栏中的"径向滤镜"按钮⬚或按 J 键，可以选择"径向滤镜"工具，并显示如下图所示的"径向滤镜"选项卡，其中大部分选项的作用与"调整画笔""渐变滤镜"选项卡中的相同。

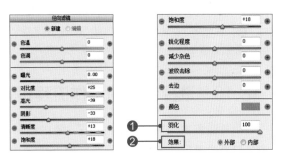

**❶羽化**：用于设置修复区域的边缘硬度，即调整区域边缘的羽化范围。

**❷效果**：用于确定图像中哪些区域被修改。选中"外部"单选按钮，将所有修改应用于选定区域的外部；选中"内部"单选按钮，则将所有修改应用于选定区域。

# 18.9 使用其他格式存储相机原始图像

输出文件是转换工作的最后一步，用户可以在 Camera Raw 中设置输出文件的类型。Camera Raw 主预览区域下方包含输出选项设置。用户可以在 Camera Raw 对话框中以 PSD、TIFF、JPEG 或 DNG 格式来存储相机原始数据文件。下面将简单介绍如何使用其他格式存储相机原始图像。

单击 Camera Raw 对话框左下角的"存储图像"按钮，打开"存储选项"对话框，如下图所示。在该对话框中可对存储的各项参数进行设置，具体设置如下。

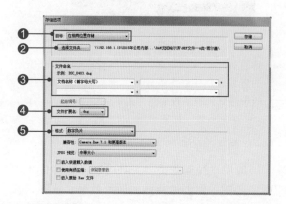

**①目标：**设置文件的存储位置。单击该下三角按钮，在弹出的下拉列表中提供了"在相同位置存储"和"在新位置存储"两个选项，如下图所示。

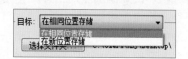

**②选择文件夹：**单击该按钮，将打开"选择目标文件夹"对话框，在该对话框中可设置存储的位置。

**③文件命名：**在该选项组中可设置文件的名称。可使用包含诸如日期和序列号等元素的命名约定设

置文件名；或通过使用基于命名约定且包含很多信息的文件名。

**④文件扩展名：**单击该下三角按钮，在弹出的下拉列表中可选择需要的扩展名，如下图所示。

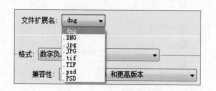

**⑤格式：**在该下拉列表框中可设置存储图像的格式。若选择"数字负片"选项，则以 DNG 格式存储相机原始数据文件的副本；若选择 JPEG 选项，则以 JPEG 格式存储相机原始数据文件的副本；若选择 TIFF 选项，则将相机原始数据文件的副本存储为 TIFF 文件；若选择 Photoshop 选项，则以 PSD 格式存储相机原始数据文件的副本。

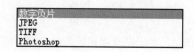

⭐ **技巧>>RAW格式照片的保存技巧**

按住 Alt 键单击"存储图像"按钮，可以跳过"存储选项"对话框，直接保存文件。保存的文件将应用 RAW 格式处理设置。

# 18.10 选择合适的工作流程设置

工作流程选项为从 Camera Raw 输出的所有文件指定设置，包括颜色位深、色彩空间、输出锐化以及像素尺寸。工作流程选项用于确定 Photoshop 如何打开这些文件，但不影响 After Effects 如何导入相机原始数据文件。工作流程选项设置也不会影响相机原始数据本身。本节将简单介绍如何设置合适的工作流程选项。

若要指定工作流程选项，可单击 Camera Raw 对话框底部带有下画线的文字，将弹出"工作流程选项"对话框，如右图所示。在该对话框中可设置工作流程选项，具体设置如下。

❶**色彩空间：**该选项用于设置目标颜色配置文件，在其下拉列表中可选择需要的选项。

❷**色彩深度：**设置在 Photoshop 中打开文件时是采用每通道 8 位图像的方式，还是采用每通道 16 位图像的方式。

❸**大小：**设置导入至 Photoshop 时图像的像素尺寸，默认像素尺寸是拍摄图像时所用的像素尺寸。

❹**分辨率：**设置打印图像的分辨率，此设置不影响像素尺寸。

## 实例演练 1:
# 在 Camera Raw 中校正照片

原始文件：随书资源 \ 素材 \18\26.dng
最终文件：随书资源 \ 源文件 \18\ 在 Camera Raw 中校正照片 .dng

解析：在拍摄数码照片时，由于拍摄水平和拍摄环境的限制，可能会拍摄出倾斜的照片。下面将介绍如何在 Camera Raw 中校正极度倾斜的照片。下图所示为制作前后的效果对比图，具体操作步骤如下。

**1** 在"打开"对话框中选择"26.dng"文件，单击"打开"按钮，如下左图所示。

**2** 通过上一步的操作，将在 Camera Raw 对话框中打开选中的素材图像，单击对话框中的"拉直工具"按钮或按 A 键，如下右图所示。

**3** 在照片的左下角沿着水平线方向单击并拖动鼠标，创建拉直参考线，如下左图所示。

**4** 设置好拉直参考线后释放鼠标，可在预览区域显示系统自动旋转的效果，如下右图所示。

**5** 单击并拖动裁剪框，调整裁剪的范围，最后调整至如下左图所示的位置即可。

**6** 确定裁剪的范围和大小后按 Enter 键，应用裁剪，得到如下右图所示的图像效果，修正偏移的照片。

**7** 单击"色调曲线"按钮，切换至"色调曲线"选项卡，单击"点"标签，在展开选项卡中的曲线上单击，添加曲线控制点，拖动调整其位置，如下左图所示。设置后得到如下右图所示的效果。至此，已完成本实例的制作。

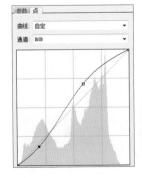

实例演练 2：
# 裁剪照片至特定比例并调整色调

原始文件：随书资源 \ 素材 \18\27.dng
最终文件：随书资源 \ 源文件 \18\ 裁剪照片至
特定比例并调整色调 .dng

解析：用户可通过 Camera Raw 对话框中的裁剪工具对数码照片进行再次构图。用户可应用裁剪工具中的"自定"选项设计自己的裁剪，使数码照片适应特殊的打印要求或其他输出要求。本实例将详细介绍如何将照片裁剪至特定比例并调整其色调。下图所示为制作前后的效果对比图，具体操作步骤如下。

**1** 在 Camera Raw 对话框中打开 "27.dng" 文件，如下左图所示。

**2** 按住对话框中的"裁剪工具"按钮，在弹出的下拉列表中选择"自定"选项，如下右图所示。

**3** 打开"自定裁剪"对话框，在"裁剪"下拉列表框中选择"比例"选项，再在其下的数值框中输入 6 和 4.5，设置裁剪比例为 6：4.5，如下左图所示。

**4** 在需要保留的图像上单击并拖动鼠标，创建裁剪框，如下右图所示。

**5** 确定裁剪范围后按 Enter 键，应用裁剪，得到如下左图所示的图像效果，完成特定比例的裁剪。

**6** 在"基本"选项卡中单击"自动"按钮，自动调整曝光、对比度等，如下右图所示。

**7** 继续在"基本"选项卡中设置色温、色调、曝光、亮度、对比度及饱和度等参数，如下左图所示。

**8** 通过上一步的操作，将得到如下右图所示的图像效果，图像的颜色和影调更加自然和谐。

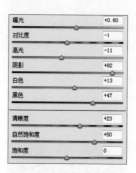

**9** 设置完成后单击对话框左下角的"存储图像"按钮，打开"存储选项"对话框，参照下图设置参数。设置完成后单击"存储"按钮，对设置的图像进行保存。至此，已完成本实例的制作。

## 实例演练 3：
# 修复数码照片的影调

原始文件：随书资源 \ 素材 \18\28.nef
最终文件：随书资源 \ 源文件 \18\ 修复数码照片的影调 .dng

　　解析：由于光线和个人拍摄水平的限制，拍摄出来的照片影调可能极不自然，而应用 RAW 格式拍摄的照片则可在后期处理中无损控制数码照片的色调和影调。本实例将介绍如何在 Camera Raw 中快速修饰数码照片的影调。下图所示为制作前后的效果对比图，具体操作步骤如下。

1 在"打开"对话框中选择"28.nef"文件，单击"打开"按钮，如下左图所示。

2 通过上一步的操作，将在 Camera Raw 对话框中打开选中的花卉素材图像，如下右图所示。

3 单击"基本"选项卡中的"自动"按钮，如下左图所示。

4 通过上一步的操作，会自动调整图像影调，使照片变得明亮起来，如下右图所示。

5 单击"基本"选项卡中的"白平衡"下三角按钮，在弹出的下拉列表中选择"自动"选项，如下左图所示。

6 通过上一步的操作，得到如下右图所示的图像效果，校正了照片的色彩。

7 继续设置"基本"选项卡中的曝光、对比度和高光等参数，如下左图所示。

8 通过上一步的操作，得到如下右图所示的图像效果，进一步调整图像影调。

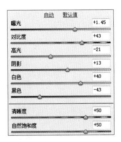

9 单击"HSL/ 灰度"按钮，切换至"HSL/ 灰度"选项卡，在选项卡中单击"明亮度"标签，在展开的"明亮度"选项卡中设置参数，如下左图所示。

10 通过上一步的操作，调整了照片中的黄色和绿色，得到如下右图所示的图像效果。

11 单击对话框左下角的"存储图像"按钮，如下左图所示，打开"存储选项"对话框，单击对话框中的"选择文件夹"按钮，如下右图所示。

**13** 完成设置后即可在指定位置查看以 PNG 格式存储的图像，如下图所示。

**12** 打开"选择目标文件夹"对话框，设置存储的位置，然后单击"选择"按钮，如下左图所示。返回"存储选项"对话框，设置文件名、保存格式等选项，设置完成后单击"存储"按钮，如下右图所示。

## 实例演练 4：
# 校正偏色的照片

原始文件：随书资源 \ 素材 \18\29.nef
最终文件：随书资源 \ 源文件 \18\ 校正偏色的照片 .dng

解析：不正确的白平衡设置会造成拍摄照片的偏色，所以在拍摄时应选择正确的白平衡模式。如果选择的白平衡模式不正确，也不用担心，用户可利用 Photoshop 软件进行后期校正。本实例将详细介绍如何通过 Camera Raw 校正偏色的数码照片。下图所示为制作前后的效果对比度，具体操作步骤如下。

**1** 在 Camera Raw 对话框中打开 "29.nef" 文件，如下左图所示。

**2** 将 "色温" 滑块拖动至 4800、"色调" 滑块拖动至 +20 位置，如下右图所示。

**3** 通过上一步的操作，得到如下图所示的图像效果，快速校正照片的整体色调。

**4** 单击"HSL/ 灰度"按钮，切换至"HSL/ 灰度"选项卡，在选项卡中单击"色相"标签，设置"色相"中的各项参数，如下左图所示。

**5** 通过上一步的操作，得到如下右图所示的图像效果，快速校正照片的整体色调。

6 单击"HSL/灰度"选项卡中的"饱和度"标签，切换至"饱和度"选项卡，设置"饱和度"中的各项参数，如下左图所示。

7 设置完成后得到如下右图所示的图像效果，进一步校正照片的色调。

8 单击"明亮度"标签，切换至"明亮度"选项卡，设置该选项卡中的各项参数，如下左图所示。

9 得到如下右图所示的图像效果，调整图像高光部分的色调和影调。

10 单击"镜头校正"按钮，切换至"镜头校正"选项卡，勾选"删除色差"复选框，修复边缘色差，如下图所示。

11 单击"基本"按钮，切换至"基本"选项卡，设置白色、自然饱和度及饱和度等参数，如下左图所示，调整照片颜色，效果如下右图所示。至此，已完成本实例的制作。

## 实例演练 5:
# 模拟浅景深效果

原始文件：随书资源\素材\18\30.dng
最终文件：随书资源\源文件\18\模拟浅景深效果.dng

解析：在聚焦完成后，在焦点前后的一定范围内都能形成清晰的影像，这个范围就被称为景深。摄影师在拍摄过程中，常常通过模糊背景加强景深的方法来突出主体对象。本实例将介绍如何使用 Camera Raw 中的"调整画笔"工具对照片背景进行模糊设置，模拟浅景深效果。下图所示为制作前后的效果对比图，具体操作步骤如下。

2 继续在"调整画笔"选项卡中设置"大小""羽化"和"流动"等参数，如下右图所示。

1 在 Camera Raw 对话框中打开"30.dng"文件，单击"调整画笔"按钮，再在右侧的"调整画笔"选项卡中设置"清晰度"和"锐化程度"为 -100，如下左图所示。

3 将鼠标移至背景位置，单击并涂抹，如下左图所示。

**4** 继续使用调整画笔在数码照片背景部分单击并涂抹，确定调整范围，如下右图所示。

**5** 选择"清除"单选按钮，然后设置"大小""羽化"和"流动"等参数，如下左图所示。

**6** 将鼠标移至鸟儿所在位置，单击并涂抹，擦除多余的图像，如下右图所示。

**7** 调整"调整画笔"选项卡中的羽化选项，如下左图所示。

**8** 继续使用调整画笔在图像上涂抹，涂抹后的效果如下右图所示。

**9** 涂抹完成后取消"调整画笔"选项卡中的"显示蒙版"复选框的勾选状态，如下左图所示，查看模糊后的效果，如下右图所示。

**10** 单击"调整画笔"选项卡中的"添加"按钮，然后用步骤1～步骤9中的方法，继续在背景部分反复涂抹，增强景深效果，如下左图所示。

**11** 设置完成后单击工具栏中的任意工具，退出"调整画笔"工具。单击"基本"按钮，展开"基本"选项卡，在选项卡中设置各项参数，如下右图所示。

**12** 单击"细节"按钮，展开"细节"选项卡，在选项卡的"减少杂色"选项组中设置参数，如下左图所示。

**13** 根据上一步设置的参数，调整图像，去除照片中的杂色，如下右图所示。至此，已完成本实例的制作。

> ★ **技巧>>如何拍摄出主体清晰而背景模糊的RAW格式照片**
>
> 　　背景模糊的数码照片有助于突出主体，可以采用如下方法实现该效果。使用F2.8、F2或F1.4等大光圈进行拍摄，或者使用焦距大于50mm的中长焦光学镜头拍摄。

---

## 实例演练6:
## 去除照片四周的暗角

 原始文件: 随书资源\素材\18\31.dng
最终文件: 随书资源\源文件\18\去除照片四周的暗角.dng

　　**解析**: 暗角是摄影专用术语。当对着亮度均匀的景物进行拍摄时，拍摄出来的照片中四角有变暗的现象，称为暗角。本实例将介绍如何在 Camera Raw 中快速去除照片四周的暗角。下图所示为制作前后的效果对比度，具体操作步骤如下。

1 打开 "31.dng" 文件，单击 "镜头校正" 按钮，切换至 "镜头校正" 选项卡，在选项卡中单击 "自动" 按钮，然后在 "变换" 选项组中设置参数，如下左图所示。

2 通过上一步的操作，调整图像，得到如下右图所示的效果。

5 单击 "基本" 按钮，切换至 "基本" 选项卡，在选项卡中单击 "自动" 按钮，如下左图所示，自动调整曝光、对比度等选项，使图像变得更加明亮，如下右图所示。

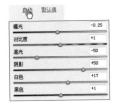

3 继续在 "镜头校正" 选项卡中设置参数，单击并向右拖动 "数量" 滑块，向左拖动 "中点" 滑块，如下左图所示。

4 通过上一步的操作，得到如下右图所示的图像效果，图像四周的暗角变亮。

6 在 "基本" 选项卡中设置 "清晰度" 为 +34、"自然饱和度" 为 +50，如下左图所示，调整图像清晰度和颜色饱和度，效果如下右图所示。至此，已完成本实例的制作。

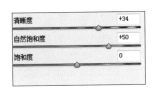

## 实例演练 7：
# 同时调整多张 RAW 格式照片

原始文件：随书资源 \ 素材 \18\32.nef~35.nef
最终文件：随书资源 \ 源文件 \18\ 同时调整多张 RAW 格式照片 .psd

解析：在 Camera Raw 对话框中可实现多张图像间的同步编辑，该操作可节省用户大量的时间，且随时可以查看数码照片的效果，非常方便。本实例将详细介绍如何同时调整多张 RAW 格式照片的色调和影调。下图所示为制作前后的效果对比图，具体操作步骤如下。

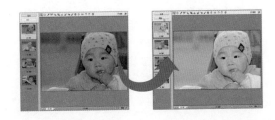

1 在 "打开" 对话框中选择 "32.nef" ～ "35.nef" 文件，单击 "打开" 按钮，如下左图所示。

2 通过上一步的操作，将在 Camera Raw 对话框中打开选中的 RAW 格式图像，如下右图所示。

**3** 单击文件列表中的 "32.nef" 素材图像，确定此图像为基本图像，如下左图所示。

**4** 单击 "白平衡" 下三角按钮，在展开的下拉列表中选择 "自动" 选项，如下右图所示。

**5** 在 "基本" 选项卡下方设置曝光、对比度、白色和黑色等选项，如下左图所示。

**6** 设置后调整图像明暗，得到如下右图所示的效果。

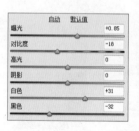 

**7** 单击 "色调曲线" 按钮，切换至 "色调曲线" 选项卡，在选项卡中单击 "点" 标签，在展开的选项卡中单击并向上拖动曲线，如下左图所示，提高图像的亮度，如下右图所示。

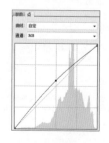 

**8** 单击 "通道" 下三角按钮，在展开的下拉列表中选择 "蓝色" 选项，单击并向上拖动曲线，如下左图所示，调整图像颜色，如下右图所示。

**9** 单击对话框左上角的 "全选" 按钮，如下左图所示，选中所有的数码照片，如下右图所示。

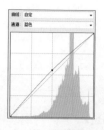 

**10** 为了同步调整打开的多张数码照片，单击对话框左上角的 "同步" 按钮，如下左图所示，打开 "同步" 对话框，在该对话框中设置同步的各项参数，如下右图所示。

**11** 设置完成后单击 "确定" 按钮，同步处理图像。处理完成后单击文件列表中的图像缩览图，可查看处理后的图像效果，如下图所示。

**技巧>>什么是RAW格式工作流程**

对于各个行业的人来说，良好的工作流程是为获得尽可能高的质量和更好的结果而遵循的一整套固定且高效的工作步骤。RAW 格式工作流程包括 RAW 格式文件的拍摄、转换、处理、输出和存档等，并不在相机中处理这些 RAW 格式文件。DNG 文件转换、色彩管理、打印和存档是 RAW 格式工作流程中的 4 项基本工作。

## 实例演练 8：

# 将模糊黯淡的照片清晰化

原始文件：随书资源 \ 素材 \18\36.dng
最终文件：随书资源 \ 源文件 \18\ 将模糊黯淡的照片清晰化 .dng

**解析：** 由于拍摄场景的光线或 ISO 感光值设置过高等原因，会使拍摄的照片模糊且色彩黯淡。本实例将介绍如何在 Camera Raw 中将模糊黯淡的照片清晰化。下图所示为制作前后的效果对比图，具体操作步骤如下。

**1** 在 Adobe Camera Raw 对话框中打开 "36.dng" 文件，设置 "清晰度" "自然饱和度" 及 "饱和度" 等参数，如下左图所示。

**2** 通过上一步的操作，增强数码照片的色彩饱和度，并对照片进行初步锐化，得到如下右图所示的图像效果。

**3** 单击 "细节" 按钮 ，切换至 "细节" 选项卡，如下左图所示。

**4** 在 "细节" 选项卡中设置 "锐化" 和 "减少杂色" 选项组中的各项参数，如下右图所示。

**5** 通过上一步的操作，得到如下左图所示的图像效果。

**6** 单击 "色调曲线" 按钮 ，切换至 "色调曲线" 选项卡，单击 "点" 标签，在展开的 "点" 选项卡的 "曲线" 下拉列表框中选择 "中对比度" 选项，如下右图所示。

 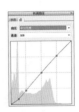

**7** 单击 "参数" 标签，在展开的 "参数" 选项卡中设置各项参数，调整图像的亮度，如下图所示。至此，已完成本实例的制作。

### ★技巧>>在Camera Raw中预览高光与阴影修剪

如果像素的颜色值高于图像中可以表示的最高值或低于图像中可以表示的最低值，将发生修剪。此时系统将修剪过亮的值以输出白色，修剪过暗的值以输出黑色。结果是图像细节丢失。要查看被修剪的像素以及预览图像的其他部分，则单击直方图最上方的 "阴影修剪警告" 按钮 或 "高光修剪警告" 按钮 。如图❶所示，单击 "阴影修剪警告" 按钮 ，可以看到图像左下角严重曝光不足的区域显示为蓝色。如图❷所示，单击 "高光修剪警告" 按钮 ，照片中曝光过度的区域以红色显示。除此之外，用户还可以直接按 U 键来查看阴影修剪，按 O 键来查看高光修剪。

## 实例演练 9：
# 校正照片的白平衡

原始文件：随书资源 \ 素材 \18\38.cr2
最终文件：随书资源 \ 源文件 \18\ 校正照片的白平衡 .dng

　　解析：拍摄时白平衡设置不正确怎么办？不用担心，在后期处理时可以通过重设白平衡来修正色偏，使图像的色彩恢复到平衡状态。Camera Raw 对话框右侧的图像调整区提供了相当精确而完整的图像调整功能，本实例就来介绍如何利用它快速校正照片的白平衡。下图所示为制作前后的效果对比图，具体操作步骤如下。

1 在 Camera Raw 对话框中打开 "38.cr2" 文件，按下快捷键 Ctrl++，将图像放大至合适比例，使用 "白平衡工具" 在图像中较昏暗的部分单击，如下左图所示。

2 上一步操作会自动调整图像的白平衡，得到如下右图所示的图像效果。

3 观察经过自动白平衡调整的画面，会发现还是有点偏黄。于是在 "基本" 选项卡中向左拖动 "色温" 滑块，如下左图所示。

4 拖动后得到如下右图所示的效果，照片颜色变得更加自然。

5 单击 "基本" 选项卡中的 "自动" 按钮，如下左图所示。

6 自动调整图像的亮度，得到如下右图所示的图像效果。

7 参照下左图进一步设置 "基本" 选项卡中的曝光、对比度、阴影等参数。

8 上一步操作后得到如下右图所示的图像效果。至此，已完成本实例的制作。

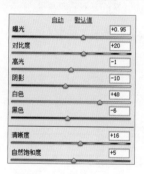

### 技巧>>快速去除图像中的过渡红边或青边

　　数码相机的镜头若没有准确地将不同波长（颜色）的光线对焦到同一点上，则很可能会导致拍摄的图像出现色差。有一种色差会在物体的两边出现互补色的边缘，若一边出现红色边缘，则另一边会出现青色边缘。对于这种问题，可通过拖动 "镜头校正" 选项卡中的 "修复红 / 青边" 和 "修复蓝 / 黄边" 滑块进行修正。

# 第19章
## 数码照片的实际应用

经过前面章节的学习，相信用户已经掌握了数码照片编修的基本方法和相关技巧，本章将进一步介绍数码照片的实际应用。本章将首先介绍如何使用油漆桶工具为特定区域填充颜色和通过设置完美画笔笔尖为照片添加各种特殊效果，然后将理论应用于实际，通过精选的 6 个数码照片的实际应用案例，全面展示数码照片在实际应用中的核心编修和应用技法。在这些应用案例中融合了流行的修图方法，掌握它们可让你将自己的照片修饰到极致。

## 19.1 为特定区域填充颜色——油漆桶工具

油漆桶工具用于在特定颜色和与其相近的颜色区域填充前景色或指定的图案。该工具常用于填充颜色相对单一的图像，可为特定区域快速填充颜色。若要用油漆桶工具进行填充，则通过单击即可完成。为了使填充更加准确和细致，用户可进一步设置其选项栏，以控制填充的方式、不透明度和填充内容等。本节将简单介绍如何使用油漆桶工具为特定区域填充颜色，具体操作方法和相关技巧如下。

Photoshop CC 2015 中的油漆桶工具可填充实色或图案。单击工具箱中的"油漆桶工具"按钮，将前景色设置为浅蓝色，如下左图所示。然后在需要填充的位置单击鼠标，即可将该区域的图像填充颜色设置为前景色，如下右图所示。

为了使填充更加准确，用户可在单击"油漆桶工具"按钮后，进一步在其选项栏中设置工具的各项参数，如下图所示。具体的设置方法如下。

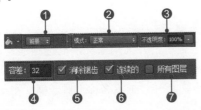

❶ **设置填充区域的源**：单击该下三角按钮，在弹出的下拉列表中包含"前景"和"图案"两个填充选项。选择"前景"选项，即以设置的前景色进行填充；选择"图案"选项，即可实现各种图案填充效果，用户还可以载入各种图案进行填充。

❷ **模式**：单击"模式"下三角按钮，可在弹出的下拉列表中选择需要的模式。选择不同的模式，将得到不同的图像效果。

❸ **不透明度**：在其后的数值框中输入数值或拖动滑块，可设置填充的不透明度。设置的数值越高，则填充的颜色或图案就越清晰。

❹ **容差**：用于定义一个颜色相似度（相对于取样颜色），一个像素必须达到此颜色相似度才会被取代。

❺ **消除锯齿**：勾选该复选框，将在填充图像的边缘消除锯齿状态。

❻ **连续的**：勾选该复选框，使用油漆桶工具单击将替换与取样颜色相同并且连续的像素。取消勾选"连续的"复选框，则整个图层和选区中取样颜色的所有像素都将被油漆桶工具选取的颜色替换。

❼ **所有图层**：对于由多个图层构成的图像，勾选"所有图层"复选框后，使用油漆桶工具进行颜色填充时，可将填充应用于所有图层中。若取消勾选该复选框，则只对当前选中的图层进行部分填充，不会影响其他图层。

**应用>>应用油漆桶工具快速为图像更换背景**

打开需要设置的素材图像，如图❶所示。执行"编辑 > 定义图案"菜单命令，弹出"图案名称"对话框，在"名称"文本框中输入图案名称，如图❷所示。设置完成后单击"确定"按钮即可。

打开需要更换背景的图像，按 Ctrl+J 键，复制图层，添加蒙版，把纯色的背景隐藏，如图❸所示。单击工具箱中的"油漆桶工具"按钮，在其选项栏中设置填充选项为"图案"，在"图

案"下拉列表中单击刚才定义的"花"图案，如图❹所示。创建图层，使用油漆桶工具在图像透明背景处单击，如图❺所示，填充背景，最终的填充效果如图❻所示。

## 19.2 添加各种特殊效果——完美画笔笔尖的设置

选中画笔工具后，不仅可在其选项栏中调整画笔笔触的大小、外形以及材质等，还可以随意调整特定形态的笔触。本节将简单介绍如何通过设置完美画笔笔尖为图像添加各种特殊效果，具体操作方法如下。

### 1. 准备文件

新建一个带白色背景的 Photoshop 文件，单击工具箱中的"画笔工具"按钮，在其选项栏中选择一个柔角画笔笔尖预设。单击选项栏中紧挨着"画笔"的图标，打开"画笔预设"选取器，设置画笔大小为125、模式为"溶解"；单击工具箱中的"前景色"色块，打开"拾色器（前景色）"对话框，设置颜色为灰色，如下左图所示。在工作窗口中单击，创建笔尖，再设置前景色为黑色、画笔大小为70，继续绘制画笔，如下右图所示。

### 2. 编辑笔尖

执行"滤镜 > 模糊 > 高斯模糊"菜单命令，

打开"高斯模糊"对话框，在"半径"数值框中输入 0.5，设置完成后单击"确定"按钮，如下左图所示。若要重塑笔尖，则单击工具箱中的"橡皮擦工具"按钮，在其选项栏中设置模式为"画笔"，选择一个较小的画笔笔尖，在图像适当位置单击并涂抹，擦除多余的图像，如下右图所示。

### 3. 捕捉和应用画笔笔尖

按 M 键切换至"矩形选框工具"，在图像适当位置单击并拖动鼠标，框选画笔笔迹，如下左图所示。执行"编辑 > 定义画笔预设"菜单命令，打开"画笔名称"对话框，在"名称"

文本框中输入画笔名称，设置完成后单击"确定"按钮，该新画笔笔尖将会被添加到"画笔预设"选取器中，并被列为最后一个。将前景色设置为"ff00c0"，使用画笔工具在图像适当位置涂抹，绘制图像，即可应用设置的画笔笔尖进行绘制，如下右图所示。

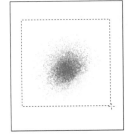

# 19.3 将数码照片导出为 Web 所用格式

Photoshop CC 2015 提供了"存储""存储为"及"存储为 Web 所用格式"3 种保存图像的方式。其中，"存储为 Web 所用格式"命令并没有像"存储为"命令那样提供很多保存格式，但是它为每种支持的格式提供了更灵活的设置。本节将简单介绍"存储为 Web 所用格式"命令的使用和相关设置技巧。

打开需要设置的素材图像，执行"文件 > 导出 > 存储为 Web 所用格式（旧版）"菜单命令，打开"存储为 Web 所用格式"对话框，如下图所示。在该对话框中可以预览具有不同文件格式和文件属性的优化图像。

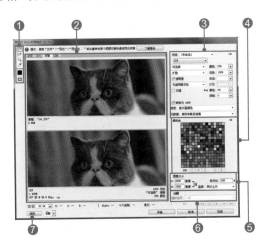

**❶工具箱**：工具箱中从上至下依次为"抓手工具""切片选择工具""缩放工具""吸管工具""吸管颜色工具"和"切换切片可见性工具"。

**❷显示区域**：用于设置优化图像的显示方式，Photoshop 中提供了 4 种优化显示方式，分别为"原稿""优化""双联"和"四联"，默认以"优化"方式显示。

**❸优化文件区域**：此区域主要用于对图像进行优化设置，可以将图像设置为不同的格式。

**❹颜色表**：用于显示组成图像的颜色。使用"颜色表"可自定优化 GIF 和 PNG-8 图像中的颜色，减少颜色数量通常会减少图像文件的大小，同时保留图像品质，用户可以将图像中的颜色表存储并应用于其他图像上，得到最佳的优化方式。

**❺图像大小**：此区域显示了当前图像的大小，可以通过选项来调整优化后的图像的宽度、高度以及百分比值，以达到更改图像大小的目的。

**❻动画**：如果当前图像中创建了动画图像，就可以使用"动画"选项设置并播放动画。

**❼预览**：单击该按钮，在浏览器中预览图像。

Web 图形格式可以是位图，也可以是矢量图。位图格式（GIF、JPEG、PNG 和 WBMP）与分辨率有关，这意味着位图图像的尺寸随显示器分辨率的不同而发生变化，图像品质也可能会发生变化。矢量格式（SVG 和 SWF）与分辨率无关，用户可以对图像进行放大或缩小，而不会降低图像品质。下面将简单介绍 Web 图形优化选项中各选项的设置方法，具体如下。

## 1. JPEG优化选项

JPEG 是压缩照片图像的标准格式。将图像优化为 JPEG 格式的过程依赖于有损压缩，它有选择地扔掉数据。在"优化的文件格式"下拉列表框中选择 JPEG 选项，可进一步设置 JPEG 文件格式的优化选项，具体设置如下。

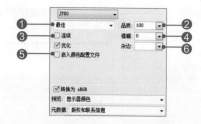

**❶压缩品质**：该选项用于设置压缩的品质。

**❷牺牲图像品质以获取更好的压缩效果**：该选项用于设置压缩图像的程度。其数值设置得越高，压缩算法保留的细节越多。但是使用高品质设置生成的文件比使用低品质设置生成的文件大。

**❸连续**：勾选该复选框，将在 Web 浏览器中以渐进方式显示图像。图像将显示为一系列叠加图形，从而使浏览者能够在图像完全下载下来之前查看它的低分辨率版本。

**❹模糊**：该选项用于设置应用于图像的模糊量。它与"高斯模糊"滤镜的效果相同，允许用户进一步压缩文件，以获取更小的文件大小。

**❺嵌入颜色配置文件**：该复选框用于在优化文件中保存颜色配置文件。

**❻杂边**：该选项用于为原始图像中的透明像素设置一种填充颜色。单击"杂边"下三角按钮，可在弹出的下拉列表中选择需要的选项。

◆ 可以在"切片选项"对话框中为每个切片设置选项，如切片类型、名称和 URL。

◆ 可以使用"存储为 Web 所用格式"对话框中的各种优化设置对每个切片进行优化。

## 2. GIF和PNG-8优化选项

GIF 是压缩具有单调颜色和清晰细节的图像（如艺术线条、徽标或带文字的插图）的标准格式。在"优化的文件格式"下拉列表框中选择 GIF 选项，可进一步设置 GIF 文件格式的优化选项，如下上图所示。PNG-8 格式可有效地压缩纯色区域，同时保留清晰的细节。在"优化的文件格式"下拉列表框中选择 PNG-8 选项，可进一步设置 PNG-8 文件格式的优化选项，如下下图所示。具体设置如下。

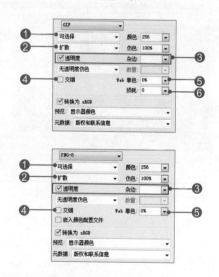

**❶减低颜色深度算法**：该选项用于设置生成颜色查找表的方法以及想要在颜色查找表中使用的颜色数量。

**❷指定仿色算法**：该选项用于设置应用程序仿色的方法和数量。"仿色"指模拟计算机的颜色显示系统中未提供的颜色的方法。较高的仿色百分比

将使图像中出现更多的颜色和更多的细节，但同时也会增大文件大小。

❸透明度和杂边：用于设置如何优化图像中的透明像素。

❹交错：当完整图像文件正在下载时，在浏览器中显示图像的低分辨率版本。勾选该复选框可使下载时间感觉更短，并使浏览者确信正在下载。但是交错也会增加文件大小。

❺Web 靠色：该选项用于设置将颜色转换为最接近的 Web 调板等效颜色的容差级别。设置的数值越大，则转换的颜色越多。

❻损耗：该选项通过有选择地扔掉数据来减小文件大小。较高的损耗设置会导致更多数据被扔掉。

---

**应用二>>在"存储为Web所用格式"对话框中浏览图像**

如果在"存储为 Web 所用格式"对话框中无法看到整个图稿，则可以使用抓手工具来查看图像的其他区域。另外，还可以使用缩放工具来放大或缩小视图。下面将简单介绍如何在"存储为 Web 所用格式"对话框中浏览图像，具体操作方法如下。

在"存储为 Web 所用格式"对话框中设置画面的缩放级别为 100，单击对话框左侧的"抓手工具"按钮或按住空格键，如图❶所示。然后在视图区域内拖动以平移图像，查看更多区域，如图❷所示。

另外，单击对话框中的"缩放工具"按钮，在视图内单击可进行放大；按住 Alt 键在视图内单击可缩小图像。

---

**3．PNG-24优化选项**

该选项适合于压缩连续色调图像，但它生成的文件比 JPEG 格式生成的文件要大得多。使用 PNG-24 的优点是可在图像中保留多达 256 个透明度级别。在"优化的文件格式"下拉列表框中选择 PNG-24 选项，可进一步设置 PNG-24 文件格式的优化选项，如下图所示。具体设置如下。

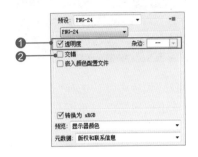

❶透明度和杂边：用于设置如何优化图像中的透明像素。

❷交错：当完整图像文件正在下载时，在浏览器中显示图像的低分辨率版本。勾选该复选框可使下载时间感觉更短，并使浏览者确信正在下载。

**4．WBMP选项**

WBMP 格式是优化移动设备（如移动电话）图像的标准格式。WBMP 支持 1 位颜色，即 WBMP 图像只包含黑色和白色像素。在"优化的文件格式"下拉列表框中选择 WBMP 选项，可进一步设置WBMP 文件格式的优化选项，如下图所示。具体设置如下。

指定仿色算法：用于设置应用程序仿色的方法和数量。用户可根据需要在其下拉列表框中选择需要的选项。

---

# 19.4　添加动感画册效果——"时间轴"面板

动画是一段时间内显示的一系列图像或帧。每一帧较前一帧都有轻微的变化，当连续、快速地显示这些帧时就会产生运动或其他变化的错觉。本节将简单介绍 Photoshop CC 2015 中的"时间轴"面板，通过该面板可为图像快速添加各种动画效果。

执行"窗口>时间轴"菜单命令，打开"时间轴"面板，如下图所示。此时面板显示为创建动画时的初始状态。Photoshop 中的"时间轴"面板有两种编辑模式，一种用于编辑视频，另一种用于编辑帧动画，两种模式之间的转换可以通过"时间轴"面板中间的"创建帧动画"和"创建视频时间轴"选项进行选择并切换。

在"时间轴"面板中默认选择"创建帧动画"选项，此时单击该按钮，则面板会切换至帧动画模式，并显示动画中每一帧的缩览图。下面将简单介绍该面板中的各项设置，各选项的含义如下。

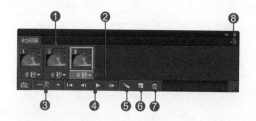

**❶关键帧**：关键帧以图像缩览图的方式显示出来，并且以 1、2、3……的序列对图像进行排序。

**❷设置帧延迟**：在关键帧缩览图的下方显示的是每一个动画帧的播放时间，单击下方的下三角按钮，在下拉列表中可以选择需要的时间，以秒为单位，如下左图所示。在下拉列表中没有合适的时间时，可以选择"其他"选项，打开如下右图所示的"设置帧延迟"对话框，在对话框中输入延迟的时间。

**❸循环播放**：设置动画播放的次数时，在该选项的下拉列表中可以选择"一次""3 次""永远"和"其他"选项，如下左图所示。当选择"其他"选项时，可以打开"设置循环次数"对话框，在该对话框中可输入并指定次数，如下右图所示。

**❹控制按钮**：单击"选择第一帧"按钮 ⏮，可以选择"时间轴"面板中的第一帧图像，以蓝色突出显示；单击"选择上一帧"按钮 ◀，可以选择当前帧的前一帧图像；单击"播放动画"按钮 ▶，可以对"时间轴"面板中编辑完成的动画进行播放；单击"选择下一帧"按钮 ▶，可以选择当前帧的后一帧图像。

**❺过渡动画帧**：单击"过渡动画帧"按钮 ◥，可以打开如下左图所示的"过渡"对话框，在其中可以设置选中帧与下一帧之间的过渡方式，在"过渡方式"下拉列表框中可以设置的过渡方式有"选区""上一帧""第一帧"，如下右图所示，并且可以通过"要添加的帧数"选项来设置两个帧之间的过渡帧数。

**❻复制所选帧**：单击"复制所选帧"按钮 ◲，可以将当前选中的帧进行复制。

**❼删除所选帧**：单击"删除所选帧"按钮 🗑，可以将当前选中的帧删除。

**❽扩展按钮**：单击面板右上角的扩展按钮 ▤，可以展开面板菜单，在其中包括了多个命令，可以对帧动画进行编辑。

如果要创建视频，则单击"创建帧动画"右侧的下三角按钮，在弹出的列表中选择"创建视频时间轴"选项，切换至视频时间轴模式。如果创建了帧动画，则可以单击面板左下角的"转换为视频时间轴"按钮 ▥，切换至视频时间轴模式。下图所示为"视频时间轴"模式时显示的"时间轴"面板。

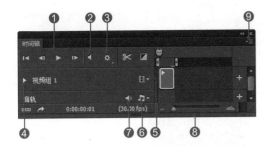

❶**控制按钮**：单击"转到第一帧"按钮 ◄，可以将播放的位置设定到"时间轴"面板视频文件起始位置；单击"转到上一帧"按钮 ◄，可以选择当前帧的前一帧画面；单击"播放"按钮 ▶，可以对"时间轴"面板中编辑完成的视频进行播放；单击"转到下一帧"按钮 ►，可以选择当前帧的后一帧画面。

❷**启用 / 关闭音频**：单击"启用／关闭音频"按钮 ◄，可以关闭或启用音频轨道上音频的播放。

❸**设置回放选项**：单击"设置回放选项"按钮 ✿，可以展开如下图所示的隐藏设置，在其中可以设置回放相关的分辨率和是否对播放的视频进行循环播放等。

❹**视频属性**：单击该三角形按钮，可以展开相关的属性设置，包括"位置""不透明度"和"样式"等，在视频轨道上可以通过添加关键帧的方式对属性的参数和效果进行设置。

❺**视频轨道菜单**：单击视频轨道后面的按钮 ▣▾，可以在展开的菜单中创建或删除视频组或轨道，如下左图所示。

❻**音频轨道菜单**：单击音频轨道后面的按钮 ♫▾，可以在展开的菜单中创建或删除音频剪辑或音频轨道，如下右图所示。

❼**音轨静音或取消静音**：单击"音轨静音或取消静音"按钮 ◄》，可以对音频轨道上的音频文件进行静音操作。

❽**控制时间轴显示比例**：单击时间轴下方的控制滑块，可以对时间轴中音频或视频轨道上的文件显示大小进行调整。

❾**扩展按钮**：单击面板右上角的扩展按钮 ▤，可以展开面板菜单，在菜单中可以对"时间轴"面板中的文件进行更多的设置。

---

## 实例演练 1：
# CD 封面全套设计

原始文件：随书资源 \ 素材 \19\06.jpg、07.jpg
最终文件：随书资源 \ 源文件 \19\CD 封面全套设计 .psd

**解析**：本实例将介绍如何制作 CD 封面。在制作的过程中，根据 CD 封面的外包装盒与 CD 盘面的外形特点，运用 Photoshop 绘制出类似的图形，并把拍摄的素材照片置入到图形的中间，形成 CD 外包装盒和 CD 盘面效果，最后再利用文字加以修饰。下图所示为制作前后的效果对比图，具体操作步骤如下。

**1** 执行"文件 > 新建"菜单命令或按 Ctrl+N 键，打开"新建"对话框，设置新建文件的各项参数，如下左图所示，设置完成后单击"确定"按钮。

**2** 新建文件，单击"图层"面板中的"创建新组"按钮 ▣，新建"封面"图层组，如下右图所示。

**3** 打开"06.jpg"文件，使用移动工具将打开的素材图像拖动至新建文件中，如下左图所示。

**4** 选择工具箱中的"矩形选框工具"，在人物图像上单击并拖动鼠标，绘制矩形选区，如下右图所示。

**5** 新建图层，将其重命名为"封套"，如下左图所示。

**6** 设置前景色为白色，按快捷键 Alt+Delete，将选区填充为白色，如下右图所示。

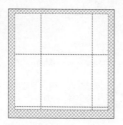

**7** 双击"封套"图层，打开"图层样式"对话框，勾选对话框左侧的"投影"复选框，在右侧设置投影的各项参数，如下左图所示。

**8** 设置完成后单击"确定"按钮，为图像应用投影效果，如下右图所示。

**9** 按快捷键 Ctrl+J，复制"封套"图层，得到"封套 拷贝"图层，如下左图所示。

**10** 右击"封套 拷贝"图层下方的图层样式，在弹出的快捷菜单中选择"删除图层样式"命令，删除图层样式，然后按快捷键 Ctrl+T，按住 Ctrl+Shift 键，单击并拖动鼠标，从矩形中心位置缩放图形，如下右图所示。

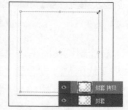

**11** 在"封套 拷贝"图层上方新建"内页"图层，如下左图所示，设置前景色为 R253、G239、B228，选用矩形选框工具在画面中单击并拖动鼠标，绘制矩形选区，按快捷键 Alt+Delete，为选区填充颜色，如下右图所示。

**12** 选择"内页"和"图层1"图层，执行"图层 > 创建剪贴蒙版"菜单命令，创建剪贴蒙版，如下左图所示，效果如下右图所示。

**13** 选择"矩形选框工具"，在人物图像旁边创建选区，如下左图所示。

**14** 设置填充颜色 R175、G16、B67，新建图层，将其重命名为"封套边缘"，按快捷键 Alt+Delete，为选区填充颜色，如下右图所示。

**15** 选中"封套边缘"图层，执行"编辑 > 描边"菜单命令，打开"描边"对话框，设置描边的宽度、颜色和位置等参数，如下左图所示。

**16** 设置完成后单击"确定"按钮，得到如下右图所示的图像效果。

**17** 选择"钢笔工具"，在人物右下角绘制路径，如下左图所示。

**18** 按快捷键 Ctrl+Enter，将上一步绘制的路径作为选区载入，如下右图所示。

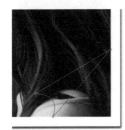

**19** 新建图层，将其重命名为"卷页"，选择"渐变工具"，单击其选项栏中的"点按可编辑渐变"按钮，打开"渐变编辑器"对话框，设置渐变填充颜色，如下左图所示。

**20** 设置完成后单击"确定"按钮，然后在选项栏中单击"对称渐变"按钮，如下右图所示。

**21** 将鼠标移至选区中间位置，单击并向外侧拖动鼠标，如下左图所示，为选区应用对称渐变填充效果，如下右图所示。

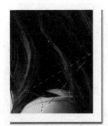

**22** 选中"图层 1"，单击"图层"面板中的"添加图层蒙版"按钮，添加图层蒙版，如下左图所示，选择"画笔工具"，设置前景色为黑色，在人物右下角位置单击并涂抹，如下右图所示。

**23** 选择"直排文字工具"，打开"字符"面板，在面板中对要输入文字的字体、大小等选项进行设置，如下左图所示。

**24** 在红色矩形上单击并输入文字，输入后的效果如下右图所示。

**25** 选择"横排文字工具"，打开"字符"面板，在面板中对文字属性进行调整，如下左图所示。

**26** 在人物图像中间位置单击并输入文字，输入后的效果如下右图所示。

**27** 继续使用横排文字工具在画面中输入更多的 CD 封面文字，再使用图形绘制工具绘制图形，得到如下左图所示的效果。

**28** 创建新的图层组，并将图层组命名为 CD，如下右图所示。

29 再次把人物素材图像打开，使用移动工具把打开的人物拖动至 CD 封套图像上，如下左图所示。

30 选择"椭圆选框工具"，按住 Shift 键，单击并拖动鼠标，绘制正圆选区，如下右图所示。

31 单击"图层"面板中的"添加图层蒙版"按钮，添加图层蒙版，得到如下左图所示的效果。

32 选择"椭圆选框工具"，按住 Shift 键，单击并拖动鼠标，在 CD 中间位置再绘制正圆选区，如下右图所示。

33 单击"图层 1"图层蒙版，设置前景色为黑色，按快捷键 Alt+Delete，将选区填充为黑色，如下左图所示。

34 执行"图层 > 图层样式 > 投影"菜单命令，打开"图层样式"对话框，在对话框中设置描边的不透明度、大小等，如下右图所示。

35 设置完成后单击"确定"按钮，应用样式，为图像添加投影效果，如下左图所示。

36 选择"椭圆选框工具"，按住 Shift 键，单击并拖动鼠标，在 CD 中间位置再绘制一个稍大一些的正圆选区，如下右图所示。

37 新建"CD 中心"图层，设置前景色为白色，选择"油漆桶工具"，将鼠标移至选区中间位置，单击鼠标，填充颜色，如下左图所示。

38 选中"CD 中心"图层，将此图层的"不透明度"设为 18%，如下右图所示。

39 新建"CD 文字"图层组，选择"横排文字工具"，打开"字符"面板，在面板中设置文字选项，如下左图所示。

40 设置后将鼠标移至 CD 上，单击并输入文字，输入后的效果如下右图所示。

41 打开"字符"面板，在面板中设置文字选项，如下左图所示。

42 将鼠标移至蓝色文字旁边，单击并输入文字，输入后的效果如下右图所示。

**43** 选择"横排文字工具"，在图像上单击并拖动鼠标，绘制文本框，如下左图所示。

**44** 打开"字符"面板，在面板中设置文字选项，如下右图所示。

**45** 在文本框中单击，输入文字，创建段落文本，如下左图所示。

**46** 继续使用横排文字工具在画面中添加更多的段落文本，得到如下右图所示的效果。

**47** 隐藏除光盘素材外所有图像所在的图层，按 Shift+Ctrl+Alt+E 键，盖印可见图层，得到"CD 文字（合并）"图层，如下左图所示。

**48** 确保"CD 文字（合并）"图层为选中状态，将此图层移至"图层 1"下方，如下右图所示。

**49** 使用移动工具将"CD 文字（合并）"图层中的图像调整至画面左下角，如下左图所示。

**50** 按 Ctrl+T 键，将其调整至合适大小，然后右击鼠标，在弹出的快捷菜单中选择"斜切"命令，如下右图所示。

**51** 将鼠标移至编辑框右上角的控制点位置，单击并向右拖动，如下左图所示。

**52** 继续使用鼠标单击并拖动控制点，调整 CD 的透视角度，设置完成后按 Enter 键，应用变换效果，如下右图所示。

**53** 执行"文件 > 置入"菜单命令，置入"07.jpg"文件，命名为"07"，如下左图所示，然后调整图像至合适大小，得到如下右图所示的效果。

**54** 为 07 图层添加图层蒙版，如下左图所示，选择"渐变工具"，从图像中心向外拖动"黑，白渐变"，隐藏图像，如下右图所示。至此，已完成本实例的制作。

## 实例演练 2：
# 将照片制作成台历

原始文件：随书资源 \ 素材 \19\08.jpg、09.psd
最终文件：随书资源 \ 源文件 \19\ 将照片制作成台历 .psd

解析：随着生活水平的提高，数码相机也进入了普通家庭的生活，大家在日常生活中拍摄了大量的照片，为什么不尝试将自己的照片制作为属于自己的个性台历呢？本实例将介绍如何应用 Photoshop 中的相关功能和命令将自己的照片制作为台历。首先应确定台历的构图，使用钢笔工具和图层样式等命令制作台历的背景部分，然后将人像照片调整至合适大小和位置，最后添加细节图像和文本。下图所示为制作前后的效果对比图，具体操作步骤如下。

**1** 执行"文件 > 新建"菜单命令或按 Ctrl+N 快捷键，打开"新建"对话框，设置新建文件的参数，如下左图所示，设置完成后单击"确定"按钮。

**2** 新建文件，设置前景色为 R171、G213、B211，创建新图层，按快捷键 Alt+Delete，填充颜色，如下右图所示。

**6** 确定路径的外形后，按 Ctrl+Enter 键，将绘制的路径作为选区载入，如下左图所示。

**7** 新建图层，将新建的图层重命名为"相框"，将前景色设置为白色，按快捷键 Alt+Delete，为选区填充白色，如下右图所示。

**3** 打开"08.jpg"文件，使用移动工具将素材图像拖动至新建文件中，如下图所示。

**8** 填充完成后按 Ctrl+D 键，取消选区的选中状态。选中"相框"图层，将此图层移至"人像"图层的下方，如下左图所示。

**9** 选中"人像"图层，执行"图层 > 创建剪贴蒙版"菜单命令，创建剪贴蒙版，如下右图所示。

**4** 通过上一步的操作，得到"图层 1"，双击图层名称，输入"人像"，重命名该图层，如下左图所示。

**5** 使用钢笔工具在人像上方绘制路径，如下右图所示。

10 双击"相框"图层的图层缩览图，打开"图层样式"对话框，勾选左侧的"描边"复选框，在右侧设置描边的大小、位置和颜色等参数，如下左图所示。

11 设置好"图层样式"对话框中的各项参数后，单击"确定"按钮，为图像应用描边效果，得到如下右图所示的图像效果。

12 新建图层，将其重命名为"心1"，结合钢笔工具绘制心形路径，如下左图所示。

13 将路径转换为选区，设置前景色为R223、G57、B82，选择"油漆桶工具"，在选区内单击，填充颜色，如下右图所示。

14 双击"心1"图层的图层缩览图，打开"图层样式"对话框，勾选对话框左侧的"投影"复选框，设置投影的各项参数，如下左图所示。

15 勾选"描边"复选框，设置描边的各项参数，如下右图所示。

16 单击"纹理"样式，设置纹理的各项参数，如下左图所示。

17 设置好"图层样式"对话框中的各项参数后，单击"确定"按钮，得到如下右图所示的图像效果。

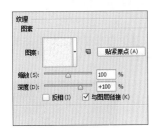

18 用步骤12中的方法，新建图层，将其重命名为"心2"，如下左图所示，创建选区并为选区填充颜色R235、G97、B0，如下右图所示。

19 双击"心2"图层的图层缩览图，打开"图层样式"对话框，勾选左侧的"描边"复选框，设置描边的各项参数，如下左图所示。

20 勾选"投影"复选框，在右侧设置参数，如下右图所示。设置好后单击"确定"按钮。

21 打开"09.psd"文件，图像效果如下左图所示。

22 使用移动工具将上一步打开的图像拖动至新建文件中，如下右图所示。

23 通过上一步的操作，生成"图层1"，双击图层，输入图层名"日历"，重命名图层，按Ctrl+T快捷键，自由变换日历的外形和位置，调整效果如下左图所示。

24 选择"横排文字工具",输入数值08,打开"字符"面板,设置文字的各项参数,如下右图所示。

25 按 Ctrl+T 键,旋转文本图像,然后将文字调整至图像适当位置,调整效果如下左图所示。

26 确保文字图层为选中状态,执行"图层 > 图层样式 > 投影"菜单命令,打开"图层样式"对话框,设置投影的参数,如下右图所示。

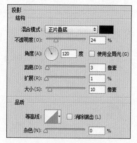

27 勾选"描边"复选框,设置描边的各项参数,如下左图所示。

28 勾选"斜面和浮雕"复选框,设置样式的各项参数,如下右图所示。

29 设置好"图层样式"对话框中的各项参数后,单击"确定"按钮,得到如下左图所示的图像效果。

30 选择"横排文字工具",输入文字"幸福快乐每一天",打开"字符"面板,设置文字的各项参数,如下右图所示。

31 按 Ctrl+T 键,旋转文字图像,然后将文字调整至图像适当位置,调整效果如下左图所示。

32 用横排文字工具分别选择文字,结合"字符"面板,将文字更改为不同的颜色,得到如下右图所示的效果。

33 确保文字图层为选中状态,执行"图层 > 图层样式 > 投影"菜单命令,打开"图层样式"对话框,设置描边的参数,如下左图所示。

34 设置完成后单击"确定"按钮,应用样式,得到如下右图所示的效果。至此,已完成本实例的制作。

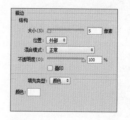

技巧>>快速修改投影效果

　　双击"图层"面板中需要调整图层的图层样式图标或图层下方的样式名称,如图❶所示,打开"图层样式"对话框,在该对话框中可重新设置投影的各项参数,如图❷所示,设置完成后单击"确定"按钮,即可修改投影效果。

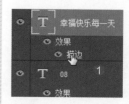
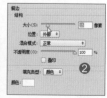

## 实例演练 3：
## 制作唯美浪漫的艺术照片

原始文件：随书资源 \ 素材 \19\10.jpg
最终文件：随书资源 \ 源文件 \19\ 制作唯美浪漫的艺术照片 .psd

解析：很多情侣为将恋爱的美好过程记录下来，都会选择一起去影楼拍摄写真照片。本实例将介绍如何将室外拍摄的照片打造成唯美风格的写真照片效果。在具体的处理过程中，应抓住主题，表现唯美的艺术氛围，通过运用 Photoshop 中的调整命令先对照片的颜色进行调整，增强浪漫氛围，然后为照片添加装饰图案和文字，创建更完美的画面效果。下图所示为制作前后的效果对比图，具体操作步骤如下。

**1** 打开 "10.jpg" 文件，新建 "色阶 1" 调整图层，打开 "属性" 面板，在面板中设置色阶选项，如下左图所示。

**2** 在图像窗口中查看调整后的照片颜色，如下右图所示。

**3** 单击 "调整" 面板中的 "可选颜色" 按钮，如下左图所示，新建 "选取颜色 1" 调整图层。

**4** 打开 "属性" 面板，在面板中设置 "红色" 颜色百分比，如下右图所示。

**5** 单击 "颜色" 下三角按钮，在展开的列表中选择 "黄色" 选项，调整该颜色的油墨比值，如下左图所示。

**6** 设置完成后，应用设置的 "可选颜色" 选项，调整照片颜色，得到如下右图所示的效果。

**7** 新建 "曲线 1" 调整图层，打开 "属性" 面板，选择 "蓝" 通道，调整曲线，如下左图所示。

**8** 选择 RGB 通道，单击并拖动曲线，调整曲线形状，如下右图所示。

**9** 应用设置的 "曲线" 调整，更改照片的颜色，如下左图所示。

**10** 单击 "曲线 1" 图层蒙版，选择 "画笔工具"，在 "画笔预设" 选取器中选择 "柔边圆" 画笔，调整不透明度，在较亮的面部皮肤位置涂抹，还原颜色，如下右图所示。

**11** 创建 "色彩平衡 1" 调整图层，打开 "属性" 面板，在面板中设置参数，如下左图所示。

12 单击"色调"下三角按钮，选择"阴影"选项，设置各项参数，如下右图所示。

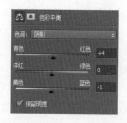

13 返回图像窗口，根据设置的"色彩平衡"选项，平衡照片色彩，如下左图所示。

14 单击"色彩平衡 1"图层蒙版，选择"画笔工具"，在"画笔预设"选取器中选择"柔边圆"画笔，调整不透明度，在较亮的面部皮肤位置涂抹，还原颜色，如下右图所示。

15 新建"颜色填充 1"调整图层，打开"拾色器（纯色）"对话框，在对话框中设置填充颜色为 R241、G232、B232，如下左图所示，设置完成后单击"确定"按钮。

16 在"图层"面板中选中"颜色填充 1"调整图层，将此图层的混合模式设置为"柔光"，如下右图所示。

17 选择"渐变工具"，在选项栏的"渐变"选取器中选择"黑，白渐变"，从图像左下角往右上角拖动鼠标，如下左图所示。

18 释放鼠标，填充渐变，得到如下右图所示的图像效果。

19 按住 Ctrl 键，单击"颜色填充 1"调整图层，载入选区，载入后的选区如下左图所示。

20 创建"曲线 2"调整图层，打开"属性"面板，单击并向上拖动曲线，提亮图像，如下右图所示。

21 按快捷键 Shift+Ctrl+Alt+E，盖印图层，得到"图层 1"，如下左图所示。

22 将背景颜色设置为 R239、G239、B239，选择"裁剪工具"，裁剪图像，扩展画布效果，如下右图所示。

23 单击工具箱中的"前景色"色块，打开"拾色器（前景色）"对话框，在对话框中将前景色设置为 R255、G255、B235，如下左图所示。

24 创建新图层，选择"油漆桶工具"，将鼠标移至图像上方，单击鼠标，填充颜色，如下右图所示。

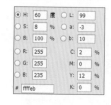

25 选择"矩形选框工具"，在画面右侧单击并拖动鼠标，绘制矩形选区，如下左图所示。

26 创建新图层，设置前景色为 R252、G252、B234，选择"油漆桶工具"，将鼠标移至选区上方，单击鼠标，填充颜色，如下右图所示。

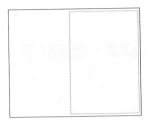

27 执行"图层 > 图层样式 > 描边"菜单命令，打开"图层样式"对话框，在对话框中设置选项，如下左图所示。

28 设置完成后单击"确定"按钮，应用样式，得到如下右图所示的效果。

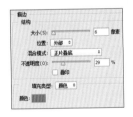

29 选中"图层 1"，按快捷键 Ctrl+T，打开自由变换编辑框，对图像进行缩小设置，并将其置于矩形内部，如下左图所示。

30 按快捷键 Ctrl+J，复制"图层 1"，得到"图层 1 拷贝"图层，执行"滤镜 > 模糊 > 高斯模糊"菜单命令，打开"高斯模糊"对话框，设置"半径"为 10，如下右图所示，单击"确定"按钮，模糊图像。

31 为"图层 1 拷贝"图层添加图层蒙版，如下左图所示。选用"渐变工具"，单击图层蒙版缩览图，应用"渐变工具"编辑图层蒙版，得到渐隐的模糊效果，如下右图所示。

32 同时选中"图层 1"和"图层 1 拷贝"图层，按快捷键 Ctrl+Alt+E，盖印选中图层，得到"图层 1 拷贝（合并）"图层，如下左图所示，调整图层顺序，将其移至"图层 1"下方，如下右图所示。

33 为"图层 1 拷贝"图层添加蒙版，使用黑色画笔编辑图像，隐藏部分画面，然后设置"图层 1 拷贝（合并）"图层的"不透明度"为 44%，降低不透明度效果，如下图所示。

34 创建"颜色填充 2"调整图层，设置填充色为粉色，然后将蒙版填充为黑色，如下左图所示，选择"画笔工具"，设置前景色为白色，在画面中单击，显示部分填充颜色，如下右图所示。

35 载入"花朵"画笔，选择"画笔工具"，打开"画笔预设"选取器中的花朵画笔，如下左图所示。

**36** 执行"窗口 > 画笔"菜单命令，打开"画笔"面板，在面板中调整画笔笔尖的大小、绘制角度，如下右图所示。

**37** 创建新图层，设置前景色为绿色、画笔"不透明度"为40%，在图像上单击，绘制淡淡的花纹图案，如下左图所示。

**38** 继续使用同样的方法在图像中绘制更多的花朵图像，得到如下右图所示的图像效果。

**39** 选择"横排文字工具"，打开"字符"面板，设置文字属性，如下左图所示。

**40** 在绘制的花朵图像上单击，输入文字，得到如下右图所示的效果。

**41** 选择"自定形状工具"，在选项栏中设置各项参数，如下图所示。

**42** 继续在选项栏中设置选项，单击"形状"右侧的下三角按钮，在展开的"形状"选取器中单击"四叶草"形状，如下左图所示。

**43** 将鼠标移至文字左下角位置，单击并拖动鼠标，绘制图形，如下右图所示。

**44** 结合横排文字工具和"字符"面板在画面中添加更多的文字信息，如下图所示。至此，已完成本实例的制作。

---

## 实例演练 4：
# 使用婚纱照制作结婚请帖

原始文件：随书资源 \ 素材 \19\11.jpg、12.jpg、13.jpg
最终文件：随书资源 \ 源文件 \19\ 使用婚纱照制作结婚请帖 .psd

**解析：**本实例将介绍如何利用婚纱照制作结婚请帖。首先绘制装饰图形并添加花纹素材，输入文字信息，接着把拍摄好的婚纱照添加到请帖内页中，用简明的文字说明婚礼的地点、时间等信息。下图所示为制作前后的效果对比图，具体操作步骤如下。

**1** 执行"文件 > 新建"菜单命令或按 **Ctrl+N** 键，打开"新建"对话框，设置新建文件的各项参数，如下左图所示。

**2** 设置完成后单击"确定"按钮，新建文件，如下右图所示。

**3** 选择"矩形选框工具"，在画面上半部分绘制矩形选区，如下左图所示。

**4** 新建"图层1"，设置前景色为 R253、G229、B226，选择"油漆桶工具"，在选区内单击，填充颜色，如下右图所示。

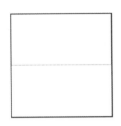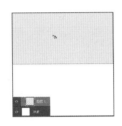

**5** 打开"11.jpg"文件，选择"移动工具"，把打开的素材图像拖动至新建文件中，如下左图所示。

**6** 执行"图层>创建剪贴蒙版"菜单命令，创建剪贴蒙版，如下右图所示，把矩形外的图像隐藏起来。

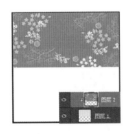

**7** 选择"矩形选框工具"，在图像中间单击并拖动鼠标，绘制矩形选区，如下左图所示。

**8** 新建"图层3"，设置前景色为 R255、G250、B236，选择"油漆桶工具"，在选区内单击，填充颜色，如下右图所示。

**9** 继续使用矩形选框工具在画面中创建矩形选区，如下左图所示。

**10** 单击"矩形工具"选项栏中的"从选区减去"按钮，在选区内部单击并拖动鼠标，绘制选区，如下右图所示。

**11** 新建"图层4"，设置前景色为 R235、G109、B86，创建新图层，选用油漆桶工具为选区填充设置的颜色，得到如下左图所示的效果。

**12** 选择"钢笔工具"，在矩形中间绘制心形路径，如下右图所示。

**13** 按快捷键 Ctrl+Enter，将路径转换为选区，如下左图所示。

**14** 新建"图层5"，设置前景色为 R235、G109、B86，选择"油漆桶工具"，在选区内单击，填充颜色，如下右图所示。

**15** 选中"图层5"，连续按快捷键 Ctrl+J，复制图层，如下左图所示。

**16** 选择"移动工具"，把复制的心形图形移至不同的位置，得到如下右图所示的效果。

**17** 选择"矩形工具",在选项栏中设置填充色为"无",描边颜色为 R235、G109、B86,粗细为 2 点,类型为虚线,如下图所示。

填充: / 描边: ▭ 2点 ▼ ┈┈┈

**18** 在画面中间位置单击并拖动鼠标,绘制矩形并添加描边效果,如下图所示。

**19** 选择"横排文字工具",打开"字符"面板,在面板中设置要输入文字的各项参数,如下左图所示。

**20** 设置完成后在图像中单击并输入文字,将得到如下右图所示的图像效果。

**21** 继续结合横排文字工具和"字符"面板,在画面中输入更多的文字,得到如下左图所示的效果。

**22** 创建新的图层组,并将图层组命名为"内页",如下右图所示。

**23** 选择"矩形选框工具",在画面下方创建矩形选区,如下左图所示。

**24** 新建"图层 6",设置前景色为 R255、G249、B251,选择"油漆桶工具",在选区内单击,填充颜色,如下右图所示。

**25** 选择"矩形选框工具",在画面左侧创建矩形选区,如下左图所示。

**26** 新建"图层 7",设置前景色为 R105、G91、B80,选择"油漆桶工具",在选区内单击,填充颜色,如下右图所示。

**27** 打开"12.jpg"文件,将打开的照片拖动至新建文件中,如下左图所示。

**28** 经过上一步的操作,得到"图层 8",执行"图层 > 创建剪贴蒙版"菜单命令,创建剪贴蒙版,得到如下右图所示的效果。

**29** 选择"钢笔工具",设置绘制模式为"形状",在人物照片下方绘制戒指图形,如下左图所示。

**30** 选择"横排文字工具",打开"字符"面板,在面板中对要输入文字的各项参数进行设置,如下右图所示。

31 设置后在人像照片下方单击，输入字母 Our Wedding，如下左图所示。

32 打开"字符"面板，在面板中对要输入文字的各项参数进行设置，如下右图所示。

33 设置后在已经输入的文字下方单击，输入文字"我们结婚啦"，如下左图所示。

34 打开"13.jpg"文件，选择"移动工具"，把打开的素材图像拖动至新建文件中，得到"图层 9"，设置图层的混合模式为"线性加深"、"不透明度"为 70%，如下右图所示。

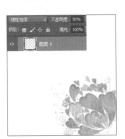

35 选择"直线工具"，在选项栏中设置绘制模式、填充颜色、粗细等各项参数，如下图所示。

36 在画面的空白区域单击并拖动鼠标，绘制一条直线，如下左图所示。

37 继续使用直线工具在画面中绘制直线，并输入相应的文字，输入完成后，使用自定形状工具绘制花朵加以修饰，如下右图所示。至此，已完成本实例的制作。

★ 技巧>>**更改直线的属性设置**

使用直线工具在画面中绘制线条以后，如果需要对直线图形做进一步的更改，则可以用直接选择工具单击线条图案，然后在显示的工具选项栏中对线条的描边或填充颜色等选项进行调整。

## 实例演练 5：
# 制作房地产杂志内页

原始文件：随书资源 \ 素材 \19\14.jpg ～ 20.jpg、21.psd
最终文件：随书资源 \ 源文件 \19\ 制作房地产杂志内页 .psd

**解析：** 本实例将介绍如何利用拍摄的照片制作房地产杂志内页。根据房地产项目的特征，将整体风格定位为古典水墨风。制作过程中的关键点是对传统古建筑、荷花等素材照片应用蒙版后拼合成新的背景图像，并结合 Photoshop 中的调整命令对其色彩进行统一，使画面色调更加和谐。下图所示为制作前后的效果对比图，具体操作步骤如下。

1 打开"14.jpg"文件，图像效果如下左图所示。

2 载入"墨迹 01""墨迹 02""墨迹 03"画笔，选择"画笔工具"，单击"画笔"右侧的下三角按钮，打开"画笔预设"选取器，在其中选择载入的一种墨迹画笔，并调整画笔大小，如下右图所示。

3 设置前景色为黑色，新建"水墨 01"图层，将此图层的"不透明度"设置为 43%，将画笔移至画面中间位置单击，绘制水墨图案，如下图所示。

4 新建"水墨 02""水墨 03"图层，如下左图所示，应用同样的方法，在画面中继续绘制更多的墨点效果，如下右图所示。

5 打开荷花照片"15.jpg"，选择"移动工具"，把图像拖动至水墨背景中，如下左图所示，得到新图层，并将此图层命名为"荷花"，如下右图所示。

6 选择"磁性套索工具"，在选项栏中设置各项参数，如下图所示。

宽度：10 像素　对比度：10%　频率：100

7 将鼠标移至画面中清晰的荷叶位置，单击并拖动鼠标，如下左图所示。

8 继续拖动鼠标，创建选区，选中画面中的花朵和叶子部分，如下右图所示。

9 执行"选择 > 修改 > 收缩"菜单命令，打开"收缩选区"对话框，在对话框中设置"收缩量"为 1，单击"确定"按钮，收缩选区，如下图所示。

10 执行"选择 > 修改 > 羽化"菜单命令，打开"羽化选区"对话框，在对话框中设置"羽化半径"为 1，单击"确定"按钮，羽化选区，如下图所示。

11 单击"图层"面板中的"添加图层蒙版"按钮，为"荷花"图层添加蒙版，隐藏图像，如下图所示。

12 按住 Ctrl 键，单击"荷花"图层蒙版，载入选区，新建"色相/饱和度 1"调整图层，在打开的"属性"面板中设置参数，如下左图所示。

13 单击"色相/饱和度 1"图层蒙版，选用黑色画笔在花朵位置涂抹，还原花朵颜色，如下右图所示。

14 按住 Ctrl 键，单击"色相／饱和度 1"图层蒙版，载入选区，新建"色彩平衡 1"调整图层，在打开的"属性"面板中设置参数，如下左图所示。

15 设置完成后，应用设置的参数调整图像，加强红色和黄色，得到如下右图所示的效果。

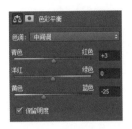

16 选择"椭圆选框工具"，按住 Shift 键，单击并拖动鼠标，绘制正圆形选区，如下左图所示。

17 创建新图层，设置前景色为 R255、G251、B238，选择"油漆桶工具"，在选区内单击，填充颜色，如下右图所示。

18 执行"图层 > 图层样式 > 斜面和浮雕"菜单命令，打开"图层样式"对话框，单击"纹理"样式，在右侧单击"图案"右侧的下三角按钮，在展开的列表中选择图案，如下左图所示，并设置图案的"缩放"和"深度"选项，如下右图所示。

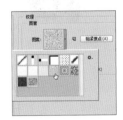
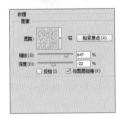

19 设置完成后，单击"图层样式"对话框中的"确定"按钮，应用图层样式，添加纹理效果，如下左图所示。

20 打开"16.jpg"文件，选择"移动工具"，把打开的图像拖动至添加纹理的圆形上，得到"水墨 04"图层。执行"图层 > 创建剪贴蒙版"菜单命令，创建剪贴蒙版，如下右图所示。

21 打开"17.jpg"文件，使用钢笔工具沿图像中的浮雕图案绘制路径，如下左图所示。

22 按快捷键 Ctrl+Enter，将路径转换为选区，再按快捷键 Ctrl+J，复制选区内的图像，得到"图层 1"，如下右图所示。

23 选择"移动工具"，把"图层 1"中的图像拖动至处理好的背景图像中，创建"建筑 01"图层。执行"图层 > 智能对象 > 转换为智能对象"菜单命令，创建为智能图层，如下左图所示。

24 按快捷键 Ctrl+T，自由变换图像的大小和外形，调整至如下右图所示的位置，再按 Enter 键。

25 执行"滤镜 > 锐化 >USM 锐化"菜单命令，打开"USM 锐化"对话框，设置各项参数，如下左图所示。

26 设置完成后单击"确定"按钮，应用滤镜锐化图像，得到如下右图所示的效果。

27 执行"图层 > 图层样式 > 内阴影"菜单命令，打开"图层样式"对话框，在对话框中勾选"内阴影"复选框，设置内阴影的各项参数，如下左图所示。

28 勾选"投影"复选框，设置投影的各项参数，如下右图所示。

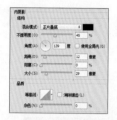

29 设置完成后单击"确定"按钮，应用样式，为图像添加内阴影和投影效果，如下左图所示。

30 按住 Ctrl 键，单击"建筑 01"图层缩览图，载入选区，如下右图所示。

31 新建"色相 / 饱和度 2"调整图层，打开"属性"面板，在面板中勾选"着色"复选框，再设置色相及饱和度，如下左图所示。

32 根据上一步设置的参数调整建筑图像的颜色，得到如下右图所示的效果。

33 按住 Ctrl 键，单击"色相 / 饱和度 2"图层蒙版，载入选区。新建"色阶 1"调整图层，打开"属性"面板，在面板中设置参数，如下左图所示。

34 根据上一步设置的色阶参数调整图像的亮度，加强对比效果，如下右图所示。

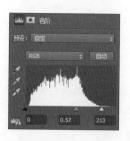

35 按住 Ctrl 键，单击"色阶 1"图层蒙版，载入选区。新建"黑白 1"调整图层，打开"属性"面板，在面板中设置参数，如下左图所示。

36 设置后为图像进一步着色，转换为单色调效果，如下右图所示。

37 单击"建筑 01"图层，按住 Ctrl 键，单击"建筑 01"图层缩览图，载入选区，如下左图所示。

38 执行"选择 > 色彩范围"菜单命令，打开"色彩范围"对话框，在对话框中选择"中间调"选项，如下右图所示。

39 设置完成后单击"确定"按钮，选择中间调部分，如下左图所示。

40 新建"曲线 1"调整图层，在打开的"属性"面板中单击并设置曲线形状，如下右图所示。

41 单击"曲线 1"图层蒙版,选择"画笔工具",设置前景色为黑色,在建筑图像下方不需要调整的位置涂抹,控制曲线调整的范围,如下图所示。

42 继续使用同样的方法,把另外两个建筑图像添加至画面中,然后对其颜色进行调整,得到如下左图所示的效果。

43 打开"20.jpg"文件,选择"移动工具",把图像拖至水墨背景中,如下右图所示,将图层命名为"鸟儿"。

44 选择"钢笔工具",沿图像中的鸟儿图像绘制工作路径,如下左图所示。

45 按快捷键 Ctrl+Enter,将路径转换为选区,选择图像,如下右图所示。

46 单击"图层"面板中的"添加图层蒙版"按钮,添加蒙版,执行"编辑 > 变换 > 水平翻转"图像,如下左图所示。

47 执行"图层 > 图层样式 > 投影"菜单命令,打开"图层样式"对话框,在对话框中勾选"投影"复选框,设置投影的各项参数,如下右图所示,为鸟儿添加投影效果。

48 按住 Ctrl 键,单击"鸟儿"图层缩览图,载入选区,新建"黑白 2"调整图层,打开"属性"面板,设置参数,如下左图所示。

49 根据上一步设置的参数调整图像,得到黑白效果的鸟儿图像,如下右图所示。

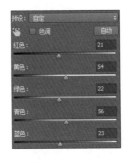

50 按住 Ctrl 键,单击"黑白 2"图层缩览图,载入选区。新建"色阶 2"调整图层,打开"属性"面板,设置参数,如下左图所示。

51 设置完成后,应用色阶调整图像,加强对比效果,如下右图所示。

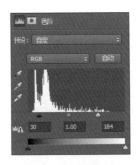

52 打开金鱼素材"21.psd",选择"移动工具",把图像拖至水墨背景中,得到新的图层,并将图层命名为"金鱼",连续按快捷键 Ctrl+J,复制两个图层,创建"金鱼 拷贝"和"金鱼 拷贝 2"图层,如下左图所示。

53 分别选择各图层中的图像,按快捷键 Ctrl+T,调整图层中金鱼图像的大小和位置,如下右图所示。

**54** 选择"钢笔工具",设置绘制模式为"形状",填充颜色为黑色,在图像右上角绘制简化的房子图形,如下左图所示。

**55** 按快捷键 Ctrl+J,复制图形,得到"形状 1 拷贝"图层,如下右图所示,用直接选择工具选择并修改复制的图形。

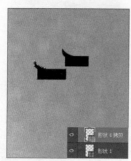

**56** 使用上一步相同的方法,复制更多的图形,然后分别调整其大小,得到如下左图所示的效果。

**57** 选择"横排文字工具",打开"字符"面板,在面板中设置文字的字体、大小等各项参数,如下右图所示。

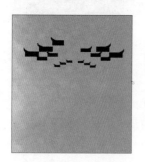

**58** 将鼠标移至绘制的图形下方,单击并输入楼盘名"清雅风院",如下左图所示。

**59** 打开"字符"面板,设置要输入文字的各项参数,如下右图所示。

**60** 将鼠标移至楼盘名称下方,单击并输入文字"纯自然／真山水",突出楼盘特色,如下左图所示。

**61** 继续结合横排文字工具和图形绘制工具,在画面中添加更多的文字和图形,得到如下右图所示的效果。至此,已完成本实例的制作。